Basiswissen Digital Design

Kim Lauenroth gestaltet seit 2011 digitale Lösungen und vertritt seit 2022 das Lehrgebiet Digital Design an der Fachhochschule Dortmund. Er ist Mitinitiator und Erstunterzeichner des Bitkom Digital-Design-Manifests und engagiert sich ehrenamtlich für die berufliche Aus- und Weiterbildung als erster Vorsitzender des IREB e.V. Kim hat Informatik, Betriebswirtschaft und Psychologie an der Technischen Universität Dortmund studiert und im Bereich Requirements Engineering für Produktlinien an der Universität Duisburg-Essen promoviert.

Kim Lauenroth

Basiswissen Digital Design

Konzepte und Werkzeuge für die ganzheitliche Gestaltung digitaler Lösungen und Systeme

Aus- und Weiterbildung zum
Digital Design Professional
• Foundation Level
• nach IREB-Standard

dpunkt.verlag

Kim Lauenroth
kim.lauenroth@ireb.org

Lektorat: Christa Preisendanz
Lektoratsassistenz: Julia Griebel
Copy-Editing: Ursula Zimpfer, Herrenberg
Satz: inpunkt[w]o, Wilnsdorf *(www.inpunktwo.de)*
Herstellung: Stefanie Weidner, Frank Heidt
Umschlaggestaltung: Eva Hepper, Silke Braun
Druck und Bindung: BELTZ Grafische Betriebe GmbH, Bad Langensalza

Bibliografische Information der Deutschen Nationalbibliothek
Die Deutsche Nationalbibliothek verzeichnet diese Publikation in der Deutschen Nationalbibliografie; detaillierte bibliografische Daten sind im Internet über *http://dnb.d-nb.de* abrufbar.

ISBN:
Print 978-3-98889-000-9
PDF 978-3-98890-114-9
ePub 978-3-98890-115-6

1. Auflage 2024

Wieblinger Weg 17
69123 Heidelberg

Hinweis:
Dieses Buch wurde mit mineralölfreien Farben auf FSC®-zertifiziertem Papier aus nachhaltiger Waldwirtschaft gedruckt. Der Umwelt zuliebe verzichten wir zusätzlich auf die Einschweißfolie. Hergestellt in Deutschland.

Schreiben Sie uns:
Falls Sie Anregungen, Wünsche und Kommentare haben, lassen Sie es uns wissen: *hallo@dpunkt.de*.

5 4 3 2 1 0

Vorwort

Wer ein Haus bauen will, zieht kompetente Architektinnen und Architekten hinzu. Ebenso wird die Notwendigkeit von Industriedesign nicht infrage gestellt, wenn es um physische Produkte geht. Aber an wen denken Sie, wenn es um Digitalisierung oder den digitalen Wandel geht?

Genau hier setzt dieses Buch an und bietet Digital Design als Antwort. Es steht für eine Praxis der ganzheitlichen Gestaltung digitaler Lösungen und Systeme auf der Basis einer fundierten Kompetenz in digitalem Material. Dieses Verständnis geht zurück auf die *Taskforce Software-Gestalter* des Bitkom aus dem Jahr 2016 und den Leitfaden *Rollenideal »Digital Design«*. Dieser Leitfaden hat einen Nerv getroffen. In der Folge wurde 2018 das *Digital Design Manifest* veröffentlicht, das Digital Design als wichtiges Berufsbild für die Gestaltung von Digitalisierung formuliert. Motiviert durch das Manifest startete im International Requirements Engineering Board (IREB) die Arbeit am *Digital Design Professional (DDP)*.

Gut acht Jahre nach der Taskforce ist aus einer Idee greifbare Realität geworden. Unternehmen stellen Digital Designerinnen und Designer ein, bieten Digital Design als Dienstleistung an und widmen ganze Unternehmensbereiche dem Digital Design. Ebenso gibt es Studiengänge und Professuren, die Digital Design im Namen tragen. Schließlich wurde Ende 2023 die zweite Version des DDP vom IREB veröffentlicht. Was bisher noch fehlte, war ein passendes Lehrbuch, das Digital Design in seiner ganzen Breite umfassend darstellt.

Dieses Buch schließt diese Lücke und nimmt Sie mit auf eine Reise in die Gedankenwelt des Digital Design. Dabei geht es vor allem um das große Ganze und die Zusammenhänge. Sie werden einer Vielzahl von Konzepten und Werkzeugen begegnen, und an einigen Stellen wird es auch recht grundlegend und kleinteilig. Aber gerade diese Details sind notwendig für ein umfassendes und ganzheitliches Verständnis. Wenn Sie sich auf diese Reise einlassen, verspreche ich Ihnen, dass Sie am Ende dieses Buches die Gestaltung von Digitalisierung mit anderen Augen sehen werden.

Kim Lauenroth, Bönen im Februar 2024

Über das Foto auf dem Cover

Das Foto auf dem Cover ist ein Dokument der bisherigen Geschichte des Digital Design. Es entstand 2019 während eines Workshops am Bauhaus in Dessau zum Thema »Digital als Material«. Das Staatliche Bauhaus war und ist eine wichtige Inspirationsquelle für das Digital Design, weshalb dort schon einige Workshops zu diesem Thema stattfanden.

Mit Blick auf Digital Design hat das Foto noch eine weitere spannende Dimension. Das LEGO-Modell auf diesem Foto ist inspiriert durch Modelle von Gary Garvin. Als Fan des Bauhauses in Dessau wollte ich natürlich mein eigenes Modell bauen. Dabei bin ich im Internet auf eine Software von LEGO gestoßen, mit der man LEGO-Modelle konstruieren kann. Und diese Software hieß LEGO® Digital Designer – was für ein schöner Zufall.

Aber die Geschichte geht noch weiter. Die Steine für das Modell habe ich auf der Plattform *www.bricklink.com* gekauft. Hierzu musste ich nur die Konstruktionsdatei aus dem LEGO® Digital Designer auf die Plattform hochladen. Die Plattform hat mir dann aus drei verschiedenen Second-Hand-Geschäften die erforderlichen Steine bestellt, sodass ich wenige Tage später das bis dahin digitale Modell tatsächlich bauen konnte. Die Bauanleitung wurde ebenfalls mit dem LEGO® Digital Designer erstellt.

Der gesamte Entstehungsprozess dieses Modells ist ein wunderbares Beispiel für gutes Digital Design im Sinne dieses Buches. Umso mehr freue ich mich, dass dpunkt das Foto für das Cover genommen hat.

Danksagung

An Büchern sind meist mehr Menschen beteiligt, als auf dem Cover aufgeführt sind, so ist es auch bei diesem Buch. Diesen Menschen möchte ich gebührend danken. Dank gilt natürlich zuallererst meiner Frau Pamela und meinem Sohn Robin, die mir die Zeit gelassen haben, dieses Buch zu schreiben[1].

Christa Preisendanz gebührt Dank für das Lektorat. Sie hat mir sehr dabei geholfen, aus einer Rohfassung ein echtes Buch zu machen. Dank für das Copy-Editing geht an Ursula Zimpfer, Dank für das Design des Covers an Eva Hepper und Dank für die Gestaltung des Buches an inpunkt[w]o.

Darüber hinaus möchte ich mich bei den vielen Wegbegleiterinnen und Wegbegleitern bedanken, mit denen ich in den letzten Jahren intensiv über Digital Design und damit auch über die Inhalte dieses Buches diskutieren konnte: Simon Albersmeier, Martina Beck, Sibylle Becker, Georg-Christof Bertsch, Dominik Birkmeier, Stan Bühne, Michael Burmester, Lars Everding, Stefan Gärtner, David Gilbert, Martin Glinz, Ronald Hartwig, Oliver Hehlert, Thomas Immich, Erik Kamsties, Michael Kemper, Gabriele Kunau, Albert Lang, Karsten Lehn, Beatrice Nickel, Axel Platz, Ruth Rossi, Linda Schmidt, Norbert Seyff, Melanie Stade, Hans-Jörg Steffe, Stefan Sturm, Frank Termer und Marcus Trapp.

1. Beide meinten, ich solle in der Danksagung noch schreiben, dass sie die freie Zeit auch gut genutzt haben und ich noch weitere Bücher schreiben darf.

Inhaltsübersicht

Teil III
Querschnittliches & Ausklang 267

Anhang 307

Inhaltsverzeichnis

1 Einleitung und Motivation

One's rational understanding of a motorcycle is therefore modified from minute to minute as one works on it and sees that a new and different rational understanding has more quality.
– Robert Pirsig in [Pirsig 1974]

Die ganzheitliche Gestaltung digitaler Lösungen und Systeme steht im Zentrum dieses Buches.[1] Das ist schon ein ordentlicher Anspruch, der hier formuliert wird. Wir digitalisieren doch kräftig und seit vielen Jahren. Warum sollte man sich jetzt so grundsätzlich mit diesem Thema auseinandersetzen? Und was hat dies mit Motorrädern und dem Zitat oben zu tun?

Beginnen wir mit der ersten Frage, hier ist meine Antwort immer die gleiche: Die Welt der Digitalisierung und insbesondere die der Softwareentwicklung hat sich in den letzten 15 bis 20 Jahren massiv verändert. Diese Veränderungen führen dazu, dass ganzheitliche Gestaltungskompetenz für die Digitalisierung immer wichtiger wird.

Und was hat es mit den Motorrädern auf sich? Das Zitat oben stammt aus dem Buch »Zen and the Art of Motorcycle Maintenance« von Robert M. Pirsig, einem, wie ich finde, sehr faszinierenden Buch. Eine wesentliche Aussage in diesem Buch ist, dass sich unser rationales Verständnis einer Sache (z.B. über ein Motorrad) verändern kann, wenn wir ein neues Verständnis entdecken, das besser ist (mehr Qualität hat). Genauso verhält es sich für mich mit der Digitalisierung. Unser bestehendes Verständnis der Gestaltung von Digitalisierung und vor allem der Softwareentwicklung kommt aufgrund verschiedener Entwicklungen an seine Grenzen und es braucht ein neues Verständnis, das mehr Qualität hat und einfach besser passt. Es hat den Namen *Digital Design*.

1. Nachfolgend werden die Begriffe »Lösung« und »System« synonym für »digitale Lösung« und »technisches System« verwendet.

Welche Entwicklungen sind hier genau gemeint? Was ist denn Besonderes passiert in den letzten Jahren? Abbildung 1–1 verdeutlicht dies. Sie stammt ursprünglich aus einem Vortrag von mir aus dem Jahr 2017 auf der REConf® – Konferenz für Requirements Engineering – und ist auf der sprichwörtlichen Serviette entstanden, um eine für mich wichtige Beobachtung zu visualisieren: Das Spannungsfeld zwischen den Fähigkeiten und den Erwartungen an die Technologie hat sich irgendwann in den letzten 15–20 Jahren gedreht.

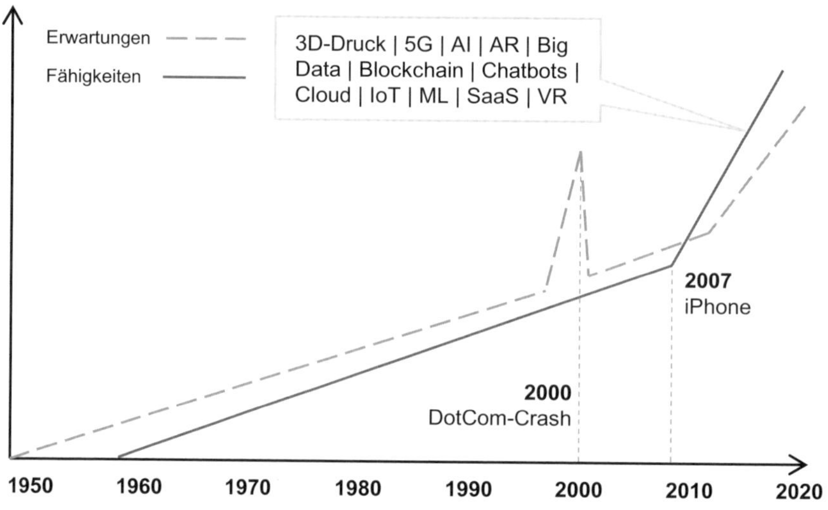

Abb. 1–1 *Zusammenhang zwischen Erwartungen an und Fähigkeiten von Technologie*

Die Anfänge der Computertechnologie waren geprägt durch eine Form von Mangelwirtschaft. Software war nie gut genug, Rechner waren nie schnell genug, Speicher gab es nie genug und Festplattenkapazität sowieso nicht. Grundsätzlich bestand immer eine Lücke zwischen Erwartungen und Fähigkeiten. Die Menschen haben seit den Anfängen der Computertechnologie immer mehr erwartet, als die Technologie leisten konnte. Diese übermäßigen Erwartungen haben viele Menschen dazu motiviert, die Technologie immer weiter zu verbessern und stärker zu machen, um die Wünsche und Bedürfnisse der Menschen mit Blick auf die Technologie zu erfüllen. Aus dieser Perspektive ist das also eine gute Entwicklung.

Wichtig für das Gesamtbild ist hier, dass die Technologie den Wünschen und Bedürfnissen gefolgt ist. Technologie wurde dazu eingesetzt, um verstandene Prozesse und Probleme der realen Welt mit Software zu unterstützen. Ein Höhepunkt des Spannungsfelds zwischen Erwartungen und Fähigkeiten von Technologie ist das Platzen der DotCom-Blase gewesen. Die Erwartungen der Menschen an die Technologie haben sich in einer Aktienblase manifestiert und als klar wurde, dass die Technologie diese Erwartungen nicht erfüllen konnte, ist die Blase geplatzt.

In den 2000er-Jahren hat sich dieses Verhältnis umgekehrt. Das erste iPhone ist dafür ein prominentes Beispiel, es hat 2007 das Smartphone als Geräteklasse und damit als Technologie für einen breiteren Markt verfügbar gemacht. Ich kann mich noch lebhaft daran erinnern, als ich mein erstes iPhone in den Händen hielt und mich über dessen technische Fähigkeiten gefreut habe (z.B. mobiles Internet, Touchscreen und GPS).

»Was man damit wohl alles anstellen kann?«, fragten sich zu dieser Zeit vermutlich viele Menschen. Diese Frage bedeutet im Kern, dass von diesem Moment an die technischen Möglichkeiten schneller wuchsen als die Erwartungen der Menschen an die Technologie. Das Smartphone ist aber nur ein Beispiel für die Explosion der technischen Möglichkeiten in den letzten 15 Jahren. Einige Stichworte sollen hier als Beispiel dienen: virtuelle Realität, 5G-Mobilfunk, Blockchain, maschinelles Lernen (ML) und Internet of Things (IoT). Jeder Begriff steht für eine digitale Technologie, die uns neue Fähigkeiten verspricht.

Und was hat das mit rationalem Verständnis zu tun? Ergänzen wir dazu die Abbildung gedanklich um einige Jahreszahlen zum Auftreten relevanter Aspekte von Softwareentwicklung und Digitalisierung. Software Engineering ist seit den 1960er-Jahren ein Begriff, die Geburtsstunde des Requirements Engineering wird auf 1977 datiert, seit Mitte der 1980er-Jahre gibt es Interaction Design, Usability Engineering geht auf den Anfang der 1990er-Jahre zurück, UX Design auf Ende der 1990er, Businessanalyse erscheint zum Jahrtausendwechsel auf der Bildfläche und das Agile Manifest wurde 2001 unterzeichnet. Alle diese Begriffe stehen für Tätigkeiten, Rollen und Aufgaben, die uns Angebote machen, wie wir die Gestaltung von Software und auch die Gestaltung von Digitalisierung verstehen können. Diese Inhalte und Angebote haben die Menschen und die Industrie dahingehend geprägt, wie Software entwickelt und gestaltet wird. Problematisch ist, dass all diese Angebote lange vor der zuvor beschriebenen Technologieexplosion entstanden sind und demnach davon ausgehen, dass Lösungen für bekannte Herausforderungen zu entwickeln sind.

Digital Design ist ein Ansatz, um die Herausforderungen, die sich aus den wachsenden technischen Möglichkeiten ergeben, mit vielen vorhandenen Gestaltungskompetenzen zu integrieren. Digital Design wurde als Berufsbild gezielt für die ganzheitliche Gestaltung digitaler Lösungen entwickelt und soll vor allem unser Verständnis für die ganzheitliche Gestaltung digitaler Lösungen erweitern. Dies bedeutet jetzt sicher nicht, dass Digital Design die bestehenden Ansätze verdrängen oder komplett ersetzen soll. Vielmehr das Gegenteil ist der Fall. Digital Design bildet die dringend benötigte Klammer, die uns dabei hilft, die Gestaltung von Digitalisierung besser zu verstehen und unsere bereits vorhandenen Fähigkeiten so zu integrieren, dass wir ganzheitlich gestalten können und bessere Lösungen in die Welt bringen. Unterm Strich bedeutet das mehr Qualität. Mit dieser Motivation schauen wir uns jetzt an, warum es dazu ein neues Berufsbild braucht.

1.1 Ein Berufsbild für die ganzheitliche Gestaltung digitaler Lösungen

Eine wichtige Voraussetzung für das Verständnis von Digital Design ist das Verständnis des Technologieeinsatzes. Hierzu werden im Folgenden drei Stufen der Verwendung digitaler Technologien eingeführt. Dabei wird deutlich, dass mit jeder Stufe der Gestaltungsspielraum wächst und schließlich so groß wird, dass ein neues Berufsbild für die Gestaltung digitaler Lösungen notwendig wird.

1.1.1 Drei Stufen der Verwendung digitaler Technologien

Die Entwicklung digitaler Technologien verändert die Art der digitalen Lösungen und kann durch die folgenden drei Stufen charakterisiert werden: Datendigitalisierung, Prozessdigitalisierung und digitale Transformation. Daten- und Prozessdigitalisierung werden typischerweise unter dem Oberbegriff »Digitalisierung« zusammengefasst. Für das Verständnis der technologischen Entwicklung ist diese Trennung jedoch wichtig.

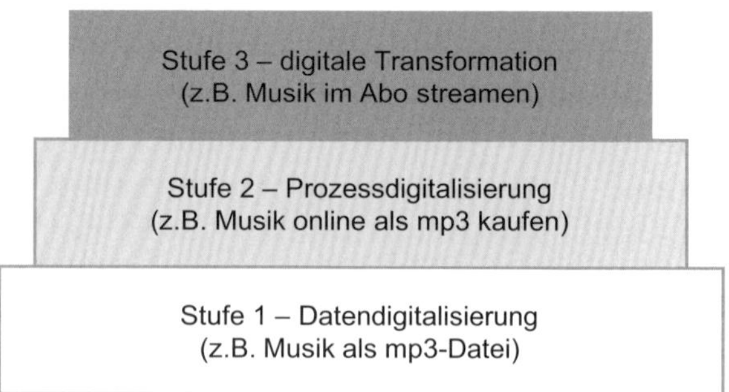

Abb. 1–2 *Drei Stufen der Verwendung digitaler Technologien*

Stufe 1 – Datendigitalisierung

Datendigitalisierung meint, dass digitale Technologien für die Speicherung und Verarbeitung von Daten eingesetzt werden. Etwas plakativer kann man auch von Elektrifizierung sprechen. Vormals analoge Daten (z.B. Papierakten) werden in digitale Daten übertragen (also elektrifiziert bzw. digitalisiert), um die Daten besser verarbeiten und transportieren zu können. Datendigitalisierung gab es im Übrigen schon vor der Erfindung von Computern, man kann z.B. das »Morsen« von Text als eine frühe Form der Datendigitalisierung verstehen, da Information im Sinne von Text durch das Morsealphabet in elektronische Signale übertragen wurde. Bleiben wir aber bei der Computertechnologie.

In der Geschichte der Computertechnologie haben Daten eine wichtige Rolle gespielt – und tun dies noch heute. In den Anfängen sprach man von »Elektronischer Datenverarbeitung« (EDV), hier sind die Daten und die Elektrizität noch sehr prominent. Vorreiter der Entwicklung waren z.B. Banken und Versicherungen, die schon früh damit begonnen haben, ihre Daten in Computersystemen zu speichern und zu verarbeiten.

Ein wesentliches Merkmal der Datendigitalisierung ist die Tatsache, dass bestehende Daten mit verstandenen Strukturen (z.B. Bankkonten, Versicherungsverträge, Video oder Musik) in ein Computersystem übertragen werden. Die Herausforderung bestand also darin, die Strukturen der analogen Daten zu verstehen, um einerseits eine sinnvolle technische Abbildung der Daten im Computer zu realisieren und andererseits eine Grundlage für die Verarbeitung der Daten zu schaffen.

Stufe 2 – Prozessdigitalisierung

Mit der Fähigkeit zur Speicherung und Verarbeitung von Daten in Computern ist es technisch gesehen nur ein kleiner Schritt in Richtung Prozessdigitalisierung, d.h. der Erschaffung digitaler Prozesse. Unter digitalen Prozessen werden Abläufe aus der realen Welt verstanden, die zu wesentlichen Teilen in den Computer übertragen werden und dort stattfinden.

Plakative Beispiele für Prozessdigitalisierung sind der Buch- oder Musikhandel. Eine analoge Form des Handels ist der Verkauf von Büchern oder CDs in Ladengeschäften. Menschen gehen in ein Geschäft, schauen sich nach Büchern oder CDs um, lassen sich vielleicht vom Personal beraten, kaufen hoffentlich etwas und gehen wieder heim. Die digitalisierte Form des Handels ist uns heute ebenso geläufig. Wir besuchen eine Webseite oder eine App, suchen nach Büchern oder CDs, bekommen Empfehlungen angezeigt, kaufen ein oder mehrere Bücher und lassen sie uns nach Hause liefern.

Hier geht es nicht um die Vor- und Nachteile der beiden Varianten des Buchhandels. Vielmehr soll aufgezeigt werden, dass durch digitale Technologien Prozesse oder Abläufe, die bisher in der realen Welt und mit analogen Mitteln (z.B. mechanischen Registrierkassen) durchgeführt wurden, in die digitale Welt übertragen werden. An dieser Stelle könnten jetzt noch viele weitere Beispiele folgen, aber in vielen Lebensbereichen ist die Digitalisierung schon so präsent, dass Sie vermutlich selbst genug Beispiele für dieses Verständnis von Prozessdigitalisierung finden werden.

Die Herausforderung bei der Prozessdigitalisierung ist ähnlich wie die Herausforderung bei der Datendigitalisierung. Die bestehenden analogen Prozesse müssen durchdrungen und verstanden werden, damit sie in sinnvollen und brauchbaren digitalen Prozessen realisiert werden können. Darüber hinaus müssen die Technologien über eine angemessene Verbreitung und Akzeptanz verfügen, damit die digitalen Prozesse von Kunden bzw. Benutzern als sinnvolle Alternative angenommen werden.

Diese beiden Herausforderungen mögen auf den ersten Blick ein wenig spitzfindig erscheinen, sind aber für das Gesamtbild wichtig. Eine digitale Lösung kann handwerklich noch so gut gestaltet und technisch noch so gut gemacht sein – wenn die Kunden und Benutzer die Technologie nicht akzeptieren oder die Technologien nicht flächendeckend verfügbar sind, hat die Lösung auch keine wirkliche Chance.

Stufe 3 – digitale Transformation

Mit der Fähigkeit, gute digitale Prozesse auf der Basis bestehender und verstandener Prozesse zu realisieren, können wir uns auf die dritte Stufe der digitalen Transformation bewegen. Auf dieser Stufe werden digitale Technologien dazu verwendet, Transformationen von Wirtschaft und Gesellschaft in Gang zu setzen. Es entstehen neue Prozesse, Geschäftsmodelle oder auch Produkte, die ohne digitale Technologien nicht realisierbar wären. Auf diese Weise entstehen Innovationen, die unsere Lebenswelt verändern, d.h. transformieren.

Ein gutes Beispiel für die digitale Transformation ist unser Umgang mit dem Medium Video oder Musik. Lange Zeit waren der Fernseher oder das Radio im Wohnzimmer und das Programm der Sendeanstalten die dominierende Quelle für Video und Musik. Heute hat sich der Medienkonsum stark verschoben auf diverse Video- und Musikplattformen, auf denen kommerzielle Filme und Musik, aber auch Videos und Musik privater Personen zu beliebigen Zeiten konsumiert werden können. Ein anderes Beispiel für die digitale Transformation sind soziale Netzwerke, die unser zwischenmenschliches Kommunikationsverhalten nachhaltig verändern.

Die Herausforderung bei der digitalen Transformation ist die gleiche wie bei der Digitalisierung, mit einer zusätzlichen Dimension: Die Kunden bzw. Benutzer müssen die gedachte Innovation als solche akzeptieren und nutzen, damit die Lösung erfolgreich sein kann. Diese Dimension ist essenziell für das Verständnis des Unterschieds zwischen Digitalisierung und digitaler Transformation. Bei der Digitalisierung werden bestehende und etablierte Prozesse mithilfe digitaler Technologien realisiert. Die grundsätzliche Frage nach dem Erfolgspotenzial stellt sich hier nicht. Zum Beispiel ist relativ klar, dass Menschen online Bücher kaufen oder lesen. Am Anfang der Entwicklung sozialer Netzwerke war jedoch nicht klar, ob Menschen sehr persönliche Informationen über ihr Leben auf einer digitalen Plattform teilen würden.

1.1.2 Erweiterung des Gestaltungsspielraums mit jeder Stufe

Mit der zuvor beschriebenen Umkehr des Verhältnisses von Erwartungen und technischen Fähigkeiten sowie den drei Stufen der Verwendung digitaler Technologien lässt sich ein Trend ableiten: Der Gestaltungsspielraum mit Blick auf digitale Technologien wächst erheblich und wird vermutlich auch noch weiter wachsen. Viele Menschen sprechen in diesem Zusammenhang davon, dass wir uns im *digitalen Wandel* befinden.

Die drei Stufen der Technologieverwendung bieten unterschiedliche Gestaltungsspielräume, es handelt sich jedoch nicht um ein trennscharfes Modell. Viele digitale Lösungen sind vermutlich irgendwo in der Grauzone zwischen Prozess- und Transformationsorientierung angesiedelt. Wichtig ist hier, den wesentlichen Unterschied in den Herausforderungen und damit im Gestaltungsspielraum zu verstehen. Bringt man die drei Stufen nun mit der skizzierten zeitlichen Entwicklung der Erwartungen und der technischen Entwicklung zusammen, dann zeigt sich, dass erst durch den extremen Anstieg der technischen Fähigkeiten viel neues Potenzial für digitale Transformation entstanden ist.

Jetzt mag man fragen, warum diese Entwicklung ein Problem ist. Grundsätzlich ist diese Entwicklung positiv, denn neue Möglichkeiten und Fähigkeiten eröffnen neue Innovationspotenziale. Allerdings erfordert der Umgang mit dieser veränderten Situation eine veränderte Sicht auf die erforderlichen Kompetenzen. Bei der Daten- und Prozessdigitalisierung steht das Verständnis bestehender Daten und Prozesse im Vordergrund. Es gibt auf dieser Stufe eine Vorlage, die analysiert werden muss, um auf Basis dieses Verständnisses eine digitale Lösung zu realisieren. Hierfür haben sich in der Vergangenheit spezialisierte Kompetenzen etabliert, wie das Requirements Engineering für den professionellen Umgang mit Anforderungen und die Businessanalyse für das professionelle Arbeiten in wirtschaftlichen Kontexten. Darüber hinaus spielt die Qualität einer Lösung aus Sicht des Benutzers eine wichtige Rolle. Hierfür haben sich die Fachkompetenzen des Usability Engineering und User Experience (UX) Design herausgebildet. Und für die technische Umsetzung im Sinne von Software hat sich das Gebiet der Softwarearchitektur etabliert. Vor dem Hintergrund der Herausforderungen der Daten- und Prozessdigitalisierung sind diese Kompetenzen notwendig, gut und wichtig. Der Erfolg vieler Lösungen unterstreicht, wie wichtig diese Spezialisierungen sind.

Gehen wir jedoch auf die Stufe der digitalen Transformation und nehmen die ständig wachsenden technischen Möglichkeiten dazu, reichen die Spezialisierungen nicht mehr aus. Es braucht neben den Spezialisierungen eine Ergänzung im Sinne einer ganzheitlichen und übergreifenden Perspektive auf die Gestaltung einer digitalen Lösung, die in allen vorhandenen Freiheitsgraden operieren kann.

1.1.3 Berufsbild »Digital Design«

Diese Entwicklung hat eine Gruppe von Menschen im Bundesverband Bitkom e.V. motiviert, mit dem »Digital-Design-Manifest« das Berufsbild und die Idee des Digital Design zu propagieren [Bitkom 2018]:

Digital Design

Die kreative und ganzheitliche Gestaltung digitaler Lösungen.

Die *kreative und ganzheitliche Gestaltung digitaler Lösungen* wird durch eine ganzheitliche Betrachtung der technischen Möglichkeiten des digitalen Materials, der wirtschaftlichen Aspekte und der aktuellen oder zukünftigen Bedürfnisse der Menschen erreicht. Digital Designerinnen und Designer sind Menschen mit Kompetenzen in der ganzheitlichen Gestaltung digitaler Lösungen. Dies umfasst neben der schöpferischen und kreativen Gestaltung vor allem das Verständnis digitaler Technologien als gestaltbares Material sowie entsprechendes Wissen über digitale Technologien und den Bau digitaler Lösungen. Bei dieser innovativen Form von Technologiekompetenz geht es nicht um Realisierungskompetenz, es geht vielmehr um ein breites Wissen über die Möglichkeiten und Grenzen digitaler Technologien.

In Kapitel 2 werden wir die Kompetenzfelder des Digital Design genauer betrachten und im weiteren Verlauf des Buches tiefer in weitere Details einsteigen. Zunächst bleiben wir aber noch bei einer grundlegenden Perspektive, die wichtig für das Verständnis von Digital Design ist.

Zur Begrifflichkeit »Digital Design«

Begriffliche Präzision ist wichtig für ein Lehrbuch und für eine gute Kommunikation. Daher soll im Folgenden kurz auf die Mehrdeutigkeit des Begriffs »Digital Design« eingegangen werden. Im allgemeinen Sprachgebrauch wird mit Digital Design auch Folgendes bezeichnet:

- Design von Produkten mit digitalen Werkzeugen
- Design von integrierten Schaltkreisen (ICs)
- Design von User Interfaces (z. B. von Webseiten oder Apps)
- Design von visueller Kommunikation mit digitalen Interfaces

Diese Mehrdeutigkeit ist kein Mangel, sondern sprachliche Normalität. Ein Wissen um diese Mehrdeutigkeit ist nützlich, um Missverständnissen vorzubeugen. Insbesondere die letzten beiden Bedeutungen weisen bereits in Richtung der Digitalisierung, werden aber häufiger als Kommunikationsdesign, Interaction Design oder User Interface Design bezeichnet.

Digital Design, so wie es in diesem Buch beschrieben ist, ist umfassender zu verstehen und bewegt sich auf der gleichen Ebene wie das Industriedesign oder die Architektur. So wie der Begriff »Industriedesign« für die ganzheitliche Gestaltung von Produkten im industriellen Kontext steht (vgl. [VDID 2012]), so bezeichnet Digital Design die ganzheitliche Gestaltung digitaler Lösungen auf Basis digitaler Technologien im Kontext der digitalen Transformation. Und, natürlich wird im Digital Design auch mit digitalen Werkzeugen gearbeitet.

Diese Vielfältigkeit in Bezug auf das Digitale und auch der ganzheitliche Anspruch werden durch den Begriff »Digital Design« wunderbar zum Ausdruck gebracht. Gleichzeitig werden Sie im Verlauf des Buches sehen, dass die vielfältigen Kompetenzen zur Gestaltung digitaler Lösungen durch Digital Design in einen größeren Kontext gestellt werden und dadurch an Stärke, Bedeutung und Wirksamkeit gewinnen.

Ganzheitliche Gestaltung digitaler Lösungen als Fokus

Im Digital Design geht es um die ganzheitliche und kreative Gestaltung digitaler Lösungen. Eine digitale Lösung ist mehr als ein technisches System und ist wie folgt definiert:

Digitale Lösung

Ein soziotechnisches System, das ein reales Problem mit digitalen Mitteln löst.

Der Begriff des soziotechnischen Systems im Sinne des Zusammenspiels von Mensch, Organisation und Technologie klingt zunächst etwas sperrig. Er eignet sich aber sehr gut, um eine digitale Lösung und den Anspruch an das ganzheitliche Design treffend zu charakterisieren.

Ganzheitlich und kreativ bedeutet in erster Linie, dass es beim Design einer digitalen Lösung nicht nur darum geht, ein technisches System für einen gegebenen Kontext zu gestalten, sondern vielmehr darum, das technische System im Zusammenspiel mit seinem Kontext ganzheitlich im Sinne einer innovativen Lösung zu gestalten. Im *Digital-Design-Manifest* wird dieser Anspruch wie folgt formuliert.

Teile der Gestaltungsarbeit nach dem Digital-Design-Manifest [Bitkom 2018]

- Ziel, Nutzen und Mittel im Zusammenspiel gestalten: Gestaltungsarbeit heißt nicht nur, eine Lösung für ein Problem und einen Weg zu einem Ziel zu finden. Neue Möglichkeiten und neue Technologien erlauben es, neue Ziele zu definieren, die vorher nicht denkbar schienen. Daher schließt Gestaltungsarbeit auch die Arbeit an Zielen mit ein.
- Im Großen und Kleinen gestalten: Gestaltung im Großen bezieht sich auf Geschäftsmodelle, -prozesse und -strategien. Gestaltung im Kleinen betrifft kleine Dinge im Alltag und Bausteine einer Lösung.
- Sichtbares und Verborgenes gestalten: Viele Funktionen einer digitalen Lösung laufen im Verborgenen. Sie sind aber genauso wichtig für den Erfolg der Lösung wie die sichtbare Oberfläche.
- Materielles und Immaterielles gestalten: Digitale Technologien werden oft mit immateriellen Dingen gleichgesetzt, obwohl viele Teile der Digitalisierung (z.B. Endgeräte) materielle Gegenstände sind.
- Den Gestaltungsprozess gestalten: Digitale Lösungen sind komplex und insbesondere ihr Softwareanteil kann sich fortlaufend weiterentwickeln. Der Gestaltungsprozess ist nicht trivial und muss daher ebenfalls fortlaufend mit methodischer Kompetenz und Sorgfalt gestaltet werden.

Zehn Prinzipien für gutes Digital Design

Für das Verständnis eines Berufsbilds sind Kompetenzen und Fähigkeiten eine wichtige Grundlage. Ebenso wichtig ist aber auch die Haltung, die durch ein Berufsbild verkörpert werden soll. Das Digital-Design-Manifest definiert dazu zehn Prinzipien:

Zehn Prinzipien für gutes Digital Design [Bitkom 2018]

1. Gutes Digital Design ist nützlich und gebrauchbar.
2. Gutes Digital Design ist elegant und ästhetisch.
3. Gutes Digital Design ist evolutionär.
4. Gutes Digital Design ist explorativ.
5. Gutes Digital Design nimmt den ganzen Menschen in den Fokus.
6. Gutes Digital Design antizipiert die Auswirkungen seiner Ergebnisse.
7. Gutes Digital Design achtet den Datenschutz und die Datensicherheit.
8. Gutes Digital Design ist nachhaltig und schafft Nachhaltigkeit.
9. Gutes Digital Design würdigt Analoges und Digitales in gleicher Weise.
10. Gutes Digital Design setzt Digitales nur dort ein, wo es erforderlich ist.

Die zehn Prinzipien sind nicht als Checkliste gedacht. Sie beschreiben vielmehr eine Haltung gegenüber dem digitalen Material und der Gestaltung guter digitaler Lösungen. Sie beziehen sich immer auf gutes Digital Design und damit sowohl auf den Prozess als auch auf das Ergebnis.

1.2 Digital Design als Berufsbild und nicht als »Superrolle«

Im Verlauf dieses Buches werden wir sehen, dass das Kompetenzprofil von Digital Design sehr breit und vielfältig ist. In Projekten und Organisationen wird oft von Rollen gesprochen, daher ist der Unterschied zwischen Rolle und Berufsbild wichtig für das Verständnis von Digital Design.

Unter einer Rolle wird eine Funktion verstanden, die eine Person in einer bestimmten Situation einnehmen kann. Eine Rolle kann durch Aufgaben, Rechte, Pflichten und Verantwortlichkeiten definiert werden. Auch wenn diese Sichtweise etwas spitzfindig ist, so ist sie doch sehr wichtig, um Klarheit über Personen und ihre Rollen zu gewinnen.

Nur weil einer Person eine Rolle zugewiesen wird (z.B. die Rolle eines Qualitätsmanagers) und diese Rolle der Person im obigen Sinne erläutert wird, heißt dies noch lange nicht, dass die Person diese Rolle auch adäquat ausfüllen kann. Hier kommt das Berufsbild im Sinne eines Kompetenz- und Fähigkeitsprofils der Person zum Tragen. Nur wenn Rolle und Profil übereinstimmen, kann eine Person eine Rolle sinnvoll ausfüllen.

Würde man das Profil des Digital Design auf eine einzelne Rolle übertragen, so ergäbe sich eine Art »Superrolle«, die eine einzelne Person vermutlich überfordern würde bzw. nur für sehr kleine und überschaubare Lösungen funktionieren würde.

Der umgekehrte Weg ist vielversprechender. Rollen und Prozesse müssen spezifisch für eine konkrete Situation definiert werden. Ebenso können sich Rollen je nach Situation schnell ändern. Unser Ziel muss es sein, Menschen im Sinne des Digital Design sehr breit und vielfältig zu qualifizieren, damit sie im Team und in unterschiedlichen Rollen an der Gestaltung digitaler Lösungen arbeiten und gemeinsam Verantwortung für die Gestaltung übernehmen können. Wesentlich ist dabei, dass das Digital Design einen Rahmen bietet, der die Aufgaben und Verantwortlichkeiten festlegt, und dieser Rahmen dann genutzt wird, um konkrete Rollen zu definieren. Je nach Rolle sind dann natürlich Zusatzqualifikationen erforderlich, die über das Digital Design hinausgehen.

1.3 Zertifizierung zum »Digital Design Professional«

Einen Einstieg in das Thema Digital Design bietet das Zertifikat »Digital Design Professional (DDP) – Foundation Level« des International Requirements Engineering Board (IREB) [DDP FL 2023]. Unter einem DDP sind Personen zu verstehen, die auf dem Gebiet des Digital Design fachkundig sind. Wesentliche Qualifikationsziele des Foundation Level bestehen in

- einem ganzheitlichen Verständnis digitaler Lösungen,
- einem umfassenden Verständnis über den Bauprozess[2] digitaler Lösungen, d.h. über den gesamten Prozess von der ersten Idee über die Umsetzung bis zum Lebensende einer Lösung, und
- einem breiten Verständnis der Gestaltung digitaler Lösungen sowie der erforderlichen Material- und Querschnittskompetenzen.

Mit dem Erreichen der genannten Qualifikationsziele sollen Fachleute mit spezialisierter Ausbildung dabei unterstützt werden, den Bau und vor allem die Gestaltung digitaler Lösungen in ihrer Ganzheitlichkeit besser zu erfassen und zu strukturieren. Dadurch können die eigenen Stärken besser in den Prozess und in das Team eingebracht werden. Darüber hinaus hilft es dabei, das eigene Kompetenz- und Fähigkeitsprofil in das Profil des Digital Design einzuordnen, um die eigene Weiterbildung in Richtung Digital Design sinnvoll zu strukturieren und voranzutreiben.

2. Anmerkung: Im Digital Design wird vom »Bau« und vom »Bauprozess« gesprochen. Diese Begrifflichkeiten werden in Kapitel 4 umfassend eingeführt.

Der Foundation Level ist für alle Berufsbilder und Rollen nützlich, die im weitesten Sinne mit der Gestaltung und Entwicklung digitaler Lösungen zu tun haben. Sie erhalten ein besseres Verständnis für die Gestaltung digitaler Lösungen und auch für die dazu erforderlichen Schnittstellen. Schlussendlich definiert der Foundation Level eine gemeinsame Sprache und unterstützt damit die Kommunikation zwischen unterschiedlichen Disziplinen.

Das Zertifikat zum DDP Foundation Level ist somit der Nachweis, dass eine Person über ein umfassendes Verständnis über Digital Design verfügt und die Sprache des Digital Design beherrscht.

1.4 Ziele und Aufbau dieses Buches

1.4.1 Ziele des Buches

Dieses Buch orientiert sich am Lehrplan zum »Digital Design Professional – Foundation Level« (DDP) [DDP FL 2023] und verfolgt drei Ziele:

1. Digital Design in seiner Breite und Tiefe darstellen

Der Anspruch an eine ganzheitliche Gestaltung erfordert ein umfassendes Verständnis und ein vielfältiges Spektrum an Fähigkeiten und Kompetenzen. Dieses Buch strukturiert und ordnet diese Vielfalt im Sinne eines Grundlagenwerks, um Digital Design umfassend zu vermitteln. Leserinnen und Leser erhalten so eine gut lesbare Einführung und ein umfassendes Verständnis der Konzepte und Werkzeuge des Digital Design, um erste Schritte in der ganzheitlichen Gestaltung digitaler Lösungen und Systeme erfolgreich zu gehen.

2. Brücken in die Praxis bauen

Digital Design ist ein vergleichsweise junger Ansatz, dennoch wird die Digitalisierung bereits heute gestaltet und es gibt eine Reihe von Fachleuten auf diesem Gebiet. Für diese Zielgruppe will dieses Buch eine Brücke bauen, um die eigenen Kompetenzen durch die Brille des Digital Design zu betrachten und aufzuzeigen, wie Digital Design in den eigenen Arbeitsalltag passt. Dazu werden zahlreiche Verweise auf weiterführende Literatur zu Techniken und Vorgehensweisen gegeben.

3. Unterstützung für die Zertifizierung zum DDP Foundation Level

Interessierte an einem Zertifikat erhalten einen umfassenden und zugänglich strukturierten Überblick über die Inhalte des Lernstoffs und können das Buch als Ergänzung zu einer Schulung oder zur Vorbereitung auf die Zertifizierung bzw. zum Selbststudium nutzen. Ebenso können Trainerinnen und Trainer des DDP dieses Buch als Grundlage für ihre Schulungen einsetzen.

1.4.2 Aufbau des Buches

Inhaltliche Struktur

Dieses Buch ist in erster Linie als Lehrbuch und in zweiter Linie als ständiger Wegbegleiter geschrieben. Als Lehrbuch kann es von vorne nach hinten gelesen werden und vermittelt in drei Teilen folgende Inhalte:

- **Teil I ist den Grundlagen gewidmet.** Zunächst werden wir uns mit dem Kompetenzspektrum des Digital Design beschäftigen (Kap. 2) und uns einen ersten Überblick über das Design mit digitalem Material verschaffen (Kap. 3). Anschließend werden wir zur Strukturierung der Designarbeit den Bauprozess näher betrachten (Kap. 4) und verschiedene Modelle zur Strukturierung von Designarbeit kennenlernen (Kap. 5). Außerdem wird ein erster Überblick über digitale Technologien (Kap. 6) gegeben. Den Abschluss des ersten Teils bilden wichtige Grundlagen der Designarbeit im Allgemeinen (Kap. 7).
- **Teil II widmet sich der Designkompetenz.** Dazu wird Designarbeit auf drei Abstraktionsebenen im Detail betrachtet: Entwurf, Evaluation und Designarbeit im Bauprozess (Kap. 8–10). Abschließend wird eine übergeordnete Perspektive eingenommen und untersucht, wie digitale Lösungen ganzheitlich gestaltet werden können (Kap. 11).
- **Teil III ist den Querschnittskompetenzen des Digital Design gewidmet.** In diesem Teil werden verschiedene Frameworks für Bauprozesse betrachtet (Kap. 12) und ein Überblick über die Bedeutung der sozialen Dimension für den Bauprozess gegeben (Kap. 13).

Als Wegbegleiter nimmt das Buch zum Abschluss eine übergeordnete Perspektive ein und gibt einen Ausblick auf nächste Schritte, die mit Blick auf die persönliche Weiterbildung im Digital Design denkbar sind. Darüber hinaus versteht sich das Buch auch als Nachschlagewerk, das für die vielfältigen Aspekte, Werkzeuge und Techniken der ganzheitlichen Gestaltung digitaler Lösungen und Systeme genutzt werden kann. Dabei hilft auch ein umfangreiches Stichwortverzeichnis im Anhang des Buches.

Im Anhang finden sich weiter Hinweise zur Vorbereitung auf die Zertifizierungsprüfung zum DDP Foundation Level mit einer Übersicht über die Lernziele und mit Beispielprüfungsfragen zu jedem Lernziel.

Hervorhebungen von wichtigen Inhalten

Wichtige Begriffsdefinitionen werden im Text gezielt in Boxen hervorgehoben. Diese Definitionen stammen, sofern nicht anders angegeben, aus dem DDP-Glossar und werden wie folgt dargestellt:

Definierter Begriff

Text zur Definition.

Wichtige Hinweise zu Inhalten (bzw. zur Anwendung in der Praxis oder zur Vertiefung) sind wie folgt dargestellt:

Überschrift des Hinweises

Beschreibung des Hinweises

Neben Hinweisen sind an einigen Stellen Exkurse eingefügt, die einen spannenden Sachverhalt beschreiben, der über den Foundation Level hinausgeht. Die Exkurse werden folgendermaßen dargestellt:

Überschrift des Exkurses

Beschreibung des Exkurses

Fallbeispiele als Angebot zur Anwendung der Inhalte

Zur Vertiefung und praktischen Anwendung der Arbeit im Digital Design werden im Text verschiedene Fallbeispiele angeboten.

Fallbeispiele beziehen sich auf die Inhalte eines Abschnitts und laden dazu ein, diese auf ein Fallbeispiel anzuwenden.

Fallbeispiele werden so wie dieser Text durch ein Symbol und eine veränderte Schrift hervorgehoben.

Reflexionsfragen als Angebot zur Vertiefung

Am Ende eines Kapitels sind offene Reflexionsfragen formuliert. Diese offenen Fragen sind als Angebote gedacht, um die Themen eines Kapitels zu reflektieren und zu vertiefen. Dabei zielen die Reflexionsfragen z.B. auf persönliche Erfahrungen und Einschätzungen ab oder regen an, die Inhalte eines Kapitels auf ein Beispiel anzuwenden.

Reflexionsfragen

Drei Stufen der Technologieverwendung

Betrachten Sie digitale Lösungen aus Ihrem aktuellen Umfeld, dies können privat genutzte Apps oder auch ein Projekt aus Ihrem Arbeitsumfeld sein. Ordnen Sie die Lösungen den drei Stufen der Technologieverwendung zu und begründen Sie die Zuordnung für sich.

Thesen für gutes Digital Design

Welche These für gutes Digital Design ist aus Ihrer Sicht am wichtigsten?

Welche guten und schlechten Beispiele fallen Ihnen zu den Thesen ein?

Rollen, Aufgaben und Berufsbilder

Welche Rollen haben Sie bereits in Software- bzw. Digitalisierungsprojekten eingenommen? Notieren Sie die Rollen mit den wichtigsten Aufgaben und Verantwortlichkeiten.

Welchem Berufsbild würden Sie sich zuordnen? Das kann z.B. Ihr Studienabschluss, Ihre Berufsausbildung oder auch etwas ganz anderes sein.

Wie passen Ihre Rollen und Ihr Berufsbild zusammen? Wie gut hat Sie Ihr Berufsbild auf Ihre Rollen vorbereitet? Welche Inhalte waren hilfreich?

Teil I
Grundlagen des Digital Design

2 Kompetenzfelder des Digital Design

I thought that the designer should know the process how these things are made and so he has to be schooled first to understand the machine and the whole process of industry. So, we had to bring at least mentally together the totality of the whole process.
– Walter Gropius in »Bauhaus reviewed 1919–1933«

In diesem Kapitel wird das Kompetenzprofil des Digital Design umfassend eingeführt und beschrieben. Für das Kompetenzprofil wurde der griechische Buchstabe π (Pi) als Symbol gewählt (siehe Abb. 2–1 und vgl. [Bitkom 2017]). Es vermittelt, dass die Gestaltung digitaler Lösungen neben einer breiten Querschnittskompetenz zwei Schwerpunktkompetenzen benötigt.

Querschnittskompetenz
1. Projektdimension
2. Produktdimension
3. Soziale Dimension

Designkompetenz
1. Veränderungsnotwendigkeit verstehen und formulieren
2. Ziel der Veränderung verstehen und formulieren
3. Lösung für das Ziel entwerfen
4. Realisierung der Lösung begleiten
5. Lösung wirksam machen

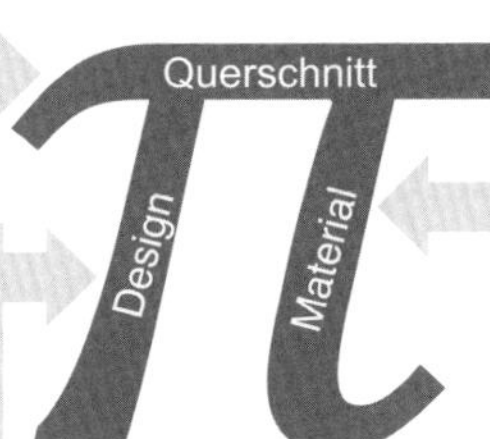

Kompetenz in digitalem Material
1. Wissen um das Spektrum digitaler Technologien
2. Wissen um die technischen Fähigkeiten, Grenzen und Voraussetzungen von Technologien
3. Wissen um Randbedingungen und Auswirkungen einer Technologie
4. Bewusstsein für Weiterbildung und für Hypes
5. Materialkompetenz ist nicht gleich Realisierungskompetenz

Abb. 2–1 *Das Pi-förmige Profil des Digital Design*

Digital Design und das Bauhaus

Die Kombination aus Design- und Materialkompetenz im Digital Design folgt dem Vorbild bestehender Berufsbilder der Gestaltung und wurde bereits vor 100 Jahren am Staatlichen Bauhaus, besonders in der Zeit in Dessau ab 1925, gelebt[a]. Walter Gropius war Gründer des Bauhauses, sein Zitat zu Beginn dieses Kapitels ist Ausdruck dieser Idee und heute eine selbstverständliche Grundlage für die Architektur und das Industriedesign. In beiden Disziplinen wird sehr viel Wert darauf gelegt, dass sowohl gestalterische als auch technische Fähigkeiten vermittelt werden.[b] Dahinter steckt die Erkenntnis, dass isolierte Designkompetenz ohne Materialkompetenz nur bedingt wirksam werden kann. Es besteht einerseits das Risiko, dass durch isolierte Designkompetenz Ideen oder Produkte entworfen werden, die faktisch nicht realisierbar sind, und andererseits, dass die Möglichkeiten der verfügbaren Materialien nicht sinnvoll und vollständig ausgeschöpft werden können, sodass suboptimale Lösungen entstehen.

a. Wenn Sie gedanklich in die Zeit des Staatlichen Bauhauses reisen möchten, dann kann ich Ihnen die Seite *https://monoskop.org/Bauhaus* empfehlen. Dort finden sich viele spannende Originalpublikationen als PDF, z.B. die Zeitschrift »Bauhaus«.

b. Wer tiefer in diese Disziplinen eintauchen möchte, dem empfehle ich die Dokumentarfilme von Gary Hustwit: »Objectified« und »Rams« zum Thema Industriedesign sowie »Urbanized« zum Thema Bauarchitektur. Alle Filme sind zu finden unter *https://www.ohyouprettythings.com/films*.

2.1 Designkompetenz

Wenn man sich mit dem Kern von Designkompetenz befassen möchte, dann muss man sich auch den Begriff »Design« genauer anschauen – ein schwieriges Thema. Für das zentrale Wort »Design« beginnt der Eintrag im Wörterbuch Design [Erlhoff & Marshall 2008] mit folgender Aussage:

> *Auf die Gefahr hin, die Leserinnen und Leser zu enttäuschen, müssen wir doch sehr offen eingestehen: Ausgerechnet für die zentrale Kategorie dieses Wörterbuchs gibt es keine allgemein gültige Definition – eben für Design.*

Im Anschluss an dieses Bekenntnis folgen mehrere Seiten Erläuterungen über die verschiedenen Bedeutungen und Interpretationen des Begriffs Design. Wenn Sie tiefer in die begriffliche Breite von Design einsteigen wollen, dann kann ich Ihnen empfehlen, die Erläuterungen zu studieren.

Die begriffliche Unschärfe von Design wird gerne als Schwäche der gesamten Idee des Designs ausgelegt. Dieser Auslegung soll an dieser Stelle ausdrücklich widersprochen werden. Design findet in vielfältigen Formen und Bereichen statt und daraus folgt unmittelbar, dass Design ein sehr breites Bedeutungsspektrum umfassen muss. Diese Breite und Vielfalt sind eine Stärke der Idee des Designs. Wichtig ist nur, dass man sich im jeweiligen Kontext klarmacht, welches Verständnis von Design verwendet wird, um nicht missverstanden zu werden.

Im Digital Design wird das Wort »Design« im Sinne des Wortes »Gestaltung« bzw. gestalten verwendet. Das Wörterbuch Design [Erlhoff & Marshall 2008] definiert Gestaltung wie folgt:

Gestaltung

Ein Eingriff in die Umwelt, der zu deren absichtsvoller Veränderung führt.

Mit der Definition wird deutlich, dass mit Gestaltung ein ganzheitlicher Anspruch verbunden ist und Gestaltung eine Aktivität darstellt, die bis zur tatsächlichen Veränderung reicht. Dieser Anspruch wird in der Designliteratur dadurch unterstrichen, dass Design als eine Dienstleistung (Service) verstanden wird (vgl. [Nelson & Stoltermann 2014]): Designerinnen und Designer gestalten im Sinne ihrer Auftraggeber und weiterer Stakeholder (z.B. Kunden des Auftraggebers, Benutzer eines Systems).

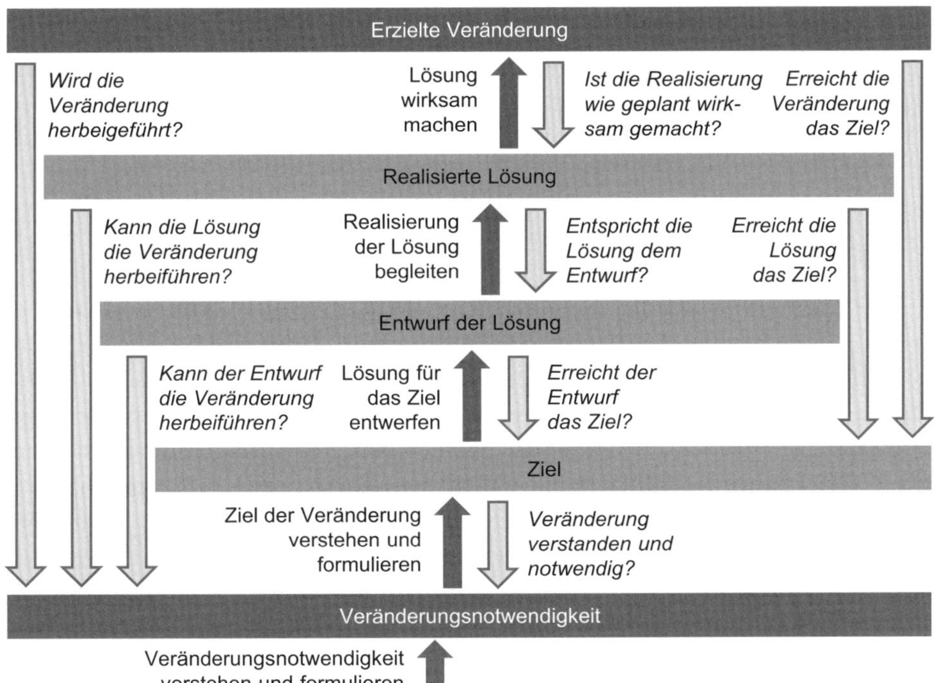

Abb. 2–2 *Wesentliche Bestandteile von Designkompetenz im Überblick*

Übertragen auf das Digital Design bedeutet dies die absichtsvolle Veränderung der Umwelt durch eine digitale Lösung. Entlang dieses Begriffsverständnisses können wir uns den wesentlichen Bestandteilen von Designkompetenz nähern. Abbildung 2–2 zeigt die verschiedenen Bestandteile und ihr Zusammenspiel im

Überblick[1]. Wichtig für den ersten Überblick zur Designkompetenz ist an dieser Stelle, dass die Bestandteile sowohl aus Tätigkeiten bestehen, die in Richtung der Veränderung arbeiten (dunkelgraue Pfeile), als auch aus Tätigkeiten, die der Evaluation des bisher Erarbeiteten dienen (hellgraue Pfeile). Damit wird zum Ausdruck gebracht, dass Design auch immer die Evaluation einschließt. In den folgenden Abschnitten werden wir die verschiedenen Bestandteile von Designkompetenz näher betrachten.

2.1.1 Veränderungsnotwendigkeit verstehen und formulieren

Designkompetenz beginnt mit der Fähigkeit, die Notwendigkeit einer Veränderung zu erkennen und zu verstehen. Das Verständnis für die Notwendigkeit einer Veränderung wird oft mit einem Problem oder einem Ziel gleichgesetzt, ist diesem Schritt aber vorgelagert. Auf den ersten Blick mag diese Unterscheidung akademisch anmuten, ist aber für Designvorhaben von großer Bedeutung. Denn das Problem oder das Ziel ist schon der zweite Schritt, der die Richtung der Veränderung formuliert.

Die Frage nach der Notwendigkeit bedeutet vor allen Dingen zu verstehen, warum ein Problem ein Problem ist oder warum die Erreichung eines Ziels überhaupt erforderlich ist. Gerade mit Blick auf digitale Lösungen ist die Frage nach der Notwendigkeit einer Veränderung wichtig, da Digitalisierung sehr oft als Selbstzweck missverstanden wird. Mit dem Wissen um den Grund für eine Veränderung kann im Verlauf des gesamten Prozesses überprüft werden, ob ein Vorhaben noch in die richtige Richtung geht oder nicht.

Das Verständnis der Veränderungsnotwendigkeit ist über das inhaltliche Wissen hinaus ein wichtiger sozialer Faktor für die Motivation aller beteiligten Personen und für den Erfolg einer Lösung. Im Sinne einer Kompetenz stecken hinter diesem Verständnis zum einen analytische Kompetenzen, um die Veränderungsnotwendig zu erfassen, aber zum anderen auch kommunikative Kompetenzen, um die Notwendigkeit verständlich an verschiedene Zielgruppen zu kommunizieren. Diese kommunikativen Kompetenzen zählen zu den querschnittlichen Kompetenzen und werden in Abschnitt 2.3 vertieft.

---

1. Darstellungen wie Abbildung 2–2 dürfen nicht als Vorgehensmodell missverstanden werden. Auf das Vorgehen und den Bauprozess kommen wir in Kapitel 4 zu sprechen.

Nehmen Sie als Beispiel eine auf den ersten Blick gut funktionierende Organisation. Das Management kommt zu der Erkenntnis, dass die Organisation ihre Prozesse und Arbeitsweisen mithilfe einer digitalen Lösung verändern muss, um zukunftsfähig zu bleiben. Das Management hat die Notwendigkeit zur Veränderung verstanden und kann mit einer digitalen Lösung eine Veränderung in Gang setzen.

Dies bedeutet nicht zwangsläufig, dass die gesamte Organisation die Notwendigkeit der Veränderung verstanden hat. Für einen guten Designprozess ist es daher erforderlich, dass die Notwendigkeit zur Veränderung von allen Beteiligten verstanden wird, um sinnvoll am Veränderungsprozess mitzuwirken.

2.1.2 Ziel der Veränderung verstehen und formulieren

Ausgehend vom Verständnis der Notwendigkeit einer Veränderung muss die angestrebte Veränderung konkreter bestimmt werden. Dies kann allgemein als Problem oder als Ziel aufgefasst werden.

Problem vs. Ziel – einfache Unterscheidung

Die Begriffe »Problem« und »Ziel« sind selbst ein wenig problembehaftet. Für Neueinsteiger sind die folgenden Charakterisierungen hilfreich.

Probleme schauen auf den aktuellen Zustand und können auch als unerwünschte Zustände bzw. zu verändernde Zustände bezeichnet werden. Ziele schauen in die Zukunft und können als zu erreichende Zustände verstanden werden.

Damit hängt die Frage, ob man lieber in Problemen oder in Zielen denkt, von der zeitlichen Perspektive ab. Beide Begriffe sind als Ausgangspunkt für das Design geeignet. Projekte sollen meist sowohl Probleme lösen als auch Ziele erreichen. Von daher muss man sich sowieso mit beiden Sichten beschäftigen.

Mit Blick auf digitale Lösungen ist die Formulierung der Ziele eine echte Herausforderung. In Abschnitt 1.1.1 haben wir gesehen, wie vielfältig die Fähigkeiten digitaler Technologien sein können und welche Potenziale sie entfalten können. Dieses Potenzial kann auf der einen Seite sehr inspirierend wirken und vielfältige Ideen für Ziele eröffnen. Auf der anderen Seite kann dieses Potenzial aber auch lähmend wirken, da vollkommen unklar ist, in welche Richtung sich eine Lösung entwickeln kann.

Gerade bei digitalen Lösungen sind klare Ziele wichtig. Die Ziele geben Orientierung, in welche Richtung sich die angestrebte Lösung entwickeln soll. Ziele helfen auch dabei, zu evaluieren, ob die angestrebte Veränderung richtig verstanden und notwendig ist. Gleichzeitig sind formulierte Ziele ein Referenzpunkt, um zu überprüfen, ob die angestrebte Lösung die Ziele erreichen kann und erreichen wird.

Ebenso wie die Notwendigkeit der Veränderung müssen auch die Ziele sinnvoll kommuniziert werden, damit sie von allen verstanden werden. Designkompetenz umfasst aber nicht nur die analytischen und kommunikativen Fähigkeiten, um Ziele zu erfassen, sauber aufzuschreiben und zu kommunizieren. Aufgrund der Möglichkeiten digitaler Lösungen umfasst Designkompetenz auch eine beratende Komponente in dem Sinne, dass das Digital Design dem Auftraggeber und weiteren Stakeholdern dabei hilft, gute, sinnvolle und erreichbare Ziele zu formulieren.

2.1.3 Lösung für das Ziel entwerfen

Haben wir die Ziele erfasst, müssen wir eine Lösung erdenken und formulieren, mit der das Ziel erreicht werden kann. Erdenken und formulieren hört sich als Fähigkeit umständlich an. Besser passt hier der Begriff des Entwerfens, um beide Tätigkeiten zu beschreiben. Entwerfen als Verb wird als »erdenken« verstanden und der Entwurf als Substantiv ist dann die formulierte Dokumentation des »Erdachten« (vgl. [Gänshirt 2021]).

Entwürfe als Dokument und Entwerfen als Fähigkeit ist immer dann wichtig, wenn die angedachte Lösung so komplex ist, dass man sie nicht unmittelbar in die Tat umsetzen kann bzw. wenn man zur Umsetzung auf die Mithilfe weiterer Menschen angewiesen ist. Daher umfasst auch das Entwerfen die Kompetenz zur angemessenen Kommunikation eines Entwurfs an die beteiligten Personen. Für digitale Lösungen ist diese Komplexität unumstritten und daher zählt die Fähigkeit des Entwerfens auch zu den notwendigen Kompetenzen im Digital Design. Der Entwurf einer digitalen Lösung ist allgemein die Basis für die Realisierung der Lösung und gleichzeitig auch ein wichtiger Referenzpunkt für die Evaluation, ob die Realisierung der Lösung dem Entwurf entspricht.

Die Evaluationspotenziale eines Entwurfs beziehen sich aber nicht nur auf die Realisierung einer Lösung. Auf Basis eines Entwurfs kann geprüft werden, ob der erstellte Entwurf das Potenzial hat, die gesteckten Ziele zu erfüllen. Ebenso kann man mit einem Entwurf auch zum ersten Mal überprüfen, ob der Entwurf die angedachte Veränderung erreichen kann. Sowohl das Entwerfen als auch das Evaluieren von Entwürfen wird im Verlauf des Buches weiter vertieft.

2.1.4 Realisierung der Lösung begleiten

Genauso relevant wie das Entwerfen ist die Fähigkeit, den Entwurf in die Tat umzusetzen und damit die Veränderung möglich zu machen. Daher gehört die Begleitung der Realisierung ebenfalls zur Designkompetenz. Wesentlich ist hier aber der Gedanke der *Begleitung* der Realisierung:

Veränderung begleiten heißt nicht, dass man alles selbst machen muss.

Das Herbeiführen von Veränderungen kann leicht dahingehend missverstanden werden, dass die Veränderung mit eigenen Händen herbeigeführt wird. Dies ist mitnichten gemeint.

Eine sehr klare Trennung von Design und Herbeiführung ist beispielsweise im Industriedesign ein charakteristisches Merkmal und der Unterschied zum sogenannten *»craft-based Design«* (vgl. [Noblet 1996]). Beim craft-based Design werden Design und Realisierung in einer Person oder sogar in einer Tätigkeit vereint. Im Industriedesign wird ein Produkt hingegen von einem Team designt und dann von ganz anderen Personen im Rahmen eines industriellen Herstellungsprozesses produziert.

Im Zusammenspiel mit der Realisierung der Lösung umfasst das Design eine Reihe von Tätigkeiten zur Evaluation. Zum einen muss evaluiert werden, ob die realisierte Lösung dem Entwurf entspricht. Ebenso muss evaluiert werden, ob die realisierte Lösung die definierten Ziele erreicht und ob die Lösung die angestrebte Veränderung herbeiführen kann.

Im weiteren Verlauf des Buches werden wir sehen, dass das Realisieren einer digitalen Lösung eine andere Art von Vorhaben ist als das Realisieren von Massenprodukten im Sinne des Industriedesigns. Stark vereinfacht kann man sagen, dass das Realisieren einer digitalen Lösung sehr viele detaillierte Designentscheidungen umfasst und dass das Digital Design an diesen Entscheidungen beteiligt ist bzw. die erforderlichen Details zur Realisierung einer Lösung erarbeiten muss.

Daraus ergibt sich, dass die Realisierung einer Lösung die Begleitung des gesamten Prozesses und damit auch das Zusammenspiel mit vielfältigsten weiteren Professionen und Fachleuten erfordert. Die konkrete Liste hängt vom jeweiligen Vorhaben ab. Die Fähigkeit zur Zusammenarbeit mit diversen Professionen ist ein wesentlicher Teil der Querschnittskompetenz und wird in Abschnitt 2.3 wieder aufgegriffen.

2.1.5 Lösung wirksam machen

Mit der realisierten digitalen Lösung ist das Design nicht abgeschlossen, denn im Kern der Definition von Gestaltung ist das *Herbeiführen* einer Veränderung enthalten. Übertragen auf digitale Lösungen bedeutet dies, dass die Lösung nicht nur technisch in Betrieb genommen, sondern auch faktisch wirksam gemacht werden muss.

Auch diese Unterscheidung zwischen Realisieren und Wirksammachen mutet auf den ersten Blick etwas theoretisch an. Für die praktische Arbeit im Digital Design ist dieser Unterschied jedoch sehr wichtig, denn es besteht ein großer Unterschied zwischen der Implementierung einer digitalen Lösung und dem faktischen Wirksammachen. Zum Wirksammachen gehört z.B., dass die Lösung für die Benutzer verfügbar oder vielleicht sogar bekannt gemacht wird. Benutzer müssen ggf. davon überzeugt werden, eine Lösung zu verwenden.

Für das Wirksammachen einer Lösung spielt die Evaluation wieder eine wichtige Rolle. Zum einen muss evaluiert werden, ob die Lösung wie geplant wirksam gemacht wird. Zum anderen trifft die digitale Lösung durch das Wirksammachen auf die Realität. Die Lösung muss nun zeigen, ob die definierten Ziele erreicht werden und ob die gedachte Veränderung auch tatsächlich herbeigeführt wird.

Wie genau dieses Wirksammachen aussieht, hängt vom konkreten Vorhaben haben. Wichtig für das Verständnis der Idee der Ganzheitlichkeit ist an dieser Stelle der Anspruch, die Lösung wirklich wirksam zu machen und nicht nur ein Stück Software zu realisieren. Dies spiegelt sich insbesondere auch in dem eingangs eingeführten Anspruch von Design als Dienstleistung im Sinne des Auftraggebers und weiterer Stakeholder wider. Ebenso schließt das Wirksammachen ein, dass eine im Betrieb befindliche Lösung auf Basis der Erkenntnisse aus der Evaluation und dem Feedback von Kunden und Benutzern sinnvoll verbessert und weiterentwickelt werden muss.

2.2 Kompetenz in digitalem Material

Den Begriffen »digitales Material« und »Materialkompetenz« sind wir in diesem Buch schon begegnet: Digital Design bedeutet, digitale Technologien als gestaltbares Material zu begreifen.

Vielleicht haben Sie sich gefragt, was es mit diesem Material auf sich hat. Software als wesentlicher Bestandteil digitaler Lösungen ist doch von seiner Natur her sehr weit weg von dem, was landläufig als Material verstanden wird. Unter Material verstehen wir eher Holz, Metall, Beton, Stein usw. Und bei diesen »echten« Materialien kann man leicht einsehen, dass man mit diesen etwas designen kann, z.B. ein Haus aus Stein und Metall oder ein Möbelstück aus Holz.

Aber digitale Technologien als Material begreifen? Das scheint auf den ersten Blick ein ungewöhnlicher Ansatz zu sein. Doch genau in diesem Ansatz liegt eine wichtige Stärke des Digital Design. Digitale Technologien können sehr gut als gestaltbares Material verstanden werden. Der Gedanke des Materials gibt der Technologie eine Präsenz und eine Art von Substanz, die man betrachten, analysieren und auch zum Design von Lösungen nutzen kann. Schauen wir uns dazu ein einfaches Beispiel an.

Meine Lieblingspizzeria ist im wahrsten Sinne des Wortes ein analoges Geschäft. Es gibt keine wirkliche Webseite und auch keine Onlinebestellung. Man kann anrufen oder vor Ort bestellen und seine Pizza essen bzw. abholen. Ich vermute, Sie kennen ähnliche Orte aus Ihrem Umfeld oder erinnern sich daran, dass es solche Orte mal gegeben hat. Nehmen wir nun ein wenig digitales Material in die Hand, z.B. einen Instant-Messenger (z.B. Signal), einen Online-Bezahldienst (z.B. PayPal) und einen Kartendienst (z.B. GoogleMaps). Wie könnte ich mit diesen drei Materialien meine Lieblingspizzeria etwas digitaler machen?

Sie ahnen vermutlich schon, worauf ich hinaus will. Auf GoogleMaps können wir die Speisekarte, eine Mobilnummer für den Instant-Messenger und einen Hinweis auf die Bestellmöglichkeit per Instant-Messaging hinterlegen. Ich bestelle beispielsweise die Nummer 3 und 6 per Messenger und bekomme den zu zahlenden Betrag samt Link auf PayPal als Antwort. Ich zahle meine Pizza und sobald der Zahlungseingang bestätigt ist, wird meine Pizza gebacken. Ich erhalte dann noch ein freundliches »18:20 isse fertig, mein Superfreund« als Antwort und kann pünktlich um 18:20 mein Essen abholen.

Zugegeben, das Beispiel ist jetzt nicht sonderlich innovativ. Aber es ist im besten Sinne das Design einer sehr einfachen digitalen Lösung mit drei digitalen Materialien. Und warum können wir so denken? Weil wir eine Idee davon haben, was Instant-Messenger, Bezahldienste und Kartendienste alles leisten können. Und genau das ist ein einfaches Beispiel für digitale Materialkompetenz. Je umfangreicher die Lösungen werden, desto vielfältiger und komplexer werden natürlich die Materialien. Aber im Kern ist es immer das Gleiche. Im Folgenden werden die verschiedenen Bestandteile der Materialkompetenz systematisch vorgestellt:

- Wissen um das Spektrum digitaler Technologien
- Wissen um die technischen Fähigkeiten, Grenzen und Voraussetzungen von Technologien
- Wissen um die Randbedingungen und Auswirkungen einer Technologie
- Bewusstsein für Weiterbildung und für Hypes

Und zum Abschluss dieses Abschnitts gehen wir noch auf ein wichtiges Missverständnis ein: Materialkompetenz bedeutet nicht zwangsläufig auch Realisierungskompetenz mit Technologien.

2.2.1 Wissen um das Spektrum digitaler Technologien

Digitale Technologien decken ein sehr breites Spektrum ab. An erster Stelle denkt man wahrscheinlich an Software. Software im Sinne von Programmen, Services etc. ist der Teil einer Technologie, der eine digitale Lösung zum Leben erweckt. Software stellt User Interfaces dar, berechnet etwas, erzeugt etwas usw. Software würde aber nichts bewirken können, ohne die entsprechende Hardware, die die Software ausführt und betreibt. Genauso wie die Software ist die Hardware ein sehr breites Feld. Es gibt vielfältigste Arten von Endgeräten, Prozessoren, Datenspeicher, Kommunikationsmittel etc.

Neben Software und Hardware sind sonstige Technologien eine dritte Kategorie, die einen Bezug zur Digitalisierung hat. Hierzu zählen z.B. QR-Codes oder RFID-Tags.

Zusammengefasst ist der erste Teil von Materialkompetenz ein Überblick über das vielfältige Spektrum der verfügbaren Technologien. In Kapitel 6 wird ein breiterer Überblick über Technologien gegeben.

2.2.2 Wissen um die technischen Fähigkeiten, Grenzen und Voraussetzungen von Technologien

Das Wissen um die reine Existenz von Technologien ist zwar notwendig, aber nicht hinreichend, um eine gute Lösung zu designen. Hierfür braucht es darüber hinaus ein grundlegendes Verständnis über die Fähigkeiten, Grenzen und Voraussetzungen von Technologien.

Mit Fähigkeiten ist gemeint, welche Leistung, Aufgabe oder Funktionalität eine Technologie bietet. Im Beispiel der Pizzeria kann der Messenger-Dienst Nachrichten zwischen zwei Mobiltelefonen oder anderen Endgeräten nahezu in Echtzeit austauschen. Diese Nachrichten können dabei sowohl aus Text, Bildern als auch aus aufgezeichneter Sprache bestehen. Mit Grenzen ist gemeint, welche Beschränkungen eine Technologie mit sich bringt. Zum Beispiel kann ein Messenger-Dienst nur eine bestimmte Anzahl an Zeichen pro Nachricht versenden. Ebenso ist auch die Größe der Bilddateien beschränkt. Unter Voraussetzungen versteht man, was für den Einsatz einer Technologie gegeben sein muss. Für einen Instant-Messenger braucht es z.B. passende Hardware und eine Verbindung zum Internet.

2.2.3 Wissen um die Randbedingungen und Auswirkungen einer Technologie

Neben dem technischen Wissen braucht es für das Design mit digitalen Technologien Wissen über die Randbedingungen und Auswirkungen. Die Randbedingungen bestehen aus ökonomischen und rechtlichen Fragestellungen. Ökonomische Fragestellungen umfassen Themen wie Anschaffungs-, Nutzungs- oder Herstellungskosten. Am Beispiel der Pizzeria sind Anschaffungskosten für die drei Technologien im Wesentlichen nicht vorhanden. Dafür fallen aber Nutzungskosten beim Bezahldienstleister an, konkret ein prozentualer Anteil vom gezahlten Betrag. Rechtliche Fragestellungen beziehen sich insbesondere auf die erlaubte Verwendung und auf Fragen zu Lizenzbedingungen. Am Beispiel der Pizzeria ist das die Frage, ob ein Messenger-Dienst für einen kommerziellen Zweck verwendet werden darf.

Auswirkungen einer Technologie umfassen insbesondere gesellschaftliche Auswirkungen und Fragen der Nachhaltigkeit einer Technologie. Hier wird es dann meist schon schwieriger, denn Auswirkungen von Technologien sind meist nicht auf Anhieb erkennbar oder wahrnehmbar. Oft machen sich Auswirkungen einer Technologie erst viel später bemerkbar oder werden sichtbar.

Ein gutes Beispiel für die Auswirkungen einer Technologie sind smarte Lampen, die über das Internet gesteuert werden können. Auf den ersten Blick ist eine solche Technologie nützlich, da mit ihrer Hilfe Beleuchtung sinnvoll gesteuert werden kann, um Energie zu sparen. Auf den zweiten Blick verbrauchen die Steuereinheiten der smarten Lampen selbst Strom, um die Lampen zu steuern. In einem ungünstigen Fall könnten die smarten Lampen durch den zusätzlichen Verbrauch der Steuereinheit nun mehr Strom verbrauchen als bei einer durchgehenden Beleuchtung.

2.2.4 Bewusstsein für Weiterbildung und für Hypes

Die Entwicklung neuer Technologien ist gerade im Kontext der Digitalisierung ein sehr dynamisches Feld. Während der Entstehung dieses Buches ist gerade die vierte Version von ChatGPT, einem sogenannten *Large Language Model* (LLM), erschienen und Apple hat die »Vision Pro«-Brille als »räumlichen Computer« auf den Markt gebracht. Ob es sich bei beiden Technologien um einen Hype handelt, wird die Geschichte zeigen. In jedem Fall sind die Fähigkeiten dieser Technologien mit Blick auf Kommunikation und Informationsaufbereitung sehr spannend und haben das Potenzial für vielfältige Anwendungszwecke.

Aber auch darüber hinaus werden fortlaufend kleine und große Neuerungen in Technologien präsentiert. Diese Neuerungen müssen nicht immer gleich eine Revolution versprechen. Es können auch sehr schlichte Neuerungen sein. Beispielsweise eine neue Version einer Webtechnologie (z.B. Angular JS), die bessere und einfachere Interaktionsmöglichkeiten für Webseiten bietet oder auch die Fähigkeit, Webseiten zu realisieren, die in Teilen ohne permanenten Internetzugang funktionieren (z.B. die Webseite von Google Mail).

Zusammengefasst bedeutet Kompetenz in digitalem Material auch die Bereitschaft, sich fortlaufend weiterzubilden. Nicht so sehr aus Zwang, sondern aus Interesse und Neugier auf die Dinge, die gerade am Entstehen sind. In diesem Zusammenhang ist dann das Thema Hype von besonderer Relevanz, um die wirkliche Bedeutung einer Technologie für die eigene Arbeit einzuschätzen.

2.2.5 Materialkompetenz ist nicht gleich Realisierungskompetenz

Zum Abschluss der Materialkompetenz muss ein kritisches Missverständnis angesprochen werden: *Technologiekompetenz wird oft mit Realisierungswissen oder besser Programmierkompetenz gleichgesetzt.* Dieses Missverständnis rührt daher, dass viele Menschen Programmierfähigkeiten als eine Art »Königsdisziplin« verstehen, wenn es um technische Fähigkeiten der Digitalisierung geht. Auf den ersten Blick ist dieser Gedanke auch nachvollziehbar. Wer programmieren kann, beherrscht die Maschinen und damit ihr Verhalten. Ich selbst erinnere mich noch gut daran, als ich das erste größere (und funktionierende) Programm geschrieben habe und sehen konnte, wie es in der Praxis eingesetzt wurde. Es verleiht einem eine gewisse Macht und man erlebt auch eine starke Selbstwirksamkeit in Bezug auf die Arbeit mit Technologien.

Diese Erfahrung haben viele Menschen gemacht und denken daher vermutlich, dass Programmier- oder besser Realisierungskompetenz der einzige Zugang zum Verständnis von digitalen Technologien ist. Sicherlich ist das Erlernen einer Programmiersprache ein guter Weg, um sich Wissen um die Fähigkeiten und Grenzen einer bestimmten Technologie anzueignen. Es ist aber nicht der einzige Weg.

Vielmehr können wir heute vielfältige Technologien nutzen und ihre Fähigkeiten und Grenzen einfach erleben. Ebenso gibt es unterschiedlichste Dokumentationen und Beispiele, anhand derer man die Fähigkeiten und Grenzen von Technologien sehen und erleben kann. Darüber hinaus kann man Technologiewissen auch dadurch erwerben, dass man mit einer Technologie Lösungen designt, also mit ihr arbeitet. Dieser praktische Umgang mit einer Technologie ist mindestens genauso gut wie das Programmieren selbst.

Für die Kompetenz in digitalem Material ist das Wissen um dieses Missverständnis aus zweierlei Gründen wichtig. Erstens, Sie müssen nicht in jeder Technologie einen Programmierkurs besuchen, um die Fähigkeiten und Grenzen einer Technologie kennenzulernen. Hier gibt es andere Wege, die ebenso gut sein können. Und zweitens, erzählen Sie anderen Menschen von diesem Missverständnis, um Hemmnisse und Angst vor digitalen Technologien abzubauen.

2.3 Querschnittskompetenzen

Digital Design umfasst neben den Schwerpunkten in Design- und Materialkompetenz ein Spektrum an diversen Querschnittskompetenzen, um wirksam werden zu können. Diese Querschnittskompetenzen bilden zum einen die Basis, um mit anderen für den Prozess relevanten Disziplinen zusammenarbeiten zu können, und bauen zum anderen wichtige Brücken zu Disziplinen, die für das Design einer guten Lösung erforderlich sind (vgl. [Nelson & Stoltermann 2014]). Zur Strukturierung der Querschnittskompetenzen werden drei Dimensionen unterschieden: Projekt-, Produkt- und soziale Dimension. Alle drei Dimensionen werden im Folgenden kurz vorgestellt. Weiterhin wird darauf eingegangen, welche Kompetenzen mit Blick auf die Grundlagen relevant sind.

Haltung im Digital Design – Erwerb von Querschnittskompetenzen

Grundsätzlich gehört es für mich zur Haltung im Digital Design, die Bereitschaft und Motivation zur Einarbeitung in relevante Querschnittskompetenzen mitzubringen. Jedes Vorhaben ist anders. Eine spannende Herausforderung im Digital Design besteht in der Möglichkeit, sich mit neuen Themen befassen zu dürfen, um eine gute Lösung zu designen.

Damit ist jetzt nicht nur die Branche oder die Domäne einer Lösung gemeint (z.B. eine Lösung im Gesundheitswesen oder für die Mobilität). Ganz gezielt ist darunter die Herausforderung zu verstehen, sich neue Kompetenzen anzueignen, die für die Zusammenarbeit mit anderen Disziplinen notwendig sind, um eine gute Lösung zu designen.

2.3.1 Projektdimension

In der Projektdimension geht es um das Management des Bauprozesses einer Lösung. Bauvorhaben für eine digitale Lösung haben typischerweise eine Größe und Komplexität mit Blick auf die erforderlichen Aktivitäten, den Zeitrahmen und das Budget, die ein professionelles Projektmanagement erforderlich machen. Wie dieses Projektmanagement konkret ausgestaltet ist, hängt natürlich von vielen Faktoren und Randbedingungen ab. Nachfolgend dazu einige Beispiele:

- Gewisse Branchen erfordern ein definiertes Vorgehen (z.B. öffentliche Projekte).
- Der besondere Umfang einer Lösung benötigt ein spezielles Vorgehen (z.B. müssen bei der Realisierung eines smarten Bürogebäudes verschiedene Gewerke wie Bauwesen, Hardwareentwicklung und Softwareentwicklung zusammenspielen).
- Lösungen für international tätige Organisationen erfordern die Koordination des Prozesses über Ländergrenzen und Zeitzonen hinweg (z.B. international tätige Logistikunternehmen).

Ein häufiges Problem beim Bau digitaler Lösungen ist die fehlende Berücksichtigung der Designarbeit bei der Planung eines Bauprozesses. Dieses Problem kann zum einen darauf zurückgeführt werden, dass die für die Planung verantwortlichen Personen über unzureichende Kenntnisse bezüglich der Planung von Designarbeit verfügen. Zum anderen ist es möglich, dass die Designerinnen und Designer nicht über ausreichende Kompetenzen zur Integration von Designarbeit in den Bauprozess verfügen.

Im Digital Design ist es daher wichtig, die grundsätzliche Funktionsweise von Bauprozessen von der ersten Idee über die Umsetzung bis hin zum Lebensende einer Lösung zu kennen und zu verstehen. Dieses Verständnis ermöglicht es, mit allen am Bauprozess beteiligten Disziplinen zusammenzuarbeiten und die Planung von Designarbeit sinnvoll in die Planung des Gesamtvorhabens zu integrieren. Nur so kann der in Abschnitt 2.1 formulierte Anspruch an Ganzheitlichkeit eingelöst werden.

Mit Blick auf den Einstieg in das Digital Design werden in diesem Buch hierzu die folgenden Grundlagen zur Projektdimension vermittelt:

- Ein Überblick über wesentliche Stakeholder-Rollen, die an jedem Bauprozess beteiligt sind (Abschnitt 4.1)
- Ein Überblick über die Tätigkeitsbereiche im Bauprozess (Abschnitt 4.2)
- Drei Gestaltungsperspektiven (Mensch, Business, Technologie), um eine digitale Lösung während des Bauprozesses ganzheitlich zu gestalten (Abschnitt 5.1)
- Drei Ebenen einer digitalen Lösung (Lösung, System, Element), um die digitale Lösung während des Bauprozesses strukturiert zu betrachten und zu gestalten (Abschnitt 5.2)
- Das Modell der drei essenziellen Schritte des Bauprozesses, um den grundsätzlichen Aufbau eines Bauprozesses und die Integration von Designarbeit in den Bauprozess zu verstehen (Abschnitt 5.3)

Die Literatur bietet Informationen zu einer Reihe von Frameworks, um Bauprozesse oder Teile des Bauprozesses zu planen und durchzuführen. Grundlegende

Kenntnisse in diesen Frameworks und ihr Bezug zur Designarbeit sind ebenfalls von großer Bedeutung für die Projektdimension. Daher werden in Kapitel 12 verschiedene Frameworks vorgestellt und aus der Perspektive des Digital Design diskutiert.

Darüber hinaus bietet die Projektdimension viele weitere Kompetenzen, die jedoch über die in diesem Buch behandelten Grundlagen hinausgehen. Der Vollständigkeit halber werden einige Beispiele genannt: Kompetenzen zum Management großer Entwicklungsorganisationen, zum Management ganzer Bündel von Projekten (sogenanntes *Multi-Projektmanagement*) oder Kompetenzen zur Prozessverbesserung von Projekten.

2.3.2 Produktdimension

Die Produktdimension umfasst Kompetenzen, die sich auf die digitale Lösung als Produkt beziehen. Hierzu zählen Kompetenzen zur Branche der Lösung, Kompetenzen zum Management der Lösung als Produkt sowie Kompetenzen zu wirtschaftlichen Aspekten der Lösung.

Branchenkompetenz

Viele digitale Lösungen kommen zum Einsatz, um Aufgaben in einer bestimmten Branche zu unterstützen wie beispielsweise Geschäftsprozesse in Versicherungen, Banken, Krankenhäusern und Arztpraxen, der Industrie, der Logistik oder der Landwirtschaft.

Für das Design von Lösungen für eine Branche sind Kompetenzen über die Branche von großer Bedeutung. Branchenkompetenz beginnt beim Verständnis von Fachvokabular und geht bis zu einem tiefen Verständnis der Abläufe und Tätigkeiten sowie der rechtlichen Regelungen in einer Branche, die Einfluss auf das Design einer Lösung haben können. Zum Beispiel definiert das Sozialgesetzbuch eine Reihe von rechtlichen Regelungen zur Speicherung und zur Verarbeitung von Sozialdaten. Zudem erleichtert Branchenkompetenz die Kommunikation mit Stakeholdern.

Branchenkompetenz wird im weiteren Verlauf dieses Buches keine dedizierte Rolle spielen, sondern nur im Rahmen von Beispielen in Erscheinung treten. Für den Einstieg in das Digital Design ist es wichtig, dem Thema Branchenkompetenz mit dem nötigen Respekt zu begegnen. Die Arbeit in einer Branche erfordert fast immer eine Berufsausbildung und/oder ein Studium, um die erforderlichen Kompetenzen in der Tiefe zu erwerben. Daher sind Branchenexperten in vielen Vorhaben nicht nur Stakeholder, sondern oft auch aktiv mitwirkende Personen im Bauprozess, um die erforderlichen Branchenkompetenzen in die Gestaltung der Lösung einfließen zu lassen. Darüber hinaus sollte man sich bewusst sein, dass es das Design von Lösungen in einer Branche erforderlich macht, sich in die Branche einzuarbeiten, um eine gewisse Branchenkompetenz zu erlangen.

Der Respekt und Neugier für eine Branche als Haltung

Beim ersten Lesen mögen diese Zeilen für Neueinsteiger etwas beunruhigend klingen. Branchenkompetenz bedeutet in einem neuen Vorhaben fast immer ein Defizit, da man sich in einer neuen Branche per Definition nicht gut auskennen kann.

Ich erinnere mich noch sehr gut an mein erstes Projekt in der Industrie – damals als Requirements Engineer – und auch an den Respekt, den ich vor den Details der Branche hatte (es war ein Projekt im Kontext der Abrechnung von Sozialversicherungsbeiträgen). Die systematische Auseinandersetzung mit der Lösung und die Gestaltung der verschiedenen Prozesse und Details der Lösung in Zusammenarbeit mit den verschiedenen Stakeholdern führten dann aber zwangsläufig dazu, dass ich mich in die Details der Branche eingearbeitet habe und so immer mehr und immer besser verstanden habe, worum es geht.

Die Erfahrung des Aneignens von Wissen über eine Branche als Teil der Designarbeit hat sich dann in meinen weiteren Projekten immer wiederholt. Daher möchte ich allen Neulingen mit auf ihren Weg geben, dass die Gestaltung einer Lösung gepaart mit Neugier und respektvoller Zusammenarbeit mit relevanten Stakeholdern ein eleganter Weg ist, um sich mit einer Branche auseinanderzusetzen.

Wichtig ist dabei, dass man Neugier und Respekt kultiviert. Beides überträgt sich meiner Erfahrung nach auf die Zusammenarbeit mit den Stakeholdern und fördert so nicht nur das eigene Verständnis, sondern auch die gute Zusammenarbeit.

Produktmanagement

Produktmanagement als Kompetenzfeld wird dann relevant, wenn eine Organisation eine größere Anzahl an Produkten anbietet und die Entwicklung dieser Produkte systematisch gemanagt werden muss. Zu den Aufgaben des Produktmanagements zählen die inhaltliche Arbeit an neuen Produkten, die unternehmerische Perspektive auf Produkte sowie kurzfristige und langfristige Strategien zur Produktentwicklung (vgl. z.B. [Herrmann & Huber 2013]).

Die *inhaltliche Arbeit an einem Produkt*, oft auch als Produktplanung bezeichnet, umfasst die Markt- und Stakeholder-Analyse, die Entwicklung von Ideen für neue Produkte, die Anforderungsermittlung und die Evaluation von Produkten.

Die *unternehmerische Perspektive auf Produkte* betrachtet die Einführung neuer Produkte am Markt (z.B. auf welchen Märkten oder in welchen Ländern soll ein Produkt als Erstes eingeführt werden), die Erfolgskontrolle (Sind die Kunden mit dem Produkt zufrieden? Ist das Produkt ökonomisch erfolgreich?) sowie die Optimierung und Weiterentwicklung vorhandener Produkte (Wie kann ein Produkt verbessert oder verändert werden, um weiter erfolgreich am Markt zu sein?).

Die *kurz- und langfristige Strategie der Produktentwicklung* geht der Frage nach, wie eine Organisation bzw. ein Unternehmen die eigenen Produkte entwickelt bzw. weiterentwickeln soll. Hierzu zählen Fragen zur Umsetzung neuer Produktfunktionen, zur Adressierung neuer Märkte oder auch die Frage nach der Entwicklung vollkommen neuer Produkte.

Dieser kurze Überblick zeigt, dass das Produktmanagement wichtige Verbindungen zur Designkompetenz im Digital Design hat. Für die Grundlagen im Digital Design ist es wichtig zu wissen, dass das Produktmanagement eine wesentliche Funktion in einem Unternehmen einnimmt, um die Produktlandschaft systematisch zu managen. Digital Designerinnen und Designer können eine Rolle im Produktmanagement einer Organisation übernehmen oder dem Produktmanagement inhaltlich zuarbeiten (z.B. im Rahmen der Entwicklung neuer Produktideen). Die konkrete Ausgestaltung, Methoden und Techniken dieser Zusammenarbeit gehen jedoch über die in diesem Buch vermittelten Grundlagen hinaus und werden daher nicht weiter betrachtet.

Wirtschaftliche Kompetenz

Viele digitale Lösungen sind Teil der Wertschöpfungskette eines Unternehmens (z.B. eine App für das Einreichen von Versicherungsschäden) oder realisieren sogar einen wesentlichen Teil der Wertschöpfungskette eines Unternehmens (z.B. die Plattform YouTube). Für das Design einer Lösung sind daher wirtschaftliche Kompetenzen von Relevanz, um die Wertschöpfung und das Geschäftsmodell hinter der Lösung zu verstehen oder sogar, um mithilfe der Lösung eine neue Wertschöpfung oder ein neues Geschäftsmodell zu realisieren.

Für den Einstieg in das Thema Digital Design ist konkretes Wissen über verschiedene Geschäftsmodelle nicht erforderlich[2]. Dennoch wird uns im Rahmen dieses Buches die wirtschaftliche Kompetenz begegnen, zum einen bei den drei Designperspektiven einer Lösung (Mensch, Business und Technologie, siehe Abschnitt 5.1) und zum anderen, wenn wir die Lösungsebene einer digitalen Lösung näher betrachten (siehe Abschnitt 5.2). Aber auch hier gilt der gleiche Grundsatz wie bei der Branchenkompetenz. Das Design eines guten Geschäftsmodells erfordert die Zusammenarbeit mit entsprechenden Fachleuten als Teil des Teams.

2.3.3 Soziale Dimension

Die soziale Dimension umfasst alle Kompetenzen, die sich allgemein mit Menschen und der Gesellschaft im Kontext digitaler Lösungen befassen. Dazu gehören Kompetenzen im Umgang mit Stakeholdern, aber auch Kompetenzen in Bezug auf das Team, das die digitale Lösung baut.

Stakeholder einer Lösung (z.B. Kunden oder Benutzer) spielen eine wichtige Rolle für den Bauprozess und das Design einer digitalen Lösung. Sie müssen in den Prozess eingebunden werden, um Lösungen zu designen, die ihren Erwartungen und Bedürfnissen entsprechen. Neben dieser inhaltlichen Perspektive umfasst die soziale Dimension auch Kompetenzen, um die Stakeholder im Rahmen des

2. Wer neugierig auf das Thema Geschäftsmodelle ist, dem kann ich zwei Bücher empfehlen: [Gassmann et al. 2020] und [Osterwalder & Pigneur 2010].

Bauprozesses sinnvoll einzubinden und mit ihnen zusammenzuarbeiten (z.B. Change Management oder Erwartungsmanagement).

Ebenso sind auch Teammitglieder beteiligt, die diverse Aufgaben im Bauprozess ausführen. Diese bringen z.B. nicht nur unterschiedliche Kompetenzen, sondern auch unterschiedliche Persönlichkeiten mit. Auch hier spielt die soziale Dimension eine wichtige Rolle, denn die verschiedenen Teile des Bauprozesses stellen unterschiedliche Ansprüche an die Fähigkeiten und Persönlichkeiten von Menschen.

Für den Einstieg ist es wichtig, ein Bewusstsein für die Bedeutung der sozialen Dimension zu entwickeln. Eine Einführung in dieses Thema folgt in Kapitel 13. Der aktive Umgang und die Arbeit in der sozialen Dimension gehen über die hier vermittelten Grundlagen hinaus. Beispiele für weiterführende Kompetenzen in der sozialen Dimension sind Change Management, Human Factors und People Management im Bauprozess (z.B. das Zusammenstellen geeigneter Teams).

Reflexionsfragen

Designkompetenz

Wir haben gesehen, dass der Begriff Design sehr unterschiedlich verstanden wird. Welche weiteren Beispiele für das Verständnis von Design fallen Ihnen ein?

Nennen Sie ein Beispiel für eine digitale Lösung. Welches Ziel (welche Veränderung) wird mit diesem Beispiel verfolgt und was war der Grund für die Lösung (die Veränderung)?

Was bedeutet für Sie der Anspruch an ganzheitliches Design?

Materialkompetenz

Welche digitalen Technologien sind für Sie am spannendsten? Versuchen Sie, mindestens drei Beispiele zu finden.

Welche aktuellen technischen Neuentwicklungen finden Sie besonders spannend?

Wie denken Sie darüber, dass Programmierkompetenz nur ein möglicher Zugang zu Materialkompetenz ist?

Querschnittskompetenz

Querschnittskompetenz im Digital Design fördert die interdisziplinäre Zusammenarbeit. Welche Herausforderungen haben Sie in der Zusammenarbeit mit anderen Disziplinen erlebt?

Denken Sie an die verschiedenen Themen der sozialen Dimension. Welche positiven und negativen Erfahrungen haben Sie in der Zusammenarbeit mit anderen im Hinblick auf die soziale Dimension gemacht?

3 Design mit digitalem Material

DON'T PANIC
– Douglas Adams in [Adams 1979]

Die Arbeit mit digitaler Technologie, insbesondere das Gestalten und Realisieren von Software, ist eine sehr komplexe Tätigkeit[1]: nicht nur, weil die digitale Technologie sehr wirkmächtig ist und sich viele Dinge damit realisieren lassen, sondern vor allem, weil sie sehr viele Freiheitsgrade bietet. Für jedes Problem gibt es eine Vielzahl von Herangehensweisen und Lösungen. Ebenso gibt es für eine Aufgabe die unterschiedlichsten Technologien und Mittel, um sie umzusetzen.

Mit Blick auf diese Komplexität gibt es – frei nach Douglas Adams – keinen Grund zur Panik. Dieses Kapitel wird zeigen, dass die Komplexität von Technologien und damit auch die Komplexität des Designs mit digitalem Material beherrschbar und erlernbar ist.

3.1 Digitales als Material verstehen

Wenn wir über Beispiele für den Einsatz digitaler Technologien oder Software sprechen, dann kommen sehr vielfältige und unterschiedliche Anwendungsfelder und Zwecke zum Vorschein. Digitale Technologien durchziehen heute fast alle Bereiche unseres Lebens, angefangen beim Einkaufen im Internet über digitale Verwaltungsdienstleistungen und diverse Apps bis hin zu selbstfahrenden Autos, automatischer Sprachübersetzung, Videostreaming usw. Die Liste ließe sich beliebig fortsetzen und wird vermutlich auch jeden Tag länger.

Insbesondere für Unerfahrene in der Welt des Digital Design kann diese Vielfalt und die dahinterliegenden Technologien den Eindruck erwecken, dass man diese Vielfalt kaum beherrschen oder verstehen kann. An diesem Punkt hilft ein wichtiger Gedanke zum Digitalen und damit zu digitalen Technologien, der diese Vielfalt auf das Wesentliche reduziert. Digital kann wie folgt definiert werden:

1. Wer mehr über die Komplexität und Vielfältigkeit der Arbeit mit Software erfahren möchte, dem empfehle ich das Buch »Software Creativity 2.0« von Robert L. Glass [Glass 2006].

Digital

Die Struktur, der Strom und die Transformation von binären Daten.

Im Kern geht es nach dieser Definition beim Digitalen und damit insbesondere auch bei Software um drei Themen:

- *Die Struktur binärer Daten*: Welche Information wird in welcher Form dargestellt?
- *Der Strom binärer Daten*: In welchem System oder zwischen welchen Systemen fließen Daten?
- *Die Transformation binärer Daten:* Wie werden Daten verändert bzw. wie werden neue Daten berechnet?

Selbst die komplexesten Systeme und digitalen Lösungen können mit diesen einfachen Begriffen beschrieben und verstanden werden. Schauen wir uns hierzu noch einmal das Beispiel der Pizzeria aus Abschnitt 2.2 an.

Als Datenstrukturen sehen wir in diesem Beispiel den Eintrag der Pizzeria auf GoogleMaps mit der Speisekarte und der Mobilfunknummer. Wenn ich GoogleMaps benutze, um die Speisekarte zu betrachten, dann habe ich einen Datenstrom von GoogleMaps zu meiner App und damit zu mir. Die Bestellung einer Pizza über eine Instant-Message und die Antwort sind auch Datenstrukturen, die zwischen mir und der Pizzeria fließen.

Das Bezahlen meiner Bestellung über PayPal kann als Datenstrom und Datentransformation aufgefasst werden, mein Kontostand und der Kontostand der Pizzeria werden um den Betrag verändert (transformiert), den meine Bestellung kostet.

Das Beispiel hat noch viele weitere Facetten. Wichtiger ist, dass wir das komplette System mit den Begriffen »Datenstruktur«, »Datenstrom« und »Datentransformation« erklären können, ohne Bezug auf eine konkrete Technologie zu nehmen.

Wir können mit diesen Begriffen also auf einer abstrakten Ebene über digitale Lösungen sprechen, einfach dadurch, dass wir uns über Daten unterhalten. Die Komplexität einer Lösung verschwindet dadurch nicht, sie steckt dann in den Datenstrukturen, den Datenströmen, in den Datentransformationen oder in einer Kombination aus den dreien.

Wahrnehmung als Basis für Gestaltung

Die Fähigkeit zur Wahrnehmung ist eine essenzielle Basis für die Gestaltung. Daher wird z.B. im Architekturstudium die Wahrnehmung von Architektur als wichtiges Thema betrachtet. Nur wenn man in der Lage ist, verschiedene Aspekte von Architektur wie Raum- oder Farbwirkung wahrzunehmen, kann man diese Aspekte auch aktiv gestalten (vgl. [Abel & Rudolf 2020]).

Vor diesem Hintergrund ist es auch im Digital Design wichtig, zu lernen und zu üben, Datenstrukturen, Datenströme und Datentransformationen wahrzunehmen. In den Reflexionsfragen zu diesem Kapitel werden Sie eine passende Übung hierzu finden.

3.2 Das FFQ-Modell für digitale Lösungen

Im vorherigen Abschnitt haben wir mit der Struktur, dem Strom und der Transformation von Daten den wesentlichen Kern des Digitalen betrachtet. Für den nächsten Schritt hinein in die praktische Arbeit des Digital Design schauen wir uns ein umfassenderes Modell an, das die wesentlichen Aspekte digitaler Technologien und damit auch den Entwurf einer digitalen Lösung greifbar macht. Dieses Modell heißt FFQ-Modell (vgl. [Lauenroth 2019]) und strukturiert eine digitale Lösung entlang von drei Säulen (Form, Funktion und Qualität) auf zwei Ebenen (wahrnehmbar und zugrunde liegend). Das FFQ-Modell kann man sich, wie in Abbildung 3–1 dargestellt, als eine Matrix vorstellen. Jedes Feld in der Matrix definiert bestimmte Bestandteile einer digitalen Lösung.

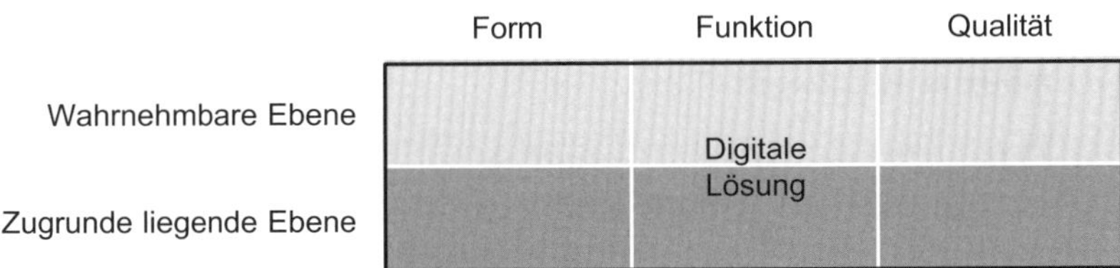

Abb. 3–1 *FFQ-Modell für digitale Lösungen als Matrix*

Im Folgenden werden die Säulen und Ebenen zunächst getrennt dargestellt, bevor sie abschließend in ihrer Wechselwirkung betrachtet werden.

3.2.1 Form, Funktion und Qualität

Form, Funktion und Qualität sind drei wesentliche und intensiv diskutierte Begriffe im Design, die dabei helfen, die Designarbeit besser zu fassen (vgl. [Erlhoff & Marshall 2008]).

Form – Struktur oder Aufbau

Unter einer Form im Sinne des Designs kann man allgemein die Struktur oder den Aufbau eines Gegenstands verstehen. Zum Beispiel hat die Tastatur, auf der ich dieses Buch schreibe, eine besondere Form, genauso wie meine Maus. Aber auch im Grafik- bzw. Kommunikationsdesign finden sich Formen, beispielsweise geometrische Strukturen oder die Form unterschiedlicher Schriftarten. Dieses Buch hat eine besondere Form im Sinne der Größe und des Layouts. Ebenso kommen verschiedene Schriften zum Einsatz.

Bezogen auf digitale Lösungen kann der Begriff der Form auf den ersten Blick etwas unpassend wirken. Wie kann etwas Abstraktes wie Software eine Form haben? Einige Formen des Digitalen haben wir im vorherigen Abschnitt schon kennengelernt. Datenstrukturen und auch Systeme, in denen Daten fließen, können als eine Art von Form verstanden werden. Im Wort »Datenstruktur« steckt der Begriff der Form schon drin, die Struktur definiert die Form der Daten. Ein Posting in einem sozialen Netzwerk hat eine Zeichenbeschränkung und definiert damit die Form, in der ich eine Nachricht verfassen kann. Genauso können die Elemente, zwischen denen Daten fließen, als eine Form verstanden werden, denn sie bilden eine Struktur, in der sich die Daten bewegen können. Allgemein wird die Form einer digitalen Lösung wie folgt definiert:

Form

Die Elemente eines Systems und die Beziehungen zwischen den Elementen, die die Systemstruktur bilden.

Funktion – Aufgabe oder Zweck

Unter einer Funktion im Sinne des Designs kann allgemein die Aufgabe oder der Zweck eines Gegenstands verstanden werden. Meine Tastatur und meine Maus haben die Aufgabe, meine Formulierungen zu erfassen und in die Textverarbeitung und damit in das Manuskript dieses Buches zu übertragen. Zu diesem Zweck haben die Designerinnen oder Designer diese beiden Gegenstände entworfen. Funktion findet sich aber auch im Grafik- bzw. Kommunikationsdesign. In der Gestaltung des Buchlayouts sehen Sie z.B. neben dem Text verschiedene weitere Elemente, die u.a. die Aufgabe haben, Ihnen die Orientierung im Buch zu erleichtern. Dies sind z.B. Überschriften, die Kopfzeile oder auch die Seitenzahl.

Bezogen auf digitale Lösungen ist dieses Verständnis von Funktion unmittelbar übertragbar. Instant-Messenger wurden z.B. mit dem Zweck entworfen, schnelle Kommunikation in Textform zu ermöglichen. Hier ist es wichtig, dass diese Funktion (Kommunikation) nicht durch ein einzelnes Element ermöglicht wird, sondern durch das Zusammenspiel mehrerer Elemente (der Form der Lösung).

Eine Funktion hat in Bezug auf das Digitale aber auch noch eine andere Bedeutung. In der Informatik wird das Wort »Funktion« auch im Sinne einer Berechnung oder Datentransformation verstanden. Dieses Verständnis ist uns bereits in Abschnitt 3.1 begegnet. Beide Bedeutungen des Begriffs »Funktion« sind für das Digital Design gleichermaßen wichtig. Wir werden in Abschnitt 3.2.3 sehen, dass die Trennung einer digitalen Lösung in zwei Ebenen hier eine klare Ordnung herstellen wird. Allgemein wird die Funktion einer digitalen Lösung wie folgt definiert:

Funktion

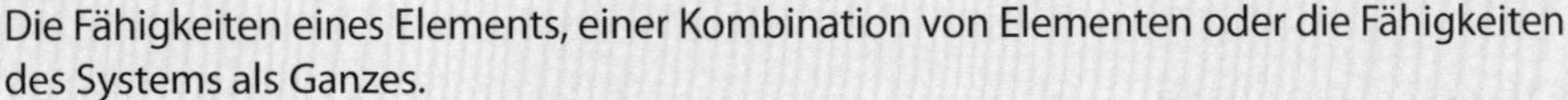

Die Fähigkeiten eines Elements, einer Kombination von Elementen oder die Fähigkeiten des Systems als Ganzes.

Qualität – Erfüllung definierter Merkmale

Qualität ist einer der schwierigsten und vielschichtigsten Begriffe, die ich kenne. Eines meiner Lieblingsbücher »Zen and the Art of Motorcycle Maintenance« von Robert M. Pirsig, das ich bereits in der Einleitung erwähnt habe, definiert eine ganze Philosophie auf Basis des Begriffs »Qualität«. Auch in der Informatik- und Designliteratur gibt es vielfältige Diskussionen zu Qualität, wie sie entsteht, wie sie erreicht und gesichert wird. Diese Vorbemerkung ist wichtig, um für diese Diskussionen rund um Qualität zu sensibilisieren, da die später folgende Definition diese Vielfalt nur bedingt wiedergeben kann.

Qualität hinsichtlich des Designs kann sich auf vielfältige Aspekte beziehen, beispielsweise die ästhetische Qualität eines Produkts im Sinne einer schönen Form. Genauso kann auch die Funktion eines Produkts Qualitäten aufweisen. Ein scharfes Brotmesser (Zweck: Schneiden von Brot) hat sicherlich eine höhere Qualität als ein stumpfes Brotmesser. Genauso gibt es bei digitalen Lösungen vielerlei Qualitäten, z.B. visuelle Qualitäten der Benutzeroberfläche oder auch Qualitäten einer Funktion, z.B. die Reaktionsgeschwindigkeit einer Software. Allgemein wird die Qualität einer digitalen Lösung wie folgt definiert:

Qualität

Der Grad, in dem definierte Qualitätsmerkmale durch ein Element, eine Beziehung zwischen Elementen oder eine Fähigkeit eines Systems erfüllt werden.

3.2.2 Die wahrnehmbare und zugrunde liegende Ebene

Für das Verständnis des Digitalen und damit auch für das Verständnis digitaler Lösungen unterscheidet das FFQ-Modell zwei Ebenen.

Die wahrnehmbare Ebene

Immer wenn Sie ein Smartphone in die Hand nehmen, um eine App zu nutzen, dann nehmen Sie Teile einer digitalen Lösung wahr. Das Gerät, die Benutzeroberfläche, aber auch Funktionen der App, die Sie verwenden. Ebenso nehmen Sie Qualitäten der App wahr, z. B. das visuelle Erscheinungsbild oder auch die Qualität der verwendeten Funktion.

Diese wahrnehmbare Ebene wird bewusst designt. Interaction Design ist z. B. ein wichtiges Feld, das sich mit dem Design von Benutzerschnittstellen befasst. Allgemein wird die wahrnehmbare Ebene einer digitalen Lösung wie folgt definiert:

Wahrnehmbare Ebene

Form, Funktion und Qualität, die von Stakeholdern wahrgenommen bzw. unmittelbar erlebt werden kann.

Die zugrunde liegende Ebene

Im Gegensatz zur wahrnehmbaren Ebene ist die zugrunde liegende Ebene nicht unmittelbar sichtbar, aber von ebenso großer Bedeutung für das Design einer digitalen Lösung.

Am Beispiel einer Instant-Messaging-App ist dies schnell ersichtlich. Damit eine Nachricht von einem Smartphone zu einem anderen Smartphone gesendet werden kann, ist eine komplexe Form erforderlich. Angefangen bei einem Mobilfunknetz mit Verbindung zum Internet sowie einer Reihe von Servern, die die Nachrichten in Empfang nehmen und an den oder die richtigen Empfänger senden. Schicken wir nicht nur eine Textnachricht, sondern vielleicht noch ein Foto, dann kommen auch noch komplexe Funktionen dazu, die das Foto in einen Datenstrom verwandeln und so komprimieren, dass das Foto am anderen Ende beim Empfänger wieder angezeigt werden kann. Im Digital Design spricht man in diesem Zusammenhang davon, dass die zugrunde liegende Ebene die wahrnehmbare Ebene erst ermöglicht.

Große Teile dieser Form und Funktion sind vor der Wahrnehmung von Stakeholdern verborgen, aber essenziell dafür, dass das Instant-Messaging funktioniert. An dieser Stelle kann man sich die Frage stellen, ob diese Abläufe wirklich verborgen sind oder nicht. Server kann man z. B. sehen und wahrnehmen, wenn man in ein Rechenzentrum geht. Genauso kann man sich den Algorithmus der Bildkompression im Quellecode anschauen und – die richtige Ausbildung vorausgesetzt – auch verstehen. Dieser Argumentation kann ich mich in Teilen anschließen, wobei ich der Auffassung bin, dass man eine laufende Bildkompression im Rechner gerade nicht beobachten kann. Genauso wenig, wie man die laufende Software im Gerät sehen kann. Man kann lediglich die wahrnehmbaren Auswirkungen sinnvoll beobachten.

Für den Einstieg in das Digital Design und die praktische Arbeit mindert diese Diskussion den praktischen Nutzen beider Ebenen in keiner Weise, denn die Abgrenzung einer zugrunde liegenden Ebene ist sehr nützlich, um die Aspekte einer Lösung zu isolieren, die typischerweise nicht wahrgenommen werden können, aber trotzdem sinnvoll designt werden müssen. Allgemein wird die zugrunde liegende Ebene einer digitalen Lösung wie folgt definiert:

Zugrunde liegende Ebene

Form, Funktion und Qualität, die vor der Wahrnehmung von Stakeholdern verborgen sind und die wahrnehmbare Ebene ermöglichen.

3.2.3 Säulen und Ebenen als FFQ-Modell im Zusammenspiel

Nimmt man die Säulen und Ebenen zusammen, entsteht das FFQ-Modell, mit dessen Hilfe sich die vielfältigen Aspekte einer digitalen Lösung sinnvoll strukturieren lassen. Diese Strukturierung unterstützt nicht nur die eigene Arbeit im Design und im Entwurf einer Lösung, sondern fördert auch die Bildung einer gemeinsamen Sprache als Kommunikationsbasis mit allen relevanten Stakeholdern. Im Folgenden werden für beide Ebenen wichtige Bestandteile aufgezählt.

Wahrnehmbare Form:

- Elemente eines Systems, die wahrnehmbar Daten verarbeiten
- Wahrnehmbare Beziehung zwischen Elementen und Benutzern
- Struktur von Interaktionen zwischen Elementen und Benutzern
- Wahrnehmbare Beziehungen zwischen Elementen des Systems
- Wahrnehmbare Beziehung zwischen Elementen und Umwelt

Wahrnehmbare Funktion: Wahrnehmbare Fähigkeiten der Elemente, die sich aus der Interaktion ergeben zwischen:

- Elementen und Benutzern
- Verschiedenen Elementen
- Elementen und Umwelt

Wahrnehmbare Qualität:

- Qualitäten der wahrnehmbaren Form, d.h. der Elemente, der Beziehungen oder der Interaktionen
- Qualitäten der wahrnehmbaren Funktion, d.h. der wahrnehmbaren Fähigkeiten

Zugrunde liegende Form:

- Elemente eines Systems, die vor Stakeholdern verborgen sind
- Verborgene Beziehungen zwischen den Elementen eines Systems
- Struktur der Daten, die in Elementen gespeichert sind

Zugrunde liegende Funktion: Verborgene Fähigkeiten der Elemente, die sich aus den Interaktionen ergeben zwischen:

- Verschiedenen Elementen
- Elementen und Umwelt

Zugrunde liegende Qualität:

- Qualitäten der zugrunde liegenden Form, d.h. der Elemente, der Beziehungen und der Datenstrukturen
- Qualitäten der zugrunde liegenden Funktion, d.h. der verborgenen Fähigkeiten

Zum besseren Verständnis wollen wir uns nun mit einem konkreten Fallbeispiel auseinandersetzen und insbesondere das Denken in den drei Säulen und zwei Ebenen üben. Stellen Sie sich eine typische Lösung für Webkonferenzen vor (z.B. Microsoft Teams oder BigBlueButton).

Zur wahrnehmbaren Form einer Lösung für Webkonferenzen gehören die Teilnehmenden an der Konferenz und die Endgeräte, mit denen die Teilnehmenden interagieren. Beispiele für diese Endgeräte können Notebooks, Tablets, Smartphones oder PCs mit Kamera sein. Ebenso enthalten manche Lösungen auch dedizierte Endgeräte für Meetingräume. Diese verschiedenen Arten von Endgeräten bieten unterschiedliche Formen der Beziehung zwischen Benutzer und Endgerät. Ein Endgerät kann einen oder mehrere Benutzer mit einer Webkonferenz verbinden.

Ebenso zur wahrnehmbaren Form gehört die Struktur der Interaktion zwischen Element und Benutzer. Im Fall der Webkonferenz ist dies die Anzeige der Teilnehmenden auf einem Bildschirm.

Hier sind wir unmittelbar bei der wahrnehmbaren Funktion, die in der Kommunikation (also der Übertragung von Bild und Sprache) zwischen allen Teilnehmenden der Konferenz besteht. Weitere wahrnehmbare Funktionen könnten das Anzeigen einer Person vor einem virtuellen Hintergrund sein oder auch die Möglichkeit der Chatkommunikation zwischen einzelnen oder allen Teilnehmenden der Konferenz.

Die wahrnehmbare Qualität bezieht sich insbesondere auf die Qualität der Kommunikation, d.h. die Darstellung der entfernten Teilnehmenden, die Qualität der Tonverbindung, die Synchronität zwischen Ton und Video sowie die Geschwindigkeit der Sprachübertragung.

Auf der zugrunde liegenden Ebene ist die zugrunde liegende Form relevant, um die Kommunikation zwischen den Endgeräten und damit die Kommunikation zwischen den Teilnehmenden an der Konferenz zu ermöglichen. Typischerweise bestehen Webkonferenzsysteme aus zentralen Servern, die sternförmig alle Endgeräte über das Internet miteinander verbinden.

Die zugrunde liegende Funktion besteht in der Umwandlung von Bild und Ton in ein digitales Format, das dann an den Server übertragen, dort zusammengefügt und an die Endgeräte zur erneuten Ausgabe weitergeleitet wird.

Die zugrunde liegende Qualität bezieht sich u.a. auf die Geschwindigkeit der Datenverbindung zwischen den Elementen und auch auf die Verarbeitungsgeschwindigkeit des Servers.

Abhängigkeiten zwischen den Ebenen

An diesem einfachen Beispiel lassen sich die Abhängigkeiten zwischen den Ebenen und die Bedeutung der gemeinsamen Betrachtung beider Ebenen für die Gestaltung guter Lösungen erläutern. Die Anzeige- und Tonqualität während einer Webkonferenz wird beschränkt durch die Anzeige- und Tonqualität der Endgeräte. Es braucht eine gute Kamera mit leistungsstarkem Mikrofon für eine gute Bild- und Tonaufnahme. Ebenso ist ein guter Bildschirm mit entsprechenden Lautsprechern erforderlich, um Bild und Ton in guter Qualität wiederzugeben. Damit ein hochwertiges Bild und entsprechender Ton bei den Teilnehmenden ankommen, müssen die Funktionen zur Übertragung der Daten auf Basis der verfügbaren Internetgeschwindigkeit eine gute Bild- und Tonqualität bieten. Ebenfalls wichtig ist die Leistungsfähigkeit der Server für eine gute Konferenz. Sollten die Server die Daten nicht schnell genug verarbeiten können, leidet die Qualität der Konferenz ebenfalls.

Und noch viel mehr ...

Dieses Beispiel hat eine Webkonferenz nur in Auszügen betrachtet, aber die wesentlichen Aspekte und Fähigkeiten der Technologien erklärt, die eine Webkonferenz ermöglichen. Es gibt noch viele weitere Teile, die relevant sind. Beispielsweise ist die Anzeige einer Person vor einem virtuellen Hintergrund eine wahrnehmbare Funktion, die durch entsprechende zugrunde liegende Funktionen (Erkennen und Ausschneiden einer Person im Videobild und Einfügen der Person vor dem virtuellen Hintergrund) realisiert wird.

Wichtig an diesem Beispiel ist, dass es zeigt, dass wir mit dem Modell der Form, Funktion und Qualität möglichst allgemeinverständlich und ohne konkrete Technologien die grundsätzlichen Fähigkeiten des Konferenzsystems beschrieben haben. Natürlich kann man auf dieser Basis jederzeit konkreter auf die Technologie hinter den jeweiligen Fähigkeiten eingehen. Dies ist dann der erste Schritt, um das Digitale und die vorhandenen Technologien als gestaltbares Material zu begreifen. Bevor wir uns mit diesem Gedanken befassen, müssen wir uns noch zwei weitere wichtige Bestandteile anschauen, die für das Design digitaler Lösungen notwendig sind.

3.3 Arbeitsmodell für das Design digitaler Lösungen

Mit dem FFQ-Modell haben wir eine erste Strukturierung an der Hand, um unterschiedliche Aspekte einer digitalen Lösung zu betrachten und eine digitale Lösung zu designen. Einen weiteren wichtigen Teil der Designarbeit haben wir bereits als Bestandteil der Designkompetenz kennengelernt: die Formulierung von Zielen als Beschreibung der angestrebten Veränderung (siehe Abschnitt 2.1.2).

Darüber hinaus passiert Design nie in einem luftleeren Raum, es gibt immer Randbedingungen, die berücksichtigt werden müssen. Randbedingungen können Gesetze, Normen oder Standards sein, die für eine Branche, ein Produkt oder eine Dienstleistung gelten. Ein prominentes Beispiel für Randbedingungen sind Gesetze zum Datenschutz.

Zusammengefasst können wir festhalten, dass Ziele und Randbedingungen auf das Design einer digitalen Lösung einwirken. Setzen wir in dieses gedachte Bild das FFQ-Modell für die digitale Lösung ein, erhalten wir ein gutes Arbeitsmodell, um das Design digitaler Lösungen zu erklären (siehe Abb. 3–2).

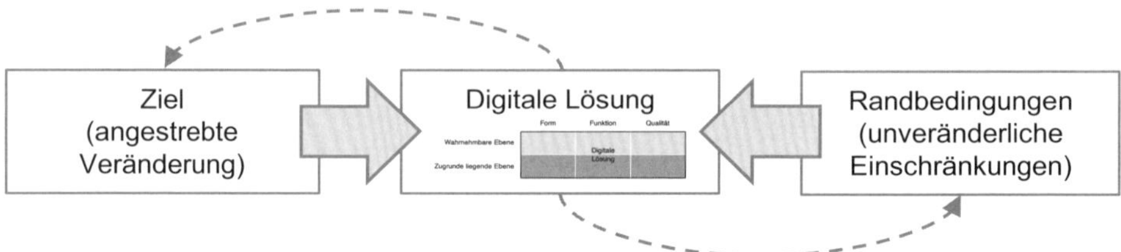

Abb. 3–2 *Arbeitsmodell für das Design digitaler Lösungen*

Dieses Arbeitsmodell definiert Designarbeit in dem Sinne, dass eine angemessene Form, Funktion und Qualität auf beiden Ebenen unter Berücksichtigung relevanter Randbedingungen erarbeitet wird, um die definierten Ziele zu erreichen.

Alternative Begrifflichkeiten im Kontext des Arbeitsmodells

Die Begrifflichkeiten aus dem Arbeitsmodell für das Design werden in der Literatur häufig durch die Begrifflichkeiten »Problem- und Lösungsraum« bzw. »Anforderungs- und Lösungsraum« zum Ausdruck gebracht.

Der Begriff »Lösungsraum« bezieht sich auf den Entwurf der Form, Funktion und Qualität der digitalen Lösung. Die Begriffe »Problem- bzw. Anforderungsraum« beziehen sich auf die Ziele und die Randbedingungen.

Aus diesem Arbeitsmodell für das Design lässt sich unmittelbar ableiten, dass Designarbeit untrennbar mit Anforderungsarbeit verbunden ist, denn die systematische Arbeit mit Zielen und Randbedingungen ist ein wesentliches Thema in der Anforderungsarbeit[2].

Die großen Pfeile in Abbildung 3–2 deuten an, dass Ziele und Randbedingungen maßgeblich auf die Lösung einwirken. Ebenso kann es aber auch Wirkungen in die andere Richtung geben. Abhängig von der konkreten Idee der digitalen Lösung können sich Veränderungen an Zielen ergeben. Ebenso kann es, je nach Idee der digitalen Lösung, auch zu Veränderungen an den Randbedingungen kommen.

Dieser Punkt ist wichtig für ein erstes Verständnis der Abläufe der Designarbeit. Designarbeit ist kein Top-down-Prozess, der bei Zielen und Randbedingungen startet und dann die Lösung erarbeitet. Vielmehr ist das Gegenteil der Fall (vgl. [Nelson & Stoltermann 2014]). Designarbeit als Prozess wird in Kapitel 7 vertieft. Zum Abschluss dieses Kapitels wollen wir uns nun mit der Idee von Technologien als gestaltbares Material befassen.

3.4 Digitale Technologien als Material für die Gestaltung

Der Gedanke, dass digitale Technologien als gestaltbares Material verstanden werden können, ist uns schon an einigen Stellen in diesem Buch begegnet. Mit dem zuvor eingeführten Arbeitsmodell haben wir nun ein Modell an der Hand, um uns diese Idee etwas genauer anzuschauen.

Der Technologie- bzw. Materialbezug ist ein wesentliches Merkmal von Design als Disziplin. Nigel Cross (vgl. [Cross 2006]) spricht in diesem Zusammenhang davon, dass Design als Disziplin »Probleme lösungsfokussiert angeht« und eine »konstruktive Denkweise« verfolgt. Konstruktiv meint an dieser Stelle, dass möglichst konkrete Lösungen entworfen und erarbeitet werden.

Diese Herangehensweise von Design definiert den wesentlichen Unterschied zu der anforderungsorientierten Herangehensweise. Beim anforderungsorientierten Vorgehen werden die Ziele und Randbedingungen sowie die Form, Funktion und Qualität auf einer abstrakten Ebene im Sinne von Anforderungen definiert. Auf Basis dieser Informationen (Ziele, Anforderungen, Randbedingungen) werden dann geeignete Technologien zur Realisierung der definierten Lösung ausgewählt.

Im Gegensatz dazu besagt die Idee von digitalen Technologien als gestaltbarem Material, dass man das Wissen zu Fähigkeiten und Potenzialen digitaler Technologien möglichst frühzeitig in den Entwurf von Lösungsideen einbezieht, um dieses Wissen möglichst umfassend zu nutzen.

---

2. Für ein tieferes Verständnis von Anforderungsarbeit sei an dieser Stelle insbesondere auf die Bücher zum Requirements Engineering (siehe z.B. [Pohl & Rupp 2021]) und Usability Engineering (z.B. [Geis & Tesch 2023]) verwiesen.

Technologiewissen mit dem FFQ-Modell aneignen

Wissen über Fähigkeiten und Potenziale von Technologien frühzeitig berücksichtigen, das klingt beim ersten Lesen sehr einleuchtend. Auf den zweiten Blick stellt diese Idee immense Anforderungen an Menschen, die sich im Digital Design weiterbilden wollen. Die Aneignung von Technologiekompetenz ist insbesondere für Einsteiger eine enorme Herausforderung. Aber auch hier hilft das zuvor definierte Arbeitsmodell und vor allem das FFQ-Modell für digitale Lösungen.

Wir haben gesehen, dass eine digitale Lösung auf verschiedenen Ebenen beschrieben werden kann: Form, Funktion und Qualität. Genauso kann man durch diese Brille auch auf digitale Technologien schauen. Beispielsweise können wir die verschiedenen verfügbaren Endgeräte (z. B. stationäre PCs, Notebooks, Tablets, Smartphones) als Teil der wahrnehmbaren Form begreifen. Ebenso bieten Technologien vielfältige Funktionen, wie die Erkennung oder Übersetzung von gesprochener Sprache durch maschinelles Lernen oder das Auslesen von QR-Codes. Und schlussendlich bieten Technologien unterschiedliche Qualitäten, z. B. haben verschiedene Mobilfunkstandards unterschiedliche Datenübertragungsraten. Mit Blick auf die Ziele und Randbedingungen stellt sich unmittelbar die Frage, welche Ziele die betrachteten Technologien unterstützen und welche Randbedingungen für sie gelten.

Bei den Beispielen für Endgeräte könnte man z. B. das Ziel der Mobilität herausgreifen. Notebooks und Tablets sind dafür entworfen worden, einen mobilen Computer zur Verfügung zu haben, der an vielen Orten verwendet werden kann.

Mit Blick auf Randbedingungen sind Technologien des maschinellen Lernens während der Entstehung dieses Buches besonders spannend: Das Europäische Parlament diskutiert gerade gesetzliche Regelungen, um den Einsatz von künstlicher Intelligenz zu regulieren. Diese Regelungen werden einen unmittelbaren Einfluss darauf haben, wie künstliche Intelligenz in digitalen Lösungen verwendet werden darf.

Wichtige Vorteile der Idee von Technologien als Material

Die Idee, digitale Technologien als Material zu begreifen, bringt Technologie auf eine konkrete Ebene. Wie reale materielle Objekte werden Technologien im wahrsten Sinne des Wortes »begreifbar«, sodass man über ihre Vor- und Nachteile sprechen kann. Technologien sind dann nicht mehr nur ein Realisierungsmittel, sondern erhalten eine eigene Substanz, die untersucht, analysiert und ausprobiert werden kann. Zur Erinnerung, Technologiekompetenz oder Materialkompetenz bedeutet nicht zwangsläufig Realisierungskompetenz (siehe Abschnitt 2.2.5). Ein umfassendes Verständnis diverser Technologien im Sinne eines Materials bietet wichtige Vorteile für die Arbeit im Digital Design:

- *Vermeidung von nicht realisierbaren Lösungen*: Kompetenz in digitalen Technologien verhindert die Definition von nicht realisierbarer Form, Funktion und Qualität einer digitalen Lösung und vermeidet die Formulierung von unrealistischen oder nicht realisierbaren Zielen bzw. Randbedingungen.
- *Inspiration für neue Lösungen*: Wissen über Technologie kann dabei helfen, innovative neue Lösungen für Probleme zu definieren. Maschinelles Lernen als Beispiel für eine Technologie mit großem Innovationspotenzial haben wir bereits kennengelernt.
- *Kommunikation auf Augenhöhe mit Fachleuten für Software*: Die Komplexität einer digitalen Lösung erfordert viele Fachleute in Bezug auf den Entwurf und die Realisierung von Software. Hier unterstützt Technologiekompetenz bei der Kommunikation auf Augenhöhe über zu verwendende Technologien (z.B. für die Realisierung von User Interfaces).
- *Kommunikation auf Augenhöhe mit Fachleuten für physische Produkte*: Analog zu Fachleuten für Software müssen bei digitalen Lösungen mit eigener Hardware auch Fachleute für physische Produkte einbezogen werden. Beispielsweise sind je nach Einsatzort von mobilen Geräten unterschiedliche Bildschirmtechnologien denkbar, um auch bei extremen Lichtverhältnissen noch arbeiten zu können.
- *Kommunikation auf Augenhöhe mit Lieferanten und Partnern*: Neben der Eigenentwicklung bestehen digitale Lösungen häufig aus zugekauften Bestandteilen für Hard- und/oder Software. Technologiekompetenz ermöglicht hier ebenfalls eine Kommunikation auf Augenhöhe und eine frühzeitige Zusammenarbeit mit Lieferanten/Partnern im Bauprozess.

Reflexionsfragen

Datenstrukturen, -ströme und -transformation

Stellen Sie sich vor, Sie nutzen einen Geldautomaten, um Bargeld von Ihrem Konto abzuheben. Welche Datenstrukturen, Datenströme und Datentransformationen sind dabei relevant?

Wählen Sie ein Beispiel für eine digitale Lösung aus Ihrem Alltag. Beschreiben Sie, welche Datenstrukturen, Datenströme und Datentransformationen diese Lösung ausmachen.

Wie verändert sich Ihre Wahrnehmung von digitalen Lösungen, wenn Sie an Datenstrukturen, Datenströme und Datentransformationen denken?

Form, Funktion und Qualität

Gehen Sie gedanklich zurück z.B. zur Webkonferenz. Zeichnen Sie das FFQ-Modell auf ein Blatt Papier (Abb. 3–1). Notieren Sie im FFQ-Modell, was Ihnen zur Webkonferenz einfällt.

Wiederholen Sie die gleiche Übung mit dem Beispiel aus der vorherigen Reflexionsfrage und notieren Sie die Aspekte der Lösung mit dem FFQ-Modell.

Wie verändert sich Ihre Wahrnehmung durch die Verwendung des FFQ-Modells?

Arbeitsmodell für das Design

Das Arbeitsmodell für das Design beinhaltet auch Ziele und Randbedingungen. Welche Ziele und Randbedingungen kommen Ihnen für das Beispiel der Webkonferenz in den Sinn?

Welche Ziele und Randbedingungen fallen Ihnen für Ihr eigenes Beispiel ein?

Digitale Technologien als Material begreifen

Wie würden Sie Ihr Verständnis und Ihre Kompetenzen in Bezug auf digitale Technologien beschreiben?

Welche Reaktion hat die Idee des digitalen Materials bei Ihnen ausgelöst?

4 Rollen und Tätigkeiten im Bauprozess

bauen bedeutet gestalten von lebensvorgängen.
– Walter Gropius in [Gropius 1930]

In diesem Kapitel wird eine grundlegende Perspektive auf den Bauprozess eingenommen. Sie werden wichtige Stakeholder-Rollen und wesentliche Tätigkeitsbereiche kennenlernen, die in jedem Bauprozess zu finden sind. Mit diesem Wissen können wir uns dann einem ersten Verständnis über den Ablauf eines Bauprozesses nähern, um das Zusammenspiel der Tätigkeitsbereiche im Bauprozess besser zu verstehen.

Warum »bauen« wir digitale Lösungen?

Die Verwendung des Wortes »bauen« im Zusammenhang mit digitalen Lösungen erscheint etwas befremdlich. Spricht man doch bei Technologien wie Software meist von entwickeln oder programmieren. Bauen wird eher mit physischen Dingen wie Steinen, Stahl oder Holz in Verbindung gebracht. Zum Beispiel werden Häuser oder Autos gebaut.

Das Wort bauen ist gut für digitale Lösungen geeignet, da es zum einen eine gewisse Größe und damit einen erheblichen Aufwand suggeriert und zum anderen eine ernst gemeinte Veränderung bedeutet. Das Zitat oben bringt diese Ernsthaftigkeit aus der Perspektive der Architektur sehr schön auf den Punkt. Das Bauen im Sinne der Architektur bedeutet, dass man in das Leben von Menschen eingreift und ihr Leben gestaltet.

Diese Haltung passt 1:1 auch auf digitale Lösungen. Wer digitale Lösungen baut, gestaltet die Lebensvorgänge von Menschen entweder direkt (die Menschen nutzen eine Lösung) oder indirekt (Menschen sind von einer Lösung mittelbar betroffen). Daher lohnt es sich, sich an das Wort bauen zu gewöhnen, um die Ernsthaftigkeit und die Wirkung von digitalen Lösungen zu betonen.

4.1 Wesentliche Stakeholder-Rollen im Bauprozess

Der Begriff des Stakeholders findet sich in der Wirtschaft, in der Systementwicklung und auch im Projekt- und Produktmanagement. Im Kern geht es beim Begriff des Stakeholders darum, zu verstehen, welche Menschen oder Organisationen ein Interesse an einem Vorhaben, Unternehmen oder System haben oder von diesem betroffen sind.

Mit Blick auf die Stakeholder ist es wichtig, sich systematisch mit den ihnen auseinanderzusetzen. So kann ein Vorhaben, Unternehmen oder System aus den verschiedensten Perspektiven der relevanten Stakeholder betrachtet werden, um deren Interessen, Anforderungen oder Randbedingungen zu verstehen. Eine systematische Stakeholder-Analyse wird daher als Praktik in vielen Disziplinen beschrieben und empfohlen, z.B. in der Businessanalyse, dem Requirements Engineering oder dem Projektmanagement.

Im Digital Design und im Bauprozess geht es um digitale Lösungen, daher stützt sich das Digital Design auf eine Definition für Stakeholder, die zur Systementwicklung passt [Glinz 2020]:

Stakeholder

Eine Person oder Organisation, die Einfluss auf die Anforderungen eines Systems hat oder die von diesem System betroffen ist.

Das Wort »System« in dieser Definition bezieht sich sowohl auf technische Systeme als auch soziotechnische Systeme wie digitale Lösungen. Dieses Verständnis ist wichtig für den Anspruch der Ganzheitlichkeit des Digital Design, um möglichst alle relevanten Perspektiven auf eine digitale Lösung zu berücksichtigen. Die Diskussion zu Rolle und Person kennen wir schon aus Abschnitt 1.2. Auch bei Stakeholdern lohnt es sich, den Gedanken der Rolle zu verinnerlichen, um eine Person nicht mit ihrer Rolle zu verwechseln. Im allgemeinen Sprachgebrauch wird der Zusatz »Rolle« aus Effizienzgründen meist unterschlagen. Für das grundlegende Verständnis ist der Begriff der Rolle aber hilfreich, um darauf hinzuweisen, dass es sich bei Stakeholdern immer um Rollenzuschreibungen handelt. Zum Beispiel kann eine Person ein Auftraggeber sein und zur gleichen Zeit auch ein Benutzer.

Aber schauen wir uns zunächst vier Rollen genauer an, die für die Grundlagen wesentlich sind. Im Anschluss betrachten wir das Zusammenspiel dieser Rollen und geben zum Abschluss noch Beispiele für weitere wichtige Stakeholder-Rollen.

4.1.1 Wesentliche Stakeholder-Rollen im Detail

Für das Verständnis eines Bauprozesses kommt man in einem ersten Schritt mit vier Stakeholder-Rollen aus: Auftraggeber, Kunden, Benutzer und Mitglied des Bauteams.

Auftraggeberrolle

Ein Bauprozess für eine digitale Lösung ist kein spontanes Ereignis, das aus sich heraus entsteht. Jeder Bauprozess wird von einer Person oder Organisation initiiert. Diese Person oder Organisation ist damit besonders wichtig für den Bauprozess und hat die Rolle des Auftraggebers inne:

Auftraggeber

Eine Person oder Organisation, die den Auftrag für den Bau eines Systems oder einer Lösung erteilt.

Das Wort »Auftrag« klingt zunächst nach einem wirtschaftlichen Kontext. Ein Unternehmen beauftragt ein anderes Unternehmen mit einem Projekt. In solchen Situationen impliziert die Rolle des Auftraggebers eine Reihe von Pflichten, aber auch Rechten. Der Auftraggeber muss seinen Auftrag hinreichend klar benennen (was soll getan werden?), als Ansprechpartner für Rückfragen zur Verfügung stehen und auch die Kosten für den Auftrag übernehmen. Dafür hat ein Auftraggeber das Recht, angemessen darüber informiert zu werden, wie ein Auftrag ausgeführt wird und wie sich die Kosten zusammensetzen. Dies war jetzt kein Ausflug in das Thema Recht und Gesetz, soll aber zeigen, welche Bedeutung ein Auftraggeber grundsätzlich in einem wirtschaftlichen Kontext hat.

Auch in Kontexten, die nicht primär durch die Beziehungen von zwei Unternehmen geprägt sind, ist die Rolle des Auftraggebers von genauso großer Bedeutung. Beispiele für solche Kontexte können unternehmensinterne Vorhaben ober Vorhaben im privaten Umfeld sein. Die Pflichten und Rechte eines Auftraggebers funktionieren dort genauso.

Schlussendlich ist die klare Benennung einer Person oder Organisation für die Rolle des Auftraggebers wichtig, um eine klare Definition des Vorhabens sowie eine klare Kommunikations-, Verantwortungs- und Entscheidungsstruktur im Verlauf des Bauprozesses zu gewährleisten.

Kundenrolle

Genauso wie ein Bauprozess nicht »aus dem Nichts entsteht«, wird eine digitale Lösung nicht als Selbstzweck gebaut. Eine digitale Lösung soll ein reales Problem lösen. Für ein gutes Begriffsverständnis ist auch hier die Sprache der Wirtschaft hilfreich. Dort wird der Begriff des Kunden verwendet. Die Kundenrolle wird für digitale Lösungen wie folgt definiert:

Kunde

Eine Person oder Organisation, die ein System, ein Produkt oder eine Dienstleistung erhält.

Diese Definition beinhaltet zwei wesentliche Gedanken mit Blick auf die Kundenrolle. Kunden erhalten im weitesten Sinne einen Mehrwert. Dieser Mehrwert kann verschieden ausgeprägt sein:

- Ein Kunde bekommt ein System geliefert, z.B. eine Bürosoftware oder eine App.
- Ein Kunde erhält ein Produkt im Sinne eines physischen Produkts, z.B. ein Buch aus einem Onlineshop.
- Ein Kunde erhält eine Dienstleistung, z.B. die regelmäßige Lieferung von Lebensmitteln, das Streaming von Musik oder die Buchung einer Ferienwohnung.

Weiterhin wird definiert, dass eine Person oder Organisation in der Kundenrolle etwas *erhält*. Der Begriff erhält ist bewusst neutral formuliert, um sowohl ein wirtschaftliches als auch ein nicht wirtschaftliches Verhältnis zwischen Kunde und Lösung abzudecken:

- In einem *wirtschaftlichen Verhältnis* würde ein Kunde etwas kaufen und in irgendeiner Form Geld bezahlen. Ein Beispiel hierfür ist Musik- oder Videostreaming. Ein Kunde zahlt Geld, um Musik zu hören oder Videos zu schauen.
- In einem *nicht wirtschaftlichen Verhältnis* würde hingegen kein Geld fließen. Ein Beispiel hierfür sind Plattformen zur Vermittlung von Ferienwohnungen. Ein Kunde bucht über die Plattform eine Ferienwohnung, zahlt aber für die Vermittlung nichts.

Für das Verständnis der Kundenrolle ist weiterhin die Unterscheidung zwischen direkten und indirekten Kunden hilfreich. Bei direkten Kunden geht der Mehrwert direkt an die Person in der Kundenrolle (z.B. das Schauen eines Films). Bei indirekten Kunden dient die digitale Lösung dazu, einen dahinterliegenden anderen Mehrwert zu erbringen (z.B. die Ferienwohnung).

Benutzerrolle

Zusätzlich zur Kundenrolle wird die Benutzerrolle unterschieden. Die getrennte Betrachtung von Kunden- und Benutzerrolle ist im Sinne der ganzheitlichen Gestaltung einer digitalen Lösung wichtig, um im Verlauf des Bauprozesses ein klares Bild auf die unterschiedlichen Perspektiven beider Rollen zu haben. Die Benutzerrolle ist wie folgt definiert:

Benutzer

Eine Person[a], die bereitgestellte Funktionen eines Systems verwendet.

a. Auch wenn die Definition auf Personen ausgelegt ist, gibt es Systeme, die von Tieren genutzt werden (z.B. in der digitalisierten Landwirtschaft).

Neben dem Begriff »Benutzer« wird in der Praxis oft auch die Kurzform »Nutzer« oder das englische Wort »User« verwendet. Im weiteren Verlauf bleiben wir aber beim Fachbegriff Benutzer.

Der Unterschied zwischen Benutzer und Kunde ist zum einen wichtig, um die Unterschiede in den Beziehungen zwischen beiden Rollen und der Lösung zu verstehen. Ein Benutzer verwendet ein System im Sinne einer Interaktion. Ein Kunde erhält im weitesten Sinne einen Mehrwert.

Wenn die Rollen Kunde und Benutzer synonym verstanden und gebraucht werden, dann wird der Denk- und Gestaltungsspielraum unnötig beschränkt. Es gibt zwar viele digitale Lösungen, bei denen eine Person sowohl die Rolle eines Kunden als auch die Rolle eines Benutzers einnimmt (z.B. beim Streamen von Musik kann eine Person Kunde und Benutzer sein). Dennoch gibt es viele Benutzer einer Lösung, die nicht gleichzeitig Kunden sind. Und ebenso gibt es Lösungen, bei denen eine Person nur Kunde und kein Benutzer ist. Ein Beispiel für *Personen, die Benutzer, aber keine Kunden* sind, sind interne Mitarbeitende eines Unternehmens. Im Beispiel des Musikstreamings gibt es Supportmitarbeiter, die bei Problemen mit dem Passwort und den Bezahldaten helfen. Diese Personen benutzen zwar die Lösung, sind aber keine Kunden.

Ein Beispiel für *Personen, die Kunden, aber keine Benutzer* sind, sind Hotelgäste an der Rezeption. Sie sind Kunden der Verwaltungslösung für das Hotel, benutzt wird das System aber von den Mitarbeitenden an der Rezeption.

Die Unterscheidung zwischen Kunde und Benutzer ist hilfreich

Beim ersten Lesen der Unterschiede zwischen Kunde und Benutzer könnte wieder der Verdacht von unnötiger Spitzfindigkeit aufkommen. Diese Unterscheidung ist aber nur eine Frage der Gewohnheit.

Besonders wichtig ist diese Unterscheidung immer dann, wenn man digitale Lösungen in nicht digitalen Kontexten einsetzt und z.B. eine Lösung verwendet wird, um nicht digitale Kontexte zu verbessern oder zu unterstützen. Hier findet man sehr oft Situationen vor, bei denen der Kunde einer Lösung nicht oder nur in sehr geringem Umfang mit der Lösung interagiert.

An dieser Stelle hilft die Fokussierung auf den Kunden als Empfänger eines Mehrwerts, um eine klare Sicht darauf zu bekommen, wie die Lösung den Mehrwert erbringt oder die Schaffung des Mehrwerts unterstützt. Ebenso ist die Unterscheidung wichtig, um eine Sicht auf die Wünsche und Bedürfnisse von Benutzern zu bekommen, die keine Kunden sind.

Mitglied des Bauteams

Die bisherigen drei Rollen haben Personen in den Fokus genommen, die eine digitale Lösung beauftragen, von ihr profitieren oder sie nutzen. Mit der vierten Stakeholder-Rolle betrachten wir Personen, die am Bau der digitalen Lösung arbeiten. Sie werden als Mitglieder des Bauteams oder kurz als Teammitglieder bezeichnet:

Mitglied des Bauteams

Eine Person, die eine oder mehrere Aktivitäten des Bauprozesses durchführt.

Diese Definition unterstreicht, dass das Spektrum an Personen, die am Bauprozess mitarbeiten, sehr vielfältig sein kann. Die konkreten Tätigkeiten, die eine Person im Bauprozess ausführen kann, werden wir in Abschnitt 4.2 näher betrachten.

Für den Moment ist an dieser Stelle die Haltung wichtig, die hinter einem sehr breiten Verständnis des Teammitglieds steht. Dieses Buch hat zwar Digital Design zum Thema, aber dennoch ist es wichtig, zu erkennen, dass Digital Design allein als Profession bei Weitem nicht ausreichend ist, um eine erfolgreiche digitale Lösung zu bauen. Dazu braucht es vielfältige Kompetenzen und Fertigkeiten. Auf die Bedeutung von Teamwork kommen wir in Kapitel 13 noch einmal zu sprechen.

Gesunde und ungesunde Spannungen zwischen Rollen

Ich habe in meiner beruflichen Praxis immer wieder erlebt, dass Bauvorhaben unter persönlichen Spannungen und Bewertungen zwischen verschiedenen Rollen gelitten haben (ersetzen Sie gerne A, B und C durch beliebige Rollen):

- A ist besser als B.
- B leistet keinen echten Beitrag zum Projekt.
- C nimmt sich viel zu wichtig.

Etwas gesunde Spannung und Konkurrenz sind sinnvoll und förderlich für die Zusammenarbeit. Daraus darf aber kein Konkurrenzkampf werden, der die Zusammenarbeit untergräbt. Es ist wichtig, sich eine positive Haltung gegenüber allen Rollen und Tätigkeiten im Bauprozess zu erarbeiten. Der Bauprozess ist vielfältig und es braucht unterschiedliche Kompetenzen, um ihn zu bewältigen. Für die gute Zusammenarbeit ist es daher wichtig, allen Rollen mit Respekt und Offenheit zu begegnen.

4.1.2 Zusammenspiel zwischen den Rollen im Bauprozess

Mithilfe der eingeführten Stakeholder-Rollen kann das Bauteam eine ganzheitliche Perspektive im Bauprozess und auf die digitale Lösung einnehmen. Jede Stakeholder-Rolle definiert hierbei eine eigene Perspektive:

- Die Auftraggeberrolle trägt gegenüber ihren Stakeholdern (z.B. Vorgesetzten oder Eigentümern) die Verantwortung für die Lösung als Ganzes. Sie gibt den Bau in Auftrag, um mit der Lösung ein Kunden- bzw. Benutzersegment anzusprechen und diesem einen Mehrwert zu erbringen. Damit definiert sie auch erste Hypothesen, welcher Mehrwert gewünscht ist.
- Die Kundenrolle soll von der Lösung angesprochen werden und den gedachten Mehrwert für sich selbst oder andere beziehen. Die Kunderolle hat Erwartungen an den Mehrwert sowie an die gesamte Customer Experience (CX).

- Die Benutzerrolle verwendet eine Lösung aus eigener Motivation (da sie auch gleichzeitig Kunde ist) oder ist von außen motiviert, die Lösung zu nutzen (z.B. als Mitarbeitender). Die Benutzerrolle hat Erwartungen an die Nutzung der Lösung sowie an die User Experience (UX).

Mit der Unterscheidung zwischen Kunden- und Benutzerrolle sind zwei wichtige Erfahrungsdimensionen in Bezug auf eine Lösung verknüpft: das Erlebnis als Kunde (Customer Experience) und das Erlebnis als Benutzer (User Experience). Beide Erlebnisdimensionen sind wichtig für die ganzheitliche Gestaltung einer guten Lösung.

Für das Zusammenspiel zwischen den Rollen ist wichtig, dass die drei Stakeholder-Rollen unterschiedliche Perspektiven einnehmen. Relevant werden diese Perspektiven, wenn die gleiche Person mit unterschiedlichen Brillen unterwegs ist und die Perspektiven vermischt. Wenn eine Person gleichzeitig die Rolle des Auftraggebers und eines Kunden einnimmt, dann können die Erwartungen der Person als Kunde zum Teil des Auftrags werden. Dies birgt das Risiko, dass der Auftrag sehr einseitig auf das Verständnis dieser einen Person zugeschnitten ist und andere, ebenso relevante Kunden- oder Benutzerperspektiven übersehen oder ignoriert werden. Für die ganzheitliche Gestaltung einer digitalen Lösung ist es notwendig, sich die drei Rollen und ihre jeweiligen Perspektiven bewusst zu machen, um mit Personen in den entsprechenden Rollen sinnvoll zu arbeiten und deren Anforderungen klar einordnen und hinterfragen zu können.

Weiterhin können die verschiedenen Stakeholder-Rollen sehr unterschiedliche und teilweise auch widersprüchliche Anforderungen an eine Lösung stellen. Ein Benutzer betrachtet einen Prozess oder einen Ablauf innerhalb einer Lösung z.B. ganz anders als eine Person im Management als Auftraggeber. Für die ganzheitliche Gestaltung einer digitalen Lösung ergeben sich aus diesem Umstand zwei Aufgaben:

- *Vermittlung zwischen den Perspektiven der unterschiedlichen Rollen*: Designarbeit bedeutet immer, eine Lösung für andere Personen zu gestalten. Stakeholder sind sich oft nicht bewusst, dass die verschiedenen Rollen eine eigene Sicht auf eine Lösung haben. Werden diese Perspektiven bewusst gemacht, können Personen ein besseres Verständnis für die jeweiligen Rollen entwickeln und so Anforderungen der anderen Rollen besser verstehen. Dies kann insbesondere dabei helfen, Widersprüche und Konflikte in Anforderungen zu beheben.
- *Erarbeitung von sinnvollen Kompromissen*: Anforderungen unterschiedlicher Rollen können oft nicht gemeinsam umgesetzt werden. Daher müssen im Rahmen der Designarbeit sinnvolle Kompromisse erarbeitet werden, um die Anforderungen der verschiedenen Rollen angemessen umzusetzen.

Das Wissen, die Perspektiven und die Verantwortlichkeit der jeweiligen Rollen sind wichtig für eine gute Zusammenarbeit und damit für einen funktionierenden Prozess. Aus Sicht des Bauteams ist es daher von großer Bedeutung, dass die Rollen klar definiert sind und von den entsprechenden Personen und Organisation verstanden werden.

4.1.3 Weitere wichtige Stakeholder-Rollen

Die vier Stakeholder-Rollen in diesem Abschnitt sind für einen ersten Schritt in das Digital Design ein gutes Fundament, um die am Bauprozess beteiligten Rollen besser zu verstehen. Neben Auftraggeber, Kunde, Benutzer und Mitglied des Bauteams gibt es noch viele weitere Stakeholder-Rollen.

Im Folgenden werden weitere Beispiele für potenzielle Stakeholder-Rollen vorgestellt, um die Bedeutung eines systematischen Umgangs mit Stakeholdern zu unterstreichen.

Gesetzgeber

Viele Bereiche unserer Wirtschaft und Gesellschaft werden durch Gesetze und Vorschriften geregelt. Bei der Gestaltung vieler digitaler Lösungen müssen daher auch Gesetze und Vorschriften berücksichtigt werden. Werden in einer Lösung z.B. Zahlungen abgewickelt und Rechnungen erstellt (z.B. in einem Onlineshop), dann werden Gesetze und Vorschriften zur Buchführung und Rechnungsstellung relevant.

Datenschützer

Digitale Lösungen arbeiten oft mit personenbezogenen Daten. Sobald eine Lösung z.B. Namen und Kontaktdaten von Kunden speichert und verarbeitet, greifen Vorschriften zum Datenschutz. Datenschützer werden damit zu relevanten Stakeholdern, deren Anforderungen im Rahmen der Gestaltung einer Lösung berücksichtigt werden müssen.

Arbeitnehmervertretungen

In vielen Unternehmen sind Mitarbeitende im Rahmen der betrieblichen oder unternehmerischen Mitbestimmung organisiert (z.B. im Betriebsrat oder Personalrat). Werden digitale Lösungen für Unternehmen mit Arbeitnehmervertretung gestaltet, dann werden Personen aus der Arbeitnehmervertretung ebenfalls zu relevanten Stakeholdern, deren Anforderungen bei der Gestaltung berücksichtigt werden müssen.

Nichtregierungsorganisationen (NGO)

Für viele Lebensbereiche und Themen existieren NGOs, die sich für bestimmte Interessen und Themen einsetzen. Besonders bekannt sind NGOs z.B. im Bereich des Umweltschutzes. Abhängig vom Kontext einer digitalen Lösung können auch NGOs zu relevanten Stakeholdern werden, deren Anforderungen berücksichtigt werden sollten.

4.2 Tätigkeitsbereiche im Bauprozess

Allgemein kann der Begriff »Prozess« wie folgt definiert werden:

Prozess

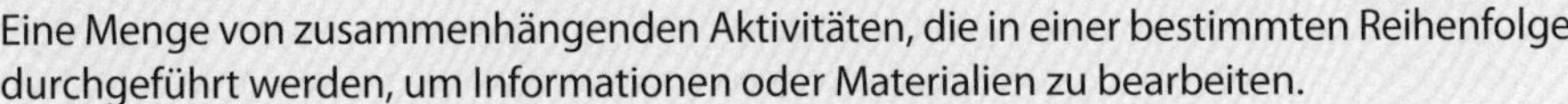

Eine Menge von zusammenhängenden Aktivitäten, die in einer bestimmten Reihenfolge durchgeführt werden, um Informationen oder Materialien zu bearbeiten.

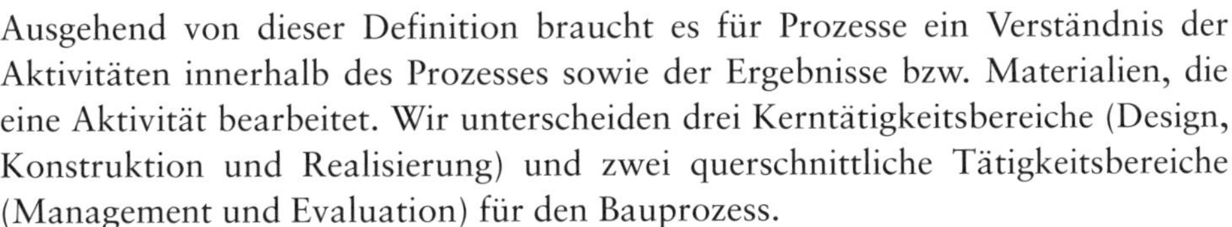

Ausgehend von dieser Definition braucht es für Prozesse ein Verständnis der Aktivitäten innerhalb des Prozesses sowie der Ergebnisse bzw. Materialien, die eine Aktivität bearbeitet. Wir unterscheiden drei Kerntätigkeitsbereiche (Design, Konstruktion und Realisierung) und zwei querschnittliche Tätigkeitsbereiche (Management und Evaluation) für den Bauprozess.

4.2.1 Kerntätigkeitsbereiche im Bauprozess

Kerntätigkeitsbereiche sind Design, Konstruktion und Realisierung.

4.2.1.1 Design einer digitalen Lösung

Design bezeichnet Tätigkeit und Ergebnis

Auf die Problematik der unscharfen Definition von Design wurde bereits eingegangen. Design kann sowohl als Tätigkeit als auch als Ergebnis verstanden werden:

Design

1. Ein Plan oder eine gezeichnete Darstellung, die zeigt, wie etwas aussehen, funktionieren oder aufgebaut sein soll, bevor es realisiert wird.
2. Die Tätigkeit der Schaffung eines Designs.

Der erste Teil der Definition bezeichnet mit Design einen Entwurf. Dieser Entwurf wird als Plan oder Darstellung definiert, der oder die im Sinne eines Entwurfsdokuments oder eines Konzepts beschreibt, wie eine Lösung aussieht, funktioniert oder aufgebaut ist. Dieser Entwurf dient als Basis für die Konstruktion und Realisierung der Lösung. Der zweite Teil der Definition bezieht sich auf die Tätigkeit des Designs, also auf die Schaffung im Sinne des Entwerfens einer digitalen Lösung, um eine angestrebte Veränderung zu erzielen.

Designkonzept als Oberbegriff

Zur Darstellung der angestrebten Veränderungen werden durch den Tätigkeitsbereich Design sogenannte *Designkonzepte* erstellt:

Designkonzept

Eine Beschreibung des Designs einer digitalen Lösung, eines digitalen Systems oder eines Elements einer digitalen Lösung.

Der Begriff »Designkonzept« ist bewusst sehr breit definiert, da in Theorie und Praxis ein großes Spektrum an Methoden und Techniken vorhanden ist, um ein Design zu beschreiben. Dieses Spektrum beginnt bei einfachen Handskizzen (z.B. von Prozessen oder User Interfaces) und geht bis hin zu umfangreichen Spezifikationsdokumenten, die eine Lösung bis ins kleinste Detail definieren (z.B. funktionale Spezifikationen von Steuergeräten in einem Flugzeug).

Im weiteren Verlauf des Buches werden wir uns noch detaillierter mit der Struktur von Designkonzepten auseinandersetzen. Für den Moment ist es ausreichend, Designkonzepte als eine Art von Bauplan zu verstehen. Dieser Bauplan soll die gewünschte Veränderung durch eine digitale Lösung bzw. Anforderungen an die Veränderung oder Lösung auf verschiedenen Abstraktionsebenen beschreiben. So dient dieser Bauplan sowohl als Grundlage für die Kommunikation über die Lösung als auch als Basis für die Realisierung der Lösung.

Beispiele für Inhalte von Designkonzepten sind Beschreibungen von Abläufen oder Prozessen, von in einer Lösung gespeicherten oder verarbeiteten Daten samt den zugehörigen Funktionen oder auch vom physischen Aufbau einer Lösung (z.B. erforderliche Endgeräte). An dieser Auflistung kann man auch unmittelbar erkennen, dass der Tätigkeitsbereich des Designs je nach Art der digitalen Lösung vielfältige Disziplinen einbeziehen muss, z.B.:

- Industriedesign oder Produktdesign für die systematische Gestaltung physischer Produktbestandteile einer digitalen Lösung
- Interaction Design für die systematische Gestaltung von Mensch-Maschine-Schnittstellen einer digitalen Lösung
- Requirements Engineering für die systematische Arbeit mit Anforderungen an eine Lösung
- Service Design für die systematische Gestaltung von Prozessen und Services
- User Experience Design für die systematische Gestaltung des Benutzererlebnisses als Teil einer digitalen Lösung

Die Darstellung von Designkompetenz in Kapitel 2 hat bereits deutlich gemacht, dass Design nicht beim Entwurf oder Bauplan endet, sondern sich auf den gesamten Lebenszyklus einer digitalen Lösung erstreckt und insbesondere auch Aufgaben zur Evaluation beinhaltet.

Ist die angestrebte Veränderung wünschenswert?

Zum einen bedeutet Design im Sinne von Gestaltung das Herbeiführen einer absichtsvollen Veränderung. Diese Veränderung wird gemeinsam mit einer Gruppe von Stakeholdern (Auftraggeber, Vertreter von Kunden/Benutzern und weiteren Stakeholdern) formuliert.

Die Perspektiven, die Erfahrungen, das Wissen und die Meinungen dieser Gruppe fließen dabei in die formulierte Veränderung ein und reflektieren damit das Verständnis dieser Gruppe. Dieses Verständnis muss aber nicht zwangsläufig auch das Verständnis anderer relevanter Stakeholder sein, die nicht oder nur unzureichend bei der Formulierung der Veränderung einbezogen wurden.

Dem Design kommt daher die Aufgabe zu, die geplante Veränderung angemessen zu evaluieren, um sicherzustellen, dass die geplante Veränderung von möglichst allen relevanten Stakeholdern als sinnvoll und wünschenswert erachtet wird.

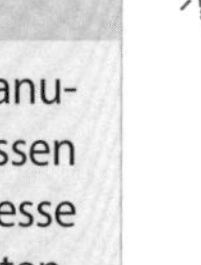

Wünschenswert ist oft ein Kompromiss

Viele digitale Lösungen werden mit dem Ziel realisiert, einen bisher analogen oder manuellen Prozess zu digitalisieren. Oft verspricht man sich von solchen digitalen Prozessen mehr Effizienz, Geschwindigkeit oder Flexibilität. Gleichzeitig verändern digitale Prozesse auch die betroffene Organisation, die Arbeitsweise und die Aufgaben von Mitarbeitenden. Teilweise fallen Aufgaben ganz weg oder Menschen müssen andere Aufgaben übernehmen. Ebenso erfordert Digitalisierung von Kunden oder Benutzern eine Umstellung auf neue Prozesse und Arbeitsweisen.

Fragt man die unterschiedlichen Stakeholder nach ihrer Meinung zu solchen Veränderungen, dann kann man davon ausgehen, dass die Meinungen stark auseinandergehen. Menschen, die befürchten, dass ihr Arbeitsplatz bedroht ist, werden sich eher kritisch äußern und Menschen, die von den Veränderungen profitieren, werden sich eher positiv äußern.

Dabei gibt es auf die Frage nach einer wünschenswerten Veränderung selten eine eindeutige Antwort. Oft sind es Kompromisse, die verschiedene Perspektiven auf die Veränderung auf einen Nenner bringen. Um diese Perspektiven überhaupt zu erkennen und in Betracht zu ziehen, ist die Evaluierung der geplanten Veränderung eine verantwortungsvolle Aufgabe, die tief in der Haltung des Digital Design verwurzelt ist.

Wird die richtige digitale Lösung gebaut?

Grundsätzlich kann eine geplante Veränderung auf unterschiedliche Weisen realisiert werden. Uns stehen verschiedene Technologien, Vorgehensweisen für Prozesse und auch Gestaltungsmöglichkeiten für die Lösung zur Verfügung. Dieses Spektrum fängt bei einfachen Fragen zu Plattformen an (z.B. wird es eine Smartphone-App oder eine Desktop-Anwendung?) und geht tief hinein in die Details der Funktionen einer Lösung (z.B. muss das Geburtsdatum als Teil eines Kundendatensatzes gespeichert werden oder reicht die Bestätigung, dass ein Kunde erwachsen ist?).

Alle diese Details können in Form von Designkonzepten erarbeitet und dokumentiert werden. Anhand dieser Designkonzepte stellt sich die Frage, ob die entworfene Lösung das Potenzial hat, die gewünschte Veränderung herbeizuführen (also die richtige Lösung ist). An dieser Stelle sind insbesondere wieder die relevanten Stakeholder gefragt, um die erstellten Designkonzepte kritisch zu prüfen.

Neben der Evaluation der erstellten Designkonzepte werden wir in Kapitel 7 Prototypen als wichtiges Werkzeug für diese Evaluation kennenlernen. Mit Prototypen können Teile einer digitalen Lösung für Stakeholder erleb- und begreifbar gemacht werden, um das Potenzial der Lösung für die gewünschte Veränderung besser erfassen und einschätzen zu können. Wesentlich für diesen Teil der Evaluation ist, dass die Frage nach dem Bau der richtigen Lösung eine Kernverantwortung des Designs ist.

Wird die digitale Lösung richtig gebaut?

Die erstellten Designkonzepte sind nicht die realisierte Lösung, sondern dienen als Basis für die Konstruktion und Realisierung. Damit kann das Design als Lieferant für diese beiden Tätigkeitsbereiche verstanden werden. Die Verantwortung des Designs endet aber nicht mit der Lieferung des Designkonzepts. Design im Sinne der ganzheitlichen Gestaltungskompetenz schließt Verantwortung für die Umsetzung gemäß Designkonzept mit ein. Nur so kann das Design sicherstellen, dass die durch den Entwurf angestrebte Veränderung auch tatsächlich realisiert wird.

Diese auf den ersten Blick abstrakte Sichtweise hat in vielen Vorhaben konkrete Relevanz. Zum einen treten bei jeder Konstruktion und Realisierung Fehler auf, da Menschen diese Tätigkeiten ausführen und dabei Fehler machen. Dies darf nicht als Kritik am Menschen verstanden werden, Fehler gehören zum Alltag. Das Spektrum von Fehlern kann beliebig groß sein, von ungenau realisierten User Interfaces (z.B. Tippfehler in Texten) bis hin zu kritischen Problemen (z.B. ganze Funktionen werden nicht oder fehlerhaft realisiert).

Die Fehlerquelle kann sich bereits im Designkonzept befunden haben. Beispiele können übersehene Sonderfälle bei Interaktionen sein. Wesentlich ist, dass die Evaluation der realisierten Lösung eine gemeinschaftliche Aufgabe und Verantwortung aller Kerntätigkeitsbereiche ist. Bezogen auf Software hat sich mit der Softwarequalitätssicherung ein eigenes Kompetenzfeld etabliert, das sich der Evaluation von Software widmet.

4.2.1.2 Konstruktion einer digitalen Lösung

Die Konstruktion ist im besten Sinne die Schwester des Designs und befasst sich mit den technischen Details als Basis für die Realisierung:

Konstruktion

Die Schaffung eines Realisierungskonzepts für eine digitale Lösung, die die gewünschte Veränderung herbeiführt.

Wie beim Design werden bei der Konstruktion Konzepte als Arbeitsprodukte erstellt. Der Obergriff für diese Arbeitsprodukte ist das Realisierungskonzept:

Realisierungskonzept

Die Beschreibung der technischen Realisierung einer digitalen Lösung.

Realisierungskonzepte decken ein breites Spektrum ab

Analog zum Designkonzept ist der Begriff des Realisierungskonzepts bewusst sehr breit gefasst, um verschiedenste Aspekte der Realisierung einer digitalen Lösung abzudecken. Je nach Art der digitalen Lösung können das u.a. folgende Aspekte sein:

- *Softwaretechnische Strukturen* umfassen Softwarebestandteile einer digitalen Lösung, z.B. Komponenten des Softwareanteils, Microservices, Schnittstellen zu externen Services.
- *Hardwaretechnische Strukturen* umfassen Hardwarebestandteile einer digitalen Lösung, z.B. vorhandene oder angenommene Hardware, Prozessoren, Speicherkapazitäten oder Ausgabemöglichkeiten.
- *Physische Strukturen* umfassen über die Hardware hinausgehende Strukturen einer digitalen Lösung, z.B. Gehäuse oder Materialien von zu realisierenden Endgeräten (z.B. für einen smarten Lautsprecher).
- *Realisierungstechnologien*, z.B. Programmiersprachen oder Frameworks für die Software, zugekaufte Sensoren, Hardwareplattformen oder Materialien/Produktionsverfahren für physische Strukturen.
- *Technische Infrastrukturen* umfassen eine über die Hardware hinausgehende erforderliche Infrastruktur zum Betrieb einer digitalen Lösung, z.B. Serverkapazitäten in Rechenzentren oder Kommunikationskapazitäten über Internet oder Mobilfunk.

Dieses breite Spektrum an Aspekten führt in der Praxis dazu, dass Realisierungskonzepte in verschiedene Instanzen aufgeteilt werden, z.B. Realisierungskonzepte für die Software, Konzepte für den Betrieb und (sofern erforderlich) Konzepte für dedizierte Geräte, die eigens für die digitale Lösung realisiert werden sollen.

Für smarte Lautsprecher von Unternehmen wie Apple oder Amazon werden Hardware und Software mit Services (z.B. Musikstreaming oder Wetternachrichten) aus dem Internet kombiniert.

Um einen smarten Lautsprecher als Teil einer digitalen Lösung zu realisieren, müssen der Aufbau samt Hardware des Lautsprechers sowie die Software im Lautsprecher (Interaktion mit Benutzern) und im Rechenzentrum (Quelle für Musik, Wetterbericht etc.) realisiert werden.

Für alle diese Aspekte müssen entsprechende Realisierungskonzepte erarbeitet werden, damit die Lösung als Ganzes realisiert werden kann.

Wie beim Design können für die Konstruktion einer digitalen Lösung verschiedene Disziplinen erforderlich sein, z.B. Requirements Engineering, Softwarearchitektur und Software Engineering für die softwaretechnischen Bestandteile oder Hardware-Ingenieure und Produktionsingenieure für die Hardware und die zu realisierenden Geräte.

Neben der Arbeit am Realisierungskonzept trägt das Tätigkeitsfeld der Konstruktion auch Verantwortung für die Evaluation. Diese Verantwortung bezieht sich zum einen auf die Qualität der Realisierungskonzepte und zum anderen auf die konzeptkonforme Realisierung.

Evaluation der Realisierungskonzepte

Die Realisierungskonzepte müssen die erforderlichen technischen Eigenschaften definieren, die zur Realisierung und zum Betrieb der digitalen Lösung erforderlich sind. Hierzu zählen sowohl technische Funktionalitäten als auch das Erreichen definierter Qualitäten durch die Lösung.

Ein anschauliches Beispiel für diese Verantwortung ist die Erreichung einer geforderten technischen Performance einer digitalen Lösung. Damit eine digitale Lösung eine definierte Menge an Benutzern zur gleichen Zeit bedienen kann, müssen verschiedene Bestandteile einer Lösung (z.B. Software, Kommunikationskapazität und Kapazität im Rechenzentrum) sinnvoll ausgelegt sein, damit die erwartete Anzahl der Benutzer mit der Lösung arbeiten kann. Zur Verantwortung der Konstruktion gehört in diesem Beispiel nicht nur die Definition der entsprechenden Strukturen, sondern auch das Ergreifen erforderlicher Evaluationsmaßnahmen. So kann durch die Konstruktion sichergestellt werden, dass die Lösung die geforderte Leistung auch erbringen kann.

Evaluation der konzeptkonformen Umsetzung

Wie das Design muss auch die Konstruktion grundsätzlich darauf achten, dass die digitale Lösung gemäß den definierten Realisierungskonzepten umgesetzt wird. Hierzu zählt z.B. die Überprüfung der Einhaltung von technischen Vorgaben an Schnittstellen oder an zu verwendende Technologien. Diese Evaluation spielt sich in der Zusammenarbeit zwischen Konstruktion und Realisierung ab und wird in Abschnitt 4.3 betrachtet.

Design und Konstruktion arbeiten eng zusammen

Design und Konstruktion müssen für die Gestaltung einer guten Lösung eng zusammenarbeiten, damit die technische Realisierung und die Gestaltung einer digitalen Lösung möglichst optimal aufeinander abgestimmt sind. Aus Sicht des Digital Design ist das Wissen um die Herausforderungen und die Komplexität der Konstruktion einer Lösung eine wichtige Voraussetzung für eine gute Zusammenarbeit. In Abschnitt 4.3 wird auch auf diese Thematik näher eingegangen.

4.2.1.3 Realisierung einer digitalen Lösung

Die Realisierung ist der Tätigkeitsbereich, der die tatsächliche Umsetzung der digitalen Lösung übernimmt. Das Arbeitsprodukt der Realisierung ist daher die umgesetzte digitale Lösung.

Realisierung

Die Umsetzung einer digitalen Lösung anhand der definierten Design- und Realisierungskonzepte.

Die Realisierung umfasst analog zum Design und zur Konstruktion auch die Verantwortung für die Evaluation.

Wesentlich für das Verständnis der Realisierung ist, dass sie ebenso wie die anderen Kerntätigkeitsbereiche eine anspruchsvolle Aufgabe ist und den gleichen Beitrag zum Erfolg einer Lösung leistet wie die anderen Tätigkeitsbereiche. Je nach Art der digitalen Lösung müssen auch für die Realisierung unterschiedliche Disziplinen beteiligt werden, z.B.:

- Software Engineering für die Realisierung der Softwarebestandteile
- DevOps-Experten für die Integration von Entwicklung und Betrieb der Softwarebestandteile
- Hardware Engineering für die Realisierung dedizierter Hardware
- Ingenieure diverser Professionen, wenn eine Lösung in ein größeres technisches System integriert wird (z.B. smarte Gebäude).
- Produktionsingenieure, wenn eine Lösung Bestandteile hat, die im Rahmen von Massenproduktion hergestellt werden müssen.

Diese Liste ist keinesfalls vollständig und soll nur andeuten, wie breit das Spektrum möglicher Kompetenzen ist, das an der Realisierung einer Lösung beteiligt sein kann.

Aus Sicht des Digital Design könnte man vermuten, dass die Realisierung als Tätigkeitsbereich sehr weit weg von der eigenen Tätigkeit ist. Genau das Gegenteil ist allerdings der Fall. Aus der in Kapitel 2 beschriebenen ganzheitlichen Gestaltungsverantwortung des Digital Design folgt, dass die Realisierung einer Lösung von besonderer Bedeutung für deren Erfolg ist, da viele Designentscheidungen in der Praxis oft erst während der Realisierung getroffen werden müssen.

4.2.2 Querschnittliche Tätigkeitsbereiche im Bauprozess

Querschnittliche Tätigkeitsbereiche sind Management und Evaluation.

4.2.2.1 Management des Bauprozesses

Die Ausführungen zu den drei Kerntätigkeitsbereichen haben deutlich gemacht, dass der Bau einer digitalen Lösung ein kompliziertes Unterfangen ist. Um eine Lösung zu bauen, müssen vielfältige Tätigkeiten durchgeführt, verschiedene Disziplinen zusammengebracht und diverse Aufgaben koordiniert ausgeführt werden. Daher ist das Management des Bauprozesses als eigenständiger Tätigkeitsbereich zwingend erforderlich:

Management

Führung des Bauprozesses in Kooperation mit allen anderen Tätigkeitsbereichen.

Für das Verständnis des Managements helfen die drei Dimensionen der Querschnittskompetenz. Management kann entlang dieser Dimensionen wie folgt unterteilt werden:

- *Management der Projektdimension*: Koordination der Aktivitäten des Bauprozesses, Management von Zeit und Budget
- *Management der Produktdimension*: Entwicklung einer kurz- und langfristigen Strategie für die Entwicklung der digitalen Lösung als Produkt
- *Management der sozialen Dimension*: Management der Erwartungen der Stakeholder, Management des Erkenntnisprozesses der Stakeholder, Beschaffung der richtigen Personen und Fähigkeiten für die jeweilige Aktivität

Ein grundlegendes Verständnis der Projektdimension ist für ein praktisches Verständnis der Arbeit im Digital Design von großer Bedeutung. In diesem Zusammenhang gibt Kapitel 13 eine Einführung in die soziale Dimension des Bauprozesses. Das Produktmanagement wird nicht weiter behandelt, da es über die in diesem Buch vermittelten Grundlagen hinausgeht.

Managementkonzepte zur Definition von Vorgehensweisen

Analog zu den Designkonzepten bzw. Realisierungskonzepten gibt es auch im Management Arbeitsprodukte. Als Oberbegriff wird hierfür das Managementkonzept wie folgt definiert:

Managementkonzept

Beschreibung des Managementvorgehens für den Bauprozess.

Auch hier wird bewusst ein sehr breiter Oberbegriff verwendet, um das vielfältige Spektrum möglicher Konzepte abzudecken, die für das Management der Arbeit im Bauprozess erforderlich sind. Beispiele für Managementkonzepte können sein:

- Beschreibung von Vorgehens- und Prozessmodellen für die konkrete Arbeit im Bauprozess
- Rollen- und Aufgabenbeschreibungen für die verschiedenen Mitglieder des Bauteams zur Definition der Verantwortungen und Tätigkeiten sowie zur Beschreibung des Zusammenspiels
- Vorlagen und Strukturen zur einheitlichen Erstellung von Arbeitsprodukten (z.B. Design- oder Realisierungskonzepte)

Managementkonzepte sind wichtig für ein gemeinsames Verständnis der Arbeit im Bauprozess und für die Arbeitsorganisation. Beispielsweise helfen Managementkonzepte dabei, neue Teammitglieder systematisch in die definierten Arbeitsweisen einzuführen. Des Weiteren helfen Managementkonzepte dabei, die Arbeitsweisen gegenüber dem Auftraggeber und weiteren Stakeholdern transparent darzustellen.

Mittel zur Arbeitsorganisation

Neben der Definition von Vorgehensweisen braucht es für das Management auch Mittel zur Organisation von Arbeit. Hierzu werden zwei Arten unterschieden: *Arbeitsaufträge* und *Managementwerkzeuge*.

Arbeitsaufträge sind ein Mittel, um die zu erledigende Arbeit im Bauprozess zu definieren. Das Spektrum möglicher Arbeitsaufträge ist sehr groß und betrifft die Arbeitsprodukte der Tätigkeitsbereiche, z.B. die Erstellung von Design- oder Realisierungskonzepten, aber auch die Realisierung der Lösung oder die Evaluation.

Konkrete Ausprägungen von Arbeitsaufträgen werden meist im Kontext von Vorgehensmodellen definiert. Beispiele für Arbeitsaufträge sind User Stories, Tasks und Epics aus agilen Vorgehensmodellen. Ebenso können aber auch Strategiepapiere oder Projektauftragsdokumente als umfangreichere Arbeitsaufträge verstanden werden.

Der Arbeitsauftrag betrachtet die Arbeit an sich. Dazu braucht es dann noch ein Mittel, um die Arbeit zu managen. Diese Aufgabe übernimmt das *Managementwerkzeug*, es unterstützt die Organisation, Planung und Visualisierung von Managementaufgaben. Managementwerkzeuge sind wie Arbeitsaufträge als Oberbegriff zu verstehen. Die konkreten Ausprägungen werden auch hier meist durch Vorgehensmodelle definiert. Beispiele für Managementwerkzeuge sind Projekt- und Meilensteinpläne aus dem klassischen Projektmanagement oder auch Kanban-Boards und Backlogs aus den agilen Vorgehensmodellen.

4.2.2.2 Evaluation der digitalen Lösungen

Im Rahmen der Einführung der Kerntätigkeitsbereiche haben wir bereits verschiedene Aspekte zur Evaluation kennengelernt. Dabei wurde gezeigt, dass sich viele Tätigkeiten zur Evaluation nur in Zusammenarbeit zwischen Tätigkeitsbereichen sinnvoll durchführen lassen und die Verantwortung für eine gute Qualität der Arbeitsprodukte (inklusive der digitalen Lösung an sich) bei allen Tätigkeitsbereichen liegt. Daher ist es sinnvoll, die Sicherung von Qualität als einen Oberbegriff und insbesondere als querschnittlichen Tätigkeitsbereich zu definieren:

Evaluation

Ein systematisches Vorgehen zur Bestimmung des Werts, der Qualität oder der Angemessenheit einer Sache.

Diese Definition ist analog zu den anderen Definitionen der Tätigkeitsbereiche bewusst breit formuliert, um das Spektrum von Evaluation im Bauprozess zu erfassen. Zur Dokumentation der Arbeit der Evaluation wird mit dem Evaluationskonzept ein eigenes Arbeitsprodukt definiert:

Evaluationskonzept

Die Beschreibung des Vorgehens zur Evaluation eines Arbeitsprodukts.

Im Gegensatz zu Design- und Realisierungskonzepten beschreibt ein Evaluationskonzept nicht die digitale Lösung, sondern ein Vorgehen zur Evaluation. Die Evaluation und die zugehörigen Evaluationskonzepte können je nach Fokus der Evaluation vollkommen unterschiedlich ausgestaltet und durchgeführt werden. Typische Beispiele für Evaluationskonzepte sind Konzepte für Usability-Tests (vgl. [Geis & Tesch 2023]) und Softwaretestkonzepte (vgl. [Spillner & Linz 2019]), sie umfassen u.a. Testziele, Testfälle, Testdaten, Aufgaben, zu testende Abläufe oder Funktionen.

Auf weitere Details zur Evaluation und zu Evaluationskonzepten wird an dieser Stelle verzichtet. Verschiedene Möglichkeiten und Perspektiven der Evaluation in Bezug auf das Design einer digitalen Lösung werden wir im weiteren Verlauf dieses Buches immer wieder aufgreifen, um die unterschiedlichen Facetten der Evaluation im Digital Design aufzuzeigen.

4.3 Ablauf und Zusammenarbeit im Bauprozess

Mit den einzelnen Tätigkeitsbereichen haben wir nun ein Verständnis darüber gewonnen, was in einem Bauprozess im Wesentlichen getan wird und welche Arbeitsprodukte ein Tätigkeitsbereich zum Bauprozess beiträgt. Nun schauen wir uns den grundsätzlichen Ablauf eines Bauprozesses an und werden dabei auch die Zusammenarbeit der Tätigkeitsbereiche näher betrachten.

4.3.1 Grundsätzlicher Ablauf eines Bauprozesses

Einführungen in Entwicklungs- und Bauprozesse stellen die Kerntätigkeitsbereiche oft als aufeinander folgende Phasen vor. Zuerst muss das Design ein Designkonzept der geplanten Lösung erstellen. Auf Grundlage des Designkonzepts erarbeitet die Konstruktion ein Realisierungskonzept, das dann umgesetzt wird, um eine digitale Lösung zu erhalten. Diese Form von Prozess wird als plangetriebene Entwicklung verstanden und wird bereits seit den Anfängen der Softwareentwicklung sehr kritisch hinterfragt (vgl. [Royce 1970]). In Kapitel 12 werden wir uns die plangetriebene Entwicklung noch einmal als Framework anschauen.

Eine wesentlich passendere Sicht auf den Bauprozess besteht darin, die Tätigkeitsbereiche als fortlaufende Aktivitäten anzusehen, die erst mit dem Lebensende der Lösung beendet werden. Abbildung 4–1 stellt alle Tätigkeitsbereiche schematisch und stark vereinfacht als Zeitstrahl dar, um die wesentlichen Abhängigkeiten und einen idealisierten Ablauf zu visualisieren.

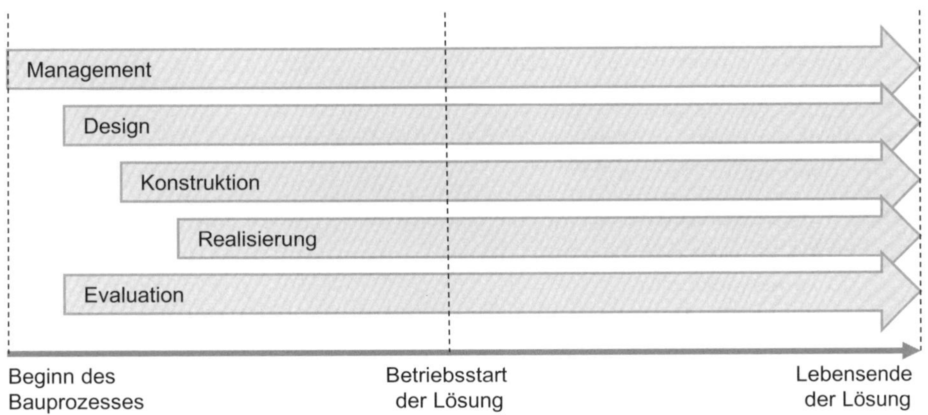

Abb. 4–1 *Tätigkeitsbereiche als Zeitstrahl über den Lebenszyklus einer Lösung*

Ein Bauprozess fängt grundsätzlich mit dem Management an, da zunächst. der Rahmen des Prozesses und die Randbedingungen geklärt werden müssen, damit die Arbeit an der digitalen Lösung beginnen kann. Danach startet das Design und unmittelbar auch die Evaluation. Durch das Design wird ein erstes Verständnis über die zu bauende Lösung erarbeitet und dieses Verständnis muss mit relevanten Stakeholdern evaluiert werden. Aufbauend auf diesem ersten Verständnis beginnt dann auch die Konstruktion, um ein Realisierungskonzept für die Lösung zu erarbeiten. Auch hier spielt die Evaluation eine wichtige Rolle, da auch das Realisierungskonzept evaluiert werden muss. Mit dem Start der Konstruktion arbeiten Design und Konstruktion gemeinsam an ihren jeweiligen Arbeitsprodukten. Sobald ein gemeinsames Verständnis über die geplante Lösung vorliegt, kann die Realisierung starten, um die Lösung umzusetzen. Und auch hier spielt die Evaluation eine wichtige Rolle, da die realisierte Lösung ebenfalls evaluiert werden muss.

Ab diesem Moment arbeiten Design, Konstruktion und Realisierung parallel, um gemeinsam eine Lösung zu bauen. Dieser Prozess geht nicht nur bis zum Betriebsstart, sondern läuft bis zum Lebensende der Lösung. Denn jede Veränderung durch Wartung oder Weiterentwicklung der Lösung braucht alle Tätigkeitsbereiche, damit sie umgesetzt werden kann. Während des gesamten Prozesses hat das Management die Verantwortung, den Prozess und das Zusammenspiel aller Aktivitäten zu koordinieren und zu steuern. Dazu gehört insbesondere die fortlaufende Verbesserung der Zusammenarbeit.

Dieses Modell ist mit Blick auf die praktische Arbeit im Bauprozess unbefriedigend. In Abschnitt 5.3 werden wir uns daher detaillierter mit dem Ablauf des Bauprozesses befassen. Für den Moment bleiben wir aber erstmal noch bei diesem Modell, denn schon daraus können wichtige Implikationen für die praktische Arbeit abgeleitet werden:

- Jeder Prozess startet mit dem Management und braucht kontinuierlich gutes Management, um einwandfrei zu funktionieren und um fortlaufend verbessert zu werden.
- Design und Konstruktion enden nicht mit dem Betriebsstart, sondern sind fortlaufende Aktivitäten, genauso wie die Realisierung.
- Evaluation gehört von Anfang an mit in den Prozess, nur so kann gute Qualität sichergestellt werden.
- Alle Tätigkeitsbereiche sind gleich wichtig und müssen sinnvoll zusammenarbeiten, um eine gute Lösung zu bauen.

Checkliste für ein schnelles Verständnis eines Bauprozesses

Basierend auf diesem einfachen Modell lässt sich eine nützliche Checkliste erstellen, um einen konkreten Bauprozess zu verstehen. Sie enthält die Tätigkeitsbereiche zusammen mit ihren Arbeitsprodukten, um sich einen schnellen Überblick zu einem Bauprozess zu verschaffen.

- Wer ist für das Management verantwortlich?
- Welche Formen von Managementkonzepten gibt es?
- Wer ist für das Design bzw. für die Konstruktion verantwortlich und wer führt sie durch?
- Welche Formen von Design- bzw. Realisierungskonzepten gibt es?
- Wer ist für die Realisierung verantwortlich und wer führt sie durch?
- Wer ist jeweils in Design, Konstruktion und Realisierung für die Evaluation verantwortlich und wer führt sie durch?
- Welche Formen von Evaluationskonzepten gibt es?

Insbesondere die Fragen zu den Verantwortlichkeiten ergeben oft die Antwort »Projektleitung«. Angesichts der Bandbreite und des Umfangs ist dies meist keine gute Idee, da eine Person diese Verantwortung in den seltensten Fällen übernehmen kann. Und genau dies ist eine wichtige Botschaft: Ein guter Bauprozess erfordert es, dass die Verantwortung für die Tätigkeitsbereiche geteilt wird, um sinnvoll zusammenzuarbeiten.

4.3.2 Zusammenspiel der Tätigkeitsbereiche

Für ein gutes Zusammenspiel ist nicht nur Wissen über die eigenen Aufgaben und Arbeitsprodukte erforderlich, sondern ebenso Wissen über die jeweiligen Schnittstellen der Tätigkeitsbereiche. Hilfreich hierfür ist die Darstellung der Tätigkeitsbereiche in Form eines Venn-Diagramms (siehe Abb. 4–2) mit sich überschneidenden Bereichen.

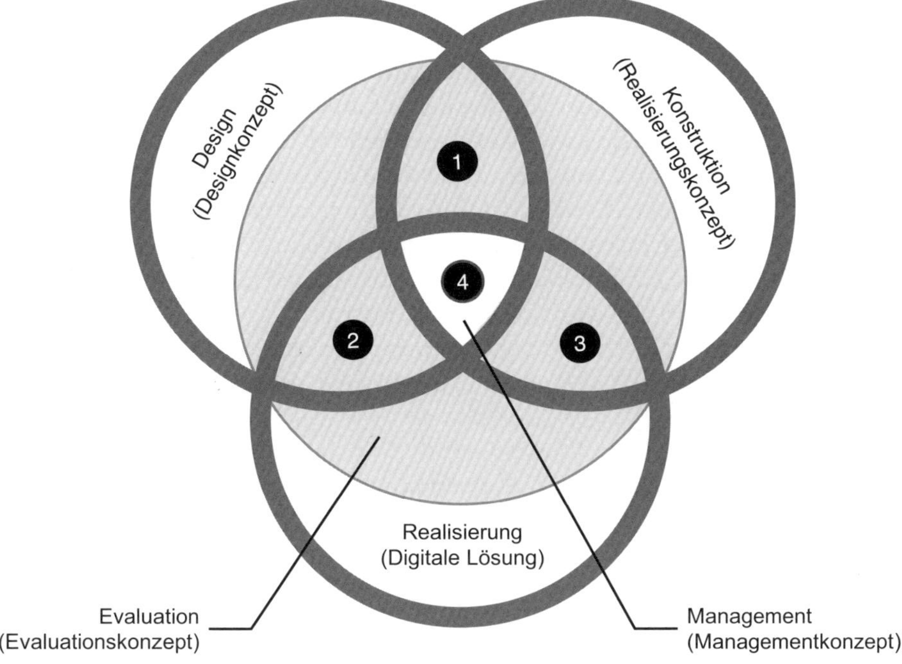

Abb. 4–2 *Tätigkeitsbereiche (mit Arbeitsprodukten) als überschneidende Aktivitäten*

Die Abbildung zeigt die Tätigkeitsbereiche als sich überschneidende Aktivitäten, die im Rahmen des Bauprozesses zusammenspielen. Insbesondere die Überschneidungen sind wichtig, um zu erkennen, wie die einzelnen Aktivitäten zusammenwirken. Im Folgenden werden die Überschneidungen zwischen Design, Konstruktion und Realisierung näher betrachtet. Die Zahlen in den Abschnittsüberschriften verweisen dabei auf die Überschneidung aus Abbildung 4–2.

4.3.2.1 Zusammenarbeit von Design und Konstruktion einer digitalen Lösung 

Für die Zusammenarbeit von Design und Konstruktion einer digitalen Lösung sind grundlegend die folgenden Aspekte relevant:

- Design und Konstruktion haben komplementäre Perspektiven.
- Technische Entscheidungen und die Evaluation der Machbarkeit sind gemeinsame Aufgaben.

Design und Konstruktion haben komplementäre Perspektiven

Sowohl Design als auch Konstruktion arbeiten auf einer konzeptuellen Ebene und nutzen ähnliche Sprachen zur Kommunikation und Dokumentation. Zum Beispiel werden Klassendiagramme der UML sowohl für den Entwurf von Datenmodellen mit Stakeholdern (vgl. [Pohl & Rupp 2021]) als auch für den Entwurf von technischen Realisierungen verwendet (vgl. [Gharbi et al. 2023]). Ebenso wird in beiden Tätigkeitsbereichen von Entwurf oder entwerfen gesprochen. Von außen betrachtet ist der Unterschied für Unerfahrene daher oft nicht leicht zu erkennen. Grundsätzlich lässt sich festhalten, dass die Perspektive der beiden Tätigkeitsbereiche den Unterschied ausmacht. Design möchte eine Veränderung der Welt mithilfe einer digitalen Lösung herbeiführen, dazu wird eine Lösung entworfen. In der Konstruktion wird auf die technische Realisierung der angestrebten Veränderung geschaut und deren technische Umsetzung entworfen.

In diesem Sinne haben Design und Konstruktion komplementäre Perspektiven, die sich gegenseitig ergänzen. Für eine erfolgreiche digitale Lösung braucht es eine sinnvolle Lösung, die einen echten Mehrwert bietet, und eine technische Realisierung, die den Entwurf der digitalen Lösung unter den gegebenen Randbedingungen sinnvoll realisiert. Um diese komplementären Perspektiven zu trennen, wurden in Abschnitt 4.2 Design- und Realisierungskonzepte als grundlegende Arbeitsprodukte definiert.

Technische Entscheidungen und die Evaluation der Machbarkeit sind gemeinsame Aufgaben

Ein typisches Vorgehen in der Zusammenarbeit zwischen Design und Konstruktion ist die Trennung zwischen fachlichem und technischem Entwurf. Dahinter steckt die Annahme, dass eine digitale Lösung technologieneutral (d.h. fachlich) entworfen werden kann und die technische Realisierung dann aufbauend auf dem fachlichen Entwurf erarbeitet wird.

Ein Beispiel für diese Form von Zusammenarbeit sieht wie folgt aus: Die Prozesse für eine Smartphone-App werden auf Basis von Use Cases und User-Interface-Mock-ups in einem Designkonzept ausgearbeitet. Dieses Designkonzept wird dann an die Konstruktion übergeben, um passende Technologien (z.B. Frameworks) auszuwählen und ein geeignetes Realisierungskonzept zu entwerfen. Bei einem solchen Vorgehen kommt es oft zu zwei typischen Situationen:

1. Das Designkonzept definiert Prozessschritte oder eine Ausgestaltung im User Interface, die nicht sinnvoll durch eine technische Plattform realisiert werden können. Diese Sonderfälle müssten entweder aufwendig implementiert werden oder das Designkonzept muss mit erheblichem Aufwand angepasst werden, um eine Lösung zu definieren, die im Rahmen der Möglichkeiten technisch machbar ist.

2. Im fachlichen Entwurf wurden implizite Annahmen über die technische Machbarkeit und die Schwierigkeit der Umsetzung getroffen. Diese Annahmen haben zu einer bestimmten Ausgestaltung des Prozesses oder des User Interface geführt, um diese technischen Themen zu umgehen. Im Rahmen der Konstruktion hat sich dann aber herausgestellt, dass diese impliziten Annahmen entweder unzutreffend waren oder bei Weitem nicht so schwierig zu realisieren waren wie gedacht.

So oder so führt diese Trennung häufig zu Mehrarbeit und vor allem zu Unzufriedenheit aufseiten des Designs und der Konstruktion. Das Design erlebt die Konstruktion als Verhinderer, da der gewünschte Entwurf nicht realisiert wird, und die Konstruktion erlebt das Design als eine Art Träumer, der nicht oder nur schwer Machbares fordert. Im Sinne eines ganzheitlichen Designs ist es besser, wichtige technische Entscheidungen gemeinsam zu besprechen und gemeinsam zu treffen. So können die Potenziale von Technologien sinnvoll ausgenutzt und insbesondere auch Inspirationen für innovative Entwürfe geschaffen werden.

Zusammenarbeit von Design und Konstruktion am Beispiel

Wieder sind User Interfaces ein sehr anschauliches Beispiel für diese Zusammenarbeit. Für die technische Umsetzung von User Interfaces werden sogenannte *Frameworks* verwendet, die viele vorgefertigte Bausteine für die Umsetzung typischer Interaktionsformen bieten.

Wenn Design und Konstruktion beim Entwurf von User Interfaces frühzeitig zusammenarbeiten und sich über mögliche Frameworks austauschen, dann entstehen daraus zwei Vorteile:

1. Zum einen werden nicht oder nur schwer realisierbare User-Interface-Entwürfe vermieden.
2. Zum anderen können die Frameworks auch als Inspiration für den Entwurf des User Interface dienen, da das Framework Möglichkeiten bieten kann, die vorher nicht bekannt waren oder im Design nicht bedacht wurden.

Um die Kooperation zwischen Design und Konstruktion zu fördern, ist die Materialkompetenz im Digital Design von großer Bedeutung (siehe Kap. 3 und Kap. 6). Sie bildet die Grundlage für eine gute Zusammenarbeit mit Fachleuten der Konstruktion.

4.3.2.2 Zusammenarbeit von Design und Realisierung einer digitalen Lösung 

Die Zusammenarbeit zwischen Design und Realisierung unterscheidet sich je nach Art des zu realisierenden Elements. Im Folgenden wird daher nicht nur auf die Zusammenarbeit im Allgemeinen, sondern auch auf die speziellen Eigenschaften von Software und physischen Produkten eingegangen. Für die Grundlagen sind die folgenden Aspekte relevant:

- Design und Realisierung können früh zusammenarbeiten, um kritische Details zu identifizieren.
- Späte Designentscheidungen als Mittel zur Zusammenarbeit und Komplexitätsreduktion
- Zusammenarbeit im Rahmen der Evaluation
- Zusammenarbeit bei physischen Produkten mit digitalem Anteil

Design und Realisierung können früh zusammenarbeiten, um kritische Details zu identifizieren

Betrachtet man den Prozess als Zeitstrahl (siehe Abb. 4–1), dann gibt es einen zeitlichen Abstand zwischen Design und Realisierung. Dennoch kann die Zusammenarbeit bereits in einem sehr frühen Stadium des Bauprozesses mit der Erstellung von Prototypen zu Evaluationszwecken beginnen, die nicht allein durch das Design erstellt werden können.

Ein Beispiel sind interaktive Prototypen, die eine Implementierung durch Software erfordern. In einer solchen Situation sollte ein Evaluationskonzept erstellt werden, das das Ziel und die Maßnahmen der Evaluationsaktivität klar formuliert. Beispielsweise könnte ein HTML-User-Interface-Prototyp für eine App implementiert werden, um die Usability des gesamten visuellen Designs der App zu evaluieren. Das Evaluationskonzept sollte hierzu die konkrete Form des Prototyps und das Verfahren zur Durchführung der Evaluierung festhalten.

Bei Hardwaregeräten endet die Entwicklung eines physischen Geräts mit einem Modell des Produkts (Prototyp), das in einem teuren und anspruchsvollen Massenproduktionsprozess reproduziert wird. Im Gegensatz dazu ist das Design eines Softwareelements eine fortlaufende Aktivität während des gesamten Realisierungsprozesses.

Der Grund für diesen Unterschied liegt in der inhärenten Komplexität der Implementierung des Softwareteils digitaler Lösungen. Die Implementierung (Programmierung) von Software wird als intellektuelle Herausforderung angesehen, da selbst die einfachsten Programme den menschlichen Verstand an seine Grenzen bringen können (vgl. [Glass 2006]). Wichtige Fragen zu den Details einer Softwareimplementierung stellen sich während der eigentlichen Implementierung, weil uns der Akt des Programmierens zwingt, in logisch präzisen Strukturen der Programmiersprache zu denken. Eine frühzeitige Zusammenarbeit zwischen Design und Realisierung kann dazu beitragen, diese Fragen bereits in einem frühen Stadium zu identifizieren und zu klären.

Späte Designentscheidungen als Mittel zur Zusammenarbeit und Komplexitätsreduktion

Für die Realisierung einer Lösung oder eines Teils der Lösung muss ein realisierungsreifes Verständnis der Lösung vorliegen, damit diese entsprechend umgesetzt werden kann. Das Erreichen dieses Verständnisses ist ein aufwendiges Unterfangen, da meist viele Details ausgearbeitet werden müssen, um als Vorlage für die Realisierung zu dienen.

Späte Designentscheidungen sind hier ein wichtiges Mittel für die Komplexitätsreduktion und Zusammenarbeit zwischen Design und Realisierung. Späte Designentscheidungen bedeuten vor allem, dass Designentscheidungen so weit verzögert werden, bis die Entscheidungen und die zugehörigen Entwürfe für die Realisierung erforderlich sind. So kann die Aufmerksamkeit auf die relevanten Teile der Lösung gelenkt werden.

Ein gutes Beispiel für die Vorteile später Designentscheidungen sind Prozesse und User Interfaces einer Lösung. Prozesse und User Interfaces, die für wichtige Aufgaben einer Lösung relevant sind, sollten so früh wie möglich entworfen werden, um die Qualität der Entwürfe zu bewerten. Das Design von Prozessen und User Interfaces mit geringerer Bedeutung kann jedoch erst kurz vor der eigentlichen Realisierung erstellt werden.

Ein zweiter Vorteil von späten Designentscheidungen ergibt sich bei der Qualitätssicherung. Bestimmte Aspekte einer Software lassen sich am besten im Echtbetrieb evaluieren. Ein Beispiel hierfür ist das Verhalten von Software im Fehlerfall. Die Benutzbarkeit der Visualisierung von Fehlermeldungen in Ausnahmefällen hängt stark von der realen Situation des Benutzers ab. Die Evaluation und Verbesserung des Designs einer Software kann in solchen Situationen gut durch die reale Implementierung erreicht werden.

Die Möglichkeit, späte Designentscheidungen zu treffen, richtig zu nutzen, ist eine Herausforderung. Es erfordert ein klares Verständnis über den Aufbau und die Relevanz der einzelnen Bestandteile einer Lösung sowie eine sorgfältige Vorbereitung (z.B. die Auswahl der richtigen Technologie, um Flexibilität bei der Umsetzung zu ermöglichen) und Erfahrung (z.B. die Identifizierung derjenigen Entscheidungen beim Design der Software, die sinnvoll verschoben werden können).

Zusammenarbeit im Rahmen der Evaluation

Der letzte Aspekt der Zusammenarbeit zwischen den Tätigkeitsbereichen Design und Realisierung ist die Evaluation der realisierten Lösung. Typische Beispiele für diesen Aspekt sind Benutzer-/Kundenakzeptanztests und Usability-Tests. Diese Tests sollten in Abstimmung mit der Realisierung geplant und durchgeführt werden, um die realisierte Lösung (oder Teile davon) möglichst frühzeitig zu evaluieren.

Zu diesem Zweck können verschiedene Arten von Evaluationskonzepten definiert werden. Sie umfassen typischerweise Testfälle, die die konkrete Anwendung der digitalen Lösung beschreiben. Hierzu zählen ebenso Testdaten, anhand derer die Umstände, unter denen die digitale Lösung verwendet wird, definiert werden. Zu den anspruchsvolleren Evaluierungsansätzen zählen automatisierte Tests und A/B-Tests. Diese gehen jedoch über die hier vermittelten Grundlagen hinaus und werden nicht betrachtet.

Zusammenarbeit bei physischen Produkten mit digitalem Anteil

Die Realisierung eines physischen Produkts mit digitalem Anteil (z.B. smarte Lautsprecher) erfordert eine andere Zusammenarbeit. Industriedesign und Produktentwicklung sind Disziplinen, die sich mit Massenprodukten befassen. An dieser Stelle soll nur eine kurze Einführung in diese Thematik gegeben werden, um wichtige Herausforderungen aufzuzeigen.

Alle Designentscheidungen und Evaluationsmaßnahmen müssen getroffen werden, bevor die Massenproduktion des physischen Produkts beginnt. Die Zusammenarbeit zwischen den Tätigkeitsbereichen Design und Realisierung physischer Produkte mit digitalem Anteil stützt sich daher in hohem Maße auf verschiedene Arten von Prototypen. Im Folgenden werden drei Beispiele für Prototypen vorgestellt:

1. Der *Funktionsprototyp* hat nicht die endgültige Form des Produkts, sondern enthält relevante Funktionselemente. Er wird erstellt, um die technische Funktion eines Produkts zu evaluieren.
2. Der *Erscheinungsprototyp* bietet keine Funktion, sondern stellt die endgültige Form des Produkts dar. Er wird verwendet, um das visuelle Erscheinungsbild des Produkts bei den Benutzern zu evaluieren.
3. Der *Vorserienprototyp* ist ein vollständig realisiertes Muster des Produkts für endgültige und umfassende Qualitätssicherungsmaßnahmen.

4.3.2.3 Zusammenarbeit von Konstruktion und Realisierung ③

Auch wenn die Zusammenarbeit zwischen Konstruktion und Realisierung keinen unmittelbaren Bezug zum Digital Design hat, soll auch diese Perspektive kurz betrachtet werden, um ein vollständiges Verständnis der Zusammenarbeit zu erhalten.

Wie bei der Zusammenarbeit zwischen Design und Realisierung muss auch bei der Zusammenarbeit zwischen Konstruktion und Realisierung die Art des zu realisierenden Elements betrachtet werden. Die allgemeinen Aspekte der Zusammenarbeit zwischen Konstruktion und Realisierung lassen sich wie folgt zusammenfassen:

- *Klärung technischer Details für die Realisierung:* Die Konstruktion muss die technischen Details der digitalen Lösung bereitstellen, die für die Umsetzung der Lösung erforderlich sind. Gleichzeitig hat die Realisierung die Aufgabe, auf Ungenauigkeiten und Lücken im Realisierungskonzept der Lösung hinzuweisen, damit die Konstruktion diese korrigieren und verbessern kann.
- *Evaluation der realisierten Lösung aus technischer Sicht:* Der technische Aufbau bildet das Fundament für den Betrieb der digitalen Lösung und liegt in der Verantwortung der Konstruktion. Die Konstruktion ist daher dafür verantwortlich, dass die digitale Lösung entsprechend dem Realisierungskonzept realisiert wird. Der konkrete Ansatz zur Erfüllung dieser Verantwortung ist abhängig von dem jeweiligen Bauprozess.

Gute Beispiele für das Zusammenwirken von Konstruktion und Realisierung im Sinne der Evaluation sind automatisierte Tests (z.B. Unit Tests) einzelner Elemente der digitalen Lösung und statistische Analysen des Quellcodes (z.B. SonarQube) zur Sicherstellung eines gewissen Qualitätsniveaus im Quellcode. Auch hier sollte der detaillierte Ansatz in einem eigenen Evaluationskonzept festgehalten werden.

Die Konstruktion eines physischen Geräts endet, gemeinsam mit dem Designprozess, mit einem Modell des Produkts, das in einem Massenproduktionsprozess reproduziert werden soll. Die Konstruktion eines Softwareelements ist hingegen eine fortlaufende Aktivität, die zusammen mit dem Design während des gesamten Realisierungsprozesses durchgeführt wird.

4.3.2.4 Zusammenarbeit von Design, Konstruktion, Realisierung und Management ④

Das Management des Bauprozesses wird gerne als Aktivität verstanden, die die anderen Aktivitäten »von oben« her koordiniert und managt. Diese Perspektive vernachlässigt jedoch die Bedeutung der Zusammenarbeit. Das Verständnis von Management im Bauprozess als Top-down-Aktivität vom Design über die Konstruktion bis zur Realisierung ist in der Regel problemhaftet. Die Erkenntnisse aus der agilen Entwicklung haben gezeigt, dass ein iterativer und inkrementeller Managementansatz viel besser geeignet ist. Und genau dafür braucht es eine enge Zusammenarbeit zwischen den Fachleuten aller Tätigkeitsbereiche, da – wie wir in diesem Abschnitt bereits gesehen haben – jeder Tätigkeitsbereich seinen eigenen Beitrag zum Erfolg des Bauprozesses leistet und durch das Management sinnvoll integriert werden muss. Im Folgenden werden diese Abhängigkeiten und der daraus resultierende Nutzen anhand einiger Beispiele veranschaulicht[1].

1. Wer sich intensiver mit Bauprozessen auseinandersetzen möchte, dem sei das Buch »Principles of Product Development Flow« von Donald G. Reinertsen [Reinertsen 2009] empfohlen. Es bietet eine gut lesbare Einführung zur Theorie und praktischen Planung von Entwicklungsprozessen.

Planung zum Austausch über Technologien

Das Aussehen und Verhalten des User Interface (als Teil des Designs) ist die Grundlage für die Auswahl der technischen Komponenten zur Umsetzung des User Interface (als Teil der Konstruktion). Eine bestimmte Technologie kann Funktionen für die Implementierung des User Interface bieten, an die das Design nicht gedacht hat (Realisierung). Wenn dieses Potenzial nicht genutzt wird, entsteht eine digitale Lösung, die nicht das gesamte Potenzial der Technologie ausschöpft.

Ein Plan für den Bau einer digitalen Lösung mit einer großen Anzahl von User Interfaces sollte einen umfassenden Austausch zwischen Fachleuten für Design, Konstruktion und Realisierung vorsehen, um das gesamte Potenzial der Technologie auszunutzen.

Planung der Entwicklungsumgebung für schnelles Feedback

Die Entwicklungsumgebung der Lösung umfasst die technischen Werkzeuge und die Systeme zum Implementieren und Testen einer digitalen Lösung. Diese Entwicklungsumgebung sollte aber nicht nur als reiner Realisierungsaspekt betrachtet werden. Moderne Entwicklungsumgebungen bieten wichtige Funktionen, die auch für Design und Konstruktion nützlich sind, z. B. Werkzeuge zur Modellierung von Datenstrukturen.

Viele Entwicklungsumgebungen unterstützen das sogenannte *Rapid Prototyping*. Dies ermöglicht, dass detaillierte Designaspekte einer digitalen Lösung erst im Rahmen der Realisierung definiert, schnell realisiert und sofort gemeinsam mit relevanten Stakeholdern evaluiert werden können. Die Erkenntnisse können ebenfalls unmittelbar umgesetzt und erneut geprüft werden. Auf diese Weise können für begrenzte Teile einer Lösung sehr schnelle Feedbackzyklen ermöglicht werden.

Planung umfassender Evaluationen mit längerem Zeithorizont

Die Planung der Evaluierung bestimmter Aspekte einer digitalen Lösung (z. B. die Benutzerakzeptanz oder die Usability der definierten Prozesse) erfordert einen erheblichen Aufwand und muss mit anderen Aktivitäten abgestimmt werden.

Zum einen muss der Teil der Lösung, der bewertet werden soll, richtig umgesetzt werden. Zum anderen muss die richtige Umgebung für die Evaluierung (z. B. ein Usability-Labor) eingerichtet werden, wozu auch die Einladung potenzieller Testkandidaten gehört. Solche Evaluationsaktivitäten erfordern eine langfristige Planung, damit der entsprechende Aufwand für die Vorbereitung zu leisten ist und die Lösung bis zur Evaluation realisiert werden kann.

Planung von Design- und Konstruktionsaufwänden

Zeitpläne für den Bau einer Lösung werden meist von äußeren Faktoren wie Budgets oder Markteinführungszeitpunkten dominiert. In der Außensicht ist dies sinnvoll und nachvollziehbar. Allerdings müssen bei der Ausarbeitung von Plänen unter diesen Randbedingungen auch die Aufwände für Design und Konstruktion einschließlich der Evaluation der entsprechenden Design- und Realisierungskonzepte berücksichtigt werden.

Ein häufiger Ansatz ist an dieser Stelle die Verwendung von Erfahrungswerten (z.B. 10% Budget für Design und 10% Budget für Konstruktion). Ein besseres Vorgehen für die Planung ist hier die separate Kalkulation und Budgetierung von Design und Konstruktion, da die Komplexität von Design, Konstruktion und Realisierung nicht zwangsläufig einer linearen Abhängigkeit folgt. Prozesse, die aus Sicht des Designs einfach sind, können technisch sehr komplex sein. Genauso gibt es den umgekehrten Fall. Vor allem bei Projekten mit festem Budget oder Zeitplan ist die Design- und Konstruktionskompetenz in der Planung von großer Bedeutung, um die bestmögliche digitale Lösung für das verfügbare Budget zu erhalten.

Reflexionsfragen

Wesentliche Stakeholder-Rollen

Welche Vor- und Nachteile fallen Ihnen ein, wenn eine Lösung mehrere Personen in der Rolle des Auftraggebers hat?

Welche digitalen Lösungen kommen Ihnen in den Sinn, bei denen Sie Kunde und Nutzer sind oder bei denen Sie nur Kunde, aber kein Nutzer sind?

Wenn Sie an die Zusammenarbeit mit Stakeholdern denken, welche Probleme und Herausforderungen haben Sie bereits erlebt?

Tätigkeitsbereiche im Bauprozess

In welchem der fünf Tätigkeitsbereiche haben Sie schon gearbeitet? Was waren Ihre Aufgaben und an welchen Arbeitsprodukten haben Sie mitgewirkt?

Ablauf und Zusammenarbeit im Bauprozess

Welcher Teil des Bauprozesses (Beginn, Betriebsstart oder das Lebensende) ist aus Ihrer Sicht die größte Herausforderung und warum?

Welche positiven und negativen Erfahrungen haben Sie bei der Zusammenarbeit im Bauprozess gemacht?

5 Strukturierung des Bauprozesses

I think a big definition of who you are as a designer
is the way that you look at the world.
– Jonathan Ive in [Hustwit 2015]

Eine digitale Lösung *ganzheitlich designen* ist der Anspruch von Digital Design. Sofort stellt sich die Frage, was unter »ganzheitlich« zu verstehen ist und wie man sich diesem Ganzen nähern kann. Ganzheitlich klingt ja irgendwie nach »von allen Seiten« und »aus allen Perspektiven«. Aber auch in diesem Gedanken steckt das »alle« und macht die Sache nicht einfacher. Wir brauchen also Hilfsmittel, um Ganzheitlichkeit greifbarer zu machen. Dafür werden in diesem Kapitel drei Modelle vorgestellt, die als Hilfsmittel für den Einstieg in das Digital Design gut geeignet sind:

1. Das Modell der drei Designperspektiven auf die Qualität einer digitalen Lösung: »Mensch, Business und Technologie«
2. Das Modell der drei Ebenen einer digitalen Lösung: »Lösung, System und Element«
3. Das Modell der drei essenziellen Schritte des Bauprozesses: »Auftragsklärung, Konzeption und Entwicklung/Betrieb«

Die drei Modelle werden zunächst isoliert dargestellt und dann am Ende des Kapitels zu einem Gesamtbild zusammengefügt. Dabei wird deutlich, wie die drei Modelle im Zusammenspiel helfen, die Komplexität einer digitalen Lösung zu strukturieren.

5.1 Die drei Designperspektiven

Im Buch »Change by Design« definiert Tim Brown drei sich überschneidende Perspektiven [Brown 2009]:

- Erwünschtheit (desireability): Was sehen Menschen als wünschenswert an und was ist wünschenswert für Menschen?

- Tragfähigkeit (viability): Wie wirtschaftlich tragfähig ist eine Idee?
- Machbarkeit (feasibility): Was ist in absehbarer Zukunft technisch machbar und realisierbar?

Brown führt weiter aus, dass sich die Perspektiven gegenseitig bedingen und dass eine Idee alle Perspektiven sinnvoll ausgleichen muss, um eine Chance auf Erfolg zu haben. Daher können die drei Perspektiven gut als überlappende Kreise dargestellt werden (siehe Abb. 5–1).

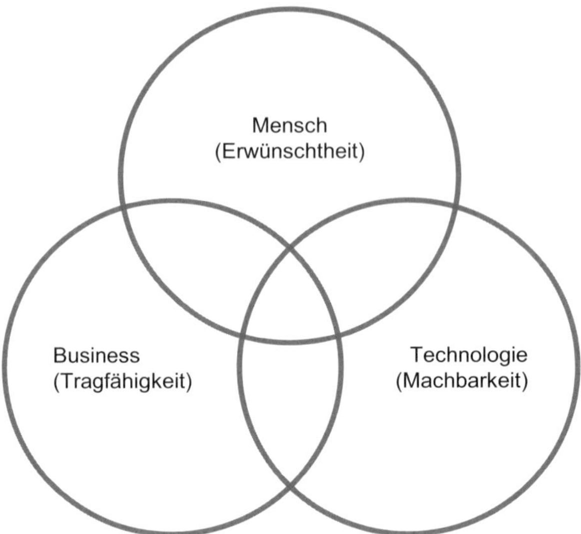

Abb. 5–1 *Die drei Designperspektiven für eine digitale Lösung nach [Brown 2009]*

Für das ganzheitliche Design einer digitalen Lösung bedeutet dieses Modell, dass wir im Rahmen des Bauprozesses alle drei Perspektiven fortlaufend betrachten und gegeneinander abwägen müssen, um eine möglichst erfolgreiche Lösung zu bauen. Im Folgenden nutzen wir dieses Modell und schauen uns die drei Perspektiven mit Blick auf digitale Lösungen genauer an. Wir werden sehen, dass diese Perspektiven nicht nur nützlich sind, um das Design einer Lösung klarer zu fassen. Sie sind auch hilfreich, um unterschiedliche Sprachwelten, Perspektiven und Kulturen unserer Stakeholder besser zu verstehen.

5.1.1 Die Perspektive des Menschen (Erwünschtheit)

Die Mensch-Perspektive ist primär mit den Kunden und Benutzern einer digitalen Lösung verbunden. Dabei geht es um die Frage, was wünschen sich Kunden/Benutzer und was brauchen Kunden/Benutzer in Bezug auf eine digitale Lösung.

Ausgehend von der Unterscheidung zwischen den Stakeholder-Rollen Kunde und Benutzer (siehe Abschnitt 4.1) können folgende wesentliche Begriffe in dieser Perspektive unterschieden werden:

- Aus Sicht des Kunden spielen die Mehrwerte (auch als Wertversprechen bezeichnet) eine wichtige Rolle, die eine digitale Lösung mit einer entsprechenden Kundenerfahrung (Customer Experience) bietet.
- Aus Sicht des Benutzers spielen die Benutzererfahrung im Umgang mit der Lösung (User Experience) und eine angemessene Benutzbarkeit der Lösung (Usability) eine wichtige Rolle.

Der Mensch-Perspektive wird bei der Gestaltung digitaler Lösungen eine große Bedeutung beigemessen. Wichtige Grundlagen für die Arbeit in der dieser Perspektive sind in den Normen zum menschzentrierten Design formuliert (vgl. z.B. [ISO 2019]).

Barrierefreiheit als wichtiger Teil der Mensch-Perspektive

Eine digitale Lösung kann im weitesten Sinne als barrierefrei verstanden werden, wenn sie auch von Menschen mit Behinderungen sinnvoll genutzt werden kann.

Barrierefreiheit ist nicht nur im Sinne der Usability und eines möglichst inklusiven Designs wichtig. Ab 2025 wird Barrierefreiheit durch das Barrierefreiheitsstärkungsgesetz als Teil des European Accessibility Act zu einer gesetzlichen Anforderung für alle digitalen Lösungen, die im europäischen Raum angeboten werden bzw. zum Einsatz kommen.

Für den Einstieg in das Digital Design ist es wichtig, dass Barrierefreiheit ein selbstverständlicher Bestandteil der Benutzbarkeit einer digitalen Lösung ist[a] und von Anfang an mit berücksichtigt werden muss.

a. Weitere Informationen zum Thema finden sich z.B. auf der Seite *www.einfach-fuer-alle.de* der Organisation Aktion Mensch.

Die Mensch-Perspektive in Kontexten ohne direkte Kunden/Benutzer

Die direkte Perspektive von Kunden und Benutzern geht schnell verloren, wenn man an digitalen Lösungen arbeitet, die keinen oder wenig direkten Bezug zu Kunden oder Benutzern haben. Beispiele für solche Lösungen können Steuerungssysteme für Energienetze oder andere technisch geprägte Systeme sein.

Beim Design solcher Lösungen spielt der Mehrwert und der Nutzen der Lösung aber eine wichtige Rolle. Denn auch diese Lösungen sind kein Selbstzweck, sondern erbringen einen klaren Mehrwert bzw. Nutzen für ihr Umfeld (z.B. für uns als Gesellschaft). Daher kommt dem Digital Design in solchen Situationen eine besondere Verantwortung zu. Es muss darauf geachtet werden, dass die Lösung einen klar definierten Mehrwert bzw. Nutzen hat und dass dieser Mehrwert/Nutzen auch tatsächlich auf ein entsprechendes Bedürfnis trifft.

Sinnhaftigkeit, Datenschutz und Datensicherheit

Die zuvor dargestellten Begriffe beziehen sich sehr stark auf den konkreten Wert und Nutzen, den eine Lösung für Kunden bzw. Benutzer erbringt. Diese Faktoren sind für den unmittelbaren Erfolg einer digitalen Lösung von großer Bedeutung und müssen zwingend betrachtet werden. Im Sinne eines ganzheitlichen Designs und einer klaren Designhaltung umfasst die Mensch-Perspektive, aber auch die größere Perspektive auf eine Lösung.

Die Frage der Sinnhaftigkeit einer digitalen Lösung schaut darauf, ob es die Lösung wirklich braucht. Digitalisierung wird immer noch oft als Selbstzweck missverstanden und es entstehen Lösungen, die auf den ersten Blick vielleicht nützlich sein können, aber auf den zweiten Blick keinen echten Nutzen stiften. Zur Verantwortung des Digital Design gehört es, den übergeordneten Nutzen der Lösung oder einzelner Funktionen zu hinterfragen. Hierzu zählt auch die Frage, ob gewisse Daten in Bezug auf Datenschutz und Datensicherheit in der Lösung benötigt werden und gespeichert werden müssen.

Moral und Ethik als größere Perspektive

Die Frage nach Moral und Ethik sucht eine Antwort auf die Frage, ob es die angestrebte digitale Lösung überhaupt geben darf. Diese Frage gewinnt gerade an Bedeutung. Sie soll darauf hinweisen, dass wir uns als Gesellschaft in einem massiven Wandel befinden, der auch durch digitale Technologien vorangetrieben wird. Während der Entstehung dieses Buches wird gerade der sogenannte »*Artificial Intelligence Act*« der Europäischen Union diskutiert und verabschiedet. Teil des »AI Act« sind Risikoklassen für die Anwendung künstlicher Intelligenz mit entsprechenden Regulierungen. Hier spielen Fragen von Ethik und Moral eine wichtige Rolle, da der AI Act dabei helfen will, die Technologie der künstlichen Intelligenz im Sinne der Menschen einzusetzen.

Verantwortung als Digital Designerin und Designer

Fragen der Ethik und Moral gehen weit über die in diesem Buch vermittelten Grundlagen hinaus. Es ist dennoch wichtig, sich der Verantwortung bewusst zu sein, die sich aus dem Digital Design und dem Design digitaler Lösungen ergibt.

Wir gestalten den digitalen Wandel und die digitale Transformation von Gesellschaft und Wirtschaft aktiv mit. Die Mensch-Perspektive erinnert mich in meiner Arbeit immer wieder an diese Verantwortung.

5.1.2 Die Perspektive des Business (Tragfähigkeit)

Die Business-Perspektive ist primär mit der Sicht des Auftraggebers verbunden. Ein Auftraggeber verfolgt mit einer digitalen Lösung einen wirtschaftlichen Zweck und möchte, dass die Lösung wirtschaftlich tragfähig und erfolgreich wird.

In dieser Perspektive spielen daher Begriffe wie Geschäftsmodell (wie erwirtschaftet eine Lösung Gewinn?), Kosten (was kostet die Lösung?), Wertschöpfung (wo entsteht der Wert?) sowie Märkte und Kundensegmente (wer erwirbt die Lösung/den Mehrwert?) eine große Rolle.

Lösungen für einen »Markt« gegen Geld

Auf den ersten Blick klingt die Business-Perspektive sehr stark nach Lösungen, die als Produkte auf irgendeinem Markt gegen Geld verkauft werden. Beispiele hierfür sind Apps in Appstores oder auch Computerspiele. Dies sind aber nur zwei Beispiele für ein Geschäftsmodell. Jeder von uns kennt und nutzt auch andere Geschäftsmodelle, z. B. kostenlose Suchmaschinen oder soziale Netzwerke, die sich mithilfe von Werbung und mit dem Verkauf von Daten finanzieren. Eine weitere Form von Geschäftsmodellen beruht auf Provisionen. In der digitalen Welt kennt vermutlich auch fast jeder Vertreter dieser Geschäftsmodellform, z. B. Preisvergleichsportale, Hotelbuchungsportale oder auch Versteigerungsplattformen.

Diese Beispiele zeigen, dass in der digitalen Welt vielfältige Geschäftsmodelle anzutreffen sind und es bei Geschäftsmodellen für digitale Lösungen einen erheblichen Gestaltungsspielraum gibt. Um diesen Gestaltungsspielraum sinnvoll nutzen zu können, ist es ratsam, im Sinne des Digital Design die Sprache der Wirtschaft zu sprechen und auch die Kultur der Wirtschaft zu verstehen.

Lernen Sie die Sprache der Zahlen und des Business

Bei der Business-Perspektive geht es häufig um Zahlen und den Nachweis, dass sich eine Lösung rechnet (einen »Business Case« hat). Ich habe leider sehr oft erlebt, dass Designerinnen und Designer diese Perspektive massiv unterschätzt und als »Business-Zirkus« abgetan haben.

Davor kann ich nur warnen. Digitale Lösungen sind kein Selbstzweck, sondern werden aus einem guten Grund gebaut. Und die wirtschaftliche Tragfähigkeit einer Lösung ist, wie gezeigt, ein wesentlicher Erfolgsfaktor, wenn man einen ganzheitlichen Gestaltungsanspruch hat.

Lösungen ohne »Markt«

Nun werden Sie vermutlich zurecht einwenden, dass viele digitale Lösungen nicht unmittelbar an einem Markt beteiligt sind oder als Produkte auf einem Markt verkauft werden. Beispiele hierfür sind unternehmensinterne Lösungen, Steuerungssoftware als Teil eines größeren Produkts oder auch Lösungen, die von ehrenamtlichen Organisationen getragen werden. Solche Lösungen werden entweder in Eigenregie entwickelt (z. B. durch interne Entwicklungsabteilungen) oder im weitesten Sinne zugekauft (z. B. ERP-System).

Bei dieser Art von Lösung fällt es auf den ersten Blick schwer, von einem Geschäftsmodell zu sprechen, da die Verwendung der Lösung nicht unmittelbar mit Geld oder Gewinn verknüpft ist. Dennoch ist auch hier die Business-Perspektive wichtig, um eine tragfähige Lösung zu gestalten. Jede Lösung ist nach meiner Auffassung in einen wirtschaftlichen Kontext eingebettet und wenn die Lösung die Mittel dieses Kontextes überschreitet, dann ist die Lösung aus wirtschaftlicher Sicht nicht tragfähig.

Wikipedia ist ein gutes Beispiel. Die Kosten für Entwicklung und Betrieb von Wikipedia werden auf Basis von Spenden finanziert[1]. Mit diesem Geld muss Wikipedia entsprechend haushalten, um langfristig in Betrieb zu bleiben. Ähnliches gilt auch für Lösungen, die z.B. von Unternehmen in Eigenregie realisiert werden. Auch hier muss mit den vorhandenen Mitteln gearbeitet werden, um die Lösung zu realisieren.

Kosten einer digitalen Lösung

Die Kosten einer digitalen Lösung sind ein wesentlicher Aspekt, wenn man die Business-Perspektive einnimmt. Die konkreten Kosten einer Lösung hängen von vielen Faktoren ab. Die folgenden Beispiele sollen einen Eindruck vermitteln, was eine Lösung kosten kann und was im Geschäftsmodell berücksichtigt werden muss:

- *Betrieb einer Lösung*: Digitale Lösungen laufen auf einer Hardware. Dies können Endgeräte oder auch Server sein. Beschaffung und Wartung dieser Geräte erzeugt Kosten.
- *Lizenzkosten*: Viele Technologien zur Realisierung digitaler Lösungen (z.B. Datenbanken, Frameworks oder externe Services) müssen für die Verwendung lizenziert werden. Für diese Lizenzen fallen Kosten an.
- *Realisierungskosten*: Nahezu jede digitale Lösung erfordert einen gewissen Aufwand im Hinblick auf die Realisierung. Dies kann Aufwand zur Installation, aber auch Aufwand im Sinne der Implementierung sein. Hierfür wird Personal benötigt und dieses Personal erzeugt Kosten.
- *Designkosten*: Das Design einer Lösung kostet Geld, da Designerinnen und Designer Teil des Prozesses sind und als Teil der Personalkosten berücksichtigt werden müssen.

Auch Design kostet Geld und muss einen Mehrwert erbringen

Das Beispiel der Designkosten als Teil des Geschäftsmodells mag Sie jetzt vielleicht ein wenig überraschen. Das Beispiel soll aber klar zum Ausdruck bringen, dass Designarbeit Geld kostet und auch mit einer ökonomisch geprägten Haltung betrachtet werden muss. Mir ist diese Haltung aus zweierlei Gründen ein wichtiges Anliegen.

→

1. Siehe *https://de.wikipedia.org/wiki/Wikipedia:Spenden*.

Gute Designarbeit ist auch Arbeit und muss entsprechend budgetiert und eingeplant werden. Ich habe leider zu viele Projekte erlebt, in denen zu wenig oder kein Budget für Designarbeit eingeplant wurde und entsprechend auch keine gute Designarbeit geleistet werden konnte.

Genauso oft habe ich leider auch Projekte gesehen, in denen Geld für Designarbeit ausgegeben wurde, die keinen echten Mehrwert für die Lösung erbracht hat. Eine solche Verschwendung ist ebenfalls nicht im Sinne einer tragfähigen Lösung.

Nachhaltigkeit als Aspekt des Business

Zum Abschluss dieser Perspektive bleibt das Thema Nachhaltigkeit, das in allen Dimensionen ein wichtiger Aspekt für die Lebens- und Überlebensfähigkeit der Menschheit ist. Daher passt das Thema der Nachhaltigkeit auch gut in die Business-Perspektive bzw. zur Frage nach der Lebens- und Zukunftsfähigkeit. Eine digitale Lösung, die den Aspekt der Nachhaltigkeit ignoriert, kann langfristig nicht lebens- oder zukunftsfähig sein. Genauso wie die Fragen nach Barrierefreiheit, Ethik und Moral in der Mensch-Perspektive sollte uns die Business-Perspektive und der damit verbundene Begriff der Tragfähigkeit daran erinnern, dass eine digitale Lösung auch zur langfristigen Nachhaltigkeit beitragen sollte.

Nachhaltigkeit und das Design nachhaltiger Lösungen ist daher auch ein wichtiger Bestandteil der Haltung im Digital Design und kommt in den zehn Prinzipien für gutes Digital Design klar zum Ausdruck (siehe Abschnitt 1.1.3 und [Bitkom 2018]).

5.1.3 Die Perspektive der Technologie (Machbarkeit)

Die Technologie-Perspektive ist primär mit der Sicht der Umsetzung der Lösung verbunden, also mit der Entwicklung und Realisierung auf Basis von Technologien.

In dieser Perspektive spielen daher Begriffe rund um digitale Technologien eine große Rolle. Es geht um die Elemente, Komponenten oder Bausteine der Lösung, deren Funktionen und um die Daten, die in einer Lösung gespeichert bzw. verarbeitet werden. Ebenso relevant sind Programmiersprachen, der Aufbau der technischen Infrastruktur und der Betrieb der Lösung.

Grundsätzliche Realisierbarkeit einer Idee

In Bezug auf die Machbarkeit ist die grundsätzliche Realisierbarkeit einer Lösung die wesentlichste Fragestellung. Mit grundsätzlicher Realisierbarkeit ist gemeint, dass es Technologien gibt, die eine Umsetzung der entworfenen Lösung möglich machen können. Bei innovativen Vorhaben spielt die Frage der grundsätzlichen Realisierbarkeit eine große Rolle. Denken Sie z.B. an autonom fahrende Autos als Teil einer größeren digitalen Lösung für die Mobilität in Städten. Hier war die

Frage lange Zeit spannend, ob es technisch machbar ist, solche autonomen Fahrzeuge tatsächlich zu realisieren.

Ebenso kann die Frage der Realisierbarkeit aber auch in eher kleinteiligen Funktionen auftreten. In meiner Projektpraxis bin ich z.B. einmal auf die Anforderung einer Funktion gestoßen, die den Zugriff auf einen entfernten Server erforderte und jederzeit ausführbar sein sollte. Das vorgesehene Endgerät verfügte aber nur über eine mobile Internetverbindung, sodass die Funktion faktisch nicht immer verfügbar sein konnte. Nur mit großem Aufwand konnte der Stakeholder hinter der Funktion davon überzeugt werden, dass diese mit den gegebenen Technologien (mobiles Internet) nicht realisierbar war.

Dieses Beispiel mag auf den ersten Blick etwas befremdlich wirken, aber im Detail habe ich es immer wieder erlebt, dass gewisse Einschränkungen an einer Stelle (hier mobiles Internet) an anderer Stelle dazu geführt haben, dass Funktionen in der geforderten Art und Weise nicht realisierbar waren.

Realisierungsfähigkeit einer Organisation

Neben der Frage der grundsätzlichen Realisierbarkeit ist die Frage der Realisierungsfähigkeit in einer Organisation von ebenso großer Bedeutung. Die Realisierungsfähigkeit bezieht sich auf die in einer Organisation verfügbaren Kompetenzen zur Realisierung in der gewählten Technologie.

Auch hier habe ich in meiner Projektpraxis häufig die Situation erlebt, dass kompetentes Personal in der angedachten Technologie nicht oder nicht in ausreichendem Maße verfügbar war und somit die Realisierbarkeit einer Lösung nicht gegeben war.

Ein einfaches Beispiel ist die Entwicklung einer App für Smartphones. Aufgrund der unterschiedlichen Plattformen werden hier je nach App Fachleute benötigt, die mit der gewünschten Technologie arbeiten können. Ein anderes Beispiel kann die Realisierung des Betriebs einer Lösung in der Cloud sein. Auch hier braucht es entsprechende Fachleute, die über die Fähigkeit zur Einrichtung und Administration des Betriebs verfügen.

Innovative Lösung durch neue Technologie

Die Fragen nach Realisierbarkeit und Realisierungsfähigkeit betrachten den Entwurf einer Lösung und sind im Wesentlichen reaktive Fragen. Mit Blick auf digitale Technologien werden fortlaufend neue technische Möglichkeiten entwickelt, die ein großes Innovationspotenzial versprechen. Vor einigen Jahren war das mobile Internet eine solche Technologie, genauso wie die Blockchain. Während der Entstehung dieses Buches werden gerade Technologien rund um das sogenannte *Metaverse* diskutiert, ganz zu schweigen von ChatGPT und Technologien der künstlichen Intelligenz. Diese proaktive Sicht auf die Technologie-Perspektive ist eine wichtige Ergänzung für das Digital Design, um neueste Trends in der technischen Entwicklung zu erkennen und ggf. für die eigenen Lösungen nutzbar zu machen.

Eine gesunde Portion Skepsis gegenüber neuen Technologietrends ist dabei natürlich angebracht, um nicht jedem vermeintlichen Hype hinterherzulaufen.

5.2 Die drei Ebenen einer digitalen Lösung

Bisher haben wir in diesem Buch allgemein von digitalen Lösungen gesprochen, um zu erfassen, worum es im Digital Design geht. Für das konkrete Verstehen der Designarbeit ist ein tieferes Verständnis notwendig, was eine digitale Lösung ist und woraus sie besteht. Wir haben ebenfalls schon im vorherigen Abschnitt bei den drei Designperspektiven gesehen, dass eine digitale Lösung sehr komplex sein kann und aus vielfältigen Aspekten besteht.

Um diese strukturelle Komplexität besser verstehen zu können, führen wir nun das Ebenenmodell für die digitale Lösung ein. Zunächst werden wir das Ebenenmodell grundsätzlich betrachten und im Anschluss werden wir uns die Verwendung des Modells an einem Beispiel anschauen.

5.2.1 Aufbau des Ebenenmodells

Das Ebenenmodell unterteilt eine digitale Lösung in die drei ineinander verschachtelten Abstraktionsebenen Lösung, System und Element (siehe Abb. 5–2). Der wesentliche Nutzen dieses Modells besteht darin, dass wir entlang der drei Ebenen die strukturelle Komplexität einer digitalen Lösung sinnvoll ordnen und für unterschiedliche Zielgruppen und Zwecke fokussiert aufbereiten können.

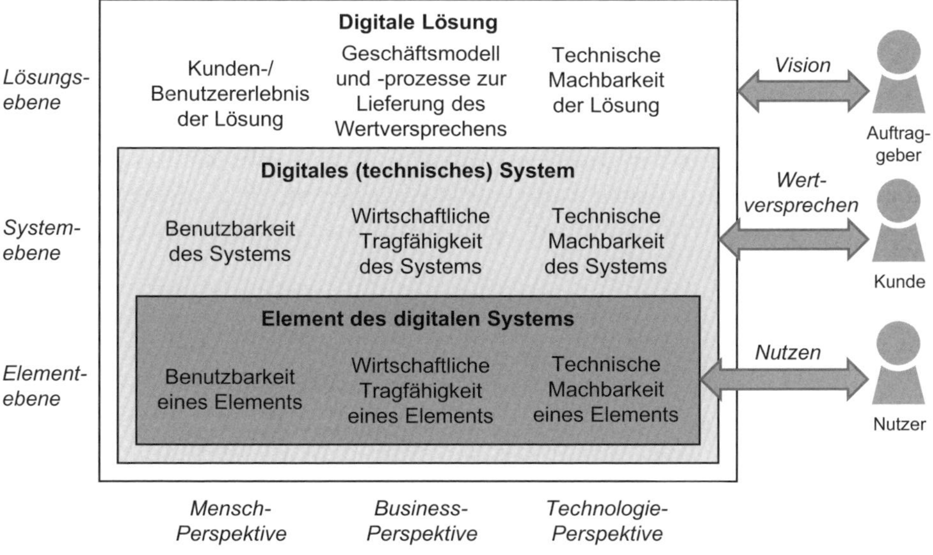

Abb. 5–2 *Das Ebenenmodell einer digitalen Lösung*

Die Lösungsebene

Auf der Lösungsebene betrachten wir die digitale Lösung im Ganzen und schauen aus der Perspektive des Auftraggebers darauf, welche Veränderung mit der digitalen Lösung erreicht werden soll. Für diese angestrebte Veränderung verwenden wir das Wort »Vision«. Mit der Vision umschreiben wir, welchen Mehrwert eine digitale Lösung für die Kunden bietet. Damit werden auf der Lösungsebene die wesentlichen Entscheidungen darüber getroffen, was mit einer Lösung erreicht werden soll. Ausgehend von drei Designperspektiven werden auf der Lösungsebene die folgenden Fragestellungen beleuchtet:

- *Mensch-Perspektive*: Wie ist das Kunden-/Benutzererlebnis mit der Lösung als Ganzes?
- *Business-Perspektive*: Wie sieht ein tragfähiges Geschäftsmodell mit zugehörigen Geschäftsprozessen aus, um das Wertversprechen für die Kunden zu erbringen?
- *Technologie-Perspektive*: Wie kann die technische Machbarkeit der Lösung als Ganzes sichergestellt werden?

Die vorgestellten Fragen zeigen, dass die Lösungsebene keine unmittelbaren technischen Fragestellungen bearbeitet, sondern stattdessen von der technischen Umsetzung abstrahiert, um auf die Vision des Auftraggebers und das Wertversprechen für Kunden/Benutzer zu fokussieren. Die technischen Fragestellungen werden auf der nächsten Ebene betrachtet.

Die Systemebene

Auf der Systemebene sehen wir uns das technische System als Teil der digitalen Lösung aus einer übergeordneten Perspektive an. Wir schauen darauf, wie das technische System mithilfe digitaler Technologien das Wertversprechen für den Kunden realisiert. Auf der Systemebene werden die wesentlichen Entscheidungen in Bezug auf den technischen Aufbau des Systems getroffen. Ausgehend von den drei Designperspektiven werden auf der Systemebene die folgenden Fragestellungen betrachtet:

- *Mensch-Perspektive*: Wer benutzt das System? Wie werden Kunden der Lösung durch geeignete Benutzer repräsentiert? Wie wird das Wertversprechen durch das System in einer benutzbaren Art und Weise realisiert?
- *Business-Perspektive*: Wie kann das System zu sinnvollen Kosten realisiert und betrieben werden, um ein tragfähiges Geschäftsmodell zu erreichen? Welche Kosten entstehen durch die Entwicklung und den Betrieb (z.B. Personalkosten für Entwicklung oder Betrieb, Lizenzkosten, Kosten für Rechenzentren oder Produktion von Hardware)?

- *Technologie-Perspektive*: Aus welchen Bausteinen besteht das System? Wie wird das System als Ganzes betrieben? Welche Endgeräte werden für welche Benutzer vorgesehen? Welche bestehenden Systeme müssen eingebunden werden? Welche weitere Software oder Hardware ist erforderlich?

Die vorgestellten Fragestellungen zeigen, dass mit der Systemebene die übergeordnete Sicht der Lösungsebene um die Frage nach der technischen Umsetzung erweitert wird. So erhalten wir eine klare Trennung zwischen den Fragen nach der Vision und dem Mehrwert (Lösungsebene) und den Fragen der technischen Umsetzung (Systemebene).

Diese Trennung steht auf den ersten Blick im Widerspruch zur Idee des ganzheitlichen Designs einer Lösung. Wesentlich ist hier aber die Erkenntnis, dass zwischen der Lösungs- und die Systemebene unterschieden werden muss. So können auf den jeweiligen Ebenen die richtigen Fragen für ein ganzheitliches Design gestellt werden, die dann wieder zu einer guten Gesamtlösung integriert werden können. So können beide Ebenen im Wechselspiel bearbeitet werden und sich gegenseitig positiv beeinflussen, um eine gute Lösung im Sinne aller drei Designperspektiven zu erreichen.

Die Elementebene

Auf der Elementebene betrachten wir diejenigen Elemente des digitalen Systems, die gezielt für die Umsetzung der Lösung realisiert werden müssen. In diesem Zusammenhang kann man auch von eigenen Elementen im Unterschied zu existierenden Elementen sprechen (siehe Abschnitt 9.1). Wir schauen auf der Elementebene primär auf die Benutzer und auf ihre Interaktion mit dem Element und definieren alle relevanten Details, die für die Realisierung des Elements erforderlich sind. Ausgehend von den drei Designperspektiven werden auf der Elementebene die folgenden Fragestellungen beleuchtet:

- *Mensch-Perspektive*: Wie benutzt ein Mensch das Element? Ist die Interaktion zwischen Mensch und Element in einer benutzbaren Weise realisiert?
- *Business-Perspektive:* Wie kann ein Element zu sinnvollen Kosten als Teil des Systems realisiert werden? Welche Kosten entstehen durch ein Element im Betrieb?
- *Technologie-Perspektive*: Aus welchen Technologien besteht ein Element? Wie wird ein Element betrieben? Ist das entworfene Element technisch machbar?

Auf der Elementebene werden viele relevante Detailentscheidungen zu einem Element als Teil der digitalen Lösung getroffen. Hierzu zählen u.a. die User Interfaces und die Use Cases, aber auch technische Schnittstellen, Daten und Funktionen. Diese kombinierte Betrachtung eines Elements ist wichtig, um sowohl die Interaktion mit dem Benutzer als auch die technische Integration eines Elements mit anderen Elementen sinnvoll zu definieren und zu verstehen.

An dieser kombinierten Betrachtung wird auch das Zusammenspiel mit der Systemebene deutlich. Ein Element ist immer in ein technisches System eingebettet und muss entsprechend Schnittstellen zu Benutzern und anderen Elementen bereitstellen, um diese Einbettung realisieren zu können. Im Sinne eines ganzheitlichen Designs ist es auch hier wichtig, dass System- und Elementebene im Wechselspiel betrachtet werden, um auf beiden Ebenen eine gute Lösung zu realisieren. Ebenso ist dieses Wechselspiel wichtig für innovative Lösungen, denn erst auf der Elementebene werden konkrete Technologien und mit ihnen Formen und Funktionen beleuchtet, die innovative Lösungen ermöglichen.

Das Zusammenspiel zwischen System- und Elementebene unterscheidet sich in Bezug auf den Detaillierungsgrad erheblich vom Zusammenspiel zwischen Lösungs- und Systemebene. Der Detaillierungsgrad der Elementebene ist im Vergleich zur Lösungsebene wesentlich größer, da die Elementebene die Details für die Realisierung eines Elements liefern muss. Diese Fragestellung vertagen wir für den Moment jedoch und kommen darauf zurück, wenn wir uns mit der Designarbeit auf der Elementebene in Kapitel 10 näher befassen.

5.2.2 Das Ebenenmodell anhand eines Beispiels

Das Denken in den drei Ebenen einer Lösung ist eine wichtige Fähigkeit, um die Komplexität einer digitalen Lösung zu bewältigen. In diesem Abschnitt soll das Denken in den drei Ebenen anhand eines vereinfachten Fallbeispiels in zwei Teilen geübt und diskutiert werden.

Im Fallbeispiel wird für eine große Stadt an einer digitalen Lösung für den Nahverkehr gearbeitet. Die Lösung soll es den Menschen in der Stadt ermöglichen, auf Papierfahrkarten zu verzichten und stattdessen ihre Fahrstrecken über eine Smartphone-App zu planen, die entsprechenden Fahrkarten für die Straßenbahnen und die Busse zu kaufen und auch die Fahrkarte bei einer Kontrolle auf dem Smartphone vorzuzeigen.

Fallbeispiel – Teil 1: aus Sicht der drei Ebenen

Starten wir mit der *Lösungsebene*, hier lassen sich die folgenden Aspekte in unserem Fallbeispiel entdecken:

- Die Vision unseres Auftraggebers (Betreiber des Nahverkehrs) ist es, dass die Menschen in der Stadt (unsere Kunden) für den Nahverkehr keine Papierfahrkarten mehr brauchen und stattdessen das Smartphone benutzen.
- Das Kundenerlebnis soll möglichst umfassend in Bezug auf die Benutzung des Nahverkehrs sein. Es soll die Planung der Fahrt, den Erwerb von Fahrkarten und die Kontrolle der Fahrkarten im Verkehrsmittel beinhalten.
- Das Wertversprechen ist eine Vereinfachung der Nutzung des Nahverkehrs im Vergleich zu Papierfahrkarten.
- Der Geschäftsprozess besteht aus den Schritten Fahrtplanung, Fahrkartenkauf und Fahrkartenkontrolle.

- Das Geschäftsmodell basiert auf dem Verkauf von Fahrkarten. Die Kostenfrage wird nicht explizit angesprochen. Daher liegt die Vermutung nahe, dass die Kosten für die Lösung durch den Fahrkartenverkauf gedeckt werden müssen.

Auf der *Systemebene* sind folgende Aspekte direkt erkennbar:

- Die Benutzung des Systems soll möglichst einfach sein. Dies ist natürlich ein trivialer Punkt, steckt aber definitiv im Fallbeispiel drin.
- Die Kunden sind auch gleichzeitig Benutzer, denn sie verwenden die App, um eine Fahrkarte zu erwerben.
- In Bezug auf das technische System werden das Smartphone und eine Smartphone-App direkt benannt. Das Smartphone ist ein existierendes Element, das Kunden mitbringen, die App muss jedoch realisiert werden.

Darüber hinaus werden im Fallbeispiel implizit noch weitere Aspekte auf der *Systemebene* benannt:

- Für die Planung der Fahrt, den Verkauf und die Ausstellung der Fahrkarten braucht es ein Element, das den Verkauf im Zusammenspiel mit der App umsetzt. Vermutlich ist dieses Element mit einem System verbunden, das die aktuellen Fahrpläne und Verspätungen kennt.
- Fahrkarten sollen über die App gekauft werden, dazu müssen in irgendeiner Form Zahlungen getätigt werden. Dies impliziert, dass mindestens ein externes Element zur Abwicklung von Zahlungen angebunden werden muss.
- Die Fahrkarte soll auch direkt in der App kontrolliert werden können. Hieraus ergibt sich ein weiteres Element und ein weiterer Benutzer des Systems. Kontrolleure benutzen das System, um Fahrkarten zu kontrollieren, und dafür benötigen sie ein eigenes Element, um die Kontrolle vorzunehmen. Der Einfachheit halber nehmen wir an, dass dies auch eine Smartphone-App ist. Diese App muss als Teil des Systems in der Lage sein, die Gültigkeit einer Fahrkarte zu überprüfen.

Wenn Sie einen oder sogar mehrere dieser impliziten Aspekte entdeckt haben, dann haben Sie das Modell der drei Ebenen schon gut verstanden. Lassen Sie uns der Vollständigkeit halber noch einen kurzen Blick auf die *Elementebene* werfen. Wir haben mindestens drei separate Elemente identifiziert: eine App für Kunden zum Fahrkartenkauf und zur Fahrtplanung, ein Element zur Kaufabwicklung und eine App für die Fahrkartenkontrolle. Für jedes dieser Elemente haben wir in der obigen Beschreibung bereits wichtige Details angeschnitten. Um das Beispiel kurz zu halten, werden diese Details hier nicht weiter ausgeführt.

Aktiv entlang der drei Ebenen designen

Bisher haben wir die drei Ebenen reaktiv genutzt, um ein bestehendes Fallbeispiel zu analysieren. Nun wollen wir proaktiv werden und im Kontext unseres Fallbeispiels eine innovative digitale Lösung gestalten.

Nehmen wir an, der Auftraggeber hat die Idee entwickelt, dass die Fahrkarten abgeschafft werden sollen. Die Menschen in der Stadt sollen die Verkehrsmittel spontan nutzen können und die Kosten für eine Fahrt sollen möglichst einfach nutzungsabhängig abgerechnet werden. Ab einer bestimmten Nutzungshäufigkeit soll der Preis nicht weiter steigen und implizit zu einer Flatrate für den Monat werden. Die Vision besteht im Wesentlichen darin, die Menschen zu einer intensiveren Nutzung des Nahverkehrs zu motivieren.

Die Vision unseres Auftraggebers ist vage formuliert. Das ist natürlich Absicht, um unserer Kreativität freien Lauf lassen zu können. Dennoch können wir mit den drei Ebenen einige Aspekte festhalten:

- Die Vision besteht darin, dass der Nahverkehr von den Menschen durch ein einfacheres Kundenerlebnis und durch eine andere Preispolitik intensiver genutzt werden soll.
- In der Vision ist auch das Wertversprechen für unsere Kunden versteckt, das durch ein neues digitales System realisiert werden soll: Die Nutzung des Nahverkehrs soll einfacher und günstiger werden.
- Auf der Lösungsebene können wir sehen, dass sich das Geschäftsmodell ändern soll. Anstatt Fahrkarten zu verkaufen, wird jetzt nutzungsabhängig abgerechnet und ab einer bestimmten Nutzung gibt es eine Flatrate.
- Zur System- und Elementebene werden keine erkennbaren Aussagen gemacht.

Nun liegt es an uns, Ideen zu entwickeln, wie diese Vision realisiert werden kann. Machen Sie an dieser Stelle einfach eine Pause, legen Sie das Buch aus der Hand und denken ein wenig über mögliche Ideen nach. Welche Möglichkeiten fallen Ihnen in Bezug auf ein technisches System oder innovative Technologien ein, um diese Vision zu realisieren? Im Folgenden finden Sie drei Ideen, wie es mit dem Fallbeispiel weitergehen kann.

Sich Zeit für die Vision und die Lösungsideen nehmen

Kreative Pausen halte ich persönlich für sehr wichtig, damit sich eigene Gedanken rund um mögliche Lösungsideen entwickeln können und man sich intensiv mit der Vision und den Zielen auseinandersetzen kann. Das zu schnelle Vorantreiben konkreter Lösungsideen ist ein häufiges Thema in der Designarbeit und wird in Abschnitt 7.1 vertieft.

Fallbeispiel – Teil 2: Lösungsideen entwickeln

- Idee 1 – QR-Codes beim Ein- und Aussteigen scannen

Zur Erfassung eines Fahrgasts könnte man an allen Eingangstüren von Bussen und Zügen QR-Codes anbringen. Ein Fahrgast muss beim Betreten und Verlassen eines Zugs/Busses den Code mit der App der Verkehrsbetriebe scannen, um sich an- bzw. abzumelden. Aus der Zeit zwischen An- und Abmeldung kann dann ein System die Nutzungsdauer errechnen und dokumentieren. Kontrolleure im Zug überprüfen analog zu den Fahrkarten, ob Fahrgäste sich ordnungsgemäß angemeldet haben. Schauen wir uns diese Idee durch die Brille unserer Ebenen an.

Aus Sicht der Lösungsebene erscheint die skizzierte Lösung zunächst technisch machbar. QR-Codes sind eine etablierte und weit verbreitete Technologie. Auch der Geschäftsprozess und das Benutzererlebnis erscheinen einfach genug und lösen das Wertversprechen der Vereinfachung ein.

Aus Sicht der Systemebene ist die technische Machbarkeit ebenfalls gegeben. Das System dürfte auch nicht aufwendiger sein als die ursprüngliche Fahrkartenlösung. Daher erscheint auch das System wirtschaftlich tragfähig. Die Technologie zum Scannen von QR-Codes funktioniert auch recht schnell, daher sollte das System als Ganzes benutzbar sein. Dennoch brauchen Kunden ein Smartphone mit entsprechender Kameratechnologie, um mit der App die QR-Codes zuverlässig zu scannen. Ältere Smartphones könnten hiervon ausgenommen sein. Dieser Aspekt könnte kritisch für den Erfolg sein. Weiterhin braucht es ein Element im System, das die Nutzungsdauer der Fahrgäste zuverlässig dokumentiert.

Aus Sicht der Elementebene ist die neue App zum Scannen der Codes eine Neuentwicklung oder zumindest eine wesentliche Anpassung der bestehenden App. Gleiches gilt für das Element zur Dokumentation der Nutzungsdauer. Hier entsteht in jedem Fall Aufwand.

- Idee 2 – Erfassung der Nutzung durch GPS-Ortung

Zur Erfassung der Nutzungshäufigkeit kann statt eines QR-Codes die GPS-Funktion von Smartphones verwendet werden. Die App verfolgt die Position der Kunden. Immer wenn ein Kunde ein Verkehrsmittel betritt und sich damit fortbewegt, wird die Nutzungszeit erfasst und so die Nutzungsintensität ermittelt. Schauen wir wieder durch die Brille der drei Ebenen.

Aus Sicht der Lösungsebene klingt auch diese Idee zunächst einmal technisch machbar. GPS-Ortung kommt in vielen Anwendungen zum Einsatz, z.B. in der Navigation oder der Staumessung. Das Geschäftsmodell klingt ähnlich machbar wie bei der Idee mit den QR-Codes. Das Benutzererlebnis dürfte sich einfacher anfühlen, da der Fahrgast nicht aktiv einen QR-Code scannen muss. Auf der anderen Seite könnte man sich stärker überwacht fühlen, da die App fortlaufend den Standort abfragt.

Aus Sicht der Systemebene ist die technische Machbarkeit ebenfalls gegeben. Aber auch hier werden Kunden ausgeschlossen, die kein Smartphone mit GPS besitzen oder nutzen wollen. Dieser Aspekt könnte kritisch für den Erfolg der Lösung sein. Analog zur QR-Code-Idee braucht es auch hier ein Element, das die Nutzungsintensität dokumentiert und die Abrechnung zuverlässig durchführt. Aus Sicht der Elementebene ist diese Idee vergleichbar mit der QR-Code-Idee. Die App für die Fahrgäste und der Abrechnungsteil müssten neu realisiert werden.

- Idee 3 – Kameraüberwachung mit Gesichtserkennung

Vermutlich hatten Sie schon beim Lesen der Überschrift zu dieser Idee einen negativen Beigeschmack. Ich bin da vollkommen bei Ihnen. Trotzdem sollten wir uns diese Idee einmal anschauen, da sie von der Art her völlig anders funktioniert als die beiden ersten und auch noch einmal schön zeigt, wie die drei Ebenen funktionieren.

Zur Erfassung der Nutzungshäufigkeit werden Kameras mit Gesichtserkennung an Bahnhöfen, Busstationen, in Zügen und in Bussen eingesetzt. So wird dokumentiert, wann ein Fahrgast ein Verkehrsmittel betritt und wieder verlässt. Auf diese Weise kann die Nutzungsintensität wie bei den anderen beiden Ideen ermittelt und abgerechnet werden. Schauen wir wieder durch die drei Ebenen auf diese Idee.

Aus Sicht der Lösungsebene erscheint auch dieses Vorgehen erst einmal technisch machbar. Diese Technologie wird in anderen Ländern für diverse Zwecke eingesetzt (die Fragwürdigkeit dieser Zwecke soll hier nicht weiter thematisiert werden). Der Geschäftsprozess erscheint ebenso plausibel wie bei den ersten beiden Ideen. Beim Thema Kundenerlebnis sieht die Sache nun aber komplizierter aus. Zunächst ist die Gesichtserkennung einfach für die Fahrgäste, aber das Gefühl der technischen Überwachung erzeugt ein solches System definitiv. Spätestens hier ist man also wieder mit der Frage konfrontiert, ob Fahrgäste ein solches System überhaupt akzeptieren würden. Mit Blick auf den Geschäftsprozess stellt sich die Frage, wie die Lösung die Fahrgäste »kennenlernt«. Schließlich muss das Gesicht jedes Fahrgasts bekannt sein, damit die Fahrten der richtigen Person zugeordnet werden können. Das klingt in jedem Fall aufwendiger als bei den ersten beiden Ideen.

Aus Sicht der Systemebene ist die Idee mit dem gleichen Argument technisch machbar, wie wir es schon auf der Lösungsebene gesehen haben. Dennoch sehen wir auf der Systemebene, dass diese Idee einen erheblichen Aufwand für die Realisierung produziert. Nehmen wir an, dass in unserer Stadt und in den Verkehrsmitteln noch keine Kameras installiert sind. In diesem Fall würde diese Lösung einen immensen Aufwand und sehr hohe Kosten produzieren, um die Gesichtserkennung flächendeckend zu ermöglich. Vermutlich würden allein diese Kosten die Idee schon zum Scheitern bringen, da diese Kosten nicht realistisch wieder eingespielt werden könnten. Weiterhin werden auf der Systemebene entsprechende Elemente benötigt, die aus den erkannten Gesichtern Abrechnungsdaten produzieren und diese mit dem entsprechenden Fahrgast zusammenbringen. Diese Komplexität ist dann ein Thema der Elementebene und hier ist der Aufwand vermutlich ebenfalls erheblich, um so etwas zu realisieren.

Fazit zum Fallbeispiel

Wir haben verschiedene Ideen durch die Brille des Ebenenmodells betrachtet. Die Beispiele haben verschiedene Aspekte der Ideen aufgezeigt und auch geholfen, die Vor- und Nachteile der Lösungsideen zu erkennen. Die Beispiele sind weder vollständig ausgearbeitet noch bis ins letzte Detail durchdacht. Vielleicht sind Sie aufgrund Ihrer eigenen Erfahrung auf andere Ideen gekommen, wie die Ebenen auf die Beispiele angewendet werden können. Ich bin sicher, dass diese Ideen genauso spannend und interessant waren wie die gerade vorgestellten.

Wichtig ist, dass diese Beispiele erste Schritte in die Welt des Digital Design sind. Sie sollen helfen, in den drei Ebenen zu denken und zu erkennen, was man mit den Ebenen im Digital Design ohne weitere Details machen kann. Für den Moment soll uns dieser erste Ausflug in die Praxis des Digital Design genügen. Denn wir wollen noch ein weiteres wichtiges Modell betrachten.

5.3 Die drei essenziellen Schritte zum Bau einer digitalen Lösung

Jedes Projekt ist einmalig. Das ist zwar eine wichtige Erkenntnis, die aber wenig hilft, wenn man zum ersten Mal vor einem Bauprozess steht oder lernen möchte, wie das Bauen einer digitalen Lösung funktioniert. Natürlich kann man sich jetzt viele verschiedene Prozess- oder Vorgehensmodelle anschauen, aber auch hier fällt es insbesondere Einsteigern schwer, das Wesentliche am Bauprozess zu erkennen. Aus diesem Grund werden wir für die Grundlagen ein Modell betrachten, das den Bauprozess in drei essenzielle Schritte unterteilt (siehe Abb. 5–3).

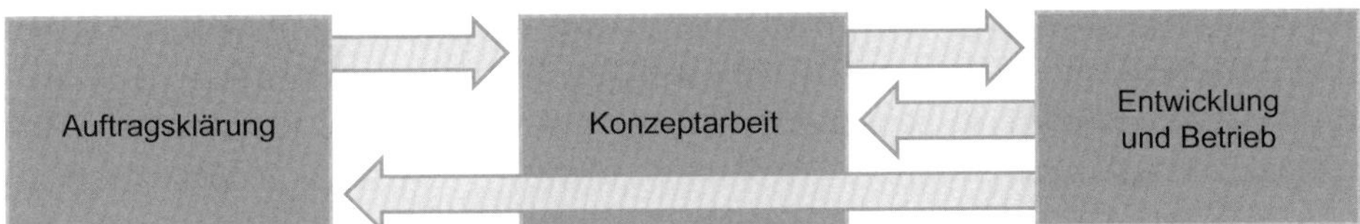

Abb. 5–3 *Die drei essenziellen Schritte zum Bau einer Lösung*

Den Wasserfallreflex erkennen lernen

Die drei Schritte Auftragsklärung, Konzeptarbeit, Entwicklung und Betrieb hören sich stark nach »Wasserfall« an, was von Entwicklern heutzutage häufig vermieden wird.

Die drei Schritte haben jedoch nichts mit einem Wasserfall im Sinne eines Vorgehensmodells zu tun.

Es geht bei dem Modell der drei Schritte darum, ein besseres Verständnis dafür zu schaffen, welche wesentlichen Schritte ein Prozess durchlaufen muss. Aus diesen Schritten ergibt sich zwangsläufig eine Reihenfolge, aber die folgenden Erläuterungen machen keinerlei Vorgaben, wie die Schritte nacheinander abgearbeitet werden müssen oder dass der Auftrag im Laufe der Entwicklung nicht noch einmal hinterfragt oder neu geklärt werden muss.

Dieser Wasserfallreflex kann zu Missverständnissen und größeren Problemen führen, wenn Entwicklungsprozesse geplant werden.

Das Modell der drei essenziellen Schritte ist in erster Linie als Hilfsmittel zum Erlernen der wesentlichen Themen rund um Bauprozesse gedacht und soll insbesondere die folgenden Themen vermitteln:

1. *Schritte im Detail*: Für jeden Schritt werden wir uns im Folgenden die wesentlichen Ziele und Herausforderungen, die beteiligten Stakeholder, die wesentlichen Arbeitsprodukte und auch Arbeitsweisen anschauen.

2. *Schritte im Zusammenspiel*: Das Modell erläutert, wie die drei Schritte zusammenhängen und in welcher Weise zwischen den Schritten hin und her gesprungen werden kann. Dieses Zusammenspiel ist ein erster Schritt zum Verständnis von iterativer Arbeitsweise. Dieses Thema erfordert weitere Grundlagen und wird daher erst in Kapitel 11 im Rahmen der ganzheitlichen Designarbeit behandelt.

Aufgrund des hohen Abstraktionsniveaus sind die drei Schritte jedoch nicht als konkretes Vorgehensmodell geeignet. Hierzu fehlen wichtige Details über den konkreten Aufbau von Arbeitsprodukten und über die Arbeitsabläufe. Dennoch werden wir sehen, dass die drei Schritte ein wichtiges Instrument sind, um Bauprozesse strukturiert zu betrachten und zu erlernen, wie sich Digital Design in den Bauprozess einer digitalen Lösung einfügt. Insbesondere werden wir sehen, dass die drei Schritte sowohl auf eine Lösung als Ganzes als auch auf einzelne Teile einer Lösung angewendet werden können.

5.3.1 Auftragsklärung

Jeder Bauprozess muss irgendwo beginnen und das genaue Festlegen dieses Zeitpunkts ist für sich genommen schon schwierig. Beginnt ein Bauprozess schon damit, dass jemand über die alternative Idee nachdenkt, wie eine potenziell neue Lösung aussehen könnte? Oder beginnt der Prozess erst, wenn detaillierte Konzepte entwickelt werden, die auf eine konkrete Lösungsidee hinarbeiten?

Designkompetenz umfasst insbesondere auch die Arbeit am Grund für eine Veränderung sowie an Zielen. Daher ist es für ein ganzheitliches Verständnis wichtig, den Bauprozess gedanklich sehr früh beginnen zu lassen. Dieser Punkt wird mit der Auftragsklärung umschrieben. Eine Person in der Rolle des Auftraggebers sieht die Notwendigkeit, eine digitale Lösung zu bauen, und initiiert damit einen Bauprozess.

Das Ziel der Auftragsklärung besteht nun darin, in diesem frühen Stadium beim Auftraggeber und allen weiteren relevanten Stakeholdern ein gemeinsames und klares Verständnis über den Auftrag zu erarbeiten, der durch den Bauprozess erfüllt werden soll. Auf Basis dieses Verständnisses wird dann nicht sofort eine digitale Lösung realisiert. Stattdessen soll dieses Verständnis bewusst dazu genutzt werden, eine fundierte Entscheidung für oder gegen den nächsten Schritt im Bauprozess zu treffen.

Dieser Entscheidungspunkt ist für ein allgemeines Prozessverständnis wichtig, denn der Bau einer digitalen Lösung ist immer mit Risiken für die beauftragende Organisation verbunden und diese Risiken sollten bewusst betrachtet und diskutiert werden, um eine fundierte Entscheidung für oder gegen den Auftrag zu treffen. Wir sprechen im Folgenden der Einfachheit halber allgemein von einer Organisation als Oberbegriff. Organisationen können hierbei ganze Unternehmen, Abteilungen innerhalb eines Unternehmens oder andere Strukturen (z.B. Behörden) sein, die den Bau einer Lösung beauftragen können.

Wesentliche Themen zum Verständnis der Lösungsideen

Für das Verständnis des Arbeitsprodukts der Auftragsklärung hilft uns der Aufbau von Designkompetenz und dabei insbesondere die Sicht auf die Frage nach der Notwendigkeit einer Veränderung und die Frage nach dem Ziel. Im Rahmen der Auftragsklärung muss mit dem Auftraggeber und relevanten Stakeholdern ein erstes gemeinsames inhaltliches Verständnis über die digitale Lösung erarbeitet werden:

- *Verständnis der Notwendigkeit der angestrebten Veränderung*: Was ist der Grund zum Handeln für den Auftraggeber? Warum muss der Bau einer neuen Lösung initiiert werden? Was ist der Kontext, in dem die Veränderung vorgenommen werden soll?
- *Verständnis des Ziels für die angestrebte Veränderung*: Was ist die Vision für die Lösung? Was soll mit der digitalen Lösung erreicht werden? Was soll nach der Realisierung anders werden?
- *Verständnis potenzieller Lösungsideen*: Wie könnten digitale Lösungen aussehen, die die Veränderung und die Ziele erreichen? Welche Technologien könnten verwendet werden?

Wir haben schon gesehen, dass Veränderungsnotwendigkeit, Ziel und Lösungsidee zusammenhängen. Dennoch ist die Trennung dieser Perspektiven wichtig für ein klares Verständnis der Situation des Auftraggebers und für den Bau einer guten Lösung. Ohne entsprechende Ausbildung oder Bewusstsein für die Trennung vermischen Menschen oft Veränderungsgrund, Ziel und Lösungsideen oder denken nur in der einen oder der anderen Kategorie. Das Auseinanderdividieren der Perspektiven als Teil der Auftragsklärung ist daher wichtig, um dem Auftraggeber bewusst zu machen, warum er sich auf den Weg macht und was er mit seinen Überlegung erreichen will.

Gemeinsames Verständnis ist wichtig in größeren Organisationen

Ein klares und gemeinsames Verständnis wird insbesondere dann wichtig, wenn der Auftraggeber keine einzelne Person ist, sondern eine größere Organisation. In diesem Fall besteht oft ein diffuses Verständnis über alle drei Perspektiven.

Die Herstellung eines gemeinsamen Verständnisses unter allen relevanten Stakeholdern ist daher wichtig, damit in den folgenden Schritten des Bauprozesses auch eine klare Sicht auf die Lösung und auf die Bewertung von Ideen eingenommen wird.

In dieser abstrakten Sicht ist es unerheblich, mit welchen Methoden und Techniken die Perspektiven erfasst werden. Wichtiger ist hier die Tatsache, dass die Perspektiven eingenommen, formuliert, diskutiert und verstanden werden.

Wesentliche Themen zum Prozess und den Randbedingungen

Die bisherigen Aspekte betreffen inhaltliche und technische Fragestellungen zur geplanten Lösung. Die Randbedingungen für den Bauprozess sind aber ebenso wichtig und beziehen sich auf den Prozess an sich. Relevante Themen sind hier:

- *Zeitraum für den Bauprozess*: In welchem Zeitrahmen muss die angestrebte Lösung realisiert werden?
- *Finanzielle Mittel*: Welches Budget steht für den Bauprozess zur Verfügung?
- *Ressourcen für den Bauprozess*: Welches Personal ist für den Bauprozess verfügbar? Welche technischen Ressourcen stehen bereit?

Zeitplan, Mittel und Ressourcen sind im Rahmen der Auftragsklärung meist nur schwierig und ungenau zu definieren. Dennoch ist die Frage nach diesen Randbedingungen entscheidend für den Bau einer realistischen Lösung, da dieses Wissen eine erste Plausibilitätsprüfung der Lösungsideen erlaubt und so auch die Risikoentscheidung unterstützt. Konkret können so u.a. die folgenden Fragen adressiert werden:

- Sind das geplante Budget und die Zeit ausreichend, um eine Lösungsidee zu realisieren?
- Ist das geplante Budget ausreichend, um die wirtschaftliche Tragfähigkeit zu erreichen?
- Stehen die erforderlichen Ressourcen (Personal, technische Anlagen etc.) zur Verfügung, um die Lösung zu bauen und zu betreiben?

Wichtig bei der Betrachtung von Lösungsideen und Randbedingungen ist das Zusammenspiel. Für gute Lösungsideen kann eine Organisation ggf. mehr Budget und Ressourcen bereitstellen als ursprünglich angedacht. Ebenso können bei stark begrenztem Budget und Ressourcen gezielt nur bestimmte Teile einer Lösung fokussiert werden.

Digital Design Brief als Arbeitsprodukt und Arbeitsauftrag

Um die zuvor definierten Themen zur Lösungsidee und zu den Randbedingungen festzuhalten, definiert das Modell der drei Schritte den engl. Begriff »Digital Design Brief« als Arbeitsprodukt der Auftragsklärung:

Digital Design Brief

Beschreibung des Kontextes, der Vision, des Umfangs und der Randbedingungen für den Bau einer digitalen Lösung.

In Tabelle 5–1 zeigt ein Beispiel für eine mögliche Struktur eines Digital Design Brief, die als Grundlage für eigene praktische Versuche zur Auftragsklärung dienen kann. Die Abschnitte 1–3 umfassen dabei die inhaltlichen Punkte und der Abschnitt 4 die Randbedingungen.

Abschnitt	Inhalt
1. Kontext des Vorhabens	Darstellung der Ausgangssituation des geplanten Vorhabens inklusive Motivation für den Veränderungsbedarf, potenzieller Kunden und Benutzer, potenzieller weiterer Stakeholder, verwandter Lösungen und potenzieller Wettbewerber
2. Vision	Darstellung der initialen Vision für die geplante Lösung als Teil des Zielbilds für die geplante Veränderung
3. Lösungsraum	Darstellung des potenziellen Lösungsraums (z.B. mögliche Technologien und denkbare Funktionen)
4. Randbedingungen	Darstellung der Randbedingungen für das geplante Vorhaben (z.B. Ressourcen, Budgets, Zeitpläne)

Tab. 5–1 *Beispiel für die Struktur eines Digital Design Brief*

Arbeitsweisen in der Auftragsklärung

Die Ausführungen zeigen, dass bereits in der Auftragsklärung ein breites Spektrum an Fragestellungen bearbeitet wird. Je nach Situation erfordert die Auftragsklärung unterschiedliche Arbeitsweisen mit unterschiedlicher Intensität. Im Folgenden werden zwei beispielhafte Situationen erläutert, um die Unterschiede herauszuarbeiten.

Bei überschaubaren oder verstandenen Vorhaben mit geringem Risiko kann die Auftragsklärung meist sehr schnell abschlossen werden. Dies gilt vor allem dann, wenn in Bezug auf die Lösungsidee Klarheit herrscht und der Aufwand für die Auftragsklärung unnötig Zeit und Budget von der Konzeptarbeit abzieht.

Bei großen, komplexen, wenig verstandenen Lösungsideen oder sehr großen Risiken kann aus der Auftragsklärung ein eigenständiges Projekt mit dedizierten Ressourcen werden. Dies ist insbesondere dann der Fall, wenn die Beantwortung und die Abstimmung der Fragestellungen einen erheblichen Aufwand mit sich bringen oder wenn Organisationen sich fundiert für oder gegen eine Lösung entscheiden wollen oder müssen.

5.3.2 Konzeptarbeit

In der Konzeptarbeit geht es darum, ein ausreichend konkretes Verständnis der digitalen Lösungen und des zugrunde liegenden digitalen Systems auszuarbeiten. Auf dieser Basis muss der Auftraggeber eine Entscheidung für oder gegen den Start der Entwicklung der Lösung treffen.

Der Umfang und der Detaillierungsgrad dieses Verständnisses sind Gegenstand vielfältiger prozessmethodischer Diskussionen in Forschung und Praxis. Das eine Extrem ist das bereits erwähnte Wasserfallmodell, bei dem alle Konzepte möglichst detailliert und vollständig ausgearbeitet sein müssen, bevor tatsächlich mit der Realisierung begonnen werden kann. Das andere Extrem stellt die Auffassung »Nur lauffähiger Code ist Wahrheit« dar[2]. Bei diesem Ansatz wird die Konzeptarbeit als überflüssiger Ballast betrachtet und sofort mit der Realisierung begonnen.

Es geht bei der Konzeptarbeit – wie der Name schon sagt – um die Arbeit auf einer konzeptionellen Ebene. Diese Arbeit ist jedoch kein Selbstzweck, sondern soll in erster Linie den Auftraggeber dabei unterstützen, eine fundierte Risikoentscheidung zu treffen. Diese Feststellung ist für das Verständnis der weiteren Ausführungen zur Konzeptarbeit wichtig, da die Risikoorientierung die wesentliche Leitlinie für die konkreten Ausprägungen der Konzeptarbeit liefert. Die Intensität der Konzeptarbeit und damit insbesondere der Detaillierungsgrad der Konzeptarbeit wird maßgeblich durch die Risikoperspektive bestimmt.

Bei kleinen, überschaubaren und gut verstandenen Lösungsideen kann die Konzeptarbeit sehr kurz ausfallen und schnell mit der Entwicklung begonnen werden, da das Risiko für Probleme oder Fehler tendenziell gering ist. Sind jedoch viele Aspekte der Lösungsidee unklar, kann eine intensivere Konzeptarbeit kombiniert mit gezielter Evaluation sehr viele Unklarheiten beseitigen, um die Risiken einer Entwicklung klar zu definieren und zu benennen.

Arbeitsprodukte der Konzeptarbeit in den Tätigkeitsbereichen

Zur Strukturierung der Arbeitsprodukte der Konzeptarbeit nutzen wir die bereits eingeführten Arbeitsprodukte der Tätigkeitsbereiche des Bauprozesses (siehe Abschnitt 4.2) und das Ebenenmodell für digitale Lösungen (siehe Abschnitt 5.2). So ergeben sich die folgenden Arbeitsprodukte:

- *Designkonzepte*: Dokumentation und Abstimmung des gestalterischen Entwurfs der Lösung auf den drei Ebenen Lösung, System und Element
- *Realisierungskonzepte*: Dokumentation und Abstimmung des technischen Entwurfs der Lösung auf den drei Ebenen Lösung, System und Element
- *Evaluationskonzepte*: Dokumentation und Durchführung der Evaluation der erstellten Design- und Realisierungskonzepte

Das Digital Design trägt in der Konzeptarbeit die Verantwortung für die Ausarbeitung der Designkonzepte und arbeitet dabei intensiv mit den anderen Tätigkeitsbereichen zusammen (siehe Abschnitt 4.3).

---

2. Dieses Extrem wird fälschlicherweise teilweise als agile Entwicklung bezeichnet. Diese Bezeichnung ist meiner Erfahrung nach aber vollkommen falsch, da auch agile Vorgehensweisen durchaus den Wert von Konzeption und konzeptioneller Arbeit anerkennen.

Bevor konkreter auf die Arbeitsweise in der Konzeptarbeit eingegangen wird, werden drei Beispielstrukturen für Designkonzepte entlang des Ebenenmodells vorgestellt. Auf Beispiele für Realisierungskonzepte wird in diesem Buch aufgrund des Fokus auf Digital Design verzichtet[3].

Eine Beispielstruktur für ein Lösungsdesignkonzept

Für die Lösungsebene kann die digitale Lösung als Ganzes in einem Lösungsdesignkonzept aus einer übergeordneten Perspektive entworfen werden. Tabelle 5–2 zeigt eine beispielhafte Struktur für ein Lösungsdesignkonzept und orientiert sich dabei an den bereits eingeführten Bestandteilen und am Arbeitsmodell für das Design einer digitalen Lösung. Die Vision in Abschnitt 1 repräsentiert das Ziel auf der Lösungsebene. Form, Funktion und Qualität der digitalen Lösung werden in den Abschnitten 2 – 4 dargestellt. Die Abschnitte 5 und 6 der Struktur repräsentieren Qualitätsanforderungen und Randbedingungen aus dem Arbeitsmodell.

Für den Moment belassen wir es bei diesem Detaillierungsgrad. In Kapitel 8 werden wir uns intensiver mit der Designarbeit auf der Lösungsebene befassen und die hier vorgestellten Inhalte weiter vertiefen.

Abschnitt	Inhalt
1. Vision	Beschreibung der angestrebten Veränderung, die durch die Lösung erreicht werden soll.
2. Kontext	Beschreibung des Kontexts der Lösung im Überblick
2.1 Kundensegmente	Beschreibung der für die Lösung relevanten Kundensegmente
2.2 Benutzergruppen	Beschreibung der für die Lösung relevanten Benutzergruppen
2.3 Weitere Stakeholder	Beschreibung weiterer für die Lösung relevanter Stakeholder
3. Geschäftsmodell	Beschreibung des Geschäftsmodells der Lösung mit Wertversprechen und Wertschöpfungsarchitektur zur Erbringung des Wertversprechens
4. Geschäftsprozess	Beschreibung des Geschäftsprozesses, durch den die Lösung das Wertversprechen erbringt
5. Qualitätsanforderungen	Beschreibung der Qualitätsanforderungen an die Lösung
6. Randbedingungen	Beschreibung der Randbedingungen, die beim Bau der Lösung beachtet werden müssen.

Tab. 5–2 *Exemplarische Struktur eines Lösungsdesignkonzepts*

Eine Beispielstruktur für ein Systemdesignkonzept

Für die Systemebene kann das digitale System als Ganzes in einem Systemdesignkonzept aus einer übergeordneten Perspektive entworfen werden. Tabelle 5–3 zeigt eine beispielhafte Struktur für ein Systemdesignkonzept und orientiert sich

3. Wer mehr über Realisierungskonzepte wissen möchte, wird z. B. auf der Webseite *arc42.de* fündig.

dabei an den bereits eingeführten Bestandteilen und am Arbeitsmodell für das Design einer digitalen Lösung: Ziele (Abschnitt 2), Form (Abschnitt 3), Funktion (Abschnitt 4), Qualitätsanforderungen (Abschnitt 5) und Randbedingungen (Abschnitt 6). Darüber hinaus definiert die Struktur mit Abschnitt 1 eine allgemeine Einführung in das Systemdesignkonzept. Dieser Abschnitt ist hilfreich, um zusätzliche Informationen zum Verständnis des Konzepts zu liefern und um das Konzept leichter zugänglich zu machen. Weitere Details werden in Kapitel 9 folgen, wenn wir uns mit der Designarbeit auf der Systemebene auseinandersetzen.

Abschnitt	Inhalt
1. Einführung	Textuelle Einführung in das Systemdesignkonzept
2. Ziele	Beschreibung der Ziele, die durch die Realisierung des Systems erreicht werden sollen.
3. Form	Beschreibung der Form des Systems im Überblick
3.1 Benutzertypen	Beschreibung der Benutzertypen, die das System verwenden.
3.2 Vorhandene Elemente	Beschreibung von unveränderbaren Elementen (z.B. Gegenstände, Hardware- oder Softwaresysteme), deren Existenz für den Betrieb des Systems vorausgesetzt wird.
3.3 Eigene Elemente	Beschreibung der Elemente des Systems, die für den Betrieb des Systems realisiert werden müssen.
4. Funktion (Szenarien)	Beschreibung der Funktionen des Systems zur Erreichung der Ziele
5. Qualitätsanforderungen	Beschreibung der durch das System zu erfüllenden Qualitätsanforderungen
6. Randbedingungen	Darstellung der Randbedingungen, die beim Bau des Systems beachtet werden müssen.

Tab. 5–3 *Exemplarische Struktur eines Systemdesignkonzepts*

Eine Beispielstruktur für ein Elementdesignkonzept

Für die Elementebene kann ein eigenes Element als Teil des digitalen Systems in einem Elementdesignkonzept im Detail entworfen werden. Wichtig ist an dieser Stelle, dass eine digitale Lösung typischerweise mehrere eigene Elemente umfasst. Für jedes eigene Element sollte daher auch ein separates Elementdesignkonzept erstellt werden.

Tabelle 5–4 zeigt eine beispielhafte Struktur für ein Elementdesignkonzept und orientiert sich dabei ebenfalls an den bereits eingeführten Bestandteilen und am Arbeitsmodell für das Design einer digitalen Lösung: Ziele (Abschnitt 2), Form (Abschnitt 3), Funktion (Abschnitt 4), Qualitätsanforderungen (Abschnitt 5) und Randbedingungen (Abschnitt 6). Darüber hinaus definiert auch diese Struktur mit Abschnitt 1 eine allgemeine Einführung, um das Konzept leichter zugänglich zu machen. Weitere Details folgen in Kapitel 10, wenn wir uns mit der Designarbeit auf der Elementebene befassen.

Abschnitt	Inhalt
1. Einführung	Textuelle Einführung in das Elementdesignkonzept
2. Ziele	Beschreibung der Ziele, die durch die Realisierung des Elements erreicht werden sollen.
3. Form des Elements	Überblick über die Form des Elements
3.1 User Interfaces	Beschreibung der zu realisierenden User Interfaces des Elements
3.2 Datenstrukturen	Beschreibung der im Element gespeicherten Daten
3.3 Technische Interfaces	Darstellung der technischen Interfaces des Elements zu anderen vorhandenen Elementen
4. Funktion des Elements	Überblick über die Funktion des Elements
4.1 Use Cases	Beschreibung der Use Cases, die durch das Element realisiert werden, um die definierten Ziele zu erreichen.
4.2 Technische Funktionen	Beschreibung der technischen Funktionen, die durch das Element realisiert werden, um die definierten Ziele zu erreichen.
5. Qualitätsanforderungen	Beschreibung der durch das Element zu erfüllenden Qualitätsanforderungen
6. Randbedingungen	Beschreibung der Randbedingungen, die beim Bau des Elements beachtet werden müssen

Tab. 5–4 *Exemplarische Struktur eines Elementdesignkonzept*

Arbeitsweisen, Umfang und Detailierungsgrad der Konzeptarbeit

Wie der Digital Design Brief in der Auftragsklärung sind die Designkonzepte in der Konzeptarbeit ein Mittel, um eine fundierte Entscheidung für oder gegen den Start der Entwicklung einer digitalen Lösung zu treffen. Diese Entscheidung ist, wie auch in der Auftragsklärung, eine Risikoentscheidung. Die Arbeitsweise zur Erstellung der Designkonzepte, der erforderliche Umfang der Inhalte mit ihrem Detaillierungsgrad und sogar der Aufbau und die Struktur der Konzepte können im Wesentlichen mit Blick auf die Risikobereitschaft des Auftraggebers definiert werden: Je weniger Risiko ein Auftraggeber bei der Entscheidung zum Start der Entwicklung eingehen will, desto genauer müssen die Designkonzepte werden. Und mit zunehmender Genauigkeit steigt typischerweise auch der Umfang, der Detaillierungsgrad und damit auch der Arbeitsaufwand.

Auch wenn dieser Zusammenhang vermutlich leicht nachvollziehbar ist, erweist er sich für die praktische Arbeit im Digital Design als nur wenig hilfreich. Auch an dieser Stelle helfen die bereits eingeführten drei Designperspektiven (siehe Abschnitt 5.1) und das Ebenenmodell für digitale Lösungen (siehe Abschnitt 5.2). Mit ihrer Hilfe können wir die Frage nach dem Risiko etwas genauer fassen und damit konkreter diskutieren, wie die Konzeptarbeit ausgestaltet werden sollte.

Die Risikoentscheidung besteht darin, über den Start der Entwicklung der digitalen Lösung zu entscheiden. Aus Sicht der Lösungsebene sollte eine hohe Sicherheit darin bestehen, dass

- die Lösung (bzw. der angedachte Mehrwert und die Geschäftsprozesse zur Erbringung des Mehrwerts) attraktiv für die Kunden sind (Mensch-Perspektive),
- die Geschäftsprozesse und das Geschäftsmodell wirtschaftlich tragfähig sind (Business-Perspektive) und
- die Geschäftsprozesse und das Geschäftsmodell technisch machbar sind (Technologie-Perspektive).

Um diese Punkte angemessen klären und evaluieren zu können, ist ein entsprechend ausgearbeitetes Lösungsdesignkonzept notwendig. Wie wir in Abschnitt 5.2 aber auch gesehen haben, reicht das Lösungsdesignkonzept nur teilweise aus, um diese Fragen sinnvoll beantworten zu können. Es braucht noch die Perspektive der Systemebene, um alle drei Punkte bewerten zu können. Daraus folgt, dass ein ausgearbeitetes Systemdesignkonzept ebenfalls Teil der Konzeptarbeit sein sollte.

Mit Blick auf die Elementebene stellt sich die Situation anders dar. Elementdesignkonzepte sind für die Entscheidung für oder gegen den Start der Entwicklung nur dann erforderlich, wenn die Details einen entsprechenden Beitrag zum Verständnis der System- oder Lösungsdesignkonzepte liefern. Auch hier ist die Risikoorientierung wieder der ausschlaggebende Faktor. Wenn ein spezieller Benutzerprozess oder eine spezielle Technologie in einem Element den wesentlichen Kern einer digitalen Lösung ausmacht, dann kann es sich durchaus lohnen, die entsprechenden Details auf der Elementebene auszuarbeiten. Typischerweise können aber viele Themen der Elementebene im Sinne der Idee späterer Designentscheidungen in die Entwicklung verlagert werden (siehe Abschnitt 4.3.2.2).

Die konkrete Ausgestaltung der Konzeptarbeit ist in der Praxis sehr vielfältig und es haben sich unterschiedlichste Philosophien und Herangehensweisen dafür entwickelt, wie mit Konzeptarbeit in Bezug auf Umfang, Länge und Detaillierungsgrad umzugehen ist. Um einen fundierten Einblick in die Praxis zu erhalten, werden in Abschnitt 10.4.4 einige beispielhafte Strategien zum Umgang mit Details in der Konzeptarbeit aufgezeigt. Außerdem werden wir in Kapitel 12 ausgewählte Vorgehensmodelle vorstellen und aus der Sicht des Digital Design reflektieren.

Konzeptvorlagen sind keine Checklisten

»Ich habe doch alle Punkte in der Vorlage ausgefüllt, warum fehlen trotzdem noch Inhalte?« ist eine häufig mit Verwunderung gestellte Frage, wenn Lücken in Konzepten festgestellt werden. Dies ist ein typisches Missverständnis bei der Arbeit mit Konzepten, das ich in meiner Arbeit immer wieder beobachte. Detaillierte Vorlagen und Templates vermitteln den Eindruck, dass diese im Sinne von Checklisten bzw. Formularen gemeint sind, die abgearbeitet bzw. ausgefüllt werden müssen.

Wir werden uns in Kapitel 7 intensiver mit Konzepten beschäftigen und sehen, dass Konzeptarbeit eine aktive Entwurfsarbeit ist, die wenig mit dem Ausfüllen von Formularen zu tun hat.

Konzeptarbeit braucht vielfältige Kompetenzen

Neben einem inhaltlichen Überblick über die verschiedenen Bestandteile von Designkonzepten bieten die Vorlagen in diesem Kapitel noch eine weitere wichtige Erkenntnis. Konzeptarbeit im Sinne des Digital Design ist eine sehr vielseitige Tätigkeit und erfordert – je nach Art der digitalen Lösung – ein sehr vielfältiges Spektrum an Fähigkeiten. Ohne Anspruch auf Vollständigkeit wird nachfolgend eine Reihe wichtiger Fähigkeiten vorgestellt:

- *Businessanalyse* ist wichtig für die Arbeit auf der Lösungsebene, insbesondere für Geschäftsprozesse und für das Verständnis der Kundenperspektive.
- *Business Design* ist ebenfalls wichtig für die Arbeit auf der Lösungsebene, vor allem für Geschäftsmodelle und das Wertversprechen.
- *Interaction Design* ist wichtig für das Design guter Benutzerschnittstellen als Teil der Prozesse und auch für die technische Machbarkeit der Benutzerinteraktion (System-/Elementebene).
- *Requirements Engineering* ist wichtig für die systematische Arbeit mit Anforderungen auf allen Ebenen, insbesondere mit Blick auf Ziele, Qualitätsanforderungen und Randbedingungen (alle Ebenen).
- *Service Design* ist wichtig für die Arbeit auf der Lösungsebene und für das Design von Geschäftsprozessen und einer guten Customer Journey.
- *UX Design* ist wichtig für ein gutes Kunden-/Benutzererlebnis (Lösungsebene) und für das Design guter Nutzerprozesse sowie für das Verständnis der Benutzerperspektive (System-/Elementebene).

5.3.3 Entwicklung und Betrieb

Mit dem Schritt Entwicklung und Betrieb geht es an die tatsächliche Realisierung der digitalen Lösung auf Basis der Design- und Realisierungskonzepte. Das Arbeitsprodukt dieses Schrittes ist die digitale Lösung und mit ihr die tatsächliche Veränderung der Umwelt als Ziel der Designarbeit. Dieser Aspekt ist aus Sicht des ganzheitlichen Designs wichtig, da sehr viele Entscheidungen im Kontext des Designs einer digitalen Lösung erst im Rahmen der Entwicklung getroffen werden.

Die meisten digitalen Lösungen sind während ihres gesamten Lebenszyklus einer kontinuierlichen Weiterentwicklung unterworfen. Auch hier spielt das Digital Design eine wichtige Rolle, um die Weiterentwicklung systematisch zu begleiten. Aus diesem Grund wird im Modell der drei Schritte die Entwicklung und der Betrieb als ein integrierter Schritt verstanden, an dem das Digital Design neben anderen Disziplinen vollumfänglich beteiligt ist.

Zum besseren Verständnis wird dieser Schritt in vier aufeinanderfolgende Phasen unterteilt, die jeweils unterschiedliche Ziele, Herausforderungen und Arbeitsweisen erfordern. Diese Phasen sind: Vorbereitung der Entwicklung, Entwicklung einer ersten Version, Weiterentwicklung im Betrieb und Lebensende einer Lösung.

Vorbereitung der Entwicklung

Mit dem Entschluss zum Start der Entwicklung steht im Bauprozess eine ganze Reihe von Vorbereitungsmaßnahmen an. Grundsätzlich können diese Maßnahmen unterschieden werden in eine organisatorische und eine inhaltliche Seite.

Auf der organisatorischen Seite ist zunächst eine Entwicklungsorganisation erforderlich, d.h. ein oder mehrere Bauteams, die die notwendigen Kompetenzen mitbringen, um die Lösung zu realisieren. Darüber hinaus wird eine geeignete technische Infrastruktur für die Entwicklung benötigt und ggf. weitere Ressourcen für die Realisierung der Lösung. Die konkreten Ausprägungen hängen stark von der angestrebten Lösung ab. Beispielsweise können für eine kleine Lösung wenige Fachleute und ein kleines Team ausreichen. Für eine große digitale Lösung (z.B. das Fallbeispiel zur Mobilität) werden typischerweise mehrere Entwicklungsteams zum Einsatz kommen. Dies führt zu entsprechend großen Organisationen und besonderen Herausforderungen für das Management. Die organisatorische Sicht wird primär im Tätigkeitsbereich Management adressiert. Für die Grundlagen im Digital Design ist es an dieser Stelle wichtig zu wissen, dass diese organisatorische Sicht eine Herausforderung darstellt. Sie muss angemessen adressiert werden und kann je nach Art und Größe der geplanten Lösung mehr oder minder aufwendig sein.

Wesentlich wichtiger für das Digital Design ist die inhaltliche Sicht auf die Vorbereitung der Entwicklung. Hier geht es insbesondere darum, die digitale Lösung so weit zu konkretisieren, dass die Realisierung tatsächlich starten kann. Ein Großteil dieser inhaltlichen Vorbereitung wird sich typischerweise auf der Elementebene abspielen, da die Elemente der eigentliche Gegenstand der Realisierung der digitalen Lösung sind. Entsprechend wird in der inhaltlichen Sicht intensiv an Elementdesignkonzepten für die eigenen Elemente der digitalen Lösung gearbeitet. Ebenso können in dieser Phase auch Änderungen und Ergänzungen am Lösungs- und Systemdesignkonzept vorgenommen werden. Auf diesen Punkt werden wir noch einmal zurückkommen, wenn wir uns die Designarbeit auf den drei Ebenen im Detail anschauen (siehe Kap. 8, 9 und 10).

Der Detaillierungsgrad, der Aufbau und das Timing der inhaltlichen Arbeit bleiben weiterhin eine Frage des Vorgehensmodells. Grundsätzlich kann man sich die inhaltliche Zusammenarbeit zwischen Design und Realisierung aber als einen Prozess vorstellen, der Designkonzepte in Elemente einer digitalen Lösung verwandelt. Diese Arbeit beginnt, sobald die Vorbereitungen abgeschlossen sind und die Entwicklung der ersten Version startet.

Entwicklung einer ersten Version

In der zweiten Phase wird eine erste Version der digitalen Lösung mit dem Ziel entwickelt, diese erste Version in Betrieb zu nehmen. In dieser Phase findet eine intensive Zusammenarbeit zwischen allen Tätigkeitsbereichen statt.

Aus Sicht des Digital Design ist diese Phase im Bauprozess sehr wichtig. Mit der Entwicklung der ersten Version wird der letzte Schritt zur Veränderung der Umwelt im Sinne der ganzheitlichen Gestaltung durch die digitale Lösung angegangen. Ebenso wichtig wie die inhaltliche Bedeutung ist auch die Veränderung der Arbeitsweise in dieser Phase des Bauprozesses. In den vorherigen Schritten des Bauprozesses und in der Vorbereitung der Entwicklung waren noch keine Entwicklungsteams am Prozess beteiligt, die fortlaufend mit Arbeit versorgt werden müssen.

Das fortlaufende Befüllen eines Arbeitsvorrats für die Entwicklung im Sinne von Designkonzepten kommt als originäre Verantwortung des Digital Design in dieser Phase dazu. Mit dieser Tätigkeit nimmt das Digital Design eine Schlüsselrolle ein, wenn es um eine ökonomisch effiziente Entwicklung geht. Dieser Anteil an einer wirtschaftlichen Realisierung einer digitalen Lösung darf nicht unterschätzt werden, denn in der Zeit, in der ein Realisierungsteam auf Arbeit wartet, werden Zeit und Budget verschwendet, da diese nicht produktiv genutzte Zeit faktisch verloren ist.

Mit dieser zusätzlichen Verantwortung ändert sich das Tagesgeschäft im Digital Design erheblich, denn nun muss die Arbeit aufgeteilt werden zwischen der Betreuung der Entwicklung (z. B. Klärung von Rückfragen und zusätzlichen Details) und der weiteren Konkretisierung der digitalen Lösung in Form von Designkonzepten.

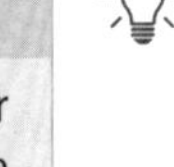

Designarbeit während der Entwicklung ist anders!

Aus eigener Erfahrung als Designer und Führungskraft in Projekten kann ich nur davor warnen, den gerade beschriebenen Übergang zu unterschätzen. Die unabhängige Designarbeit an Konzepten für eine digitale Lösung ist etwas vollkommen anderes als die Arbeit in einem laufenden Entwicklungsprozess als Teil eines Entwicklungsteams.

Entwicklungsteams stellen hohe Ansprüche an die Genauigkeit und die Geschwindigkeit, mit der Rückfragen und Details geklärt werden sollten, um ein angemessenes Produktivitätsniveau zu halten. Diese zusätzliche Verantwortung verändert den Arbeitsalltag im Digital Design erheblich und stellt eine zusätzliche Belastung dar.

Das Einstellen auf diese neue Situation ist insbesondere für Einsteiger im Digital Design herausfordernd. Eine gute Technik in solchen Situationen ist eine pragmatische und klare Aufteilung der Arbeitszeit. Zum Beispiel kann man in der einen Hälfte des Arbeitstags für das Entwicklungsteam zur Verfügung stehen und sich in der anderen Hälfte zurückziehen, um an weiteren Designkonzepten zu arbeiten.

Mit dem tatsächlichen Start der Entwicklung ändert sich der Spielraum für Änderungen an den Designkonzepten ein weiteres Mal. Bei der Vorbereitung der Entwicklung ist man noch vergleichsweise frei, da Änderungen nur an bestehenden Konzepten vorgenommen werden. Sobald aber konkrete Bestandteile einer Lösung realisiert sind, bedeuten Veränderungen an Konzepten fast immer auch Veränderungen an bereits realisierten Teilen der Lösung. Diese Veränderungen sind meist mit erheblichem Aufwand verbunden. In der Praxis wird dieser Umstand gerne als Argument angeführt, wenn über die Vollständigkeit von Design- und Realisierungskonzepten vor dem Start der Entwicklung diskutiert wird. Wie wir bereits gesehen haben, sind vollständige Konzepte auch keine universelle Lösung für dieses Problem (siehe Abschnitt 5.3.2).

Weiterentwicklung im Betrieb

Sobald die erste Version fertiggestellt und in Betrieb genommen wurde, beginnt als dritte Phase die Weiterentwicklung im Betrieb. Mit dem Eintritt in diese Phase ändert sich der Bauprozess nochmals erheblich, denn die nun im Betrieb befindliche Lösung will betreut werden.

Ein wichtiger Teil dieser Betreuung besteht in der Wartung und Pflege der Lösung. Gerade zu Beginn des Betriebs einer neuen Lösung werden viele Fehler von Benutzern entdeckt und gemeldet. Diese Fehler müssen als Teil der Wartung und Pflege einer Lösung zügig behoben werden, um der neuen Lösung einen guten Start zu ermöglichen. Ebenso entdecken Kunden und Benutzer gerade am Anfang meist sehr viele kleine Details, die die neue Lösung verbessern können, oder auch fehlende Funktionen, die bei der Entwicklung übersehen wurden.

Auch wenn die Umsetzung zusätzlicher Details und das Beheben von Fehlern eine Aufgabe für die Realisierung sind, ist das Design an dieser Stelle ebenfalls involviert. Neue Details genauso wie Änderungen müssen aus Designsicht definiert und ausgearbeitet werden, damit diese realisiert werden können. Des Weiteren müssen die Designkonzepte der realisierten Lösung entsprechend überarbeitet werden, damit Konzepte und realisierte Lösung konsistent bleiben. Eine gern übersehene Aufgabe für das Design ist in dieser Situation die Diskussion, ob ein Fehler wirklich ein Fehler ist oder eine neue Funktionalität.

Wann ist ein Fehler ein Fehler?

Wenn es um die Behebung von Fehlern in digitalen Lösungen geht, kommt immer wieder die Frage auf, ob ein Fehler wirklich ein Fehler ist. Schaut man in die Literatur, dann wird ein Fehler oft allgemein definiert als eine Abweichung von einem zuvor definierten Zustand.

Mit Blick auf den Bau einer digitalen Lösung stellen die Design- und Realisierungskonzepte diesen definierten Zustand dar. Damit ist ein Fehler in der digitalen Lösung eine

→

Abweichung von den Design- oder Realisierungskonzepten. Und damit muss auch das Design in die Diskussion rund um Fehler einbezogen werden, da es um den Vergleich zwischen Designkonzept und realisierter Lösung geht. In solchen Situationen ist es sehr hilfreich, wenn die Designkonzepte von guter Qualität sind, d.h. angemessen genau und vollständig. So kann die Frage, ob ein Fehler ein Fehler ist, durch einen Blick in die Konzepte beantwortet werden.

Die Frage, ob ein vermeintlicher Fehler wirklich ein Fehler oder eine Änderung an einer digitalen Lösung ist, ist auch aus einer weiteren Perspektive spannend. Denn hinter der Frage »Fehler oder nicht?« steckt fasst immer die Kostenfrage. Ein Fehler muss typischerweise vom Verursacher behoben werden und damit trägt der Verursacher auch die Kosten. Bei einer Änderung sieht das anders aus, hier steht derjenige in der Pflicht, der die Änderung will. Damit ist auch hier wieder das Design an einem Thema beteiligt, das mit Kosten und Geld zu tun hat (Business-Perspektive).

Mit Blick auf das ganzheitliche Design einer Lösung sind die zuvor beschriebene Behebung von Fehlern und die Berücksichtigung des Feedbacks von Kunden und Benutzern ein wichtiger Bestandteil, um eine Lösung wirksam zu machen und damit die angestrebte Veränderung tatsächlich zu erreichen (siehe Abschnitt 2.1.5). Am Anfang dieser Phase ist diese Arbeit besonders intensiv. Aber auch im weiteren Lebenszyklus einer Lösung stehen typischerweise immer wieder größere Änderungen an. Auch hier wird sich die Intensität dieser Fehler- und Feedbackarbeit wieder steigern.

Die Weiterentwicklung einer Lösung im Betrieb verändert auch die Designarbeit erheblich. Mit dem Start der ersten Version im Betrieb stehen echte Kunden und echte Benutzer zur Verfügung, die die Lösung unter realen Bedingungen benutzen und echtes Feedback geben. Dieser Informationskanal aus der Realität ist eine wichtige Quelle für die Weiterentwicklung der Lösung und der Zugriff auf echte Kunden und Benutzer sollte für jeden Bauprozess ein wichtiges Anliegen sein.

Mit dem Start des Betriebs ändert sich schließlich auch die Gestaltungsfreiheit für Anpassungen. Zum einen werden Änderungen an einer bestehenden Lösung aufwendiger, da die bereits realisierte Lösung angepasst werden muss. Zum anderen bedeuten Änderungen an einer Lösung immer auch Änderungen für Kunden und Benutzer. Änderungen sind grundsätzlich nichts Schlechtes, wenn sie entsprechend vorbereitet und begleitet werden. An dieser Stelle wird die soziale Dimension der Querschnittskompetenz (z.B. Change Management, siehe Abschnitt 2.3.3) relevant.

Für den Betrieb einer digitalen Lösung kann aber auch die technische Weiterentwicklung herausfordernd sein. Beispielsweise werden die Betriebssysteme von Smartphones und Tablets fortlaufend aktualisiert. Solche Änderungen können zwar neue Funktionen und Fähigkeiten ermöglichen, sie können aber auch bestehende Funktionen einer Lösung gefährden, wenn bisher vorhandene Funktionen eines Smartphones abgeschaltet oder geändert werden.

Lebensende einer Lösung

Mit Blick auf das Design einer neuen Lösung scheint das Thema Lebensende sehr weit weg zu sein. Dennoch ist es wichtig, sich auch mit dieser Phase im Lebenszyklus zu befassen. Sie hält wichtige Erkenntnisse bereit und das ganzheitliche Design spielt auch hier eine wesentliche Rolle.

Grundsätzlich können die meisten digitalen Lösungen nicht einfach abgeschaltet und wie ein Auto auf dem Schrottplatz abgegeben werden. Das Verständnis digitaler Lösungen als soziotechnische Systeme (siehe Abschnitt 1.1) unterstreicht, dass digitale Lösungen in ein größeres System (z.B. ein Unternehmen, eine Organisation oder ein Projekt) eingebunden sind. Dieses größere System muss auf das Lebensende der Lösung vorbereitet werden. Der konkrete Ablauf hängt von vielen Faktoren ab, vor allem von der Art der Lösung und der Frage, was nach dem Lebensende der Lösung passiert. Schauen wir uns hierzu zwei typische Situationen an: das Ersetzen einer alten durch eine neue Lösung und das vollständige Abschalten ohne Ersatz.

Wenn eine bestehende digitale Lösung durch eine neue Lösung ersetzt wird, dann muss der Übergang von der alten zur neuen Lösung so strukturiert werden, dass eine gute Kunden- bzw. Benutzererfahrung (Mensch-Perspektive) erreicht wird. Beispielsweise können die bestehenden Daten von der alten in die neue Lösung umgezogen werden oder Benutzer können beim Umstieg auf die neue Lösung durch Schulungen unterstützt werden.

Wenn eine bestehende Lösung vollständig abgeschaltet wird, dann muss auch dies im Sinne einer guten Kunden- bzw. Benutzererfahrung vorbereitet werden. Benutzer müssen rechtzeitig über das Abschalten informiert werden. Ebenso sollte mit Blick auf den Datenschutz auch transparent für die Benutzer sein, wie mit den bisherigen Daten umgegangen wird. Dieses Thema wird vor dem Hintergrund der stetig wachsenden Sensibilität für Datenschutz und Datensicherheit immer wichtiger.

Wichtig aus Sicht eines ganzheitlichen Designs ist an dieser Stelle, dass auch das Lebensende einer digitalen Lösung gut designt werden sollte, denn je nach Framework und Arbeitsweise kann das Lebensende einer digitalen Lösung oder von Teilen einer Lösung schnell erreicht werden. In Kapitel 12 werden wir mit dem Lean Startup ein Framework kennenlernen, bei dem schnelle Veränderung ein wesentliches Instrument ist. In solchen Vorgehensmodellen können sehr schnell große Veränderungen an einer Lösung notwendig werden und dann steht man genau vor den hier beschriebenen Herausforderungen.

Lebensende vorwegdenken als Technik im Design

Wenn die Diskussion um die Priorität von Funktionen und insbesondere um die Speicherung von Daten in einem Prozess an einen toten Punkt kommt, dann kann das Vorwegdenken des Lebensendes einer Lösung eine frische Perspektive in die Diskussion bringen.

Die Fragestellung zu dieser Technik ist recht einfach: »Was bedeutet es, wenn XYZ nach 15 Jahren abgeschaltet wird?« Die Jahreszahl ist zwar beliebig, aber 15 Jahre sind für mich eine realistische Lebenszeit für eine digitale Lösung. Meist führt diese Frage zu erstaunten Gesichtern, da man sich die Antwort nicht oder nur schwer vorstellen kann. Dennoch sollte man die Frage eine Zeit lang im Raum stehen lassen und schauen, was passiert. Denn dieser Perspektivwechsel an das Lebensende ist insbesondere am Anfang in der Auftragsklärung oder in der Konzeptarbeit eine gute Irritation für alle Beteiligten.

5.4 Die Modelle im Zusammenspiel

In den vorherigen drei Abschnitten haben wir drei Modelle kennengelernt, die zum einen eine digitale Lösung in drei Designperspektiven auf drei Ebenen strukturieren und zum anderen den Bauprozess in drei essenzielle Schritte unterteilen. Darüber hinaus haben wir in Kapitel 4 die Tätigkeitsbereiche des Bauprozesses kennengelernt. Die Kombination dieser vier Modelle hilft uns dabei, die Komplexität des Bauprozesses und insbesondere das ganzheitliche Design einer digitalen Lösung beherrschbarer zu machen (siehe Abb. 5–4). Die Tätigkeitsbereiche und Arbeitsprodukte helfen dabei, besser zu kooperieren, die Designperspektiven geben einen klaren Fokus, das Ebenenmodell bietet Struktur und das Modell der drei essenziellen Schritte sorgt für den Ablauf.

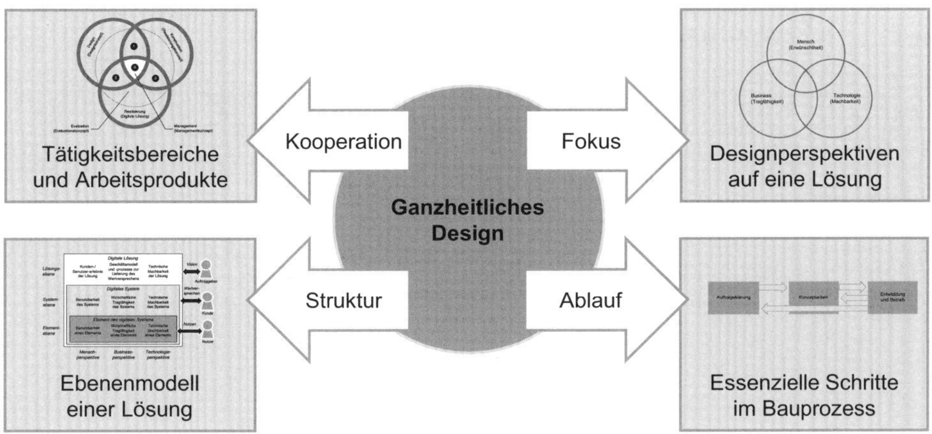

Abb. 5–4 *Vier Modelle für ganzheitliches Design*

Mit Blick auf die Grundlagen im Digital Design ist diese Systematisierung wichtig, um eine erste greifbare Struktur des Bauprozesses und einer digitalen Lösung zu erhalten. Die vorgestellten Modelle sollen dazu dienen, einen ersten Schritt in die Welt des Digital Design zu machen. Das intensive Studium dieser Modelle ist auch deswegen wichtig, da unser Denken in sogenannten *mentalen Modellen* funktioniert. Dieses Thema verdient einen kleinen Exkurs.

Mentale Modelle als Theorie über das Denken

Die Theorie der mentalen Modelle wurde mit dem Ziel entwickelt, das menschliche Denken besser zu verstehen. Das nachfolgende Zitat von Johnson-Laird gibt einen guten Überblick über die Idee [Johnson-Laird 2010] (eigene Übersetzung):

»Wenn Menschen die Welt wahrnehmen, entsteht ein mentales Modell davon, welche Dinge sich wo in der Situation vor ihnen befinden. Ebenso können sie, wenn sie eine Beschreibung der Welt verstehen, eine ähnliche, wenn auch weniger reichhaltige Repräsentation konstruieren – ein mentales Modell der Welt, das auf der Bedeutung der Beschreibung und auf ihrem Wissen basiert.«

In der Praxis verhält es sich genauso, wenn digitale Lösungen entworfen werden. Es wird ein mentales Modell von der Lösung entwickelt: Wir haben ein »Bild« oder ein Modell von der Lösung im Kopf und wollen dieses Modell in die Realität bringen.

Um diesen Denkprozess zu unterstützen, braucht unser Verstand Hilfsmittel oder Modelle, um mit der Komplexität einer digitalen Lösung besser umgehen zu können. Man kann sie sich vorstellen wie Lego-Bausteine, die unser Verstand nutzt, um daraus das mentale Modell einer Lösung zusammenzusetzen.

Die unterschiedlichen Modelle in diesem Buch helfen unserem Verstand also dabei, besser mit digitalen Lösungen umzugehen. Es lohnt sich also, sie intensiv zu studieren.

5.4.1 Aufgaben und Verantwortlichkeiten im Bauprozess

In den Abschnitten 4.2 und 4.3 haben wir uns intensiv mit den Tätigkeitsbereichen im Bauprozess beschäftigt. In Kombination mit den drei Schritten des Bauprozesses aus Abschnitt 5.3 können wir nun die Aufgaben und Verantwortlichkeiten der Tätigkeitsbereiche im Verlauf des Bauprozesses besser erfassen. Tabelle 5–5 zeigt für jeden Tätigkeitsbereich und für jeden Schritt im Bauprozess die wesentlichen Aufgaben und Verantwortlichkeiten auf.

Aufgaben und Verantwortlichkeiten im Bauprozess klären

Die Frage nach Aufgaben und Verantwortlichkeiten ist wichtig, um in einem Vorhaben klare Verhältnisse als Basis für eine strukturierte Zusammenarbeit zu schaffen. Die Frage nach den Aufgaben wird sehr schnell und gerne gestellt, da alle Beteiligten wissen wollen, wer woran arbeiten soll.

Die Frage nach Verantwortlichkeiten ist hingegen weniger attraktiv, da sie gerne mit der Schuldfrage verknüpft wird. Beim Aufsetzen von Projekten und bei der Arbeit in Projekten ist es wichtig, dass die Frage nach Verantwortlichkeit immer im Zusammenhang mit der Frage nach der Entscheidungshoheit gestellt wird. Menschen übernehmen Verantwortung, wenn sie die Mittel in der Hand haben, um ihrer Verantwortung gerecht zu werden. Hierzu zählen insbesondere der Entscheidungsspielraum und das Recht, entsprechenden Entscheidungen zu treffen.

	Auftragsklärung	Konzeptarbeit	Entwicklung und Betrieb
Management	■ Management des Prozesses entlang der Projekt-, Produkt- und sozialen Dimension ■ Verantwortlich für die wirtschaftliche Durchführung des Bauprozesses als Ganzes und die Einhaltung der wirtschaftlichen Randbedingungen ■ Verantwortlich für Definition und Einhaltung der Managementkonzepte		
Design	■ Verantwortlich für Kontext, Vision und Lösungsraum in Bezug auf Akzeptanz und Tragfähigkeit ■ Koordination mit Konstruktion zur Sicherstellung der technischen Machbarkeit	■ Verantwortlich für Designkonzepte in Bezug auf Akzeptanz und Tragfähigkeit und die Einhaltung der Randbedingungen aus Designsicht ■ Koordination mit Konstruktion/Realisierung zur Sicherstellung der technischen Machbarkeit ■ Fortlaufende Aktualisierung und Konkretisierung der Designkonzepte, Klärung offener Fragen	
Konstruktion	■ Verantwortlich für Kontext, Vision und Lösungsraum in Bezug auf Machbarkeit ■ Koordination mit Design in Bezug auf Akzeptanz und Tragfähigkeit der Lösung	■ Verantwortlich für Realisierungskonzepte in Bezug auf Machbarkeit und die Einhaltung der technischen Randbedingungen ■ Koordination mit Design in Bezug auf Akzeptanz und Tragfähigkeit der Lösung ■ Fortlaufende Aktualisierung und Konkretisierung der Realisierungskonzepte, Klärung offener Fragen	
Realisierung	■ Nicht aktiv beteiligt, ggf. im Rahmen von frühen Prototypen	■ Verantwortlich für Realisierung der Lösung gemäß Design- und Realisierungskonzepten	
Evaluation	■ Evaluation, ob die Vision im Digital Design Brief tragfähig, akzeptabel und realisierbar ist	■ Evaluation, ob Design- und Realisierungskonzepte tragfähig, akzeptabel und realisierbar sind	■ Evaluation, ob Lösung tragfähig, akzeptabel und realisierbar ist
	■ Verantwortlich für Definition und Einhaltung der Evaluationskonzepte		

Tab. 5–5 *Aufgaben und Verantwortlichkeiten der Tätigkeitsbereiche im Bauprozess*

5.4.2 Komplexität einer Lösung beherrschen

Wir haben bereits anhand verschiedener Beispiele diskutiert, dass digitale Lösungen eine inhärente Komplexität aufweisen. Mit der Kombination der drei Designperspektiven aus Abschnitt 5.1 und den drei Ebenen aus Abschnitt 5.2 erhalten wir eine Strukturierung für diese Komplexität. Auf jeder Ebene spielen die drei Designperspektiven eine unterschiedliche Rolle bzw. eine Perspektive kann entlang der drei Ebenen strukturiert werden. Aus dieser Struktur ergeben sich wesentliche Fragestellungen, die beim Design einer digitalen Lösung im Verlauf des Bauprozesses beantwortet werden müssen. Diese Fragen sind in Tabelle 5–6 dargestellt.

	Mensch	Business	Technologie
Lösung	■ Welches Wertversprechen bietet die Lösung dem Kunden bzw. Benutzer?	■ Was ist das Geschäftsmodell und der Geschäftsprozess der Lösung?	■ Welches Potenzial bieten Technologien für die Lösung? ■ Ist die Lösung mit gegebenen Technologien realisierbar?
System	■ Welchen Nutzen muss das System erbringen, um das Wertversprechen zu realisieren?	■ Wie realisiert das System das Geschäftsmodell?	■ Welche Technologien werden benötigt, um das System zu realisieren? ■ Ist das System mit gegebenen Technologien realisierbar?
Element	■ Wie realisiert das Element den Nutzen des Systems im Zusammenspiel mit dem Benutzer?	■ Wie unterstützt das Element das Geschäftsmodell?	■ Welche Technologien werden benötigt, um das Element zu realisieren? ■ Ist das Element mit gegebenen Technologien realisierbar?

Tab. 5–6 *Strukturierung der grundlegenden Fragestellungen des ganzheitlichen Designs einer digitalen Lösung anhand der drei Ebenen und drei Designperspektiven*

Wie in Tabelle 5–5 ersichtlich, werden diese Fragen nicht ausschließlich durch das Design beantwortet, sondern im Zusammenspiel mit den anderen Tätigkeitsbereichen.

Neben den grundlegenden Fragestellungen für das ganzheitliche Design einer digitalen Lösung bietet die Kombination aus Designperspektiven und Ebenen eine Strukturierung für die wesentlichen Fragestellungen zur Evaluation einer digitalen Lösung. Tabelle 5–7 zeigt diese wesentlichen Fragestellungen im Überblick.

	Mensch	Business	Technologie
Lösung	▪ Sind Kunden- und Benutzergruppen definiert und verstanden? ▪ Sind alle relevanten Stakeholder identifiziert? ▪ Ist die Lösung für den Auftraggeber und relevante Stakeholder sowie für die Kunden-/Benutzergruppen wünschenswert und attraktiv?	▪ Kann die Lösung wirtschaftlich realisiert werden? ▪ Kann die Lösung wirtschaftlich betrieben werden?	▪ Ist die Lösung technisch machbar? ▪ Nutzt die Lösung das Potenzial der vorhandenen Technologien aus?
System	▪ Sind die Benutzertypen sinnvoll definiert und verstanden? ▪ Ist das System für den Auftraggeber und relevante Stakeholder sowie für Benutzer wünschenswert und attraktiv?	▪ Kann das System wirtschaftlich tragfähig realisiert werden? ▪ Kann das System wirtschaftlich tragfähig betrieben werden?	▪ Ist das System als Ganzes technisch machbar? ▪ Nutzt das System das Potenzial der verfügbaren Technologien sinnvoll aus?
Element	▪ Ist das Element für den Auftraggeber und relevante Stakeholder sowie für Benutzer wünschenswert und attraktiv?	▪ Kann das Element wirtschaftlich tragfähig realisiert werden? ▪ Kann das Element wirtschaftlich tragfähig betrieben werden?	▪ Ist das Element als Ganzes technisch machbar? ▪ Nutzt das Element das Potenzial der Technologien sinnvoll aus?

Tab. 5–7 *Strukturierung der wesentlichen Fragestellungen zur Evaluation des ganzheitlichen Designs einer digitalen Lösung anhand der drei Ebenen und drei Designperspektiven*

5.4.3 Komplexität von Prozess und Lösung im Zusammenspiel beherrschen

Die Fragestellungen aus dem vorherigen Abschnitt decken ein beachtliches Spektrum an Themen ab, die es zu berücksichtigen gilt, wenn man dem Anspruch an ein ganzheitliches Design gerecht werden will.

Betrachtet man nun den Bauprozess und das Design einer Lösung, dann steht man unmittelbar vor der Herausforderung, wann diese Fragen und auch alle Details überhaupt definiert, geklärt oder herausgefunden werden sollen. Hier helfen uns die drei Schritte des Bauprozesses und die Ebenen im Zusammenspiel mit den Designperspektiven, um ein grundlegendes Verständnis über die Klärung der Fragen im Verlauf des Bauprozesses zu erhalten. Tabelle 5–8 fasst zu diesem Zweck die folgenden Informationen zusammen:

- *Relevanz*: Wie intensiv sollte eine Ebene im jeweiligen Schritt betrachtet werden?
- *Fokus*: Welche Aspekte einer Ebene sind im jeweiligen Schritt von besonderer Bedeutung?
- *Gestaltungfreiheit*: Welche Gestaltungsfreiheit besteht auf einer Ebene im jeweiligen Schritt?

Für den Moment hält die Tabelle eine abschließende wichtige Erkenntnis bereit: In jedem Schritt sind Ebenen erkennbar, die für die Arbeit eine besondere Relevanz haben. Weiterhin sehen wir, dass sich die Relevanz von der Lösungsebene hin zur Elementebene verschiebt. Dahinter steckt die recht intuitive Erkenntnis, dass man sich erst intensiv mit der Lösungsebene befassen sollte und im Verlauf des Bauprozesses dann mit den weiteren Details, um die gedachte Lösung umzusetzen. Und dennoch sehen wir im Überblick, dass auch die anderen, weniger relevanten Ebenen einen wichtigen Beitrag zur Designarbeit leisten können.

Um dieses Wissen zu vertiefen und vor allem für die Praxis nutzbar zu machen, werden wir im Rahmen der Details zur Designarbeit auf den drei Ebenen (siehe Kap. 8 bis 10) die Informationen aus Tabelle 5–8 erneut aufgreifen und detailliert erläutern. Ebenso wird in Kapitel 11 die Bedeutung eines iterativen Vorgehens für das ganzheitliche Design aufgezeigt.

	Auftragsklärung	**Konzeptarbeit**	**Entwicklung und Betrieb**
Lösung	■ Hohe Relevanz ■ Idee für Wertversprechen und Lösung im Sinne einer Vision ■ Volle Gestaltungsfreiheit (unter Beachtung der gegebenen Randbedingungen)	■ Hohe Relevanz ■ Evaluierter Entwurf für ein attraktives, tragfähiges und realisierbares Geschäftsmodell/ Geschäftsprozesse ■ Große Gestaltungsfreiheit (im Rahmen der Vision)	■ Mittlere Relevanz ■ Konkretisierung des Geschäftsmodells und der Geschäftsprozesse parallel zur Realisierung des Systems ■ Abnehmende Gestaltungsfreiheit mit fortschreitender Realisierung
System	■ Geringe Relevanz ■ Beiträge zum Verständnis der Realisierbarkeit und innovative Ideen für die Vision ■ Große Gestaltungsfreiheit (im Rahmen der Vision)	■ Hohe Relevanz ■ Evaluierter Entwurf für ein attraktives, tragfähiges und realisierbares System ■ Große Gestaltungsfreiheit (im Rahmen der Vision)	■ Hohe Relevanz ■ Konkretisierung des Systementwurfs parallel zur Realisierung des Systems ■ Abnehmende Gestaltungsfreiheit mit fortschreitender Realisierung
Element	■ Geringe Relevanz ■ Beiträge zum Verständnis der Realisierbarkeit und innovative Ideen für die Vision ■ Große Gestaltungsfreiheit (im Rahmen der Vision)	■ Mittlere Relevanz ■ Evaluierter Entwurf für erfolgskritische Aspekte eigener Elemente ■ Große Gestaltungsfreiheit (im Rahmen der Vision)	■ Hohe Relevanz ■ Realisierungsreifer und evaluierter Entwurf der eigenen Elemente ■ Mittlere Gestaltungsfreiheit (beschränkt durch Elementrealisierungskonzepte)

Tab. 5–8 *Relevanz, Fokus und Gestaltungsfreiheit für die drei Schritte des Bauprozesses und die drei Ebenen einer Lösung*

Reflexionsfragen

Die drei Designperspektiven

Betrachten Sie die Schnittmengen der drei Designperspektiven. Welche Herausforderungen fallen Ihnen ein, wenn Sie an Designentscheidungen im Spannungsfeld Mensch/Technologie, Mensch/Business und Business/Technologie denken?

Das Ebenenmodell für digitale Lösung

Schauen Sie sich die drei Ebenen Lösung, System und Element an. Welche der dargestellten Fragestellungen sind aus Ihrer Sicht relevant oder herausfordernd für die Zusammenarbeit mit den Stakeholdern?

Die drei Schritte des Bauprozesses

Sehen Sie sich die drei Schritte des Bauprozesses an. An welchen Schritten waren Sie schon selbst beteiligt? Welche Herausforderungen haben Sie dabei erlebt?

Zusammenspiel der Modelle

Betrachten Sie Ihr aktuelles Projekt oder eines der Beispielprojekte in diesem Buch (z.B. die einfache Onlinebestellung einer Pizza) durch die Brille von Tabelle 5–6. Was ist z.B. das Geschäftsmodell? Wie wird das Geschäftsmodell in einem System realisiert? Welche Technologien werden eingesetzt?

Wenden Sie die Fragen aus Tabelle 5–7 an und untersuchen Sie die Lösung, das System oder ein Element durch die Brille der drei Designperspektiven.

Vergleichen Sie die Aussagen in Tabelle 5–8 mit Ihrer eigenen Arbeitserfahrung. Versetzen Sie sich gedanklich in eines Ihrer letzten Projekte (oder denken Sie sich ein fiktives Projekt aus). Was bedeuten die jeweiligen Aussagen zu Relevanz, Fokus und Gestaltungsfreiheit für Ihr Beispiel?

6 Überblick über digitale Technologien

There's a common lack of understanding of what computation fundamentally can and cannot do. Rather than give away your power of understanding to someone else, I invite you to be curious about the computational universe.
– John Maeda in [Maeda 2019]

Dieses Kapitel gibt als Einstieg in das Digital Design einen Überblick über Technologien anhand der beiden Ebenen des FFQ-Modells und betrachtet Technologien für die wahrnehmbare und die zugrunde liegende Ebene. Der sprachlichen Einfachheit halber werden diese als wahrnehmbare und zugrunde liegende Technologien bezeichnet. Wo es für das Verständnis einer Technologie relevant ist, werden auch die Begriffe »Form«, »Funktion« und »Qualität« verwendet. Anschließend werden zwei ausgewählte Technologien betrachtet, um an diesen die Fähigkeiten und Grenzen von Technologien im Detail zu diskutieren.

6.1 Einführung in wahrnehmbare Technologien

Wahrnehmbare Technologien dienen dazu, die Teile einer digitalen Lösung zu realisieren, die ein Stakeholder direkt wahrnehmen kann. Für die hier vermittelten Grundlagen ist dazu ein Überblick über digitale Endgeräte und Interaktionstechnologien wichtig.

6.1.1 Digitale Endgeräte als Zugangspunkt

Digitale Endgeräte sind heute so selbstverständlich für uns, dass wir sie oft nicht mehr wirklich als solche ansehen. Hier auf meinem Schreibtisch zähle ich gerade schon fünf Endgeräte (mein Notebook zur Arbeit an diesem Buch, das Tablet mit Literatur, mein Smartphone, meine Smartwatch und einen drahtlosen Presenter, der noch von der letzten Vorlesung in meiner Tasche war). Schon diese kleine Liste zeigt, wie vielfältig digitale Endgeräte sein können.

Grundsätzlich können wir bei digitalen Endgeräten zwischen Standardprodukten und individuellen Geräten unterscheiden. Standardgeräte (Notebooks,

Tablets, Smartphones etc.) werden von Herstellern in großer Stückzahl angeboten, individuelle Geräte werden gezielt für einen bestimmten Zweck entworfen und hergestellt (z.B. mein Presenter oder aber auch Fahrkartenautomaten).

Endgeräte passen gut zur wahrnehmbaren Technologie, da man sie gut sehen und wahrnehmen kann. Natürlich enthalten viele Endgeräte auch Aspekte der zugrunde liegenden Technologie (z.B. Technologien zur Kommunikation). In ihrer Gänze kann man Endgeräte, insbesondere Standardgeräte, gut der wahrnehmbaren Technologie zuordnen. Schauen wir aber noch etwas genauer hin. Für die Grundlagen im Digital Design sind die folgenden groben Klassen von Endgeräten nützlich, um einen Überblick zu bekommen, welche Klassen von Endgeräten grundsätzlich zur Verfügung stehen.

Stationäre Computer

Stationäre Computer sind das, was man gemeinhin auch als Personal Computer bezeichnet. Meist bestehen sie aus einem Gehäuse mit der Computerhardware, einem oder mehreren separaten Bildschirmen und Eingabegeräten wie Maus und Tastatur.

Stationäre Computer haben mit der Steckdose eine permanente Stromversorgung und können aufgrund unterschiedlicher Gehäusegrößen vielfältige Hardware und damit Leistungsklassen hinsichtlich CPU, Grafikkarten, Arbeitsspeicher und Massenspeicher bieten. Ebenso flexibel sind die Anzeigefähigkeiten durch große Displays.

Mobile Computer

Das Gegenstück zum stationären Computer ist der mobile Computer, gerne auch als Notebook, Laptop oder Tablet bezeichnet. Diese Geräte sind transportierbar, verfügen in gewissen Grenzen über eine unabhängige Stromversorgung (Akku) und oft auch über eine mobile Anbindung an das Internet.

Aufgrund des begrenzten Platzes ist die Leistungsfähigkeit solcher Geräte und auch die Anzeigefähigkeit beschränkter als bei stationären Computern. Genauso kann die Anbindung an das Internet je nach Ausstattung nicht permanent gewährleistet werden bzw. ist erheblichen Leistungsschwankungen unterworfen.

Tragbare Geräte

Im Unterschied zu mobilen Computern versteht man unter tragbaren Geräten kleinere Geräte, die unmittelbar am Körper getragen werden oder sogar implantiert werden können. »Wearables« ist ein gängiger Begriff für diese Geräteklasse. Beispiele für tragbare Geräte sind einfache Fitnesstracker, leistungsfähigere Smartwatches, Blutzuckermessgeräte oder smarte Zahnbürsten.

Der wesentliche Unterschied zu mobilen Computern ist die um ein Vielfaches kleinere Bauform. Dies führt zu kleineren Batterien und weniger Rechenleistung und Speicherplatz sowie geringeren Kommunikationsfähigkeiten. Zudem verfügen diese Geräte meist nur über einen sehr begrenzten Bildschirm oder andere einfache Anzeigemöglichkeiten. Manche Geräte müssen sogar ganz ohne Bildschirm auskommen und können nur über akustische oder haptische Möglichkeiten (Vibrationsalarm) mit dem Benutzer interagieren.

White-Label und Open-Source-Hardware für tragbare Geräte

Tragbare Geräte werden schnell in die Ecke der Individuallösungen gestellt, da sie für einen bestimmten Zweck realisiert werden. Gute Beispiele hierfür sind Blutzuckermessgeräte oder smarte Zahnbürsten.

Dennoch gibt es einen interessanten Markt für solche Geräte, von denen man zumindest mal etwas gehört haben sollte. Smartwatches können z.B. als sogenannte *White-Label-Produkte* erworben und dann mit eigener Software ausgestattet werden.

Ebenso gibt es sogenannte *Open-Source-Hardware*, die als offene Plattform existiert und für die man ebenfalls auf Basis von Open Source die eigene Software für das Gerät realisieren kann. Schauen Sie doch mal bei *www.pine64.org* vorbei, dort wird z.B. eine Smartwatch auf Basis von Open Source realisiert.

Eingebettete Geräte

Die letzte Klasse sind eingebettete Geräte, d.h. Computer, die in andere Geräte oder Objekte eingebaut werden, um Aufgaben als Teil einer digitalen Lösung zu übernehmen. Beispiele für einfache eingebettete Geräte sind sogenannte *Einzweckgeräte* wie Kartenleser an Kassen, Fingerabdruckscanner oder Retinascanner als Teil von Sicherheitssystemen.

Darüber hinaus existieren aber auch komplexere Mehrzweckgeräte mit einem breiteren Funktionsspektrum. Beispiele hierfür sind Steuergeräte für intelligente Gebäude oder Steuergeräte als Teil von Fahrzeugen.

Aufgrund der begrenzten Größe und Bauform sind eingebettete Geräte ebenfalls sehr eingeschränkt, was die Rechen- und Speicherleistung angeht. Viele eingebettete Geräte verfügen nicht über eine Benutzerschnittstelle, sondern müssen über ein drittes System und entsprechende Schnittstellen bedient werden. Ein anschauliches Beispiel hierfür sind smarte Glühbirnen, die über eine drahtlose Netzwerkverbindung und eine Smartphone-App gesteuert werden müssen.

6.1.2 Interaktionstechnologien

Neben den Endgeräten bilden die Interaktionstechnologien eine wichtige zweite Kategorie der wahrnehmbaren Technologien, die als Grundlagen bekannt sein sollten. Aufgrund des Ziels der Interaktion und der Tatsache, dass eine Interaktion eine Wahrnehmung voraussetzt, werden die Interaktionstechnologien den wahrnehmbaren Technologien zugeordnet. Unter Interaktionstechnologien werden allgemein diejenigen Technologien verstanden, die eine Interaktion zwischen Benutzern und einer digitalen Lösung ermöglichen. In der Informatik gibt es für diesen Zweig der Technologien das Fachgebiet der Mensch-Maschine-Interaktion.

Aus Sicht des Digital Design ist ein Verständnis wichtiger Interaktionstechnologien wesentlich, da diese einen maßgeblichen Einfluss auf das Benutzererlebnis (User Experience) und die Benutzbarkeit (Usability) einer digitalen Lösung haben und daher mit Bedacht ausgewählt werden müssen. Im Folgenden betrachten wir vier typische Vertreter von Interaktionstechnologien als Einstieg in dieses Thema.

Grafische User Interfaces (GUI)

Grafische User Interfaces sind der Klassiker unter den Interaktionstechnologien. Die Textverarbeitung, die ich gerade zur Erstellung des Manuskripts nutze, ist ein Beispiel für ein solches Interface.

Der Benutzer navigiert bei einem grafischen User Interface typischerweise innerhalb eines Fensters entlang von Menüs, Anzeigen oder anderen Navigationsmöglichkeiten und interagiert z.B. mit einer Maus oder über einen Touchscreen mit der digitalen Lösung. Hierzu werden einzelne Elemente (z.B. Buttons oder Textfelder) aus- oder angewählt. Neben der Maus und dem Touchscreen werden auch Stifte zur Interaktion verwendet (z.B. bei Tablets).

Kommandozeilen-Schnittstellen (CLI)

Die Kommandozeile ist zeitlich gesehen der Vorläufer der grafischen User Interfaces. Die Interaktion mit der Lösung passiert über die Eingabe von Kommandos in einer sogenannten *Eingabeaufforderung*. Der Benutzer gibt den Befehl mit ggf. weiteren Daten ein, die Lösung führt den Befehl aus und gibt ein Ergebnis oder eine anders geartete Rückmeldung am Bildschirm aus. Benutzer müssen daher zur Verwendung der Kommandozeile Wissen über die möglichen Befehle haben oder sich dieses Wissen beschaffen.

Auch wenn die Kommandozeile auf den ersten Blick veraltet anmutet, spielt sie nach wie vor in spezialisierten Bereichen digitaler Lösungen eine wichtige Rolle. Alle modernen Betriebssysteme verfügen über eine Kommandozeile, um systemnahe Operationen durchzuführen oder um ein System zu verwalten. Des Weiteren erlebt die Kommandozeile gerade eine spannende Neuauflage, da sie auch die Schnittstelle der Wahl ist, um mit Chatbots wie ChatGPT zu interagieren.

Sprachinterfaces (VUI)

Unter einem Sprachinterface oder einem Voice User Interface wird die Interaktionsmöglichkeit mit menschlicher Sprache verstanden. Eine digitale Lösung kommuniziert, wie ein Mensch, über Sprache mit dem Benutzer. Zum einen kann die Ausgabe einer Lösung in Sprache erfolgen, in der Regel werden hier sogenannte *Text-to-Speech-Technologien* (TTS) eingesetzt, um die textuelle Ausgabe einer Lösung in Sprache zu übersetzen. Zum anderen kann auch die Eingabe eines Benutzers über Sprache erfolgen. Es werden dann sogenannte *Speech-to-Text-Technologien* (SST) verwendet, die die gesprochene Sprache des Benutzers in Text umwandeln, der von einem Computer verstanden werden kann.

Typische Beispiele für Sprachinterfaces sind Eingabesysteme in Callcentern, bei denen ein Anrufer zunächst mit einer Software interagiert, um ein Problem zu lösen oder einen passenden menschlichen Ansprechpartner zu finden. Darüber hinaus sind digitale Assistenten in Smartphones (z.B. Apple Siri, Google Assistant oder Microsoft Cortana) Beispiele, die bereits im Alltag angekommen sind.

Mixed Reality Interfaces (VR, AR, MR)

Als abschließendes Beispiel für Interaktionstechnologien wollen wir uns das Virtuality Continuum nach [Milgram & Kishino 1994] anschauen.

Auf der linken Seite des Kontinuums (siehe Abb. 6–1) befindet sich die reale Umgebung (z.B. echte Personen und Objekte). Auf der rechten Seite des Kontinuums befindet sich die vollständig virtuelle Umgebung (Virtuelle Realität, VR) in einem Computer (z.B. das Spiel Minecraft).

Dazwischen werden verschiedene Abstufungen (Mischungen) aus Realität und Virtualität definiert. Diese Abstufungen werden als Mixed Reality bezeichnet und können unterschieden werden in Augmented Reality (AR) und Augmented Virtuality (AV). Bei AR wird die reale Umgebung um virtuelle Elemente ergänzt (z.B. werden Daten auf einen realen Gegenstand projiziert). Bei der AV wird die virtuelle Umgebung durch Elemente der realen Welt erweitert (z.B. wird ein reales Lenkrad in ein Autorennspiel projiziert).

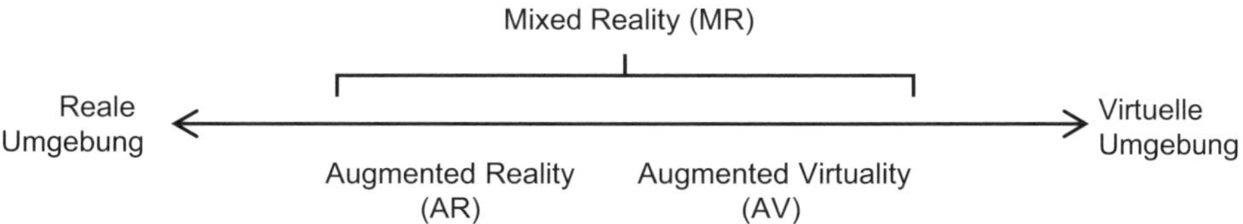

Abb. 6–1 *Das Virtuality Continuum nach [Milgram & Kishino 1994]*

Für die Arbeit im Digital Design sind die Kategorien Augmented Reality und virtuelle Umgebung (Virtual Reality) besonders spannend, da es in diesen Kategorien schon heute sehr viele Technologien und Geräte gibt.

Bewusstsein für die Anforderungen assistiver Technologien als wichtiger Teil der Materialkompetenz

Mit Blick auf das Thema Barrierefreiheit sind assistive Technologien ein wichtiges Hilfsmittel, um die Barrierefreiheit einer Lösung zu fördern. Typische Beispiele für assistive Technologien sind Screenreader zum Vorlesen von Bildschirminhalten, Braillezeilen zur Anzeige von Inhalten in Blindenschrift und Vergrößerungssoftware.

Assistive Technologien werden typischerweise als zusätzliche Hilfsmittel und unabhängig von einer digitalen Lösung genutzt. Dennoch müssen digitale Lösungen so realisiert werden, dass die Verwendung dieser Technologien funktioniert. Dafür müssen besondere Anforderungen bei der Realisierung beachtet werden (z.B. Aufbau von Webseiten).

Ein Bewusstsein für die besonderen Anforderungen dieser Technologien ist ein wichtiger Teil der Materialkompetenz im Sinne des Digital Design.

6.2 Einführung in zugrunde liegende Technologien

Als Gegenstück zu den wahrnehmbaren Technologien wird in diesem Abschnitt eine Auswahl relevanter zugrunde liegender Technologien vorgestellt. Zugrunde liegende Technologien dienen dazu, alle Teile einer digitalen Lösung zu realisieren, die für die Stakeholder verborgen sind.

Design im Kontext von Digitalisierung und Softwareentwicklung wird häufig sehr stark mit dem Benutzer und den sichtbaren Bestandteilen einer digitalen Lösung (z.B. dem Design der Benutzeroberfläche) in Verbindung gebracht. Auch wenn dieser sichtbare Teil einer digitalen Lösung einen großen Anteil am Erfolg einer Lösung hat, darf der zugrunde liegende Teil nicht vernachlässigt werden. Nachfolgend wird ein Überblick über Technologien zur Programmierung, Technologien für den Betrieb von Software und Kommunikationstechnologien gegeben.

6.2.1 Technologien zur Programmierung

Technologien zur Programmierung bilden im besten Sinne das Fundament für die Realisierung einer digitalen Lösung. Software erweckt eine digitale Lösung zum Leben und ermöglicht die vielfältigen Funktionen, die wir heute in unserem Alltag nutzen.

Diese Bedeutung von Programmiertechnologien führt häufig zu dem Missverständnis, dass die Programmierung die zentrale Aktivität in der Softwareentwicklung sei. Dies liegt wahrscheinlich daran, dass Menschen vor einem Rechner mit Quellcode auf dem Bildschirm eines der am häufigsten verwendeten Bilder ist, wenn Softwareentwicklung gezeigt werden soll. Die Programmierung im Sinne der Realisierung zusammen mit der Konstruktion ist kein Tätigkeitsbereich des Digital Design.

Dennoch ist die Zusammenarbeit mit dem Tätigkeitsbereich Konstruktion zum Entwurf einer digitalen Lösung eine wichtige Schnittstelle im Bauprozess (siehe Abschnitt 4.3.2.1). Voraussetzung für diese Zusammenarbeit ist die Kenntnis der Programmiertechnologien und der damit verbundenen Fähigkeiten und Grenzen. Die folgenden Technologien zur Programmierung sind relevant.

Technologien zur Datenspeicherung

Daten und die Verarbeitung von Daten sind ein Kernbestandteil aller digitalen Lösungen. Daher sind Technologien zur Datenspeicherung für alle digitalen Lösungen von großer Bedeutung. Konkrete Technologien zur Speicherung gibt es viele, jede Technologie hat bestimmte Vor- und Nachteile in Bezug auf das zu verarbeitende Datenvolumen, die Geschwindigkeit gewisser Operationen und die Flexibilität in Bezug auf Änderungen an Datenstrukturen.

Eine verbreitete Technologie zur Speicherung von Daten sind sogenannte *SQL-Datenbanken*. SQL steht für Structured Query Language und unterstützt die Abfrage und Verarbeitung von Daten in einer Datenbank. Um ein besseres Gefühl für den Umgang mit Daten und Datenbanken zu bekommen, gibt es in der Literatur zahlreiche Bücher. Ein für Neulinge gut geeignetes Buch ist »SQL von Kopf bis Fuß« [Beighley 2008]. Hier kann man erste Schritte mit Datenbanken unternehmen und ein gutes Verständnis von dieser Technologie bekommen.

Wichtig in Bezug auf Technologien zur Datenspeicherung ist aus Sicht des Designs ein klares Verständnis über die Daten, die in einer digitalen Lösung gespeichert werden, und über die Verarbeitungen, die auf den Daten vorgenommen werden sollen. Diese Informationen sind für Technologiefachleute wichtig, um die passenden Datenbanktechnologien zu wählen. Diese Themen werden uns im Detail wieder begegnen, wenn wir in Kapitel 10 über die Designarbeit auf der Elementebene sprechen.

Das Speichern und Verarbeiten von Daten erzeugt Kosten, die im Geschäftsmodell einer digitalen Lösung berücksichtigt werden müssen. Zum einen entstehen durch die Entwicklung komplexer Datenstrukturen gewisse Entwicklungskosten und je nach gewählter Speichertechnologie Lizenzkosten für die Nutzung. Zum anderen benötigen große Datenmengen Speicherplatz, dessen Bereitstellung ebenfalls Kosten verursacht.

Technologien für Software-Frameworks

Software-Frameworks sind im weitesten Sinne Sammlungen von wiederverwendbaren, erprobten Komponenten für unterschiedliche Zwecke. Sie verbessern die Qualität digitaler Lösungen, da gute Software-Frameworks bereits einen gründlichen Qualitätssicherungsprozess durchlaufen haben. Sie beschleunigen außerdem den Entwicklungsprozess, da die bereitgestellten Funktionen sofort einsatzbereit sind und nicht aufwendig selbst implementiert werden müssen.

Die Auswahl von passenden Software-Frameworks ist eine Aufgabe für Konstruktions- und Realisierungsfachleute. Dennoch sollte man sich im Design darüber im Klaren sein, welche Funktionen durch Frameworks bereitgestellt werden können, die für die Realisierung einer digitalen Lösung wichtig sein könnten. Die folgende Auflistung zeigt eine beispielhafte Auswahl von Software-Frameworks mit ihren Fähigkeiten:

- Apache Hadoop (*https://hadoop.apache.org*) ist ein Framework für die Verarbeitung großer Datensätze.
- Camunda (*http://www.camunda.org*) dient zur Erstellung und Automatisierung von Prozessen.
- ElasticSearch (*https://www.elastic.co/*) kann zum Durchsuchen und Analysieren großer Datensätze verwendet werden.
- Spring (*https://spring.io*) ist ein Framework, das verschiedene Funktionen für die Entwicklung von Anwendungen (z. B. Kommunikation mit Datenbanken) bietet.
- TensorFlow (*https://www.tensorflow.org*) eignet sich für maschinelles Lernen und ist Teil der Technologie für künstliche Intelligenz.
- Unity (*https://unity.com*) ist ein Framework für die Entwicklung zwei- und dreidimensionaler Spiele und Anwendungen.

API-Technologien zur Verwendung externer Services und Systeme

Software-Frameworks sind im Wesentlichen dazu gedacht, als Technologie zur Realisierung der digitalen Lösung verwendet zu werden. Im Gegensatz dazu besteht die Idee von API-Technologien darin, ein bereits vorhandenes System oder einen Service über das Internet direkt in die digitale Lösung einzubinden. Oft wird in diesem Zusammenhang auch von sogenannten *Webservices* gesprochen.

Ein wesentlicher Vorteil von API-Technologien liegt auf der Hand, man kann sie mit wenig Aufwand einbinden und unmittelbar nutzen. So werden die Entwicklungskosten für diese Funktionen im Vergleich zur Eigenentwicklung eher klein gehalten. Dem gegenüber stehen allerdings Kosten für die Verwendung des Service. Hier gibt es je nach Technologie und Anwendungsfeld unterschiedliche Geschäftsmodelle. Viele Services werden z. B. nach Nutzung abgerechnet. Auch für API-Technologien gibt es viele Beispiele:

- GraphHopper bietet Webservices für die Routenplanung und -optimierung.
- ApplePay, GooglePay und PayPal bieten Webservices für Zahlungstransaktionen an.
- Melissa ist ein Webservice-Framework für die Überprüfung von Adressen.

6.2.2 Technologien für den Betrieb von Software

Der Betrieb von Software und die damit verbundenen Technologien spielen eine wichtige Rolle als Basis für die Infrastruktur jeder digitalen Lösung. Betriebstechnologien bestehen dabei sowohl aus Computerhardware (Server, Prozessoren, Arbeitsspeicher, Massenspeicher etc.) als auch aus Software (Betriebssysteme). Computerhardware ist typischerweise ein Standardprodukt. Für spezielle Einsatzzwecke gibt es darüber hinaus auch spezielle Hardware (z.B. für die Datenverschlüsselung oder das maschinelle Lernen). Für die Bereitstellung von Computerhardware und ihren Betriebssystemen gibt es verschiedene Möglichkeiten:

- Teil eines Standardgeräts (z.B. ein Smartphone oder White-Label-Komponenten)
- Teil eines kundenspezifischen Geräts (z.B. eines DIY-Smart-Home-Controllers)
- Lokaler Server (z.B. ein Desktop-Computer)
- Remote Server (z.B. in einem Rechenzentrum)
- Service über das Internet (z.B. Cloud Computing)

Egal welche Betriebstechnologie verwendet wird, im Rahmen des Designs werden die Kosten für den Betrieb in das Geschäftsmodell der digitalen Lösung einfließen. Die Höhe der Kosten wird u.a. bestimmt durch die Leistungsfähigkeit und die Verfügbarkeit von Technologien. Aus der Perspektive des Designs ist es daher wichtig, das breite Spektrum der Technologien und ihre Kosten zu kennen, um dieses Wissen beim Design einer Lösung frühzeitig im Geschäftsmodell zu berücksichtigen.

6.2.3 Technologien für die digitale Kommunikation

Die Vernetzung und mit ihr die Fähigkeit der Kommunikation zwischen Geräten auf verschiedenen Ebenen ist ein wesentlicher Innovationstreiber in der digitalen Transformation. Soziale Netzwerke oder der Internethandel sind ohne die digitale Kommunikation undenkbar, sie beruhen darauf, dass Benutzer eine Lösung ortunabhängig in Anspruch nehmen können.

Technologien zur digitalen Kommunikation bestehen aus Kommunikationshardware (Kabel, Antennen, Funkeinheiten), die zusammen mit entsprechender Kommunikationssoftware unterschiedliche Kommunikationsdienste anbieten. Beispiele für diese Dienste sind:

- Basisdienste, z.B. Ethernet, WLAN, Bluetooth und Mobilfunk sowie Radiofrequenz-Identifikation (RFID), Nahfeldkommunikation (NFC) und Infrarot
- Netzwerkdienste, z.B. Internet oder GPS zur Positionsbestimmung
- Anwendungsdienste, z.B. das World Wide Web oder E-Mail

Ein schönes Beispiel für einen sehr umfassenden Einsatz von Kommunikationstechnologien ist ein Jogger im Park mit Smartwatch und Podcast im Ohr. Die Smartwatch funkt per Bluetooth den Puls an das Smartphone. Das Smartphone bestimmt über GPS die aktuelle Geschwindigkeit und Laufstrecke. Diese Daten werden über Mobilfunk und das Internet an den Server der App zur Auswertung übertragen. Gleichzeitig streamt der Podcast-Server den aktuellen Podcast über Internet und Mobilfunk an das Smartphone. Die Tonspur wird dann wieder über Bluetooth direkt an die Kopfhörer des Joggers übertragen, damit diese im Ohr ankommt.

6.3 Fähigkeiten und Grenzen am Beispiel

In diesem Abschnitt wollen wir uns an zwei Beispielen die Fähigkeiten und Grenzen von Technologien auf Basis des FFQ-Modells genauer anschauen. Diese beiden Beispiele sollen dabei helfen, die Idee von digitaler Materialkompetenz greifbarer zu machen. So sollen die Vorteile nachvollziehbarer werden, die eine fundierte Materialkompetenz mit sich bringt. Und nebenbei werden wir zwei Technologien im Detail kennenlernen.

6.3.1 Digitale Kommunikationstechnologien

Kommunikationstechnologien haben wir in Abschnitt 6.2.3 schon betrachtet. Für das Design können wir eine Kommunikationstechnologie als eine »gebrauchsfertige« Technologie verstehen und für unterschiedlichste Anwendungszwecke nutzen.

Kommunikationstechnologien und Form

Zur Erinnerung, die Form definiert die Struktur einer digitalen Lösung im Sinne von Bausteinen oder Elementen sowie deren Beziehungen untereinander. Da nahezu jede digitale Lösung aus mehr als einem Element besteht, spielen Kommunikationstechnologien auch in fast allen digitalen Lösungen eine wesentliche Rolle. Ohne Kommunikationstechnologien können die Elemente einer digitalen Lösung nicht interagieren.

Dabei erlauben die unterschiedlichen Technologien unterschiedliche Ausprägungen oder Formen. Eine gebräuchliche Form wird durch das Internet realisiert. In diesem Fall interagieren die Elemente einer Lösung über eine Internetverbindung. Die Entfernung und Position der Elemente spielen hierbei keine Rolle.

Auf kürzere Distanzen oder in beschränkten Umgebungen können Technologien zur direkten Kommunikation eingesetzt werden. Beispiele hierfür sind Bluetooth oder WLAN. Bei mittleren Entfernungen kommen Technologien wie LoRaWAN (Long Range Wide Area Network) oder auch der kommerzielle Mobilfunk (LTE bzw. 5G) zum Einsatz.

Wichtig für die Auswahl sind die Kosten, die sich aus ihrer Verwendung ergeben. Hierzu zählen die Hardwarekosten und die Nutzungskosten. Zum Beispiel fallen für Mobilfunknetzwerke regelmäßige Kosten an, die im Geschäftsmodell berücksichtigt werden müssen.

Kommunikationstechnologien und insbesondere die Kommunikation über das Internet sind für uns heute allgegenwärtig und durch Flatrates geraten die Kosten für die Kommunikation in Vergessenheit. Mit Blick auf ein ganzheitliches und vor allem nachhaltiges Design sollte man sich den Datenverbrauch einer digitalen Lösung regelmäßig vor Augen führen. Auch wenn der Verbrauch eines einzelnen Benutzers nicht ins Gewicht fällt, skalieren digitale Lösungen schnell in fünf- oder sogar sechsstellige Benutzerzahlen. Bei solchen Dimensionen können wenige Megabyte Datentransfer pro Benutzer schnell einen großen Unterschied in Bezug auf das Datenvolumen machen. Und da es sich beim Transport von Daten im Wesentlichen um Energieverbrauch handelt, können durch einen bewussten Datenverbrauch erhebliche Mengen an Energie eingespart werden.

Kommunikationstechnologien und Funktion

Abgesehen von der Verbindung von zwei Elementen einer digitalen Lösung und dem Transport von Daten scheinen Kommunikationstechnologien auf den ersten Blick keine weitere Funktion zu erfüllen. Dennoch können sie einen erheblichen Einfluss auf die Funktion einer Lösung haben.

Kritisch wird es bei Kommunikationstechnologien, wenn die Kommunikationsverbindung unerwartet abbricht oder an Leistung verliert. Ein gutes Beispiel sind Videokonferenzen, da sie darauf ausgelegt sind, dass ein Benutzer eine permanente und ausreichend leistungsstarke Verbindung zum Internet hat. Sobald die Verbindung abreißt oder zu langsam wird, kann ein Benutzer nicht mehr an einer Videokonferenz teilnehmen.

Andere Arten von digitalen Lösungen sind nicht unbedingt auf eine permanente Internetverbindung angewiesen und können gewisse Funktionalität auch ohne Internet anbieten. Zwei häufig verwendete Ansätze in diesem Zusammenhang sind das Caching und die Offline-Fähigkeit. Beim Caching speichert ein Element der digitalen Lösung mehr Daten, als es für die gerade verwendete Funktion braucht, und kann bei Problemen mit der Kommunikationstechnologie auf den Cache (die zwischengespeicherten Daten) zurückgreifen, ohne dass ein Benutzer die Probleme mit der Verbindung bemerkt. Praktische Beispiele für dieses Caching sind Podcast-Apps oder Video-Apps auf dem Smartphone.

Die Offline-Fähigkeit bietet die Möglichkeit, gewisse Funktionen einer digitalen Lösung auch ohne Internetzugang zu verwenden. Hierzu werden typischerweise auch Daten wie beim Caching zwischengespeichert, im Element verarbeitet und erst übertragen, wenn die Kommunikationsverbindung wieder verfügbar ist. Praktische Beispiele für die Offline-Fähigkeit sind E-Mail-Apps auf dem Smartphone oder dem Tablet. Mit diesen Apps können E-Mails ohne Internet verfasst und abgeschickt werden. Der tatsächliche Versand der E-Mail erfolgt dann im Hintergrund, sobald das Smartphone oder Tablet wieder mit dem Internet verbunden ist.

Kommunikationstechnologien und Qualität

Für die Qualität einer digitalen Lösung sind Kommunikationstechnologien von besonders großer Bedeutung. Zwei technische Begriffe spielen hier eine wichtige Rolle: Bandbreite und Latenz.

Die *Bandbreite* einer Kommunikationstechnologie definiert, wie groß die Datenmenge ist, die pro Zeiteinheit von einem Element zum nächsten Element transportiert werden kann. Hier bieten unterschiedliche Technologien unterschiedliche Möglichkeiten bei der Bandbreite an. Kabelgebundene Kommunikation bietet eine eher große und konstante Bandbreite. Auf Funk basierende Technologien (z.B. WLAN oder Mobilfunk) können abhängig von den Umgebungsbedingungen schwankende Bandbreiten bereitstellen.

Je nach Art der Funktion kann die Bandbreite die Geschwindigkeit erheblich beeinträchtigen. Wenn z.B. bei einer Videokonferenz die Bandbreite unter einen gewissen Wert sinkt, dann reduziert sich die Qualität von Videobild und Ton. Neben Videokonferenzen sind auch Funktionen, die auf größeren Datensätzen operieren, typische Funktionen, die von der Bandbreite betroffen sein können. Ein sehr alltägliches Beispiel hierfür sind Suchlisten in Onlineshops. Wenn eine Suchanfrage hier viele Produkte mit vielen hochaufgelösten Bildern ergibt, dann kann der Seitenaufbau bei langsamen Netzverbindungen durchaus verzögert werden.

Die *Latenz* einer Kommunikationstechnologie definiert, um welche Zeiteinheit eine Kommunikation verzögert wird. Auch hier ist die Videokonferenz wieder ein anschauliches Beispiel. Bei geringer Latenz wirkt es so, also ob zwei Kommunikationspartner wie in der Realität miteinander sprechen können. Wird die Latenz jedoch größer, dann erlebt man schnell den Effekt, dass man sich gegenseitig ins Wort fällt, da beide Kommunikationspartner nach einer kurzen Pause gleichzeitig anfangen zu sprechen. Wie auch bei der Bandbreite bieten unterschiedliche Kommunikationstechnologien unterschiedliche Latenzen.

Grenzen und Ausnahmesituationen von Kommunikationstechnologien kritisch betrachten

Kommunikationstechnologien und insbesondere der Zugang zum Internet werden heute für selbstverständlich erachtet. Durch moderne Mobilfunk- und Netzwerktechnologie sind wir daran gewöhnt, dass das Internet oft in angemessener Qualität zur Verfügung steht.

Dies führt häufig dazu, dass man beim Design einer Lösung die Grenzen und Ausnahmesituationen aus den Augen verliert. Die Lösungen funktionieren unter normalen Bedingungen gut, aber verweigern bei Problemen mit der Kommunikationstechnologie entweder den Dienst oder legen unvorhersehbares Verhalten an den Tag. Daher ist es erforderlich, im Design auch immer über mögliche Grenzen von Kommunikationstechnologien und den Umgang mit Ausnahmesituationen nachzudenken. Stark vereinfacht gesprochen kann man sich bei jeder Funktion die Frage stellen: »Was passiert hier, wenn jetzt die Kommunikation zusammenbricht?«

6.3.2 Maschinelles Lernen

»Maschinelles Lernen« (ML) ist ein Oberbegriff für eine Gruppe von Technologien, die zur Realisierung zugrunde liegender Funktionen eingesetzt werden können. Das Besondere an maschinellem Lernen wird deutlich, wenn man es mit klassisch programmierten Funktionen vergleicht. Bei klassischer Programmierung werden die Regeln und Berechnungsvorschriften der Funktion in einer Programmiersprache formuliert, um die Funktion zu realisieren. Beim maschinellen Lernen werden die Funktionen anhand von sogenannten *Trainingsdaten* trainiert. Aus den Trainingsdaten lernt die Funktion dann, wie sie mit neuen Daten umgehen kann und speichert dieses Wissen in statistischen Modellen, die dann auf neue Situationen angewendet werden. Diese Form der Technologie wird daher als maschinelles Lernen bezeichnet.

Teachable Machine als Einstieg in das maschinelle Lernen

Wenn maschinelles Lernen ein komplett neues Thema für Sie ist, dann ist die Website »Teachable Machine« von Google ein guter Einstieg: *https://teachablemachine.withgoogle.com*.

Diese Website bietet eine einfache Möglichkeit, um erste Erfahrungen mit maschinellem Lernen zu sammeln. Darüber hinaus enthält sie viele spannende Hintergrundinfos und weiterführende Links zum Thema.

Maschinelles Lernen und Form

Die Entscheidung für maschinelles Lernen als Technologie zur Realisierung einer digitalen Lösung hat maßgeblichen Einfluss auf die Form. Wie wir oben bereits gesehen haben, braucht maschinelles Lernen eine Umgebung, um zu lernen bzw. um trainiert zu werden. Weiterhin kann das Training erheblichen Rechenaufwand verursacht, der ggf. sogar noch spezielle Systeme mit entsprechender Hardware erfordert. Die Nutzer von ML-Technologie halten sich leider sehr bedeckt mit Informationen zum Trainingsaufwand, im Internet finden sich einige Artikel, die z.B. beschreiben, dass das Modell von Alpha-Go für das Brettspiel Go mehrere Wochen trainiert wurde.

Aus der Perspektive des Digital Design ist neben der Hardware auch die Frage nach der Art des Trainings spannend. Vereinfacht kann man hier zwei Varianten unterscheiden: das Training in einer dedizierten Trainingsumgebung und das Training im laufenden Betrieb.

Eine dedizierte Trainingsumgebung bedeutet, dass neben der produktiven Lösung eine spezielle Umgebung realisiert wird, in der die gewünschten Funktionen (bzw. deren Modell) trainiert werden können. Der Vorteil besteht darin, dass die Umgebung und auch die Trainingsdaten kontrolliert werden können und somit die Funktionen unter kontrollierten Bedingungen getestet werden können. Ein Beispiel für sehr aufwendige Trainingsumgebungen ist das autonome Fahren.

Hier müssen ganze Welten möglichst realistisch simuliert werden, damit ein Computer das Fahren in der Realität erlernen kann. Nachteilig ist der zusätzliche Aufwand für die Trainingsumgebung und die Aufbereitung der Trainingsdaten. Außerdem müssen Möglichkeiten geschaffen werden, um das trainierte Modell in die produktive Lösung zu überführen.

Ein Training im laufenden Betrieb bedeutet, dass die Lösung so entworfen wurde, dass das Modell durch echte Nutzerdaten und Nutzerfeedback trainiert wird. Hierzu müssen dedizierte Funktionen in einer Lösung bereitgestellt werden, die das Training ermöglichen. Nachteilig an diesem Vorgehen ist, dass das Training des Modells zusätzlich überwacht werden muss, um Fehlentwicklungen zu erkennen und zu beheben. Ein Negativbeispiel für ein Training im laufenden Betrieb ist der Chatbot Tay. Nutzen Sie einfach eine Suchmaschine Ihrer Wahl und Sie werden schnell viele spannende Texte dazu finden.

Schlussendlich ist mit Blick auf die Form einer Lösung noch wichtig, dass man je nach Funktion ein Modell nicht selbst trainieren muss, sondern auf existierende Modelle zurückgreifen kann. Diese Modelle können z. B. über Lizenzen erworben und genutzt werden oder lassen sich über die bereits oben eingeführte API-Technologie anbinden.

Maschinelles Lernen und Funktion

Die Fähigkeiten zur Realisierung von Funktionen einer digitalen Lösung nehmen gerade enorm zu. ChatGPT ist hier ein gutes Beispiel und wird während der Entstehung dieses Buches intensiv diskutiert. Für den Einstieg in das maschinelle Lernen kann je nach Funktion einer Lösung zwischen analytischem und generativem maschinellem Lernen unterschieden werden.

Analytisches maschinelles Lernen wird dazu verwendet, bestehende Daten zu analysieren, auszuwerten und zu verändern. Ein sehr anschauliches Beispiel für diese Art von Funktion sind maschinelle Übersetzungstools wie DeepL. Generatives maschinelles Lernen hingegen wird eingesetzt, um auf Basis einer Eingabe neue Inhalte zur erzeugen. Ein Beispiel für diese Art von Funktion ist MidJourney, das auf Basis einer textuellen Beschreibung Bilder erzeugen kann.

Maschinelles Lernen ist aus Sicht des Designs eine beeindruckende Technologie, mit der man Funktionen realisieren kann, die mit klassisch programmierten Algorithmen nur sehr schwer und nur mit großem Aufwand realisiert werden können. Die bisherigen Ausführungen zeigen, dass die Entscheidung für oder gegen den Einsatz von maschinellem Lernen eine fundamentale Entscheidung ist, da wesentliche Weichen in Bezug auf die Form und auch die Realisierung der Funktion getroffen werden.

Weiterhin besteht das Risiko, dass maschinelles Lernen als eine Art von Wundertechnologie missverstanden wird, mit der Probleme besonders leicht gelöst werden können. Jedoch sollte der Aufwand für das Training und die Realisierung nicht unterschätzt werden. Für eine fundierte Entscheidung über den Einsatz von maschinellem Lernen braucht es daher (wie bei allen anderen Technologien auch) entsprechende Fachleute, um den Nutzen der Technologie sinnvoll zu bewerten und das Risiko eines Fehlschlags klein zu halten.

Maschinelles Lernen und Qualität

Für die Qualität einer digitalen Lösung unter Verwendung von maschinellem Lernen ist es wichtig, dass die Technologie des maschinellen Lernens auf statistischen Verfahren und damit auf Wahrscheinlichkeiten basiert. Zum Beispiel berechnen Übersetzungstools die wahrscheinlichste Übersetzung für einen Satz und zeigen diesen Satz an. Allgemein sind solche Verfahren immer mit einer gewissen Unsicherheit verbunden. Daher können auch Funktionen, basierend auf ML-Technologie, Fehler machen.

Ein denkbares Vorgehen mit Blick auf Wahrscheinlichkeiten ist der transparente Umgang. Hierbei zeigt die Lösung dem Benutzer an, wie groß die Wahrscheinlichkeit für die Korrektheit eines Ergebnisses ist. Ein Benutzer kann dann selbst entscheiden, ob die Wahrscheinlichkeit groß genug ist, um dem Ergebnis zu vertrauen. Eine andere Möglichkeit besteht darin, die wahrscheinlichsten Ergebnisse als Alternativen anzuzeigen. Übersetzungstools bieten diese Möglichkeit z.B. an.

Die Daten zum Training einer Funktion haben aufgrund der Struktur von maschinellem Lernen einen unmittelbaren Einfluss auf die Qualität einer Funktion. Bei mangelhaften Trainingsdaten kann eine Funktion keine sinnvollen Ergebnisse liefern. Daher spielt die Auswahl und Definition von Trainingsdaten eine wesentliche Rolle für die Qualität.

In der Mensch-Perspektive haben wir neben der sehr unmittelbaren Qualität (Benutzbarkeit) auch noch eine weiter gefasste Sicht auf Qualität im Sinne von Ethik eingeführt. Der Einsatz von maschinellem Lernen ist auch in dieser Hinsicht ein kritisches Thema, da Trainingsdaten ungewollte Probleme und Tendenzen enthalten können, die das Ergebnis einer Funktion negativ beeinflussen. Zu diesem Thema wurde bereits eine Reihe von Büchern und Artikeln veröffentlicht, und auch hier hilft die Suchmaschine der Wahl und die Anfrage nach »Diskriminierung durch maschinelles Lernen«, um zahlreiche Beispiele zu finden.

Reflexionsfragen

Wahrnehmbare Technologien

Welche positiven und negativen Erfahrungen haben Sie persönlich mit Endgeräten und Interaktionstechnologien gemacht?

Zugrunde liegende Technologien

Besuchen Sie die Website *https://apilandscape.apiscene.io* und sehen Sie sich die Beispiele an. Versuchen Sie zu schätzen, wie viele dieser Technologien Sie bereits bewusst oder auch unbewusst eingesetzt haben.

Grenzen und Fähigkeiten von Technologien

Welche Formen der Kommunikationstechnologie nutzen Sie privat? Welche positiven und negativen Erfahrungen haben Sie mit diesen Technologien gemacht?

Betrachten Sie Ihr privates Umfeld: Welche Formen des maschinellen Lernens nutzen Sie bereits? Welche positiven und negativen Erfahrungen haben Sie damit gemacht?

7 Designarbeit

Try everything before you claim to know.
Document what you do.
– Kuno Prey in [Prey 2022]

In diesem Kapitel werden die Grundlagen der praktischen Designarbeit erläutert, um besser zu verstehen, wie das Design einer digitalen Lösung tatsächlich abläuft. Zunächst werden Denkmodelle der Designarbeit betrachtet. Danach geht es um die Arbeit mit Designkonzepten und die Erkenntnis, dass Konzepte sowohl Mittel als auch Ergebnis der Designarbeit sind. Schließlich wird anhand von Prototypen das zweite zentrale Mittel der Designarbeit vorgestellt. Abschließend wird gezeigt, dass Prototypen in verschiedenen Disziplinen unterschiedlich verstanden werden.

7.1 Denkmodelle für Designarbeit

Das Erlernen von Design ist eine große Herausforderung und erfordert, wie das Erlernen anderer komplexer Fähigkeiten, ein umfassendes Wissen und eine praktische Ausbildung in den verschiedensten Aspekten der Designarbeit (vgl. [Cross 2006]). Eine wichtige Grundlage für das Erlernen von Designarbeit sind Denkmodelle, die ein Verständnis dafür vermitteln, wie Designarbeit funktioniert. Wir betrachten im Folgenden den *Design Squiggle* als einfaches Modell für den Ablauf eines typischen Designprozesses, das Dual-Mode-Modell von Dorst, das Designarbeit in einen subjektiven und einen objektiven Modus unterteilt, und gehen dann auf einen Klassiker der Denkmodelle ein, den Unterschied zwischen zahmen (tame) und vertrackten (wicked) Problemen.

7.1.1 Der Design Squiggle als Modell für den Designprozess

Der *Design Squiggle* von Damien Newman (siehe Abb. 7–1) ist ein vereinfachtes Modell für den Ablauf eines Designprozesses und besteht aus drei Phasen. Das Modell zeigt insbesondere, dass der Designprozess in gewissen Phasen einen chaotischen Verlauf nimmt, bevor man schließlich zu einer klaren Lösung kommt.

Die Phase der »Forschung & Synthese« (Research & Synthesis) ist gekennzeichnet von einem eher unstrukturierten Prozess, der dem Verständnis der Probleme von Auftraggeber, Kunden oder Benutzer dient. Unstrukturiert und teilweise chaotisch ist diese Phase vor allem deshalb, da man sich mit einem neuen und meist fremden Themengebiet auseinandersetzen muss. Im Verlauf dieser unstrukturierten Phase gewinnt man jedoch ein zunehmend klareres Verständnis der Situation, sodass sich der Prozessverlauf immer mehr einpendelt und in eine immer klarere Richtung geht.

Abb. 7–1 *Der Design Squiggle [Newman 2023]*

In der Phase »Konzept/Prototyp« (Concept/Prototype) geht es darum, das Problemverständnis in erste Konzepte und Prototypen zu überführen, um sich einer Lösungsidee zu nähern. In dieser Phase werden konkrete Konzepte und Prototypen ausgearbeitet, dennoch ist der Weg zur Lösung auch in dieser Phase tendenziell unstrukturiert. Die Arbeit an Konzepten und Prototypen führt zu neuen Erkenntnissen und vor allem zu einem besseren Verständnis der Probleme. In dieser Phase werden daher Konzepte und Prototypen oft wieder verworfen und neue begonnen. Sogar das bisher verstandene Problem kann vollkommen verworfen werden. Wird jedoch durch die Arbeit an Konzepten und Prototypen eine passende Lösung gefunden, beginnt sich der Prozess immer mehr zu stabilisieren und geht schließlich in die dritte Phase über.

In der dritten und letzten Phase »Design« wird der Prozess linearer, da nun eine Lösungsidee in allen Einzelheiten bis zum endgültigen Design ausgearbeitet wird. Für das Verständnis des Design Squiggle ist es an dieser Stelle wichtig, dass die Bezeichnung der dritten Phase Design als Endergebnis gemeint ist und nicht als Tätigkeit verstanden werden soll (siehe Abschnitt 4.2.1.1).

Betrachten wir die bereits eingeführten Schritte des Bauprozesses (siehe Abschnitt 5.3), so können wir die drei Phasen des Design Squiggle auch dort wiederentdecken:

- Der Schritt der *Auftragsklärung* entspricht im weitesten Sinne der Phase »Forschung & Synthese«, es geht um ein erstes Verständnis der Probleme/Ziele zum Bau der digitalen Lösung.
- Den Schritt der *Konzeptarbeit* kann man mit der Phase »Konzept/Prototyp« gleichsetzen, in der die Ausarbeitung einer Lösungsidee für die Probleme/Ziele auf Basis von Konzepten erfolgt.
- Der Schritt *Entwicklung und Betrieb* lässt sich mit der Phase »Design« vergleichen, bei der es um die detaillierte Ausarbeitung und die faktische Umsetzung einer Lösung geht.

Aus dem Design Squiggle können neben dem Verständnis über die unterschiedlichen Abläufe in den drei Phasen relevante Kernaspekte von Designprozessen abgeleitet werden, die wichtig für die Grundhaltung des Digital Design sind.

Grundhaltung 1: Umfeld verstehen kommt vor der Arbeit an Lösungsideen

Für die Entwicklung guter Designlösungen ist das Verständnis des Umfelds eine zwingende Voraussetzung. Ohne Wissen über das Umfeld fehlt das Wissen, wofür und wozu eine Designlösung entwickelt werden soll.

Für Einsteiger und Außenstehende wird Design meist nur mit der Entwicklung einer Designlösung, d.h. der Arbeit an Konzepten oder Prototypen, assoziiert. Dies ist auf den ersten Blick auch nachvollziehbar, da die Arbeit an Konzepten und Prototypen einen gut sichtbaren Teil der Designarbeit ausmacht. Dennoch sollte die Bedeutung eines tiefgreifenden Verständnisses des Umfelds nicht unterschätzt werden. Bei digitalen Lösungen sollte besonderes Augenmerk auf den Nutzungskontext gelegt werden, d.h. auf das Umfeld, in dem eine digitale Lösung zum Einsatz kommt. Eine kritische Analyse des Umfelds ist auch dann wichtig, wenn man sich als Designer oder Organisation im Umfeld vermeintlich auskennt, da man z.B. schon lange in diesem Umfeld tätig ist. Die Entwicklungen der letzten Jahre haben gezeigt, dass sich unser Umfeld schnell verändern kann. Daher lohnt sich eine kritische Auseinandersetzung mit dem Umfeld, den Kunden und Benutzern einer Lösung auch dann, wenn man glaubt, es oder sie gut zu kennen.

Grundhaltung 2: Evaluation gehört immer dazu

Eine intensive Auseinandersetzung mit dem Umfeld und mit unterschiedlichen Lösungsideen kann leicht zu einem voreiligen Vertrauen in das eigene Verständnis und die Lösungsideen führen. Auch wenn der Design Squiggle nur ein abstraktes Modell ist, wird er von Praktikern als sehr ehrliches Modell verstanden. Und dieses Modell besagt, dass der Designprozess ziemlich chaotisch werden kann und zwischen den Phasen hin und her pendelt. Der Grund für dieses Pendeln ist, dass ein anfängliches Verständnis von Umfeld oder Lösungsideen selten richtig ist und meist wieder verworfen werden muss. Unerfahrene im Design lernen diese Lektion oft erst, wenn ihre Lösungsideen bei Auftraggebern, Kunden oder Benutzern scheitern.

Erfahrene Designer zeichnet aus, dass sie diese Unsicherheit tolerieren können und das fortlaufende Hinterfragen des eigenen Verständnisses zu einer festen Gewohnheit gemacht haben. Übersetzt in die Sprache dieses Buches bedeutet diese Gewohnheit, dass Evaluation ein fester und notwendiger Bestandteil der Designarbeit ist. Dies ist allerdings kein Argument für den dauerhaften Einsatz schwerfälliger Evaluationsmethoden. Es bedeutet, dass erfahrene Designer sich der Grenzen ihres eigenen Verständnisses bewusst sind und Evaluation zielgerichtet einsetzen.

Grundhaltung 3: Iteration ist die normale Arbeitsweise

Gerade bei Einsteigern im Design erlebe ich oft Frustration, wenn die ersten Lösungsideen nicht greifen oder sich herausstellt, dass das erste Verständnis des Umfelds unzureichend war. Diese Frustration entsteht dadurch, dass man einen eher linearen Designprozess unterstellt, der gradlinig vom Problem zur Lösung verläuft. Der Design Squiggle zeigt aber sehr deutlich: Der Designprozess wird erst gegen Ende linear.

Erfahrene Designer zeichnet aus, dass für sie das Arbeiten in Iterationen das normale Arbeiten ist und dass man sich fortlaufend mit dem eigenen Verständnis von Problem und Lösung auseinandersetzen muss. Denn nur durch Iterationen können verschiedene Lösungsideen diskutiert, erstellt und evaluiert werden, um am Ende des Prozesses eine oder mehrere vielversprechende Ideen zu erhalten.

Mit Blick auf den Designprozess ist die Iteration die normale Arbeitsweise. Eine Iteration im Sinne des Design Squiggle muss nicht zwangsläufig den gesamten Prozess und das gesamte Team umfassen. Häufig passiert eine Iteration nur im Kopf eines Designers beim Durchdenken verschiedener Ideen und ist dann ein recht kurzes Ereignis.

Denken in extremen Kategorien fördert das Denken in Alternativen

Im Film »Objectified« charakterisiert der Designer Dan Formosa Designarbeit wie folgt (nachzulesen in [Hustwit 2015]):

»What we need to do to design is to look at the extremes. The middle will take care of itself.«

Diese Aussage hat mir in meiner praktischen Designarbeit sehr dabei geholfen, das Denken in Varianten und Alternativen zu unterstützen. Wenn ich auf der Suche nach alternativen Ideen bin, suche ich z.B. nach extrem unterschiedlichen Benutzergruppen – Anfänger und Experten sind ein Beispiel für solche Kategorien.

Übertragen auf Lösungsideen könnten folgende Fragen gestellt werden: Wie sieht ein extrem kurzer und ein extrem langer Prozess aus? Wie kann eine Lösung auf einem extrem kleinen Bildschirm oder auf einem extrem großen Bildschirm funktionieren?

Die extremen Ideen werden nur selten umgesetzt, aber sie helfen, ein Spektrum an Ideen zu öffnen, in dem gute Ideen gefunden werden können.

7.1.2 Dual-Mode-Modell des Designs

Mit Blick auf die Denkmodelle der Designarbeit und den Aspekt der Designpersönlichkeit bietet das Dual-Mode-Modell des Designs nach [Dorst 1997] eine weitere wichtige Perspektive. Das Modell teilt die Designarbeit in einen objektiven und einen subjektiven Modus ein (siehe Abb. 7–2).

Objektiver Modus

Der objektive Modus wird auch als das *Paradigma der rationalen Problemlösung* bezeichnet. Als Designer arbeitet man in diesem Modus möglichst objektiv an der Analyse des Designproblems und an der Bewertung der gedachten Designlösung, d.h., das Designproblem ist die Vision für eine angestrebte Veränderung bzw. die Ziele, die mit der geplanten digitalen Lösung (Designlösung im Modell) erreicht werden sollen.

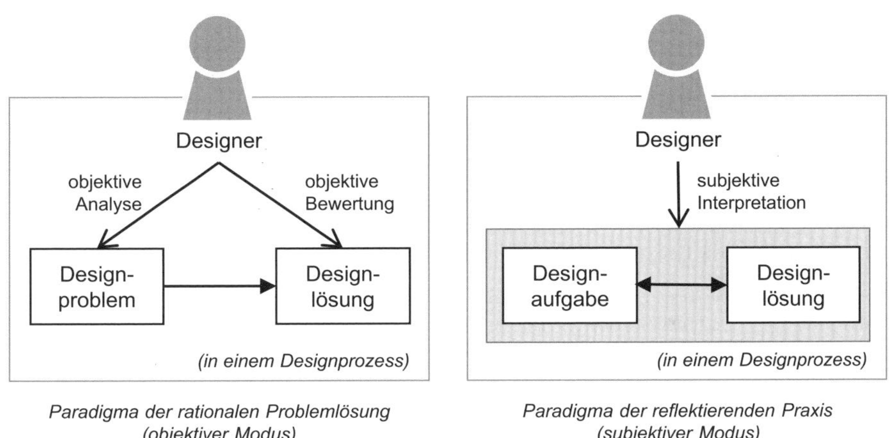

Abb. 7–2 *Das Dual-Mode-Modell des Designs [Dorst 1997]*

Die Arbeitsweise in diesem Modus ist dadurch charakterisiert, dass sie möglichst objektiv durchgeführt wird, um weitgehend alle Designentscheidungen gegenüber den relevanten Stakeholdern nachvollziehbar zu begründen. Vollkommene Objektivität[1] ist ein sehr hohes Ziel und praktisch nicht erreichbar. Daher schließt der Anspruch des objektiven Modus vor allem auch ein, dass Wahrnehmungen und Interpretationen im Kontext der Designarbeit für die Stakeholder transparent gemacht werden, um gemeinsam darüber diskutieren und verhandeln zu können.

1. Eine Diskussion dieses Gedankens würde den Rahmen dieses Buches sprengen. Mein Verständnis von Objektivität ist von Heinz von Förster geprägt. Allen, die sich für das Thema Objektivität interessieren, kann ich das Buch »Wahrheit ist die Erfindung eines Lügners« [Förster & Pörksen 2022] sehr empfehlen.

Subjektiver Modus

Der subjektive Modus wird auch als das *Paradigma der reflektierenden Praxis* bezeichnet. Als Designer arbeitet man in diesem Modus auf der Gesamtsituation aus der eigenen subjektiven Perspektive heraus. Mit Gesamtsituation ist gemeint, dass man die Designaufgabe in Bezug zur angestrebten Designlösung interpretiert und zu verstehen versucht. Wichtig ist hier, dass mit Designaufgabe nicht das Designproblem im objektiven Modus gemeint ist. Die Designaufgabe umfasst nach [Dorst 1997] das Designproblem, die Situation, in der das Designproblem gelöst werden soll, und den verfügbaren Zeitraum zur Lösung des Problems.

Im subjektiven Modus reflektiert ein Designer seine bisherigen Erfahrungen (z. B. mit vergleichbaren Situationen) und nutzt sein implizites Wissen und seine Intuition, um alternative Herangehensweisen für die Designaufgabe (und damit für die Lösung des Problems) zu identifizieren, um gemeinsam mit den relevanten Stakeholdern ein sinnvolles Vorgehen abzustimmen. Die wesentliche Erkenntnis des subjektiven Modus besteht darin, dass es nicht das eine richtige Vorgehen für eine Designaufgabe gibt. Es gibt viele sinnvolle Möglichkeiten und diese können nur gefunden werden, wenn Alternativen betrachtet und bewertet werden. Der subjektive Modus ist immer dann von Bedeutung, wenn eine Designaufgabe unklar oder in besonderer Form kritisch ist (z. B. ethische oder moralische Fragen berührt werden).

Wechsel zwischen objektivem und subjektivem Modus

Angenommen, Sie arbeiten an einer digitalen Lösung und stellen fest, dass in einem Prozessschritt viele fehlerhafte Daten von den Benutzern erfasst werden. Vielleicht sind die Daten nur unvollständig aufgenommen oder die Benutzer haben falsche Angaben gemacht.

Wie könnte Ihnen der objektive und subjektive Modus bei der Designarbeit zu diesem Problem helfen?

Das Dual-Mode-Modell des Designs bietet drei wichtige Erkenntnisse:

- Designarbeit kann in einem subjektiven und einem objektiven Modus durchgeführt werden, wobei beide Modi gleich wichtig sind. Erfahrene Designer können bewusst wahrnehmen, in welchem Modus sie gerade arbeiten, und abhängig von der gegebenen Situation bewusst den Modus wechseln.
- Die Definition einer sinnvollen Vorgehensweise für den Designprozess als Teil des Bauprozesses einer digitalen Lösung ist Teil des subjektiven Modus. Die Möglichkeiten, einen Designprozess anzugehen, sind sehr vielfältig und es bedarf der reflektierenden Praxis, um auf Basis der subjektiv wahrgenommenen Faktoren der Gesamtsituation eine passende Vorgehensweise zu finden. Wichtig ist hier anzuerkennen, dass diese Entscheidung von subjektiven Faktoren (z. B. Erfahrung, Ausbildung und Intuition) der beteiligten Menschen abhängt.

- Stößt die Designarbeit im objektiven Modus an ihre Grenzen und kommt man mit der Arbeit am Problem oder der Lösung nicht weiter, ist es sinnvoll, in den subjektiven Modus zu wechseln. So kann die Gesamtsituation hinterfragt werden, insbesondere der bisherige Arbeitsprozess, aber auch das gegebene Problem und das bisherige Verständnis der Situation.

Im objektiven Modus könnte man das Designproblem aus dem Beispiel dahingehend verstehen, dass die Fehlerquote in diesem Prozessschritt vermindert werden muss. Dazu kann man sich objektiv anschauen, welche Fehler gemacht werden, um eine passende Lösung zu finden. Denkbare Lösungsideen könnten umfassende Plausibilitätsprüfungen oder auch weiter gehende Hinweise auf der Benutzeroberfläche sein, die besser erklären, welche Daten gefragt sind.

Im subjektiven Modus schauen wir stattdessen auf die Gesamtsituation. Auch hier stellen wir fest, dass Fehler in diesem Prozessschritt passieren. Aber anstatt die Fehler als Problem zu verstehen, das es zu beheben gilt, schauen wir uns die Gesamtsituation an, in denen die Fehler geschehen. Und hier kommt nun die Intuition und die Erfahrung des Digital Designers ins Spiel. Die Ursachen für Fehler müssen nicht unbedingt in der Benutzeroberfläche liegen, vielleicht entstehen die Fehler durch äußere Umstände (z. B. Stress, fehlende Unterlagen oder Unwissenheit), die nicht durch Plausibilitätsprüfungen oder weitere Hinweise auf der Benutzeroberfläche beeinflusst werden können. In dieser Situation sagt uns der subjektive Modus, dass wir das Designproblem und das Vorgehen hinterfragen sollten. Anstatt die Fehler an der Benutzeroberfläche zu minimieren, sollte die Frage gestellt werden, wie der gesamte Prozessschritt anders gestaltet werden kann, damit weniger Fehler passieren.

7.1.3 Von zahmen (tame) und vertrackten (wicked) Problemen

Als drittes Denkmodell betrachten wir einen Klassiker: die Unterscheidung von zahmen (tame) und vertrackten (wicked) Problemen[2] nach [Rittel & Webber 1973]. Ein »Wicked Problem« ist wie folgt definiert:

Wicked Problem

Ein Problem, das aufgrund von unvollständigen, widersprüchlichen und sich fortlaufend ändernden Anforderungen schwer oder gar nicht zu lösen ist.

Das »Tame Problem« ist das Gegenteil eines »Wicked Problem«:

Tame Problem

Ein Problem, das durch klare und stabile Anforderungen wohl definiert ist.

2. Da die englischen Begriffe »Tame Problem« und »Wicked Problem« in der Fachsprache geläufig sind, werden sie auch in diesem Buch verwendet.

Die Unterscheidung von Tame und Wicked Problems ist für die tägliche Designarbeit von großer Bedeutung, denn die Art des vorliegenden Problems gibt uns wichtige Hinweise, wie wir mit dem Problem umgehen können. Ein Tame Problem kann im Sinne von Dorst im objektiven Modus bearbeitet werden. Die Anforderungen und die Situation können objektiv analysiert und sinnvoll beschrieben werden. Nützliche Vorgehensweisen finden sich hier in anforderungsorientierten Ansätzen, wie beispielsweise dem Requirements Engineering [Pohl & Rupp 2021]. Wichtig in diesem Zusammenhang ist aber der Hinweis, dass ein Tame Problem trotz klar definierter Anforderungen nicht unbedingt einfach zu lösen sein muss. Je nach Situation und Problem können auch Tame Problems eine harte Nuss darstellen und erheblichen Aufwand erzeugen.

Ein Wicked Problem muss im Sinne von Dorst durch eine Mischung aus subjektivem und objektivem Modus bearbeitet werden. Im Sinne des Design Squiggle ist die Bearbeitung eines Wicked Problem durch den beschriebenen iterativen Prozess gekennzeichnet. So kann das Wicked Problem mit hoher Wahrscheinlichkeit sinnvoll eingegrenzt und erfasst werden, um eine sinnvolle Lösung für das Problem zu erarbeiten.

Die Kategorien Tame und Wicked Problem sind selbstverständlich keine trennscharfen Kategorien. Im Sinne eines Denkmodells sollten Tame und Wicked Problems eher als Extreme eines Spektrums verstanden werden. Praktische Designprobleme sind eine Mischung aus Tame und Wicked Problems und können mit den hier beschriebenen Haltungen angegangen werden.

7.2 Designkonzepte als Mittel und Ergebnis

Wir haben uns bereits in den Kapiteln 4 und 5 mit Designkonzepten befasst und auch schon Dokumentvorlagen für Designkonzepte entlang der drei Ebenen einer Lösung kennengelernt. In diesem Abschnitt wollen wir uns grundsätzlicher mit Designkonzepten auseinandersetzen. Designkonzepte sind ein zentrales Werkzeug, um eine digitale Lösung zu entwerfen und insbesondere die Komplexität einer digitalen Lösung in den Griff zu bekommen. Auf Basis dieser Grundlagen werden wir dann in den nachfolgenden Kapiteln 8 bis 10 weitere Details zur Arbeit mit Designkonzepten auf den verschiedenen Ebenen kennenlernen.

7.2.1 Grundlagen zu Designkonzepten

Designkonzepte (genauso wie andere Konzepte) werden oft mit Dokumenten assoziiert, da die Dokumente in Form von Textdokumenten oder in Werkzeugen wie Wikis der sichtbare Teil von Konzepten sind. Ebenso wichtig wie die Dokumente (egal in welcher Form) ist das Verständnis von Konzepten als Idee, die in Gedanken oder in der Kommunikation (schriftlich, also Dokumente, oder mündlich) verwendet werden und daher auch als Gedanken oder Denkbausteine verstanden werden können (vgl. [Margolis & Laurence 2015]).

Die Arbeit mit Designkonzepten ist daher nur sekundär eine Form von Schreibarbeit. Primär bedeutet die Arbeit an Designkonzepten die gedankliche Arbeit an einer digitalen Lösung. Folgen wir dabei dem Arbeitsmodell aus Abschnitt 3.3, formulieren wir in Gedanken Ziele und Randbedingungen und entwerfen die entsprechende Form, Funktion und Qualität der zugehörigen digitalen Lösung. Nur wenn wir diese Denkarbeit im Team (oder manchmal auch allein) leisten, entsteht der Inhalt, den wir dann in ein Konzept »schreiben« können. Dahinter versteckt sich ebenfalls die Idee der mentalen Modelle, die uns bereits in Abschnitt 5.4 begegnet sind.

In der Literatur werden vielfältige Strukturen, Modelle und Vorlagen beschrieben, wie Designkonzepte aufgebaut werden können. Die jeweilige Struktur wird durch vielfältige Faktoren bestimmt und hängt vom Vorgehensmodell, der Arbeitsweise im Bauprozess oder manchmal sogar von der Branche ab. Für den Einstieg in die Welt des Digital Design und in die Konzeptarbeit ist diese Vielfalt eine Herausforderung. Viel wichtiger als konkrete Vorlagen und Strukturen ist ein grundlegendes Verständnis der Arbeit mit Designkonzepten. Natürlich kommt man auch hier nicht um Strukturen und Vorlagen herum, da man sonst nur auf einer abstrakten Ebene bleiben würde. In diesem Buch werden daher Vorlagen und detaillierte Aspekte zum Entwurf einer Lösung diskutiert, die zwar reduziert, aber dennoch praktisch anwendbar sind.

7.2.2 Nutzen von Designkonzepten

Beherrschung komplexer Lösungen/Systeme

Designkonzepte im Sinne von Dokumenten oder in Werkzeugen helfen dabei, die Gedanken über eine digitale Lösung und das entsprechende System mit seinen Elementen sinnvoll zu strukturieren und zu dokumentieren. Insbesondere die Strukturierung ist ein wichtiges Mittel, um große und komplexe Lösungen und deren System beherrschbar zu machen.

Andere Disziplinen wie das Bauwesen oder der Maschinenbau stützen ihre Arbeit massiv auf Konzepte in Form von Bauplänen, Konstruktionszeichnungen und Materiallisten. Diese strukturierte Arbeitsweise ist ebenfalls Vorbild für das Digital Design, um eine Lösung und ihr System ganzheitlich zu verstehen und zu erfassen. Weiterhin hilft eine systematische Arbeit mit Konzepten dabei, jene Teile zu identifizieren, die aus Sicht des Digital Design eine besondere Komplexität aufweisen. Diese Komplexität (z.B. von Prozessen, Datenstrukturen oder User Interfaces) wird unmittelbar in den Designkonzepten sichtbar.

Qualität von Designkonzepten als Indikator für das Verständnis

Ein wichtiger Indikator für das Verständnis in einem Bauprozess ist die Qualität von Designkonzepten, die sich z.B. in der Gliederung (Kapitelstruktur in Dokumenten oder Navigationsstrukturen in Tools wie Wikis) und im Aufbau der einzelnen Abschnitte zeigt.

Eine gute Gliederung in einem Designkonzept ermöglicht einen schnellen Überblick über die Form, Funktion und relevanten Qualitäten einer Lösung. Ist die Gliederung unsystematisch oder sogar abstrakt gehalten, kann dies ein Indikator für ein eher schwächeres Verständnis der Lösung sein.

Der Aufbau einzelner Abschnitte (z.B. die Darstellung eines Use Case oder einer Funktion) ist ein weiterer wichtiger Indikator. Auch hier sind präzise und leicht erfassbare Konzepte ein Zeichen für ein gutes Verständnis.

Kommunikationsmittel und Grundlage für Konstruktion und Realisierung

Designkonzepte dienen in verschiedensten Situationen als Kommunikationsmittel, um die digitale Lösung und ihre Details an relevante Stakeholder zu kommunizieren. Um diese Aufgabe zu erfüllen, müssen Designkonzepte abhängig von der Art der Stakeholder, ihren Vorkenntnissen und deren Kommunikationsbedürfnissen strukturiert und aufbereitet werden. Die drei Ebenen einer digitalen Lösung liefern uns hier in Hinblick auf zugehörige Stakeholder eine wichtige Hilfe (siehe Abschnitt 5.2).

Neben der Kommunikation mit relevanten Stakeholdern bilden Designkonzepte die Grundlage für die Konstruktion und Realisierung einer digitalen Lösung. Auch hier dienen die Designkonzepte im weitesten Sinne als Kommunikationsmittel mit den entsprechenden Fachleuten. Wichtig für das Verständnis der Arbeit im Digital Design ist der Unterschied zwischen Designkonzepten und Anforderungsdokumenten (z.B. aus dem Requirements Engineering und Usability Engineering). Designkonzepte fokussieren auf eine konkrete Lösungsidee und einen Entwurf, der realisiert werden soll. So manifestiert sich in Designkonzepten die lösungsgetriebene Arbeitsweise des Designs (vgl. [Cross 2006]). Dies ist eine andere Herangehensweise als die Arbeit an Anforderungen, die dann als Basis zur Definition einer Lösung dienen.

Diese Unterscheidung bedeutet nicht, dass die Arbeit mit Anforderungen im Digital Design vernachlässigt wird. Wie das Arbeitsmodell aus Abschnitt 3.3 zeigt, spielen Anforderungen im Sinne von Zielen, Randbedingungen und Qualitätsanforderungen eine wichtige Rolle im Digital Design. Weiterhin sind insbesondere die Anforderungen von Auftraggeber und Kunde ein wichtiger Faktor bei der Erstellung von Designkonzepten und werden unmittelbar in einen Entwurf überführt.

Kommunikation als Indikator für das Verständnis einer digitalen Lösung

Ein weiterer Indikator für das Verständnis ist die Art und Weise, wie das Bauteam und die Stakeholder über die Lösung kommunizieren.

Eine konkrete und präzise Kommunikation in der Sprache der erstellten Designkonzepte ist ein Indikator dafür, dass das Team bzw. die Stakeholder ein gutes Verständnis von der Lösung haben. Ist die Kommunikation stattdessen eher vage und oberflächlich, dann deutet dies auf ein schwaches Verständnis hin.

Externes Gedächtnis für den Aufbau von Lösungen/Systeme

Selbst einfache digitale Lösungen entwickeln eine Größe und Komplexität, die vom menschlichen Gedächtnis nicht sinnvoll bewältigt werden können. In meiner Projekthistorie habe ich zwar immer mal wieder Ausnahmetalente getroffen, die eine Lösung mehr oder minder »im Kopf« hatten und zu allen Funktionen, User Interfaces etc. Auskunft geben konnten. Solche Menschen waren meist aber auch viele Jahre mit der gleichen Lösung betraut und konnten so dieses enorme Wissen aufbauen.

Solche Ausnahmetalente stellen aber auch ein großes Risiko für jede Lösung dar. Sobald diese Wissensträger nicht mehr zur Verfügung stehen, entstehen große Probleme bei der Wartung und Weiterentwicklung der Lösung, da schlichtweg das Wissen fehlt. Aus diesem Grund sind Designkonzepte ein wichtiges externes Gedächtnis für das Bauteam und alle relevanten Stakeholder.

»Ich weiß es gerade nicht, aber ich weiß, wo es steht« als Indikator für das Verständnis einer digitalen Lösung

Ein dritter Indikator für das Verständnis einer digitalen Lösung ist der Umgang mit Wissenslücken. Wenn z.B. ein Mitglied des Bauteams in einem Gespräch über die Lösung bei einer Detailfrage an einen Punkt kommt, an dem er oder sie nicht mehr weiter weiß, dann jedoch auf die Designkonzepte zurückgreift und eine Antwort geben kann, ist dies ein gutes Zeichen für das Verständnis der Lösung.

Damit Designkonzepte als externes Gedächtnis funktionieren, müssen sie genauso gut gepflegt und aktualisiert werden wie die technische Dokumentation und der Quellcode einer Lösung. Diese Aufgabe wird zwar oft als lästig empfunden, ist aber zwingend notwendig. Darauf kommen wir noch einmal zurück, wenn es um die Grenzen von Designkonzepten geht.

Evaluationsinstrument und Evaluationsreferenz

Die Bedeutung der Evaluation für den Bau einer guten Lösung haben wir bereits besprochen. Designkonzepte leisten in zweierlei Hinsicht einen wichtigen Beitrag zur Evaluation während des Bauprozesses: als Evaluationsinstrument und als Evaluationsreferenz.

Das Designkonzept kann unmittelbar als Evaluationsinstrument verwendet werden, da der beschriebene Entwurf der Lösung auf Basis des Konzepts evaluiert werden kann. Hierzu können die Inhalte von Designkonzepten (z.B. das Geschäftsmodell, die Geschäftsprozesse, die Vision, die Systemstruktur oder Details der Elemente) von Stakeholdern im wahrsten Sinne des Wortes gelesen und geprüft werden. Im Wesentlichen kann mit dieser Form der Evaluation die Frage beantwortet werden, ob der Entwurf der Lösung im Sinne der relevanten Stakeholder ist. Diese frühe Form der Evaluation wird intensiv in anforderungsgetriebenen Ansätzen verwendet und dort als Validierung bezeichnet (vgl. [Pohl & Rupp 2021]).

Im Bauprozess wird die digitale Lösung auf Basis der Designkonzepte realisiert. Damit werden die erstellten Designkonzepte unmittelbar zu einem Referenzpunkt, um die realisierte Lösung systematisch zu evaluieren und die Frage zu beantworten, ob »die Lösung richtig gebaut wurde«. Damit diese Evaluation effizient und effektiv ausgeführt werden kann, braucht es Designkonzepte mit einem Detaillierungsgrad, der eine sinnvolle Evaluation der Lösung erlaubt. Für den Bau digitaler Lösungen spielen an dieser Stelle insbesondere Fachleute für Softwaretest und -qualitätssicherung eine wichtige Rolle (vgl. [Spillner & Linz 2019]).

Designkonzepte können auch rechtliche Relevanz haben

Je nach Branche oder Domäne einer Lösung spielen Designkonzepte auch aus rechtlicher Sicht eine wichtige Rolle. In einigen Branchen gibt es gesetzliche Regulierungen, die eine externe Prüfung einer geplanten Lösung vorschreiben, die auch als Evaluation verstanden werden kann.

Zum Beispiel müssen Medizinprodukte zertifiziert werden, um eine Marktzulassung zu bekommen. Bei diesen Zertifizierungen spielen Konzepte und Anforderungsdokumente eine wichtige Rolle.

Ein weiteres Beispiel in diesem Kontext sind digitale Lösungen, die im weitesten Sinne mit Geld oder steuerrelevanten Daten arbeiten. Für diese Lösungen sind die »Grundsätze zur ordnungsmäßigen Führung und Aufbewahrung von Büchern, Aufzeichnungen und Unterlagen in elektronischer Form sowie zum Datenzugriff« (GoBD) relevant. Diese besagen sinngemäß, dass alle Teile der Lösung, die Geld bewegen, angemessen dokumentiert und getestet werden müssen. Designkonzepte sind hierfür ein geeignetes Medium und haben eine unmittelbare rechtliche Relevanz.

7.2.3 Grenzen von Designkonzepten

Konzepte brauchen fortlaufende Pflege

Die Arbeit an Designkonzepten ist – genauso wie die Arbeit an einer digitalen Lösung – erst abgeschlossen, wenn die Lösung außer Betrieb geht. Designkonzepte sind keine statischen Dokumente, sondern lebende Entwürfe und Kommunikationsmittel. Daher können im Verlauf des Bauprozesses Schwachstellen und fehlende Details identifiziert und bearbeitet werden. Für die Grundlagen des Digital Design werden wir uns mit diesem Ausblick begnügen und die Tatsache akzeptieren, dass Konzepte während des gesamten Bauprozesses gepflegt und überarbeitet werden müssen, um Nutzen im Bauprozess zu erbringen.

Die Frage, wann diese Pflegearbeit erledigt wird, ist nicht trivial. Sie wird uns bei der Arbeit auf der Elementebene (siehe Abschnitt 10.4) wieder begegnen, da diese den größten Umfang und damit auch den größten Pflegeaufwand hat. Grundsätzlich ist eine positive Haltung gegenüber der Pflege von Designkonzepten wichtig.

Sie pflegen Designkonzepte selten für sich, sondern immer für andere

»Warum soll ich das aufschreiben? Ich weiß doch, was ich will!« ist ein oft gehörter Ausspruch, der gerne als Ausrede benutzt wird, um kein Designkonzept zu erstellen oder es nicht zu pflegen.

Um dieser Haltung vorzubeugen, ist es wichtig zu erkennen, dass die Arbeit an Designkonzepten meist für andere geleistet wird. Wenn man dies verinnerlicht hat und auch von guten Designkonzepten anderer Leute profitiert hat, dann fällt es leichter, die notwendige Pflegearbeit zu leisten.

Konzepte brauchen fortlaufende Interpretation

Eindeutigkeit und Präzision sind ein wichtiges Qualitätsmerkmal guter Designkonzepte (und auch anderer Konzeptformen). Egal wie eindeutig und präzise ein Designkonzept formuliert ist, es bleibt dennoch Spielraum für Interpretation. Auch wenn diese Erkenntnis auf den ersten Blick etwas niederschmetternd klingt, ist dies auch wieder kein Argument, auf die Arbeit mit Designkonzepten zu verzichten. Ganz im Gegenteil, Designkonzepte sind Kommunikationsmittel und Kommunikation ist immer auch ein Interpretationsprozess. Daher ist es nur natürlich, dass auch Designkonzepte interpretiert werden müssen.

Die Interpretierbarkeit von Designkonzepten ist ein unausweichlicher Umstand und die gemeinsame Interpretation von Designkonzepten ist daher ein wichtiger Teil der Arbeit mit Konzepten. Stakeholder und Bauteam müssen gemeinsam mit den Designkonzepten arbeiten und sie dabei gemeinsam interpretieren. So werden Schwächen in der Eindeutigkeit und Präzision erkannt und können verbessert und behoben werden. Ein wichtiges Mittel für die Interpretation können Prototypen sein. Durch Prototypen wird ein Designkonzept in einer bestimmten Form interpretiert und dargestellt. Auf diese Weise können Stakeholder und Bauteam überprüfen, ob sie das gleiche Verständnis haben.

Konzepte sind nicht die digitale Lösung

Auch wenn die Überschrift beim ersten Lesen trivial anmutet, steckt hinter der Aussage »Konzepte sind nicht die digitale Lösung« eine wichtige Erkenntnis. Die Arbeit an und mit Designkonzepten ist zwar eine zentrale Aufgabe im Digital Design, dennoch sind Designkonzepte nur Mittel zum Zweck. Das Ziel eines Bauprozesses besteht darin, eine digitale Lösung zum Leben zu erwecken, und zu diesem Ziel tragen Designkonzepte bei.

Dieser Punkt wird hier besonders hervorgehoben, um klarzumachen, dass Konzeptarbeit zwar ernst genommen werden muss, aber dass das Ziel eine gute digitale Lösung ist.

Konzepte als Demarkationslinie sind ein Indiz für Probleme

In Projekten, die sich in einem kritischen Zustand befinden (z.B. Terminverzug oder unzufriedene Benutzer), können Designkonzepte (und auch Anforderungsdokumente) von einem Arbeitsmittel zu einer Art Demarkationslinie werden. Die Designkonzepte werden im Bauteam als Grenze der persönlichen Verantwortung angeführt. Zwei Beispiele für denkbare Kommunikationsmuster sind:

»Ich habe nur das umgesetzt, was im Konzept stand.«

»Meine Konzepte waren gut, sie wurden aber schlecht umgesetzt.«

Beide Aussagen zielen darauf ab, die Verantwortung im Team auf die Seite des Designs (erste Aussage) oder auf die Seite der Realisierung (zweite Aussage) zu schieben. Unabhängig davon, ob und wer in einer Situation recht hat, ist diese Art der Kommunikation ein Hinweis auf ein Problem in der Teamarbeit.

Ausgefeilte Konzepte können falsches Vertrauen schaffen

Wenn ein Team einen hohen Reifegrad im Umgang mit Designkonzepten erreicht hat, können beeindruckende Designkonzepte entstehen, die ein gutes Verständnis von der geplanten Lösung vermitteln. Werden dazu dann passende Prototypen präsentiert, die wesentliche Aspekte einer Lösung greifbar machen, dann entsteht insbesondere bei Neulingen in der Rolle des Auftraggebers der Eindruck, dass die Lösung im Wesentlichen fertig ist und der Erfolg nur eine Frage der Zeit ist.

Dieser positive Eindruck muss nicht zwingend falsch sein. Insbesondere, wenn die Konzepte und Prototypen angemessen evaluiert sind, ist die Chance auf Erfolg sehr realistisch. Dennoch muss an dieser Stelle deutlich davor gewarnt werden, dass ausgereifte Konzepte und Prototypen ein falsches Vertrauen schaffen können. Dies ist kein Argument gegen Konzeptarbeit. Es ist vielmehr eine wichtige Warnung und Erinnerung daran, dass der Stand von Designkonzepten und insbesondere der Reifegrad eines Konzepts (und auch von Prototypen) klar kommuniziert werden muss, um die Erwartungen an das Konzept und die Lösung angemessen zu lenken.

7.3 Prototypen als Mittel zum Design und zur Evaluation

Prototypen sind ein zentrales Mittel in der Designarbeit und helfen dabei, eine digitale Lösung (oder Teile davon) im besten Sinne des Wortes *begreifbar* zu machen, um sie besser zu verstehen.

7.3.1 Grundlagen zu Prototypen

»Prototyp« ist ein sehr weit gefasster Begriff und wird je nach Fachdisziplin sehr unterschiedlich eingesetzt. Eine wichtige Gemeinsamkeit über alle Disziplinen hinweg ist jedoch, dass Prototypen erstellt werden, um einen Gegenstand (z.B. ein Produkt) oder auch einen Sachverhalt (z.B. einen Prozess) zu zeigen, zu erklären, zu erproben und auch zu validieren. Im Mittelpunkt steht hierbei immer ein Erkenntnisgewinn, d.h., durch die Verwendung von Prototypen will etwas gelernt werden[3].

Die Verwendung von Prototypen im Design bietet die Möglichkeit, unterschiedliche und sich auch teilweise überschneidende Ziele zu erreichen (vgl. [McElroy 2017]):

- Erforschung des Problemraums
- Verständnis der Bedürfnisse und Anforderungen von Stakeholdern
- Kommunikation von Lösungsideen und Konzepten
- Evaluation und Verbesserung von Konzepten und Lösungsideen
- Durchsetzen einer Lösung oder einer Lösungsidee

Wichtig in Bezug auf Prototypen ist die Unterstützung des iterativen Arbeitens. Mit Prototypen können Probleme, Anforderungen, Konzepte, Lösungsideen und konkrete Lösungen schnell iteriert werden. Bei der Diskussion des Design Squiggle haben wir dies bereits kennengelernt. Für das Digital Design brauchen wir aufgrund des Anspruchs an eine ganzheitliche Gestaltung und dem damit einhergehenden interdisziplinären Charakter eine sehr breite Definition von Prototyp:

Prototyp
Eine vorläufige, unvollständige Instanz einer Designlösung.

---

3. Eine spannende und auch gesellschaftskritische Auseinandersetzung mit Prototypen und ihrer Anwendung im Design finden Sie im Buch »Prototyping Society« von Sascha Dickel [Dickel 2019].

7.3.2 Verwendung von Prototypen im Bauprozess

Bevor wir uns mit den wesentlichen Zwecken von Prototypen befassen, müssen wir noch eine wichtige Begrifflichkeit klären. Im Kontext von Prototypen wird auch von »Prototyping« gesprochen. Um dies einzuordnen, wird hier mit dem Begriff »Prototyp« der Gegenstand bezeichnet und mit Prototyping der Prozess und das Arbeiten mit Prototypen (vgl. [Dickel 2019]).

7.3.2.1 Wesentliche Zwecke für die Erstellung von Prototypen

Mit Prototypen wollen wir etwas lernen. Daher sollten Prototypen immer mit einem bestimmten Zweck erstellt werden. Für das Digital Design können die folgenden drei wesentlichen Zwecke für die Erstellung von Prototypen unterschieden werden.

Klärung von Ideen

Mit Prototypen können Ideen für eine Lösung in unterschiedlichen Formen erstellt werden. Durch diese Manifestation können die dahinterliegenden Ideen kritisch diskutiert, reflektiert und angepasst werden. Die Möglichkeit zu Reflexion bezieht sich dabei nicht nur auf Stakeholder, sondern insbesondere auch auf die Personen, die den Prototyp erstellen.

Prototypen auch für sich selbst erstellen

Wenn Sie sich fragen, wie gut Sie die Problemstellung oder auch die Lösungsidee verstanden haben, dann kann ein Prototyp ein gutes Hilfsmittel zur Beantwortung dieser Frage sein.

Wenn Ihnen die Arbeit am Prototyp schnell und gut von der Hand geht, ist das ein Zeichen für ein gutes Verständnis. Geht die Arbeit jedoch zäh voran, kann das ein Indiz für ein weniger gutes Verständnis sein.

Wesentlich für den Zweck der Klärung ist der Fokus auf die zu klärende Idee bzw. die zu klärenden Ideen, die durch den Prototyp reflektiert werden sollen. Dies sollte z.B. bei der Präsentation der Prototypen und dem Austausch mit Stakeholdern klargemacht werden. Hier ein einfaches Praxisbeispiel.

Nehmen wir an, wir haben die Idee, dass unsere digitale Lösung durch den Einsatz einer Zwei-Faktor-Authentifizierung besonders abgesichert wird. So soll den Benutzern ein starkes Gefühl von Schutz und Sicherheit vermittelt werden. Wie können wir mit Prototypen überprüfen, ob diese Idee das Sicherheitsgefühl verbessert?

Modell der Lösung

Mit Prototypen können Modelle der angestrebten Lösung erstellt werden und so als Referenz für die Realisierung der Lösung (oder von Teilen der Lösung) in späteren Phasen im Bauprozess dienen. Bei dieser Verwendung wird der Prototyp als Vorbild verstanden, das später mehr oder minder exakt realisiert wird.

Wesentlich bei dieser Verwendungsform ist ein sinnvolles Erwartungsmanagement und eine klare Erläuterung, wie genau der Prototyp als Referenz zu verstehen ist. Im Industriedesign gibt es beispielsweise das sogenannte *Vorserienmodell*, das als exaktes Vorbild des späteren Massenprodukts verstanden wird und daher auch exakt kopiert oder besser gesagt produziert werden muss. Im Gegensatz dazu gibt es in der Softwareentwicklung sehr einfache User-Interface-Prototypen, die ein User Interface sehr genau visualisieren können. Diese Prototypen können aufgrund ihres Detailreichtums als eine Art Vorserienmodell missverstanden werden, wenn sie nicht klar genug erklärt werden.

Um die Idee der Zwei-Faktor-Authentifizierung zu reflektieren, können zwei Prototypen im Sinne von User-Interface-Mock-ups (Visualisierungen des User Interface) erstellt werden:

- Mit dem ersten Prototyp wird eine Serie von Mock-ups gezeigt, die das Login mit Benutzernamen und Passwort demonstrieren.
- Mit dem zweiten Prototyp wird eine Serie von Mock-ups gezeigt, die zusätzlich zum Benutzernamen und Passwort noch eine Bestätigung über eine Smartphone-App enthalten (Zwei-Faktor-Authentifizierung).

Mithilfe dieser Prototypen kann eine Diskussion mit Stakeholdern gezielt auf das Gefühl von Schutz und Sicherheit gelenkt werden. Zum Beispiel könnte man fragen: »Welcher der beiden Prototypen ist nach Ihrer Wahrnehmung sicherer?« Dieser Fokus ist wichtig, da Stakeholder ohne diese Fokussierung ggf. andere Aspekte an den Prototypen diskutieren wollen, vielleicht das Layout oder einzelne Prozessschritte.

Evaluationsmodell

Der dritte wesentliche Zweck von Prototypen ist der Einsatz als Evaluationsmodell für die gedachte Lösung. Dann wird ein Prototyp erstellt, der die Lösung mit geeigneten Mitteln simuliert oder darstellt, bevor die Lösung tatsächlich realisiert wird.

Der Prototyp kann dann dafür verwendet werden, die gedachte Lösung in vielfältigster Weise zu evaluieren. Bezogen auf die Übung zur Klärung von Ideen kann ein Prototyp der Zwei-Faktor-Authentifizierung dazu dienen, die Benutzbarkeit des User Interface zu erproben oder auch das visuelle Layout mit Stakeholdern zu prüfen.

Neben dieser stark auf das Visuelle und das Wahrnehmbare bezogenen Evaluation können Prototypen ebenso dazu eingesetzt werden, Fragestellungen der technischen Machbarkeit oder wirtschaftlichen Tragfähigkeit zu evaluieren. Insbesondere bei Lösungen, die innovative Funktionen oder innovative Technologien nutzen, können Prototypen im Sinne von Evaluationsmodellen einen wichtigen Beitrag zur Risikoeinschätzung leisten.

7.3.2.2 Prototypen und die Frage nach Aufwand und Nutzen

Je nach konkreter Art und Zweck des Prototyps erfordert die Erstellung von Prototypen einen mehr oder minder großen Aufwand und ggf. weitere Ressourcen in Form von Material oder Personal.

In Kontexten mit wenig Erfahrung im Bau digitaler Lösungen muss der Einsatz von Prototypen und ihr Nutzen sehr gut erklärt werden, damit Auftraggeber und weitere Stakeholder bereit sind, den erforderlichen Aufwand und die Kosten für die Prototypen zu tragen. Grundsätzlich helfen die zuvor dargestellten Verwendungszwecke, um diese Argumentation zu führen. So können Auftraggeber und weitere Stakeholder besser einschätzen, ob die für die Prototypen anfallenden Aufwände sinnvoll investiert sind.

Eine grundsätzlich gute Strategie für die Diskussion über den Aufwand von Prototypen ist die Frage nach den Alternativen. Wenn beispielsweise anstatt eines Prototyps eine direkte Realisierung angestrebt wird, dann können bei diesem Vorgehen die Kosten des Scheiterns (also der Realisierungsaufwand) ins Verhältnis zum Aufwand für den Prototyp gestellt werden. Wenn hier ein sinnvolles Kosten-Nutzen-Verhältnis aufgezeigt werden kann, hilft dies bei der Entscheidung für den Prototyp.

Eine weitere nützliche Strategie für einen wirtschaftlichen Umgang mit Prototypen ist der Einsatz eines Prototyps für mehrere Zwecke. So können Aufwände gebündelt werden, um möglichst viel Nutzen aus einem Prototyp zu ziehen. Insbesondere im Bereich der Softwareentwicklung gibt es sehr ausgefeilte Werkzeuge und Möglichkeiten, um Prototypen zu realisieren. Der Einsatz dieser Werkzeuge kann dazu führen, dass Prototypen sehr schnell und damit auch kostengünstig erstellt werden können. Auf der anderen Seite bergen solche Werkzeuge aber auch die Gefahr, dass Prototypen sehr groß und umfangreich werden, vor allem, wenn ein Prototyp für mehrere Zwecke realisiert werden soll.

Eine weitere Strategie für Prototypen ist die Fokussierung auf die relevanten Fragestellungen. Bei dieser Strategie wird versucht, den Prototyp mit möglichst einfachen Mitteln so zu realisieren, dass er genau dem angestrebten Zweck dient. Schauen wir uns dazu ein einfaches Fallbeispiel an.

Stellen Sie sich vor, Sie arbeiten an einer App für das Lauftraining. Die Idee der App besteht im Wesentlichen darin, dass Läuferinnen und Läufer während ihres Trainings von ihrem Coach online betreut werden. Der Coach bekommt während des Trainings über das Internet die Laufstrecke und die Gesundheitsdaten des betreuten Läufers übermittelt und kann über eine Sprachverbindung (die Läufer tragen Kopfhörer) Tipps und Hinweise geben (z.B. »Lauf etwas langsamer, dein Puls ist zu hoch«).

Ihre Aufgabe besteht nun darin, einen Prototyp zu entwerfen, um zu evaluieren, ob das Coaching für Läuferinnen und Läufer attraktiv ist (Zweck 1) und ob das Coaching machbar ist (Zweck 2). Nehmen Sie sich ein Blatt Papier und schreiben Sie auf, wie Sie diesen Prototyp realisieren könnten.

7.4 Prototypen in verschiedenen Disziplinen

Für die interdisziplinäre Zusammenarbeit im Digital Design, die uns bereits an verschiedenen Stellen begegnet ist, ist es wichtig, dass Prototypen je nach Disziplin unterschiedlich eingesetzt werden können und auch unterschiedliche Ausprägungen haben. Im Folgenden werden daher Beispiele für die Verwendung von Prototypen in einzelnen Disziplinen vorgestellt (vgl. [McElroy 2017]):

- *Bauwesen*: Prototypen von Gebäuden für die folgenden Aufgaben: Darstellung des Aussehens eines Gebäudes in einem echten Modell; Lüftungsströmungsmodelle von Grundrissen zur Simulation von Lüftung, Heizung und Kühlung; 3D-Simulationen von Gebäuden, um späteren Bewohnern einen Eindruck vom Inneren eines Gebäudes zu vermitteln.
- *Industriedesign*: Analoge und digitale Skizzen von Gegenständen, um Form und Aussehen zu demonstrieren; Schaumstoffmodelle oder Modelle aus dem 3D-Drucker, um einen lebensechten Eindruck der Form zu vermitteln; Materialstudien, um verschiedene Materialien für ein Produkt zu evaluieren; Vorserienmodelle, um ein realistisches Abbild des späteren Massenprodukts beim Endkunden zu zeigen.
- *Filmindustrie*: Storyboards mit Skizzen von Filmszenen, um den Handlungsstrang und die Geschichte darzustellen.
- *Elektrotechnik*: Prototypboards zur Evaluation des technischen Aufbaus, z.B. zur Evaluation des Energieverbrauchs.
- *Interaction Design*: Visuelle Prototypen von User Interfaces in Form von Skizzen, realistischen Visualisierungen oder benutzbaren Simulationen, um das User Interface mit potenziellen Benutzern zu evaluieren.
- *Software Engineering*: Implementierung ausgewählter Teile einer Software als funktionale Prototypen, um die Machbarkeit einer Idee oder die Erfüllbarkeit von Qualitätsanforderungen zu überprüfen.

Für den Prototyp zur Lauftraining-App wird häufig eine spezielle Software vorgeschlagen, um die Daten des Läufers zu messen, zu übertragen und dem Coach anzuzeigen. Grundsätzlich ist dies ein machbarer Weg und wird vermutlich auch zu spannenden Erkenntnissen führen. Nimmt man aber den Grundsatz eines möglichst einfachen Prototyps ernst, kommt eine wesentlich einfachere Variante ins Spiel:

- Ein beliebiges Smartphone mit beliebiger Smartwatch kann verwendet werden, um den Puls, die Laufgeschwindigkeit und die Laufstrecke der Läufer zu messen.
- Coach und Läufer kommunizieren über eine Videokonferenzlösung, die es mittlerweile auch für Smartphones gibt und die gut mit mobilen Datenverbindungen funktioniert.
- Die Daten der Läufer werden ebenfalls über die Videokonferenzlösung und die Funktion des Bildschirmteilens zum Coach übertragen.

Die User Experience des Coaches ist vermutlich nicht die beste. Läufer können dennoch das Coaching erleben und die Coaches bekommen einen Eindruck von ihrer Tätigkeit. Für eine erste Einschätzung der Attraktivität (für Läufer) und der Machbarkeit (für Coaches) sollte dies ausreichen.

Reflexionsfragen

Denkmodelle für Designarbeit

Wie hat sich die Idee des Design Squiggle, dass ein Designprozess tendenziell nicht linear verläuft, auf Sie ausgewirkt? Hat es Sie eher überrascht oder Ihre bisherigen Erfahrungen bestätigt?

Wie wirkt die Trennung von subjektivem und objektivem Modus im Dual-Mode-Modell des Designs auf Sie? Welche Vorteile sehen Sie?

Welche Beispiele für besonders schwierige Tame bzw. Wicked Problems fallen Ihnen ein? Was macht diese Beispiele so schwierig?

Konzepte als Mittel und Ergebnis der Designarbeit

Mit welchen Formen von Konzepten haben Sie bereits gearbeitet?

Welche Erfahrungen waren besonders positiv oder negativ?

Prototypen als Mittel zum Design und zur Evaluation

Mit welchen Formen von Prototypen haben Sie bereits gearbeitet? Was waren dabei besonders positive oder negative Erfahrungen?

Nehmen Sie ein aus Ihrer Sicht spannendes Beispiel für einen Prototyp aus einer Disziplin (z. B. eine 3D-Simulation eines Gebäudes). Wie könnte dieser Prototyp im Digital Design eingesetzt werden?

Teil II
Designkompetenz

8 Designarbeit auf der Lösungsebene

While you may ignore economics,
it won't ignore you.
– Donald Reinertsen in [Reinertsen 2009]

Die Lösungsebene befasst sich im weitesten Sinne mit der unternehmerischen und wirtschaftlichen Perspektive auf eine digitale Lösung. Dabei spielt die Frage nach dem Mehrwert einer Lösung für den Kunden eine wichtige Rolle. Ohne einen attraktiven Mehrwert ist die Lösung aus der Mensch-Perspektive nicht interessant und wird keinen Erfolg haben.

Dieses Kapitel führt grundlegende Aspekte für das Entwerfen auf der Lösungsebene ein. Das Zusammenspiel der Aspekte wird ebenso betrachtet wie die Evaluation der Entwurfsarbeit als Teil der Designarbeit. Abschließend wird auf die Designarbeit auf der Lösungsebene während des Bauprozesses eingegangen.

8.1 Grundlegende Aspekte zum Entwerfen der Lösung

Für das Entwerfen auf der Lösungsebene definieren wir basierend auf dem Arbeitsmodell für das Design digitaler Lösungen (siehe Abschnitt 3.3) die folgenden Aspekte:

- Vision der Lösung (als Zielbild)
- Form der Lösung: Kunden-/Benutzergruppen und Wertschöpfungsarchitektur
- Funktion der Lösung: Wertversprechen und Geschäftsprozesse
- Qualitätsanforderungen an die Lösung als Ganzes
- Randbedingungen für die Lösung als Ganzes

Diese Aspekte werden im Folgenden erläutert und zum besseren Verständnis anhand des Fallbeispiels der Lauftraining-App veranschaulicht. Ebenso werden konkrete Techniken zur Dokumentation vorgestellt.

8.1.1 Vision der Lösung (als Zielbild)

Die Vision für die Lösung definiert im weitesten Sinne das Zielbild für die digitale Lösung. Sie erklärt, was mit einer Lösung erreicht werden soll, und begründet auch, warum sich ein Auftraggeber (und ggf. die zugehörige Organisation) auf den Weg macht, um eine Lösung zu realisieren.

Die Doppelaufgabe der Vision (»Was soll erreicht werden?« und »Warum soll es erreicht werden?«) ist ein wesentlicher Erfolgsfaktor für jeden Bauprozess, da die Vision neben einem inhaltlichen Zielbild und der Frage der Machbarkeit, Attraktivität und Tragfähigkeit (siehe Abschnitt 5.1) auch die erforderliche Motivation für alle Beteiligten liefert, um den Bauprozess zu starten und zu Ende zu bringen.

Vision als Pressemitteilung aus der Zukunft formulieren

Die Pressemitteilung aus der Zukunft (Future Press Release, vgl. [Rossmann 2019]) versetzt einen Menschen gedanklich in eine weiter entfernte Zukunft, in der die gedachte digitale Lösung bereits realisiert wurde und erfolgreich ist. Anhand von fiktiven Fotos und Zitaten von Auftraggebern sowie von Kunden/Benutzern werden u.a. der Mehrwert und wichtige Faktoren für den Erfolg der Lösung dargestellt.

Die Pressemitteilung aus der Zukunft sollte, wie eine echte Pressemitteilung auch, auf eine Seite passen und eignet sich aufgrund der kompakten Form sehr gut für die Definition einer Vision. Gleichzeitig fördert die Arbeit an einem erfolgreichen Zukunftsbild die Motivation aller Beteiligten, gerade in einem frühen Stadium eines neuen Bauprozesses.

Mit Blick auf die Designarbeit auf der Lösungsebene ist die Arbeit an der Vision besonders zum Start eines neuen Bauprozesses in der Auftragsklärung wichtig, um ein gemeinsames Zielbild und eine gemeinsame Motivation zu *entwerfen*. Entwerfen ist hier als Verb sehr bewusst gewählt. Zum einen ist eine Vision immer nur eine Idee und (noch) keine Realität bzw. nicht die Lösung. Zum anderen können Auftraggeber und weitere Beteiligte durch die Arbeit an der Vision erkunden, welche Aspekte der Vision sie besonders motivieren und antreiben, eine gute Lösung zu realisieren.

Auch im weiteren Verlauf des Bauprozesses spielt die Vision eine wichtige Rolle als Referenz- und Orientierungspunkt. Alle Beteiligten des Bauprozesses können anhand der Vision überprüfen, ob der Bauprozess und die geplante digitale Lösung in Einklang sind und ob der Prozess die gewünschten Ziele erreicht. Weiterhin kann die Vision helfen, wenn die Motivation im Bauprozess durch kritische Situationen leidet (z.B. Probleme in der Entwicklung auftreten), und neue Motivation für alle Beteiligten schaffen, indem das große Zielbild und der Grund für die neue Lösung ins Gedächtnis gerufen werden. Aus diesem Grund ist die Vision auch Teil des Lösungsdesignkonzepts (siehe Abschnitt 5.3.2). Sie sollte wie alle anderen Bestandteile eines Designkonzepts fortlaufend geprüft und gepflegt werden, wenn sich das Verständnis der Vision verändert (z.B. durch ein besseres Verständnis der Kunden- oder Benutzerbedürfnisse).

Es gibt verschiedene Arten von Visionen

Die in diesem Abschnitt beschriebene Vision für eine digitale Lösung kann im weitesten Sinne als Produktvision verstanden werden, da es um das Zielbild geht, das mit der digitalen Lösung erreicht werden soll. Für ein umfassendes Verständnis ist es hilfreich, auch die Projekt- und die Unternehmensvision zu kennen.

Die Projektvision wird im Projektmanagement für die Festlegung eines Zielbilds, das durch ein Projekt erreicht werden soll. Die Unternehmensvision wird in der Unternehmensführung eingesetzt, um ein Zielbild zu formulieren, das durch ein Unternehmen erreicht werden soll.

Auch wenn es im Kern bei allen drei Visionsarten um ein Zielbild geht, ist die Blickrichtung bzw. der Fokus jeweils ein anderer. Einmal geht es um die Lösung/das Produkt, einmal um ein Projekt (also um einen Zeitraum) und einmal um ein Unternehmen als Ganzes.

In Ausnahmefällen können alle drei Arten sehr ähnlich formuliert sein. Die ist insbesondere dann der Fall, wenn für die Umsetzung einer bestimmten Lösung ein Unternehmen gegründet und ein Projekt zur Realisierung der Lösung gestartet wird. In der Regel sind die drei Arten einer Vision aufgrund ihres Fokus jedoch unterschiedlich formuliert.

Wichtig aus Sicht des Digital Design ist, dass die Vision der Lösung in den Verantwortungsbereich des Digital Design fällt. Für die Arbeit an der Vision für die digitale Lösung kann die Unternehmensvision eine wertvolle Informationsquelle sein, um im Rahmen der Unternehmensvision ein passendes Zielbild für die digitale Lösung zu entwerfen. Ebenso kann die Projektvision ein hilfreiches Instrument sein, um gemeinsam mit dem Management wichtige Zwischenschritte für den Bau der Lösung zu formulieren.

8.1.2 Form der Lösung

Zum Entwurf der Form auf der Lösungsebene sind die Kunden- bzw. Benutzergruppen der Lösung und die Wertschöpfungsarchitektur relevante Aspekte. Mit diesen beiden Aspekten kann der strukturelle Aufbau einer Lösung entworfen und dokumentiert werden.

Kundengruppen/Benutzergruppen

Kunden bzw. Benutzer verwenden die digitale Lösung als Produkt oder nehmen eine Dienstleistung im Kontext der digitalen Lösung in Anspruch. Ein klares Verständnis über die Kundengruppen und die Benutzergruppen ist ein essenzieller Erfolgsfaktor für eine digitale Lösung, denn die Kunden und Benutzer sind der wesentliche Grund, warum eine digitale Lösung überhaupt gebaut wird. Wenn das Wertversprechen einer Lösung nicht von den Kunden nachgefragt wird und die Benutzer die Lösung nicht verwenden wollen oder können, dann kann eine Lösung nicht erfolgreich werden.

Beim Fallbeispiel der Lauftraining-App geht es darum, dass Läuferinnen und Läufer online über eine App mit einem Coach trainieren können.

Wie könnten potenzielle Kunden- bzw. Benutzergruppen für diese Lösung definiert werden?

Potenzielle Kunden und Nutzer einer Lösung können meist zwischen mehreren Alternativen wählen, daher ist nicht festgelegt, was einen Menschen zwangsläufig zum Kunden und ggf. zum Benutzer macht. In geschlossenen Kontexten, z.B. bei unternehmensinternen Lösungen, ist der Benutzerkreis zwar klar umrissen (Benutzer sind die Mitarbeitenden im Unternehmen oder zumindest Teile davon), dennoch kann es auch hier verschiedene Benutzergruppen mit ihren teils unterschiedlichen Bedürfnissen geben, die es zu verstehen gilt. Mit dem Festlegen von Kunden- bzw. Benutzergruppen definieren wir im Rahmen des Entwurfs eine oder mehrere gedachte Mengen von Personen, die potenziell als Kunde und/oder Benutzer einer Lösung infrage kommen.

Barrierefreiheit und die Definition von Kunden-/Benutzergruppen

Bei der Definition von Kunden-/Benutzergruppen ist es hilfreich, auch auf das Thema Barrierefreiheit zu achten. So können die besonderen Bedürfnisse von Menschen mit Behinderung direkt beim Design der Lösung berücksichtigt werden. Beispiele für Einschränkungen sind u.a. Seh- oder Höreinschränkungen sowie motorische und kognitive Einschränkungen.

Die klare Entscheidung und Definition von Kunden- bzw. Benutzergruppen erlaubt eine intensive Analyse der Wünsche und Bedürfnisse möglicher Personen, die zu diesen Gruppen gehören. Auf Basis dieser Erkenntnisse kann parallel am Wertversprechen und dem weiteren Entwurf der Lösung gearbeitet werden. Kunden- und Benutzergruppen sollten daher in einer frühen Phase klar definiert werden, da sie einen wesentlichen Einfluss auf das weitere Design der Lösung haben.

Mit der schnellen Charakterisierung von Läufer und Coach haben wir weder Kunden- noch Benutzergruppen charakterisiert. Mit Blick auf die Kundengruppe könnten unterschiedliche Personengruppen adressiert werden. Zum Beispiel macht es einen großen Unterschied für die Lösung, ob Leistungs- oder Freizeitsportler oder beide Gruppen als Kunden adressiert werden.

Bei den Coaches geht es um Benutzergruppen. Hier ist es spannend, ob die Lösung eher auf Coaches abzielt, die selbst schon Erfahrung als Coach im Laufsport haben, oder auf Coaches, bei denen dies nicht der Fall ist. In beiden Fällen muss die Lösung und insbesondere der Teil der Lösung, mit dem die Coaches arbeiten, ganz unterschiedlich entworfen werden.

Zur Dokumentation von Kunden- und Benutzergruppen sind die folgenden Techniken hilfreich:

- Personas [Pruitt & Adlin 2006]
- Nutzungskontextbeschreibungen [ISO 2018]
- Das Kundenprofil der Value Proposition Canvas [Osterwalder et al. 2014]

Wertschöpfungsarchitektur

Die Wertschöpfungsarchitektur ist ein wichtiger Teil eines Geschäftsmodells und beschreibt, mit welchen Bausteinen eine digitale Lösung das Wertversprechen für die Kunden erbringen will, welche Veränderungen dabei entstehen und wie ggf. das Wertversprechen monetarisiert werden soll. Sie ist ein wesentlicher Faktor, wenn es darum geht, eine wirtschaftlich tragfähige Lösung im Sinne der Business-Perspektive zu entwerfen und als Teil des Lösungsdesignkonzepts festzuhalten.

Wie könnte die Wertschöpfungsarchitektur der Lauftraining-App strukturiert sein?

Was könnten mögliche Kosten sein und wie könnte eine mögliche Monetarisierung aussehen?

Der Begriff »Baustein« ist an dieser Stelle bewusst sehr abstrakt gewählt, da eine Wertschöpfungsarchitektur je nach Domäne und Anwendungsfeld sehr unterschiedliche Bausteine umfassen kann. Das digitale System ist für digitale Lösungen auf der Lösungsebene z.B. ein sehr relevanter Baustein. Darüber hinaus können je nach Art einer Lösung bestimmte Organisationsstrukturen oder Partner als Baustein erforderlich sein, um den Mehrwert für die Kunden zu erbringen.

Zur Wertschöpfungsarchitektur werden auch die Kosten gezählt, die für den Bau und den späteren Betrieb einer Lösung anfallen. Analog zur Vielfalt der Bausteine können auch die Kosten für eine digitale Lösung vielfältig sein. Die Kosten für die Erst- und Weiterentwicklung sowie für den Betrieb des digitalen Systems als Teil der Lösung haben wir bereits kennengelernt. Weitere Beispiele für mögliche Kosten können Personalkosten, Kosten für Hardware, für Lizenzen oder auch für Räumlichkeiten sein.

Wie schon bei den Kunden- und Benutzergruppen handelt es sich auch bei der Arbeit an der Wertschöpfungsarchitektur um einen aktiven Entwurfsprozess. Dabei ist es wichtig, die Bausteine, die Kosten und den Erlös im Zusammenhang zu entwerfen und sich nicht auf die Frage zu konzentrieren, was ein Kunde für den Mehrwert bezahlen muss. Weiterhin trägt diese Sichtweise auch die Frage der technischen Machbarkeit in sich. Wenn zur Erbringung eines Mehrwerts kostspielige Technologien erforderlich sind (z.B. das Training für maschinelles Lernen), wird dies die Kostenstruktur erheblich bestimmen und damit auch Einfluss auf die Frage haben, was ein Kunde zahlen soll.

Für die Lauftraining-App kann die Wertschöpfungsarchitektur so definiert werden, dass die Coaches über das digitale System und ihre Coaching-Leistung den Mehrwert für die Läufer erbringen. Die Kosten umfassen insbesondere die Personalkosten für die Coaches, die Hardware und die Räumlichkeiten, in denen die Coaches arbeiten.

Für die weiteren Gedanken zum Fallbeispiel wird zunächst davon ausgegangen, dass die Kunden ihre eigene Hardware (z.B. Smartphone und Smartwatch) mitbringen. In diesem Fall spielt diese Hardware für die Wertschöpfungsarchitektur keine Rolle. Auf eine Variante des Fallbeispiels, bei der die Hardware von Bedeutung ist, kommen wir später zurück.

Die Wertschöpfungsarchitektur erfasst die Kosten einer Lösung, um transparent mit dem Auftraggeber und ggf. weiteren Stakeholdern über die Monetarisierung einer Lösung zu sprechen. Der Entwurf der Wertschöpfungsarchitektur ist von großer Bedeutung, um die Kosten zu verstehen und eine wirtschaftlich tragfähige Lösung zu designen. Dies gilt insbesondere bei digitalen Lösungen, die ihren Mehrwert kostenlos anbieten (z.B. Suchmaschinen oder soziale Netzwerke gegen Werbung) oder bei digitalen Lösungen für einen unternehmensinternen Kontext, die ohne direkte Monetarisierung operieren.

Für die Dokumentation der Wertschöpfungsarchitektur als Teil des Geschäftsmodells einer Lösung ist die Business Model Canvas [Osterwalder & Pigneur 2010] eine gut geeignete Technik.

8.1.3 Funktion der Lösung

Zum Entwurf der Funktion auf der Lösungsebene sind Wertversprechen und Geschäftsprozesse relevante Aspekte. Mit ihnen kann entworfen werden, was eine Lösung bietet (Wertversprechen) und auf welche Weise (Geschäftsprozesse) ein Wertversprechen erbracht wird.

Wertversprechen

Das Wertversprechen definiert den Mehrwert einer Lösung als Ganzes oder den Mehrwert der einzelnen Bestandteile, den eine Lösung den Kunden anbietet. Damit bildet das Wertversprechen den zentralen Anker im Sinne der Funktion einer Lösung und wird als Teil des Geschäftsmodells im Lösungsdesignkonzept (siehe Abschnitt 5.3.2) festgehalten.

Implizit wurde das Wertversprechen der Lauftraining-App schon angesprochen.

Versuchen Sie, das Wertversprechen der Lauftraining-App in einem kompakten Satz zu formulieren.

Wertversprechen und Kundengruppen hängen unmittelbar voneinander ab und müssen im Zusammenspiel betrachtet werden. Daher ist der Entwurf des Wertversprechens eine integrierte Tätigkeit und hängt mit dem Entwurf der Kundengruppen zusammen. Mit Blick auf die Praxis besteht hier eine zyklische Abhängigkeit, ohne Kundengruppen kann man kein Wertversprechen definieren und ohne Wertversprechen kann man schlecht nach Kundengruppen suchen. Dieser Zyklus kann dadurch aufgelöst werden, dass beide Aspekte gemeinsam entwickelt werden.

Für die Formulierung eines Wertversprechens ist der Gedanke der absichtsvollen Veränderung der Umwelt im Sinne der Gestaltung hilfreich. Mit dem Wertversprechen definieren wir auf oberster Ebene, welchen Wert wir durch die Veränderung der Umwelt, also durch unsere Lösung, erreichen wollen.

Für Anfänger im Laufsport kann das Wertversprechen wie folgt formuliert werden: »Die Lauftraining-App bietet einen flexiblen und einfachen Einstieg in den Laufsport, bei dem durch hochwertiges Coaching ein sicherer Start in einen gesunden Sport ermöglicht wird.«

Leistungssportler wird dieses Wertversprechen vermutlich nicht ansprechen, hier müsste es z.B. eher wie folgt lauten: »Erfahrene Coaches bieten in der Lauftraining-App ein zielgerichtetes Training an, um die eigene Leistungsfähigkeit in flexiblen Trainingseinheiten weiterzuentwickeln.«

Es gibt also eine klare Abhängigkeit zwischen der gewählten Kundengruppe und dem Wertversprechen. Beim ersten Formulieren sind Wertversprechen nur Ideen, die intensiv evaluiert werden, um ihre Attraktivität zu prüfen.

Zur Dokumentation des Wertversprechens ist die Value Map aus der Value Proposition Canvas [Osterwalder et al. 2014] eine gute Technik.

Geschäftsprozesse

Mit dem Entwurf der Geschäftsprozesse (Mehrzahl ist hier wichtig, da eine Lösung typischerweise mehrere unterschiedliche Prozesse umfasst) gehen wir einen ersten wichtigen Schritt in Richtung konkreter Abläufe. Die Geschäftsprozesse definieren Handlungen, Aktivitäten und Prozesse, die in einer digitalen Lösung ablaufen, um den Mehrwert für den Kunden zu erbringen. Der Begriff des Erbringens ist abstrakt gewählt, da Mehrwerte auf ganz unterschiedliche Arten und Weisen entstehen können.

Denken Sie wieder an unser Fallbeispiel der Lauftraining-App. Welche Geschäftsprozesse fallen Ihnen ein?

Durch die Auseinandersetzung mit konkreten Abläufen in Geschäftsprozessen können wichtige Fragen zum Entwurf diskutiert werden:

- Sind die entworfenen Prozesse technisch machbar und wie können die Prozesse realisiert werden?
- Wie interagiert ein Kunde mit der Lösung, um den Mehrwert zu erhalten?
- Welche Schritte müssen erfolgen, damit ein Kunde Zugang zur Lösung bekommt?

- In welcher Weise fließt im Verlauf des Prozesses Geld?
- Wie können Probleme adressiert werden, die im Verlauf des Prozesses auftreten?

Die Fragen zeigen, dass Geschäftsprozesse umfangreich und detailliert sein können. Die konkrete Ausgestaltung von Geschäftsprozessen (oft auch als Modellierung bezeichnet) geht über den Fokus dieses Buches hinaus. Wichtig für das Verständnis der Lösungsebene ist, dass Geschäftsprozesse nicht nur unmittelbar auf die Interaktion mit einer Lösung bezogen werden sollten, sondern sehr breit aufzufassen sind. Diese breite Betrachtung unterstützt den Anspruch an eine ganzheitliche Gestaltung.

Ein wichtiges Mittel in diesem Zusammenhang ist die Betrachtung der sogenannten *Customer Journey* (Kundenreise). Diese kann im Wesentlichen in die folgenden drei Schritte unterteilt werden (vgl. [Tueanrat et al. 2021]):

- *Vor dem »Kauf«*: Prozesse und Aktivitäten, die dazu führen, dass ein Kunde von einer Lösung und dem angebotenen Mehrwert erfährt und den Mehrwert für sich in Anspruch nehmen möchte.
- *Akquise und Nutzung*: Prozesse und Aktivitäten, die dazu führen, dass Kunden den Mehrwert in Anspruch nehmen.
- *Nach der Nutzung*: Prozesse und Aktivitäten, die nach der Inanspruchnahme passieren und die Kunden dazu bewegen, die Lösung erneut zu verwenden oder weiterzuempfehlen.

Das gecoachte Training ist für die Lauftraining-App offensichtlich ein Geschäftsprozess. In diesem Prozess wird der Mehrwert durch das Coaching für den Kunden erbracht.

Damit bleibt aber die Frage unbeantwortet, wie ein Läufer einen Trainingstermin erhält. Kann er einfach die App öffnen, den nächsten freien Coach buchen und mit dem Training starten? Oder muss er einen Termin mit dem Coach vereinbaren? Wie werden Terminänderungen gehandhabt? Wie wird ein Training bezahlt? Wie kann ein gebuchter Termin verschoben werden? Und gibt es Möglichkeiten für den Läufer, nach dem Training Feedback zu geben, um die Qualität des Coachings zu bewerten?

Mit Blick auf die Customer Journey stellen sich auch die Fragen nach der Werbung für unsere Lösung und nach der Registrierung neuer Kunden.

Das Fallbeispiel zeigt, dass die Betrachtung der Geschäftsprozesse sehr konkrete Entscheidungen erfordert.

Für die Dokumentation von Geschäftsprozessen im Detail eignen sich Modellierungstechniken wie BPMN (Business Process Model and Notation [Weilkiens et al. 2015]). Darüber hinaus sind Customer Journey Maps [Angrave 2020] sehr hilfreich, um eine übergreifende Perspektive auf die gesamte Customer Journey einzunehmen.

8.1.4 Qualitätsanforderungen an die Lösung als Ganzes

Mit Qualitätsanforderungen werden die qualitativen Aspekte der Form und Funktion der Lösung erfasst. Sie sind von besonderer Bedeutung für den Entwurf der Lösung. Angemessene qualitative Eigenschaften haben großen Einfluss auf die Akzeptanz einer Lösung durch Kunden und Benutzer (Mensch-Perspektive). Besondere Ansprüche an Qualität können zu Kosten und Aufwand führen, daher betreffen Qualitätsanforderungen die wirtschaftliche Tragfähigkeit (Business-Perspektive). Und schließlich müssen Qualitätsanforderungen auch realisierbar sein, damit tangieren sie auch die technische Machbarkeit (Technologie-Perspektive).

Welche relevanten Qualitätsanforderungen an die Lauftraining-App kommen Ihnen spontan in den Sinn?

Je nach Art der Lösung decken Qualitätsanforderungen ein sehr breites Spektrum ab. Daher ist es wichtig, dass die konkreten Details und Ausprägungen der Qualitätsanforderungen in Zusammenarbeit mit allen relevanten Stakeholdern erarbeitet werden. Bei dieser Arbeit sind nicht nur die Kunden und Benutzer gefragt, sondern auch je nach Art der Lösung Branchen-, Prozess- sowie Technologie- und Realisierungsfachleute.

Wie wir oben gesehen haben, betreffen Qualitätsanforderungen alle drei Designperspektiven, daher müssen Qualitätsanforderungen auf der Lösungsebene in Teamarbeit erstellt werden. Dabei ist wichtig, dass die wesentliche Verantwortung für die Formulierung guter Qualitätsanforderungen als Teil des Entwurfs einer Lösung im Digital Design liegt.

Folgende Qualitätsanforderungen könnten an die Lauftraining-App gestellt werden:

- Die Lauftraining-App muss leicht zu bedienen sein.
- Das Registrierungsformular für die App muss übersichtlich sein.
- Die Sprachverbindung mit dem Coach muss gut verständlich sein.

Abgesehen davon, dass diese drei Qualitätsanforderungen nur bedingt gut formulierte Qualitätsanforderungen sind, passen sie nicht wirklich zur Lösungsebene, da sie sich nicht direkt auf die Form und Funktion der Lösung beziehen. Ziel sollte es sein, dass die drei Ebenen hier ihren Zweck (Strukturierung der Lösung) erfüllen können.

Der Geschäftsprozess zur Buchung eines Trainingstermins ist ein guter Ausgangspunkt für ein passenderes Beispiel. Angenommen, im Rahmen dieses Prozesses ist definiert, dass der Kunde eine Bestätigung des Termins erhält. Eine passende Qualitätsanforderung für diesen Geschäftsprozess wäre die folgende:

- Die Terminbestätigung muss spätestens 60 Sekunden nach Abschluss der Buchung beim Kunden eingegangen sein.

Diese Anforderung bezieht sich nur auf den Geschäftsprozess bzw. einen Teil des Prozesses und verlässt die Lösungsebene nicht. Wie die Bestätigung aussieht (SMS, E-Mail etc.), kann besser auf der System- und Elementebene als Teil der technischen Realisierung betrachtet werden.

Qualitätsanforderungen können – je nach Art der Lösung und Umfeld – auf vielfältige Arten und Weisen dokumentiert werden. Praktische Hinweise und Vorgehensweisen für die Formulierung von Qualitätsanforderungen finden sich in der Businessanalyse [Paul & Cadle 2020], im Requirements Engineering [Pohl & Rupp 2021] und im Service Design [Polaine et al. 2013]. Textuelle Beschreibungen sind eine pragmatische und grundlegende Technik zur Dokumentation. Des Weiteren ist es für die Arbeit mit Qualitätsanforderungen hilfreich, sich mit Normen und Standards zu befassen, da dort verschiedenste Aspekte von Qualitätsanforderungen systematisch definiert werden (vgl. z. B. [ISO 2011]).

8.1.5 Randbedingungen für die Lösung als Ganzes

Randbedingungen auf der Lösungsebene beschreiben unveränderliche Einschränkungen, die die Lösung als Ganzes betreffen. Diese ergeben sich meist aus Gesetzen, Normen und Standards oder anderen organisatorischen Vorgaben. Daher müssen zur Formulierung von Randbedingungen unbedingt entsprechende Fachleute aus dem für die Lösung relevanten Umfeld hinzugezogen werden.

Überlegen Sie sich mögliche Randbedingungen für die Lauftraining-App.

Selbst eine auf den ersten Blick recht einfache App kann bei genauem Hinsehen eine Reihe von Randbedingungen haben, je nachdem wie die Lösung als Ganzes konkret ausgeprägt ist. Einfache Entscheidungen beim Entwurf der Lösung eröffnen ganze Themenbereiche für Randbedingungen. Beispielsweise führt Geld zu Steuerfragen oder Personendaten zu Datenschutzfragen.

Beispiele für Randbedingungen auf der Lösungsebene für die Lauftraining-App sind:

- Da definiert wurde, dass das Coaching Geld kostet, sind in jedem Fall steuerliche Randbedingungen zu berücksichtigen. Daher sollten Fachleuchte für Steuerfragen einbezogen werden.
- Die Coaches gehen mit sensiblen personenbezogenen Daten der Kunden um, insbesondere mit Gesundheitsdaten. Daher spielen Fragen des Datenschutzes und damit Datenschutzfachleute eine wichtige Rolle.
- Je nach Zielsetzung des Trainings geht das Coaching im weitesten Sinne in Richtung medizinischer Beratung, da Menschen im Training an ihre Leistungsgrenzen stoßen. Daher sollten in jedem Fall auch Fachleute mit medizinischer Expertise einbezogen werden.

Die angemessene Formulierung und Dokumentation von Randbedingungen als Teil des Lösungsdesignkonzepts gehören zum Verantwortungsbereich des Digital Design. Wie bei Qualitätsanforderungen sind auch für Randbedingungen textuelle Beschreibungen ein pragmatisches Vorgehen. Gute Hinweise zur Formulierung von Randbedingungen finden sich z. B. in der Literatur zur Businessanalyse [Paul & Cadle 2020] oder zum Requirements Engineering [Pohl & Rupp 2021].

8.2 Aspekte der Lösungsebene im Zusammenspiel

Für die Entwurfsarbeit auf der Lösungsebene ist das Wissen um das Zusammenspiel der Aspekte von besonderer Bedeutung, um ganzheitlich am Entwurf einer Lösung zu arbeiten. Und für das Verständnis des Zusammenspiels ist es erforderlich zu wissen, dass alle Aspekte für den Entwurf der Lösungsebene gleich wichtig sind. Alle Aspekte stehen in Wechselwirkung miteinander und Veränderungen an einem Aspekt ziehen immer auch Veränderungen an anderen Aspekten nach sich. Abbildung 8–1 visualisiert alle sieben Aspekte samt Abhängigkeiten.

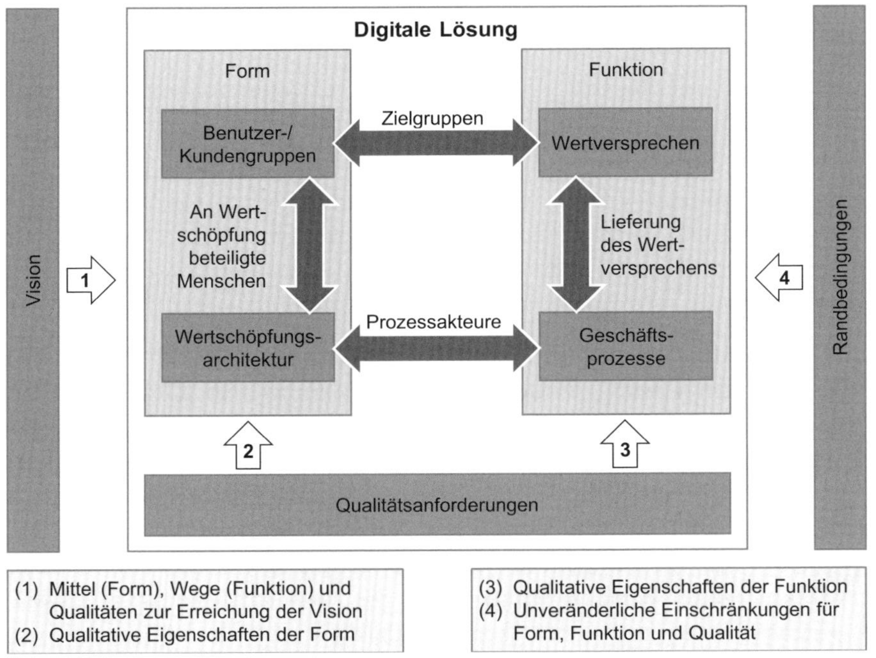

Abb. 8–1 *Aspekte zum Entwerfen auf der Lösungsebene im Zusammenspiel*

Dennoch können die Abhängigkeiten der einzelnen Aspekte so sortiert werden, dass sich eine nachvollziehbare Ordnung der Aspekte ergibt, die für den Entwurf auf der Lösungsebene hilfreich ist. Diese Ordnung wollen wir im Folgenden vorstellen:

- Ausgangspunkt ist die Arbeit an der Vision. Mit der Vision legen wir initial fest, was ein Auftraggeber mit der Lösung erreichen will und warum sich der Auftraggeber auf den Weg macht, um eine neue Lösung zu bauen. So legen wir die Basis für einen ersten Entwurf der Lösung und können nach relevanten Randbedingungen Ausschau halten.

- Mit den Kundengruppen können wir ein besseres Verständnis von den Personen erhalten, denen ein Wert angeboten werden soll. Ebenso bieten die Benutzergruppen ein besseres Verständnis darüber, welche Personen als Benutzer der Lösung angenommen werden.
- Mit der Wertschöpfungsarchitektur setzen wir Kunden- und Benutzergruppen als Akteure in eine Gesamtstruktur und definieren weitere Bausteine, die für das Erbringen des Mehrwerts erforderlich sind.
- Mit dem Wissen um alle vorher definierten Aspekte können nun Geschäftsprozesse unter Beteiligung der Kunden- und Benutzergruppen sowie der Bausteine aus der Wertschöpfungsarchitektur entworfen werden, die für die Erbringung des Wertversprechens erforderlich sind.
- Qualitätsanforderungen verwenden wir, um relevante qualitative Eigenschaften der Form oder Funktion der Lösung zu formulieren, die für den Erfolg der Lösung notwendig sind.
- Mit dem konkreten Verständnis der Lösung kann anhand der Vision überprüft werden, ob die Lösung die definierte Vision erreicht. Ebenso kann die Vision auf Basis der Erkenntnisse aus dem Entwurf der Lösung hinterfragt und angepasst werden.

Mit der Betrachtung der Vision am Ende dieser Ordnung kann der Arbeitsprozess zum Entwurf der Lösung wieder von vorne beginnen. So kann ein iteratives Arbeiten unterstützt werden, um zu einer guten Lösung im Sinne der drei Designperspektiven zu kommen. Zum Beispiel führt ein besseres Verständnis des Wertversprechens dazu, dass die Kundengruppen hinterfragt werden können, ggf. kann ein Wertversprechen für weitere Kundengruppen relevant sein.

Wesentlich für die Designarbeit auf der Lösungsebene ist an dieser Stelle, dass die Attraktivität für Kunden/Benutzer und die wirtschaftliche Tragfähigkeit im Fokus stehen. Fragen der technischen Machbarkeit gehören eher auf die System- und Elementebene.

Nehmen Sie die Vision einer Lauftraining-App für Laufanfänger als gegeben an und folgen Sie der in Abschnitt 8.2 eingeführten Ordnung.

Verwenden Sie am besten fünf Blätter Papier, je eines für Vision, Form, Funktion, Qualität und Randbedingungen. Ordnen Sie die Blätter auf einem Tisch an, wie in Abbildung 8–1 gezeigt, und notieren Sie Stichpunkte zu den Aspekten. Wichtig bei der Übung ist, dass eine Idee vom Zusammenspiel entwickelt wird und kein umfassender Entwurf. Achten Sie dabei besonders auf die Abhängigkeiten zwischen den Aspekten.

Ändern Sie danach die Vision dahingehend ab, dass sich die App mit Leistungssportlern befassen soll. Gehen Sie nun Ihren Entwurf Punkt für Punkt durch und überprüfen Sie, welche Aspekte sich in welcher Weise ändern, und passen Sie sie an.

8.3 Evaluation der Entwurfsarbeit auf der Lösungsebene

In diesem Abschnitt wollen wir nun die Evaluationsarbeit als Teil der Designarbeit auf der Lösungsebene betrachten. Die drei Designperspektiven (siehe Abschnitt 5.1) bieten eine hilfreiche Strukturierung, um einen guten Überblick über wichtige Fragestellungen zur Evaluation zu erhalten. Tabelle 8–1 wiederholt die Fragestellungen, die wir bereits in Tabelle 5–7 kennengelernt haben.

Mensch	■ Sind Kunden- und Benutzergruppen definiert und verstanden? ■ Sind alle relevanten Stakeholder identifiziert? ■ Ist die Lösung für den Auftraggeber und relevante Stakeholder wünschenswert und attraktiv? ■ Ist die Lösung für die Kunden-/Benutzergruppen wünschenswert und attraktiv?
Business	■ Kann die Lösung wirtschaftlich realisiert werden? ■ Kann die Lösung wirtschaftlich betrieben werden?
Technologie	■ Ist die Lösung technisch machbar? ■ Nutzt die Lösung das Potenzial der vorhandenen Technologien aus?

Tab. 8–1 *Fragestellungen zur Evaluation der Entwurfsarbeit auf der Lösungsebene*

Konkret beziehen wir uns dabei auf die Evaluation des Entwurfs der Lösung, da der Entwurf ein wesentliches Arbeitsergebnis der Designarbeit ist. Die konkrete Auswahl und Anwendung von Evaluationstechniken werden an dieser Stelle nicht vertieft.

8.3.1 Evaluation mit Blick auf die Mensch-Perspektive

Kunden-/Benutzergruppen und Stakeholder

Ausgangspunkt für die Mensch-Perspektive ist ein Verständnis darüber, für welche Menschen eine Lösung entworfen wird. Hierzu werden Kunden- bzw. Benutzergruppen definiert und auch weitere Stakeholder identifiziert. Die Evaluation von Kunden- und Benutzergruppen sowie der identifizierten Stakeholder ist relevant, um sicherzustellen, dass die Lösung für die richtigen Kunden/Benutzer realisiert wird und die Anforderungen weiterer relevanter Stakeholder während des Prozesses berücksichtigt werden.

Für die Evaluation von definierten Kunden-/Benutzergruppen können beispielsweise die Persona-Beschreibungen oder explizite Nutzungskontext-Beschreibungen einem Review unterzogen werden oder auch potenzielle Kunden/Benutzer identifiziert werden. Analog können die erstellten Stakeholder-Listen durch geeignete Fachleute geprüft werden.

Sicht der Auftraggeber und relevanter Stakeholder

Die Auftraggeber als Initiatoren einer neuen Lösung sind die erste relevante Gruppe von Menschen, die im Rahmen der Evaluation in der Mensch-Perspektive betrachtet werden müssen. Wenn die entworfene Lösung für die Auftraggeber nicht wünschenswert und attraktiv ist, dann hat der Entwurf keinen Wert. Neben den Auftraggebern können je nach Art der Lösung weitere Stakeholder für die Akzeptanz der Lösung relevant sein (z.B. Verbände, NGOs oder ein Betriebsrat). Für die Evaluation der Akzeptanz einer Lösung aus Sicht der Auftraggeber und weiterer Stakeholder sind die Vision, das Geschäftsmodell und die Geschäftsprozesse geeignete Referenzpunkte.

Eine pragmatische Art der Evaluation ist das Review des Lösungsdesignkonzepts durch den Auftraggeber und weitere Stakeholder. Ebenso können auf Basis des Lösungsdesignkonzepts geeignete Prototypen erstellt werden, um relevante Teile begreifbar zu machen. Gute Kandidaten sind alle Arten von Prototypen, mit denen das Erlebnis der entworfenen Lösung simuliert werden kann. Dies können insbesondere Skizzen, Bilder, Visualisierungen, Animationen und auch Videos sein, die den Stakeholdern zeigen, wie die Lösung aussehen kann.

Sicht der Kunden- und Benutzergruppen

Die Kunden- und Benutzergruppen als primäre Adressaten einer Lösung sind die zweite relevante Gruppe, die im Rahmen der Evaluation betrachtet werden muss. Kunden und Benutzer müssen die Lösung erwerben bzw. verwenden wollen, um eine Lösung erfolgreich zu machen. Für die Evaluation einer Lösung aus Sicht der Kunden und Benutzer sind das Wertversprechen und die Geschäftsprozesse geeignete Referenzpunkte.

Sowohl das Wertversprechen als auch die Geschäftsprozesse können von potenziellen Kunden und Benutzern reviewt oder durch geeignete Prototypen begreifbar gemacht werden. Auf der Lösungsebene eignen sich dazu insbesondere Prototypen, die die Lösung und das Kundenerlebnis adäquat simulieren können, z.B. Videos, Modelle oder Skizzen. Tiefer gehende Realisierungen einer Lösung wie z.B. interaktive Prototypen gehen über den Fokus der Lösungsebene hinaus und werden der System- bzw. Elementebene zugeordnet.

Eine etwas andere Herangehensweise an die Evaluation von Geschäftsprozessen können Handbücher oder Arbeitsanweisungen sein, die den geplanten Geschäftsprozess für die Mitarbeitenden der Organisation erklären sollen. Die konkrete Form von Handbüchern bzw. Arbeitsanweisungen erzwingt eine detaillierte Auseinandersetzung mit den Geschäftsprozessen und eine entsprechende Ausgestaltung. Des Weiteren können Handbücher nicht nur zum »Lesen« genutzt werden, sondern auch, um die Geschäftsprozesse mit echten Menschen zu simulieren.

Neben dem Wertversprechen und den Geschäftsprozessen spielt das Geschäftsmodell auch aus Sicht der Kunden/Benutzer eine wichtige Rolle für den Erfolg einer Lösung. Wenn die Kunden/Benutzer das Geschäftsmodell (z.B. die Preisgestaltung oder die Art des Geschäftsmodells) nicht akzeptieren, ist der Erfolg einer Lösung gefährdet.

Für die Evaluation des Geschäftsmodells können beispielsweise Um-fragen unter potenziellen Kunden/Benutzern durchgeführt werden, um die Akzeptanz des Geschäftsmodells zu überprüfen. Eine andere Art der Evaluation der Akzeptanz eines Geschäftsmodells können frühe Webauftritte mit echter Werbung für die Lösung samt Geschäftsmodell und der Möglichkeit zur Anmeldung für einen Newsletter sein. Reagieren potenzielle Kunden auf den Webauftritt und registrieren sich, kann dies ein Hinweis auf die Akzeptanz des Geschäftsmodells sein.

8.3.2 Evaluation mit Blick auf die Business-Perspektive

Wirtschaftliche Realisierbarkeit

Die wirtschaftliche Realisierbarkeit einer Lösung ist die erste relevante Frage auf der Lösungsebene. Wenn eine Lösung nicht unter den gegebenen Randbedingungen (insbesondere Budgets des Auftraggebers) realisiert werden kann, ist die wirtschaftliche Tragfähigkeit einer Lösung nicht gegeben. Für die wirtschaftliche Realisierbarkeit einer Lösung sind die Geschäftsprozesse ein geeigneter Referenzpunkt.

Das konkrete Vorgehen zur Evaluation der Realisierbarkeit wird stark von der Art der Lösung geprägt. Beispielhafte Fragestellungen in diesem Zusammenhang können sein: Wie hoch sind die Kosten für die Akquise oder das Training von Personal? Welche Kosten entstehen für Werbung und Marketing zum Start einer Lösung? Welche Kosten sind erforderlich für Marktzugänge? Darüber hinausgehende Evaluationen der wirtschaftlichen Realisierbarkeit einer Lösung erfordern die System- und Elementebene (z.B. Kosten für die Entwicklung von Elementen oder die Produktion von Geräten).

Wirtschaftliche Betreibbarkeit

Die zweite wichtige Frage für die wirtschaftliche Tragfähigkeit ist die wirtschaftliche Betreibbarkeit der Lösung. Referenzpunkt für die Evaluation auf der Lösungsebene ist das Geschäftsmodell. Dabei geht es darum, ob die einzelnen Facetten des Geschäftsmodells tragfähig sind und das Geschäftsmodell als Ganzes funktioniert.

Für die Evaluation der Betreibbarkeit kann ein Geschäftsmodell durch geeignete Stakeholder geprüft und bewertet werden. Eine weitere pragmatische Form der Evaluation besteht darin, das Geschäftsmodell mit angenommenen Zahlen (z.B. zu Verkäufen, Umsätzen, aber auch Personalkosten für den Betrieb) zu hinterlegen und zu »berechnen« oder zu simulieren, ob das Modell trägt oder nicht.

Tiefer gehende Evaluationen des Geschäftsmodells erfordern die System- und Elementebene (z.B. Kosten für den Betrieb oder Kosten für die Verwendung von externen Services). Darüber hinaus werden wir noch eine besondere Art zur Evaluation des Geschäftsmodells in Kapitel 12 kennenlernen, wenn wir uns mit Lean Startup und dem Minimum Viable Product (MVP) befassen.

8.3.3 Evaluation mit Blick auf die Technologie-Perspektive

Technische Machbarkeit

Für die Frage der technischen Machbarkeit sind wesentliche technische Fragen relevant, die erst auf der System- und Elementebene betrachtet werden. Daher wird die technische Machbarkeit intensiv auf der System- und Elementebene evaluiert. In frühen Phasen des Bauprozesses kann die technische Machbarkeit dennoch in beschränktem Umfang auf Basis des Lösungsdesignkonzepts evaluiert werden, um grundsätzliche Fragen der technischen Machbarkeit zu klären. Das Review des Lösungsdesignkonzepts durch technische Fachleute mit Erfahrung im Kontext der geplanten Lösung ist eine gute Möglichkeit, um die technische Machbarkeit in einem frühen Stadium zu bewerten.

Eine weitere Herangehensweise an die Evaluation eines Lösungsdesignkonzepts ist die Suche nach vergleichbaren oder verwandten Lösungen. Wenn solche Lösungen am Markt vorhanden und erfolgreich sind, dann kann dies als Indiz für die technische Machbarkeit gewertet werden.

Ausnutzung des technischen Potenzials

Analog zur Machbarkeit wird die Frage nach der Ausnutzung des technischen Potenzials zwar primär auf der System- und Elementebene behandelt, dennoch kann sie in frühen Phasen des Bauprozesses auch schon auf der Lösungsebene betrachtet werden. Geeignete Vorgehensweisen sind, wie zuvor bei der technischen Machbarkeit, die Suche nach vorhandenen oder verwandten Lösungen auf dem Markt und ihre Untersuchung im Hinblick darauf, wie die Lösungen das technische Potenzial ausnutzen.

8.4 Designarbeit auf der Lösungsebene im Bauprozess

Wie wir gesehen haben, befasst sich die Designarbeit auf der Lösungsebene auf einer übergeordneten Perspektive mit der Lösung als Ganzem. Mithilfe der drei Schritte des Bauprozesses werden wir uns im Folgenden genauer anschauen, wie man mit der Komplexität der Lösung sinnvoll umgeht und auf welche Aspekte man sich in welchem Schritt des Bauprozesses fokussieren kann (siehe auch Tab. 5–8).

8.4.1 Die Lösungsebene in der Auftragsklärung

Am Anfang eines Bauprozesses hat die Lösungsebene eine hohe Relevanz, da es bei der Auftragsklärung darum geht, gemeinsam mit dem Auftraggeber und allen relevanten Stakeholdern eine Idee zu arbeiten, warum eine neue Lösung gebaut werden soll und was man mit der Lösung erreichen will. Diese Idee wird als Vision im Digital Design Brief festgehalten. Auf Basis dieser Idee müssen Auftraggeber und weitere relevante Stakeholder entscheiden, ob die Idee genug Potenzial hat, um die Konzeptarbeit für die Lösung zu beginnen.

Für eine fundierte Entscheidung über das Potenzial der geplanten Lösung ist ein angemessenes Verständnis der Ausgangssituation erforderlich. Für dieses Verständnis ist nicht unbedingt ein detailliertes und vollständig ausgearbeitetes Geschäftsmodell mit Wertversprechen notwendig. Dies wäre im Sinne des Bauprozesses bereits Konzeptarbeit. Vielmehr besteht die Intention der Auftragsklärung darin, Ideen für Wertversprechen und deren Realisierung zu sammeln und den Grund zum Handeln (warum will ein Auftraggeber eine neue Lösung realisieren?) zu verstehen. Dieses Wissen reicht völlig aus, um eine fundierte Entscheidung für oder gegen den Start der Konzeptarbeit zu treffen.

Aus Sicht des Digital Design braucht es daher für die Auftragsklärung auf der Lösungsebene einen starken Fokus auf das Umfeld und den Kontext der Lösung, um eine gute und verständliche Vision zu formulieren. Hilfreich in diesem frühen Stadium des Bauprozesses können einfache Prototypen sein, die die Vision greifbar und damit evaluierbar machen.

Werbevideos ohne sichtbare Lösung als leichtgewichtiger Prototyp

Videos haben wir bereits als eine Form von Prototypen kennengelernt und Werbevideos können ebenfalls als Prototyp für die Evaluation der Vision verwendet werden. Im Werbevideo möchte man natürlich gerne schon sehr viel von der Lösung zeigen, um einen guten Eindruck von ihr zu vermitteln.

Gerade in der Auftragsklärung führt eine solche Vorgehensweise dazu, dass man bereits User Interfaces und weitere Details der Lösung ausarbeitet, um sie im Video zeigen zu können. Diese Detailarbeit kann vermieden werden, indem man im Video bewusst auf die Menschen als Kunden oder Benutzer fokussiert und nur die Auswirkungen der Lösung zeigt.

Wie könnte man mit einem Werbevideo die Vision (besseres Lauftraining) transportieren, ohne die App selbst zu zeigen?

In der Auftragsklärung steht der Bauprozess ganz am Anfang, daher hat man auf der Lösungsebene volle Gestaltungsfreiheit und man kann das ganze Spektrum an Möglichkeiten nutzen, um eine ansprechende Vision zu formulieren. Detaillierte

Ausarbeitungen des Wertversprechens, der Kunden- und Benutzergruppe, des Geschäftsmodells und der Geschäftsprozesse sind in diesem frühen Stadium eher hinderlich, da die Details den Blick auf das große Ganze versperren. Wenn Details gesammelt werden, dann sollten diese bestenfalls in Form von einfachen Skizzen festgehalten werden. Weiterhin sollten Ideen in verschiedenen Varianten und Zielrichtungen ausgearbeitet werden, um einen möglichst breiten Lösungsraum zu betrachten und die Vor- und Nachteile verschiedener Ideen zu diskutieren. Hier kommt der etwas chaotische Prozess im Design Squiggle zur vollen Geltung.

Ein Werbevideo für die Lauftraining-App könnte eine Läuferin im Park und im Wechsel einen Coach zeigen, der vor einem Bildschirm sitzt. Der Inhalt des Bildschirms ist im Video nicht zu sehen. Gezeigt wird stattdessen, wie der Coach in ein Mikrofon spricht und der Läuferin einfache Tipps zum Training gibt. Die Läuferin setzt diese Tipps im Video dann unmittelbar um. So kann ohne große Details der Lösung die wesentliche Idee der Vision gut transportiert werden.

Wenn Sie den Aufwand scheuen, in dieser frühen Phase ein Video zu drehen, können Sie sich auf Plattformen wie *Pexels.com* oder *Pixabay.com* nach fertigem Videomaterial umsehen. Dieses Material kann gut als Basis für einfache Videoprototypen genutzt werden, indem die fertigen Videos kombiniert und mit einer eigenen Tonspur versehen werden.

Zum Ende der Auftragsklärung sollten wir mit dem Digital Design Brief eine klar definierte, umfassend verstandene und akzeptierte erste Idee für die Vision der Lösung erarbeitet haben. Wichtig ist hier nicht nur die klare Definition im Sinne eines gut formulierten Textes. Genauso wichtig ist die Frage, ob Auftraggeber und weitere relevante Stakeholder die Vision verstanden und akzeptiert haben. Die Vision dient auch als Motivationsinstrument für alle Beteiligten, daher ist das Verstehen und Akzeptieren von genauso großer Bedeutung wie der aufgeschriebene Text.

8.4.2 Die Lösungsebene in der Konzeptarbeit

In der Konzeptarbeit bleibt die Relevanz der Lösungsebene hoch. Das Ziel der Konzeptarbeit besteht darin, die Ideen und das Verständnis aus dem Digital Design Brief in einen attraktiven, wirtschaftlich tragfähigen und realisierbaren Entwurf einer Lösung zu überführen. Dieser Entwurf wird im Lösungsdesignkonzept festgehalten.

Für Fragen der technischen Machbarkeit braucht es zwingend die Systemebene. Auf der Systemebene wird die konkrete technische Ausgestaltung der Lösung als technisches System erarbeitet. Nur auf diesem Detaillierungsgrad können Fragen der technischen Machbarkeit diskutiert und beantwortet werden. Daher sollte Konzeptarbeit auf Lösungs- und Systemebene gemeinschaftlich betrieben werden (siehe Kap. 11).

Die Gestaltungsfreiheit auf der Lösungsebene nimmt in der Konzeptarbeit ab, da mit der Vision und dem Digital Design Brief wesentliche Richtungsentscheidungen für die Lösung getroffen wurden. Trotzdem kann man während der Konzeptarbeit von einer großen Gestaltungsfreiheit sprechen. Die Vision aus der Auftragsklärung sollte als erste Idee verstanden werden, die weiter konkretisiert und detailliert werden muss. Durch die intensive Auseinandersetzung mit den verschiedenen Aspekten einer Lösung ist es sogar wahrscheinlich, dass sich die Vision noch einmal verändert, da durch die Arbeit mit Konzepten und Prototypen ein klareres und besseres Verständnis der Lösung als Ganzes entsteht.

Attraktivität und wirtschaftliche Tragfähigkeit gemeinsam denken

Attraktivität im Sinne eines guten Mehrwerts und wirtschaftliche Tragfähigkeit im Geschäftsmodell sind wesentliche Themen für die Konzeptarbeit auf der Lösungsebene.

Wichtig für die praktische Konzeptarbeit ist dabei, dass beide Themen im Zusammenspiel betrachtet werden. Kosten und Preise haben je nach Kontext einen großen Einfluss auf die Attraktivität und sollten beim Entwurf der Lösung daher frühzeitig berücksichtigt werden. Auch hier können Prototypen helfen, um Feedback zu möglichen Preisen zu bekommen.

Denken Sie als Beispiel wieder an die Lauftraining-App. Wie könnte der Preis für das Coaching mit einem Werbevideo evaluiert werden?

Zum Beispiel können Sie den Videoprototyp aus dem vorherigen Abschnitt verwenden und den vermuteten Preis des Coachings in das Werbevideo einbauen. Wenn potenzielle Kunden den Film anschauen und den Preis sehen, werden sie ein spontanes Feedback dazu geben können, ob die Kombination aus Wertversprechen und Preis attraktiv ist oder nicht.

Konkrete Vorgaben zum Umfang und zum Detaillierungsgrad des Lösungsdesignkonzepts sind schwer zu treffen. Wichtiger als die Frage nach dem Umfang ist der Blick auf die Risikobereitschaft des Auftraggebers und der relevanten Stakeholder. Je fundierter und kritischer die Entscheidung zum Start der Entwicklung ist, desto intensiver muss die Lösung evaluiert werden und desto detaillierter muss das Lösungsdesignkonzept ausgearbeitet sein, um eine sinnvolle Basis für die Evaluation zu bieten. Auch hier bestehen wieder Abhängigkeiten zur Systemebene (siehe Kap. 11).

Bisher haben wir uns die Lauftraining-App immer so vorgestellt, dass ein Coach im Callcenter das Coaching übernimmt. Die Personalkosten werden bei dieser Form der Wertschöpfungsarchitektur auf jeden Fall ein Thema werden. Daher ist die Konzeptarbeit der richtige Zeitpunkt, um über Varianten nachzudenken, wie das Wertversprechen erbracht werden kann.

An dieser Stelle wird es wichtig, das Wertversprechen anders zu fassen. Wie könnte ein Wertversprechen aussehen, das ohne einen persönlichen Coach auskommt?

Welche anderen Möglichkeiten gäbe es, Läuferinnen und Läufer durch reine Technik zu coachen? Denken Sie in Ruhe darüber nach und skizzieren Sie mögliche Alternativen für die veränderten Geschäftsprozesse samt Wertschöpfungsarchitektur. Dieses Abwägen von Alternativen ist ein wesentlicher Teil der Konzeptarbeit auf der Lösungsebene.

8.4.3 Die Lösungsebene in der Entwicklung und im Betrieb

In diesem Schritt geht es darum, die entworfene Lösung zum Leben zu erwecken und hoffentlich möglichst lange und erfolgreich weiterzuentwickeln. Die Lösungsebene hat in diesem dritten Schritt des Bauprozesses eine mittlere Relevanz. Die wesentlichen Entwurfsentscheidungen über die Lösung als Ganzes müssen im konzeptuellen Schritt getroffen werden und bilden somit den Rahmen für die Entwicklung. Daher verringert sich auch die Gestaltungsfreiheit auf der Lösungsebene stark, da während der Entwicklung die Lösung im Normalfall weiter konkretisiert und ausgearbeitet wird. Im Folgenden werden wir uns die Lösungsebene entlang der vier Phasen für die Entwicklung und den Betrieb genauer anschauen und auch diskutieren, welche Veränderungsmöglichkeiten an der Lösung als Ganzem sinnvoll sein können.

Vorbereitung der Entwicklung und die Lösungsebene

Während der Vorbereitung der Entwicklung wird die Lösung und mit ihr das System und die eigenen Elemente so weit ausgearbeitet, dass die Entwicklung der ersten Version tatsächlich beginnen kann. In dieser Phase existiert noch kein realisiertes System und umfassende Änderungen an der Lösungsebene und dem Lösungsdesignkonzept sind denkbar und mit vergleichsweise wenig Aufwand möglich. Wenn die Vorbereitung der Entwicklung bereits begonnen hat, müssen im schlimmsten Fall abgeschlossene Arbeiten zum Systemdesignkonzept oder den Elementdesignkonzepten überarbeitet werden.

Letzter günstiger Zeitpunkt für die Gretchenfrage

Die Konkretisierung der Lösung und mit ihr die Planung der ersten Version ermöglichen ein vertieftes Verständnis der Lösung. In dieser Phase können kritische Erkenntnisse gewonnen werden, die Teile der Lösung oder die Lösung als Ganzes infrage stellen.

In einem solchen Fall sollte der weitere Verlauf des Bauprozesses hinterfragt werden, da wesentliche Änderungen auf der Lösungsebene weitreichende Änderungen auf der System- und Elementebene nach sich ziehen.

Dieser Moment im Bauprozess ist daher der letzte günstige Zeitpunkt, um richtungsweisende Entscheidungen in Bezug auf die Lösung zu treffen. Auch die Frage nach einem Abbruch kann hier gestellt werden, da die Kosten einer Änderung oder eines Abbruchs bedeutend geringer sind als in einer späteren Phase des Bauprozesses.

Typischerweise sollte die Arbeit auf der Lösungsebene so gestaltet sein, dass die Lösung weiter konkretisiert und ausgearbeitet wird, um die notwendigen Details für den Entwurf des Systems und seiner Elemente zu definieren. Wichtig ist an dieser Stelle, dass das Lösungsdesignkonzept angemessen gepflegt wird und alle Änderungen und Konkretisierungen dokumentiert werden. Weiterhin ist es wichtig, dass sich die Arbeiten darauf fokussieren, den Umfang einer ersten Version sinnvoll zu definieren. Es geht bei der Vorbereitung nicht darum, alle Details der Lösung bis zum Start der Entwicklung zu erfassen, sondern nur die Details, die für die Entwicklung der ersten Version relevant sind.

Entwicklung der ersten Version und die Lösungsebene

Mit dem Start der Entwicklung wird die Konkretisierung des Entwurfs auf der Lösungsebene analog zur Vorbereitung der Entwicklung fortgesetzt. Am Ende dieser Phase soll eine geeignete erste Version der Lösung in Betrieb genommen werden. Damit muss aus Sicht der Lösungsebene alles Erforderliche getan werden, damit die Inbetriebnahme erfolgreich ist.

Die konkreten Arbeiten zur Entwicklung auf der Lösungsebene hängen natürlich von der Art der Lösung ab und sind meist nicht mehr im Verantwortungsbereich des Digital Design zu finden (z.B. das Aufsetzen eines Kundensupports oder das Anmieten von Räumlichkeiten). Dennoch ist es für das Digital Design und den Anspruch des ganzheitlichen Designs wichtig, diese Facette der Entwicklung zu kennen, um die Auswirkungen dieser Phase auf das Digital Design zu verstehen.

Aus Sicht des Digital Design verändert sich der Entscheidungsspielraum für die Lösungsebene massiv mit dem Start der Entwicklung. Mit jedem Tag, an dem die Entwicklung fortschreitet, steigen die Kosten für potenzielle Änderungen. Im schlimmsten Fall müssen bei einer Veränderung der Lösung große Teile des bereits entwickelten Systems verändert oder komplett neu entwickelt werden.

Wenn dieser Punkt während der Entwicklung der ersten Version erreicht wird, sind die Veränderung der Lösung und die Entscheidung darüber eine Frage der Ressourcen. Bei kritischen Änderungen sollte auch ein Rücksprung in die Konzeptarbeit nicht ausgeschlossen werden (siehe Abschnitt 11.3).

Inbetriebnahme, Weiterentwicklung und die Lösungsebene

Mit der Inbetriebnahme der ersten Version verändert sich die Natur des Bauprozesses auf der Lösungsebene ein weiteres Mal. Die digitale Lösung trifft auf Kunden bzw. Benutzer und muss beweisen, dass sie das angedachte Wertversprechen tatsächlich erbringen kann.

Im Digital Design ist die Inbetriebnahme ein zentraler Meilenstein, da aus der Vision nun eine reale Lösung wird. Aufgrund des Feedbacks von Kunden folgt nach dem Start der ersten Version oft eine intensive Phase der Optimierung und Verbesserung der Lösung. Für die ganzheitliche Gestaltung bedeutet dies insbesondere, dass die Inbetriebnahme der Lösung nicht als Ende der Entwicklung begriffen wird, sondern als Neuanfang. Mit der Inbetriebnahme beginnt die absichtsvolle Änderung als Ziel der Gestaltung zu greifen und es geht darum, die Lösung wirksam zu machen (siehe Abschnitt 2.1).

Ruhe bewahren während der Inbetriebnahme

Die Inbetriebnahme einer Lösung ist immer ein spannender und kritischer Moment. Eine Lösung trifft zum ersten Mal auf die Realität und egal wie gut die Evaluation, die Konzepte und die Prototypen waren, die Realität hält immer Überraschungen bereit. Nicht selten treten in den ersten Tagen kritische Fehler oder Probleme auf, die schnell behoben werden müssen. Hierzu sind meist auch Designentscheidungen zu treffen. Die Inbetriebnahme sollte daher gut geplant werden. Es ist sehr hilfreich, während dieser Zeit keine weiteren Arbeiten einzuplanen, um sich ganz auf diesen wichtigen Teil der Designarbeit zu fokussieren.

Die Gestaltungsfreiheit auf der Lösungsebene wird mit dem Betrieb noch weiter verkleinert. Umfassende Veränderungen an der Lösung sind in dieser Phase des Betriebs aus zwei Gründen besonders kostenintensiv und aufwendig:

- Wenn die Veränderung maßgeblichen Einfluss auf das System und die entsprechenden Elemente hat, erfordern Änderungen der Lösung umfassende Entwicklungs- und Umbauarbeiten des im Betrieb befindlichen Systems und der Elemente.
- Ebenso muss man sich der Tatsache bewusst sein, dass man nicht nur die digitale Lösung im Sinne von Elementen verändert, sondern durch die Veränderung in die Lebenswirklichkeit der Kunden und Benutzer eingreift, die die Lösung bereits verwenden und auch das Geschäftsmodell akzeptiert haben.

Veränderungen am System und den Elementen werden wir in den folgenden Kapiteln betrachten. Veränderungen an der Lösung an sich, insbesondere am Geschäftsmodell und den Geschäftsprozessen, können jenseits von System und Elementen erhebliche Auswirkungen haben und sollten daher mit Bedacht vorgenommen werden.

Nehmen wir an, die Lauftraining-App ist in Betrieb und wir haben uns für ein monatliches Abonnement als Geschäftsmodell entschieden. Die Kunden zahlen 50 € im Monat und können so oft trainieren, wie sie wollen.

Nun stellen wir aber fest, dass dieses Modell nicht kostendeckend ist, und entscheiden uns für eine Änderung. Wir wechseln von einem Abonnementmodell zu einem Modell, bei dem die Kunden eine Gebühr von 7,50 € pro Training bezahlen. Was denken Sie, wie werden die Kunden auf diese Veränderung des Geschäftsmodells reagieren?

Größere Änderungen bedeuten typischerweise die Aufspaltung des Bauprozesses in parallele Prozesse. Die aktuelle Lösung wird im laufenden Betrieb gewartet und optimiert. Für den neuen Teil der Lösung (z.B. für ein verändertes Geschäftsmodell) wird ein zweiter, paralleler Bauprozess gestartet. Im Rahmen dieses zweiten Prozesses erfolgt eine erneute Auftragsklärung und Konzeptarbeit, um den neuen Teil zu entwerfen. Sobald der neue Teil in die Realisierung übergeht, muss geklärt werden, wie er in die bestehende Lösung integriert werden kann.

Lebensende und die Lösungsebene

Auch wenn die Arbeit am Lebensende der Lösung auf den ersten Blick abgeschlossen erscheint, sind aus Sicht des Digital Design noch abschließende Tätigkeiten zu erledigen. Je nach Art der Lösung müssen die Geschäftsbeziehungen zu den Kunden beendet oder abgeschlossen werden. Hierzu müssen ggf. neue Geschäftsprozesse definiert werden, die die Beendigung der Kundenbeziehungen unterstützen. Je nach Art des Geschäftsmodells kann es erforderlich sein, wirtschaftliche Prozesse abzuschließen oder Personal zu entlassen (wenn Mitarbeitende speziell für eine Lösung eingestellt wurden) oder in andere Unternehmensteile zu vermitteln.

Wird die bisherige Lösung durch eine neue Lösung ersetzt, stehen oft noch Tätigkeiten an, um die Kunden für die neue Lösung zu gewinnen bzw. von ihr zu überzeugen. Die dafür erforderlichen Geschäftsprozesse (ggf. mit Hinweisen auf eine neue Lösung, die die alte ablöst) sind ein wichtiger Faktor für eine professionelle Organisation und sollten für ein qualitativ hochwertiges Kundenerlebnis (Customer Journey) gut gestaltet werden.

Reflexionsfragen

Entwurf auf der Lösungsebene

Denken Sie an eine digitale Lösung, die Sie regelmäßig in Ihrem Alltag nutzen (privat oder auch beruflich). Was ist die Vision dieser Lösung? Welche Form, Funktion und Qualität soll diese Lösung haben?

Welche Herausforderungen sehen Sie, wenn die Abhängigkeiten im Design der Lösungsebene nicht angemessen berücksichtigt werden?

Evaluation auf der Lösungsebene

Betrachten Sie noch einmal die Fragestellungen zur Evaluation auf der Lösungsebene (siehe Tab. 8–1). Fallen Ihnen Beispiele für digitale Lösungen ein, bei denen sich die Relevanz der drei Designperspektiven erheblich unterscheidet?

Designarbeit auf der Lösungsebene im Bauprozess

Die Vision ist nicht nur inhaltlich wichtig für das Design, sondern auch wichtig für die Motivation aller beteiligten Stakeholder. Welche Risiken sehen Sie, wenn die Vision einer Lösung nicht oder nur wenig motivierend ist?

Welche Vor- und Nachteile sehen Sie, wenn die Konzeptarbeit für eine digitale Lösung sehr intensiv oder sehr oberflächlich durchgeführt wird?

Denken Sie an Ihre bisherigen Erfahrungen mit digitalen Lösungen. Welche Beispiele fallen Ihnen ein, bei denen auf der Lösungsebene erhebliche Veränderungen vorgenommen wurden (z.B. an Geschäftsprozessen)? Wie haben Sie persönlich diese Veränderungen erlebt?

9 Designarbeit auf der Systemebene

A system is never the sum of its parts,
it's the product of their interaction.
– Russell Ackoff

Mit der Systemebene verlagert sich die Designarbeit auf eine technische Ebene. Wir betrachten das digitale System als Ganzes, um ein technisches System zu entwerfen, das die Vision, das Wertversprechen, das Geschäftsmodell und die Geschäftsprozesse angemessen realisiert. Der Aufbau dieses Kapitels folgt der Struktur, die wir schon aus Kapitel 8 kennen.

9.1 Grundlegende Aspekte zum Entwerfen des Systems

Für das Entwerfen auf der Systemebene definieren wir basierend auf dem Arbeitsmodell für das Design digitaler Lösungen die folgenden Aspekte:

- Ziele des Systems
- Form des Systems: Benutzertypen, vorhandene und eigene Elemente
- Funktion des Systems: Szenarien
- Qualitätsanforderungen an das System als Ganzes
- Randbedingungen für das System als Ganzes

Analog zu Kapitel 8 werden die Aspekte in diesem Abschnitt erläutert und anhand des Fallbeispiels der Lauftraining-App verdeutlicht, um die einzelnen Aspekte besser nachvollziehen zu können. Ebenso werden wieder konkrete Techniken zur Dokumentation vorgestellt.

9.1.1 Ziele des Systems

Das übergeordnete Ziel für das technische System und damit für die Systemebene als Ganzes ist die technische Realisierung der digitalen Lösungen. Die Verfeinerung und Konkretisierung dieses übergeordneten Ziels ist ein wichtiger Schritt zum Entwerfen des technischen Systems. Aus dieser Konkretisierung ergeben sich die Ziele für das System und ein klares Bild darüber, was mit dem System erreicht werden soll.

Die Formulierung von Zielen in Abgrenzung zur Formulierung von Form und Funktion eines Systems ist meist eine Herausforderung, da man in Zielen bereits Formen oder Funktionen vorwegnehmen möchte, die die Erfüllung des Ziels und nicht das Ziel selbst beschreiben. Betrachten wir diese Herausforderung anhand unseres Fallbeispiels.

Die Idee der Lauftraining-App besteht darin, Menschen bei ihrem individuellen Lauftraining zu unterstützen. Welche der folgenden Aussagen formulieren aus Ihrer Sicht am besten die Ziele für das System?

- Vor dem Training soll ein Benutzer in der App auf dem Smartphone Hinweise zur Planung seiner nächsten Trainingseinheit erhalten.
- Der Coach soll vor einer Trainingssitzung die bisherigen Trainingseinheiten des entsprechenden Läufers angezeigt bekommen, um die bisherige Entwicklung des Läufers zu bewerten.
- Der Läufer soll während einer Trainingseinheit vom Coach gewarnt werden, wenn er sich zu stark belastet.
- Der Coach soll während einer Trainingseinheit laufend über den körperlichen Zustand des Läufers informiert werden.

Wichtig bei der Formulierung von Zielen für das System ist der Fokus auf die Intention und die Frage: »Was soll durch das System als Ganzes erreicht werden?« Die Frage »Wie etwas erreicht werden soll?« spielt bei der Zielformulierung keine Rolle. Diese Information bekommen wir durch den Entwurf der Form, Funktion und Qualität des Systems.

Zur Dokumentation von Zielen für das System eignen sich u.a. die folgenden Techniken:

- Vorlagen zur Formulierung von Zielen, z.B. SMART (Specific, Measurable, Achievable, Relevant, Time-boxed [Wake 2003])
- Zielmodelle zur visuellen Verfeinerung von Zielen in Teilziele (vgl. [Pohl & Rupp 2021])

Schauen wir uns vor diesem Hintergrund die Beispiele an:

- Die erste Aussage ist eher eine Funktion der App gemischt mit einem Ziel. Der Zielanteil besteht in der Aussage »Hinweise zur Planung«.
- Die zweite Aussage ist ebenfalls eine Mischung aus Funktion und Ziel. Der Zielanteil besteht darin, dass der Coach die Entwicklung eines Läufers bewerten kann.
- Die dritte und vierte Aussage formulieren Ziele des Systems. Das Ziel besteht zum einen in der Warnung vor Überlastung und zum anderen im fortlaufenden Informationsfluss. Es wird hier auch keine Aussage zur Erreichung der Ziele gemacht.

9.1.2 Form des Systems

Zum Entwurf der Form auf der Systemebene sind Benutzertypen, vorhandene Elemente und eigene Elemente relevante Aspekte.

Benutzertypen des Systems

Die Definition von Benutzertypen ist eine erste wichtige Entwurfsentscheidung auf der Systemebene. Damit legen wir fest, welche unterschiedlichen Benutzertypen Teil des Systems sind und mit welchen Elementen ein Benutzertyp interagieren kann.

Welche Benutzertypen fallen Ihnen für die Lauftraining-App ein?

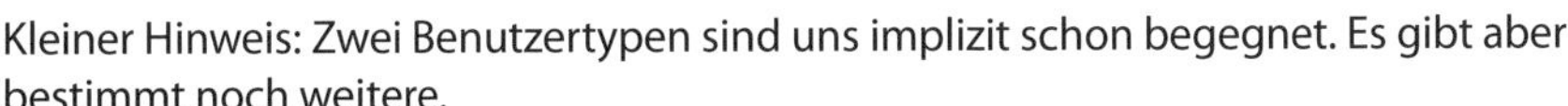

Kleiner Hinweis: Zwei Benutzertypen sind uns implizit schon begegnet. Es gibt aber bestimmt noch weitere.

Benutzertypen können sehr vielfältig sein und selbst die einfachsten Systeme haben meist mehr als einen Benutzertyp. Ein guter Ausgangspunkt für die Suche nach Benutzertypen sind die Kunden- und Benutzergruppen auf der Lösungsebene. Darüber hinaus sollten auch die Customer Journey und die Geschäftsprozesse betrachtet werden, auch hier finden sich Kandidaten für Benutzertypen.

Die Frage nach Benutzertypen ist eine bewusste Entwurfsentscheidung und beinhaltet insbesondere auch die Frage nach dem Zugang zum System. In dem Moment, in dem ein Benutzertyp definiert wird, muss auch die Frage geklärt werden, wie eine Person Zugang zum System erhält und damit zum Benutzer wird.

In unserem Fallbeispiel müssen sich neue Kunden vermutlich in der App registrieren und sich einen Benutzernamen und ein Passwort zulegen. Aber wie sieht es mit den Coaches oder anderen Benutzern aus?

Vermutlich brauchen auch diese einen Benutzernamen und ein Passwort, aber woher kommen diese Zugangsdaten? Sich selbst zu registrieren wird vermutlich nicht sinnvoll sein. Also braucht es einen anderen Prozess und genau dieser Prozess sollte für jeden Benutzertyp klar definiert sein.

Eine weitere wichtige Frage beim Entwurf von Benutzertypen ist die Frage nach den Funktionen und Rechten, die ein Benutzertyp hat. Beispielsweise werden bei vielen Geschäftsanwendungen Funktionen abhängig vom Benutzertyp ermöglicht. Weiterhin dürfen in Geschäftsanwendungen manche Benutzertypen mehr Daten oder andere Daten sehen als andere Benutzertypen. Alle diese Fragen gehören ebenfalls zu den Entwurfsentscheidungen, die man treffen muss, wenn man sich mit Benutzertypen auseinandersetzt.

Role Based Access Control für komplexere Benutzerstrukturen

Komplexere technische Systeme verwenden neben Benutzertypen das Konzept der Rollen, um Zugriff auf Funktionen und Daten zu steuern. Die wesentliche Idee besteht darin, dass ein Benutzer mehrere Rollen haben kann und jede Rolle mit gewissen Rechten für Funktionen oder Daten ausgestattet ist. Ein Benutzer kann eine Funktion nur dann ausführen, wenn er die für die Funktion passende Rolle innehat.

Wenn Sie komplexere Systeme entwerfen müssen und Benutzertypen allein nicht ausreichen, um die Benutzerstruktur zu erfassen, ist das Konzept der rollenbasierten Zugriffskontrolle (Role Based Access Control, RBAC) ein hilfreicher Ansatz.

Wichtig für das Entwerfen auf der Systemebene ist, dass die Benutzertypen und der Zugang zu Elementen auf der Systemebene definiert werden. Die konkrete Ausgestaltung der Funktionen und die User Interfaces für einen Benutzertyp werden jedoch erst auf der Elementebene betrachtet. Zur Dokumentation von Benutzertypen können wir einfache textuelle Beschreibungen verwenden, die den Benutzertyp und die zuvor genannten Informationen charakterisieren.

Für die Lauftraining-App kommen die folgenden Benutzertypen infrage:

- Coach im Callcenter
- Nicht registrierter bzw. nicht angemeldeter Benutzer
- Angemeldeter Läufer
- Systemverwalter

Haben Sie an den Unterschied zwischen angemeldetem und nicht angemeldetem Benutzer gedacht? Diese Details werden oft übersehen, sind aber für die Prozesse meist relevant.

Der Systemverwalter hatte sich ja oben bereits angedeutet. Er ist wichtig, um neuen Coaches einen Zugang zum System anzulegen oder auch um ggf. andere Verwaltungsaufgaben zu übernehmen, über die wir im Fallbeispiel noch nicht gesprochen haben.

Vorhandene Elemente

Die vorhandenen Elemente sind ein Oberbegriff für eine ganze Reihe von Hardwaresystemen, Softwaresystemen und weiteren Objekten, deren Existenz für die Realisierung des technischen Systems vorausgesetzt wird. Beispiele hierfür können sein:

- *Hardwaresysteme*: Endgeräte, um eine Lösung zu verwenden (z.B. Smartphones oder PCs), Serverhardware, um eine Lösung zu betreiben, Kommunikationshardware, um Kommunikation zwischen Elementen zu ermöglichen.
- *Softwaresysteme*: Betriebssysteme, Browser (für Webanwendungen), vorhandene Services (z.B. Bezahlservices)
- *Weitere Objekte*: Gegenstände mit QR-Codes, Maschinen, Gebäude, Räume, Möbel

Welche vorhandenen Elemente fallen Ihnen ein, wenn Sie unsere bisherigen Überlegungen zur Lauftraining-App reflektieren? Kleiner Tipp, es sind mehr als fünf.

Wichtig für das Entwerfen des technischen Systems und den Entwurf vorhandener Elemente ist, dass man sich ein ganzheitliches Bild des gesamten technischen Systems erarbeitet. Hier spielen neben der Hard- und Software auch weitere Objekte eine wichtige Rolle. Nur so kann das gesamte Umfeld erfasst und ein ganzheitlich gut gestaltetes System entworfen werden. Bei dieser Arbeit geht es aber nicht nur um die technische Struktur und den technischen Aufbau. Mit dem Entwurf des Systems werden zentrale Weichen für die Wirtschaftlichkeit, Offenheit und Nachhaltigkeit gestellt.

Die *Wirtschaftlichkeit* wird auf der Systemebene z.B. durch Betriebs- bzw. Herstellungskosten relevant. Beispielsweise führen Betriebssysteme zu Lizenz- oder Supportkosten. Entscheidet man sich für den Betrieb in der Cloud, werden Kosten oft nach Nutzung abgerechnet und erzeugen so eine weitere Komplexität. Dieses Thema werden wir noch einmal aufgreifen, wenn wir die Frage der Wirtschaftlichkeit aus einer ganzheitlichen Perspektive betrachten (siehe Kap. 11).

Die *Offenheit* im Sinne der Zugänglichkeit zu einem System und damit zu einer Lösung ist eine fundamentale Entwurfsfrage auf der Systemebene. Auf den ersten Blick wird dies meist als technische Frage nach einem Endgerät abgetan. Ein einfaches Beispiel macht deutlich, dass diese Sichtweise zu kurz greift. Wenn eine Smartphone-App für eine Lösung geplant ist, dann gehört das Smartphone, auf dem die App laufen wird, zu den vorhandenen Elementen. Die Frage nach der konkreten Hardware und den möglichen Typen von Smartphones wird unmittelbar zu einer Frage der Offenheit. Entscheidet man sich für Smartphones neueren Typs oder auch nur für einen Hersteller (z.B. Apple), so schließt man von vornherein viele Menschen als potenzielle Kunden aus, die kein aktuelles Smartphone (oder ein Smartphone der Marke Apple) besitzen können oder wollen. Dieses Thema soll nicht weiter vertieft werden, zeigt aber, dass der Entwurf des Systems mehr ist als eine rein technische Entscheidung.

Ebenso entstehen durch die Entscheidung für bestimmte Gerätetypen auch Kosten für Wartung und Entwicklung (z.B. müssen Apps für mehrere Plattformen und Betriebssystemversionen gepflegt werden).

Für die Lauftraining-App sind folgende vorhandene Elemente relevant:

- Smartphone des Läufers braucht es für den Betrieb der App
- Smartwatch oder Fitnesstracker braucht es für die Fitnessdaten der Läufer
- Headset für den Läufer braucht es, um mit dem Coach zu sprechen
- Serversystem für die Plattform, auf dem der Coach und andere Benutzertypen arbeiten
- PC für den Coach, um die Plattform zum Coachen zu nutzen
- Headset für den Coach, um mit dem Läufer zu sprechen
- Externer Dienst für Karten, um die Position des Läufers zu sehen
- Externer Dienst für Zahlungen, um das Coaching zu bezahlen

Nachhaltigkeit ist eng verbunden mit der Offenheit eines Systems. Wenn ein technisches System ältere Endgeräte (z. B. PCs und Smartphones) unterstützt, können wichtige Ressourcen eingespart und Endgeräte länger genutzt werden. Dies ist nicht nur ein kommerzielles Thema, sondern berührt auch soziale Fragen. Der Erwerb neuer Geräte zur Teilhabe an digitalen Lösungen ist ein kritischer Faktor, der Menschen einschließen oder aufgrund ihrer finanziellen Möglichkeiten ausschließen kann. Sie sind jetzt vielleicht etwas überrascht, dass das Buch hier eine so harte Wendung nimmt. Der Grund hierfür ist einfach: Wir befinden uns mit dem Entwurf der Form auf der Systemebene genau dort, wo solche Entscheidungen getroffen werden. Daher ist der Hinweis an dieser Stelle wichtig.

Zur Dokumentation vorhandener Elemente eignen sich textuelle Beschreibungen. Außerdem können Modelle für die Struktur von Systemen (z. B. Komponentenmodelle, vgl. [Weilkiens 2014]) verwendet werden.

Eigene Elemente

Mit den eigenen Elementen kommen wir beim Entwerfen der Form auf der Systemebene zur Frage, welche Elemente umgesetzt werden müssen, um das System und damit die Lösung in Betrieb zu nehmen. An dieser Stelle ist die Mehrzahl wichtig, da selbst einfachste Systeme meist aus mehreren Elementen bestehen.

Welche eigenen Elemente kommen Ihnen in den Sinn, wenn Sie an die Lauftraining-App denken?

Mit dem Entwurf der eigenen Elemente bereiten wir den Weg für den Entwurf auf der Elementebene. Für jedes eigene Element wird ein Elementdesignkonzept erstellt, um das Element im Detail zu entwerfen.

Die reale Welt ist ein guter Ausgangspunkt für die Definition der eigenen Elemente. Für den Anfang kann man sich gut an Benutzertypen und Endgeräten orientieren. Für jede Kombination aus Benutzertyp und Endgerät kann in einem ersten Entwurf ein eigenes Element definiert werden. Darüber hinaus werden in der Regel eigene Elemente benötigt, die im Hintergrund Aufgaben übernehmen, z. B. Daten speichern, Berechnungen durchführen oder als Kommunikationsknoten dienen. So entsteht schnell eine erste Liste von eigenen Elementen, die dann in weiteren Schritten überarbeitet und weiter ausgestaltet werden kann.

Für die Lauftraining-App sind die folgenden eigenen Elemente relevant:

- Smartphone-App für Läuferinnen und Läufer, die die Lösung nutzen
- Element für die Coaches, um die Läuferinnen und Läufer während ihres Trainings zu coachen (Coaching-Portal)
- Verwaltungselement, das im Hintergrund alle Kunden- und Benutzerdaten verwaltet und vom Systemverwalter genutzt wird (Verwaltungsportal).

Diese drei Elemente sind je nach Funktion der eigenen Elemente erst einmal ausreichend, um die Lösung zu realisieren. Weiterhin wäre es noch denkbar, dass man ein Element im Sinne eines Webauftritts definiert. Dieser Webauftritt könnte eine komfortablere Möglichkeit bieten, um sich als Kunde zu registrieren und Termine zu buchen. Alternativ müsste diese Funktion sonst auch in der Smartphone-App angeboten werden.

Die beispielhafte Liste für unser Fallbeispiel zeigt, dass die Definition der eigenen Elemente wichtige Entwurfsentscheidungen in Bezug auf die Interaktion des Systems mit den Benutzern hat. Die Frage, ob ein zusätzlicher Webauftritt zur Registrierung und Terminverwaltung angeboten wird, berührt zum einen die Mensch-Perspektive, da sie das System attraktiver macht. Ebenso berührt sie aber auch die Business-Perspektive, da die Definition eines zusätzlichen Elements Kosten für Entwicklung und Betrieb verursacht.

Zur Dokumentation von eigenen Elementen können die gleichen Techniken verwendet werden, die auch schon zur Dokumentation von vorhandenen Elementen vorgeschlagen wurden.

Orientierung am technischen Aufbau des Systems fördert die Zusammenarbeit und Arbeitsorganisation

Die Arbeit am Entwurf der Form des Systems und insbesondere der eigenen Elemente ist ein wichtiger Punkt, um die Zusammenarbeit zu leben. Die Definition der eigenen Elemente im System sollte sich sehr stark an der technischen Struktur des Systems orientieren und in Zusammenarbeit mit Fachleuten aus der Konstruktion ausgearbeitet werden.

Dies bedeutet in der Praxis z.B., dass jedes eigenständige technische Element dahingehend geprüft werden sollte, ob es auch ein Element im Systemdesignkonzept werden kann. Gute Kandidaten für ein solches Vorgehen sind technische Elemente, die

- eigenständig auf einem Endgerät betrieben werden (z.B. eine App auf dem Smartphone),
- eine eigenständige Funktion und einen eigenständigen Datenhaushalt haben (z.B. ein Microservice für eine bestimmte Funktion) oder
- eigenständig ausgeliefert und aktualisiert werden können.

Diese technische Orientierung bringt den Vorteil, dass der Entwurf im Systemdesignkonzept sehr nah am Entwurf im Systemrealisierungskonzept bleibt. Dies fördert ein gemeinsames Verständnis über das System und damit auch die Zusammenarbeit im Bauteam.

Weiterhin unterstützt dieses Vorgehen die Arbeitsorganisation. Insbesondere bei größeren Systemen orientiert sich die Team- und Arbeitsstruktur oft an technischen Bausteinen, z.B. wird eine Smartphone-App von einem Team entwickelt und das zugehörige Serverelement von einem anderen Team.

Wenn die eigenen Elemente dieser Arbeitsstruktur entsprechen, dann werden sich auch automatisch die Elementdesignkonzepte an dieser Struktur orientieren und es werden klare Schnittstellen im technischen Sinn und in der Zusammenarbeit zwischen den Teams geschaffen.

9.1.3 Funktion des Systems

Neben der Form des Systems muss auf der Systemebene auch die Funktion des Systems betrachtet und sinnvoll entworfen werden. An diesem Punkt stoßen wir auf eine methodische Herausforderung. Mit den Benutzertypen sowie den vorhandenen und eigenen Elementen können wir die Form des Systems vollständig entwerfen, dokumentieren und darüber diskutieren.

Die Funktion des Systems als Ganzes kann nicht so leicht erfasst werden, da sie sich aus den Funktionen der vorhandenen und der eigenen Elemente zusammensetzt. Wollten wir also auf der Systemebene die Funktion vollständig beschreiben, wären wir gezwungen, auch die Funktion der Elemente vollständig zu beschreiben. Dies ist offensichtlich nur bei sehr einfachen Systemen möglich.

In diesem Buch werden daher Szenarien für den Entwurf der Funktion eines Systems verwendet. Szenarien können allgemein als beispielhafte Beschreibung der Funktion im Sinne von Abläufen oder kurzen Geschichten verstanden werden.

Gehen Sie gedanklich wieder zu unserem Fallbeispiel zurück. Wie könnte eine Geschichte aussehen, die die Funktion des Systems als Ganzes darstellt? Tipp: Stellen Sie sich vor, Sie erzählen einem Bekannten von der Idee.

Durch den Beispielcharakter sind Szenarien ein guter Kompromiss, um die Funktion des Systems als Ganzes zu erfassen, ohne unnötig ins Detail zu gehen. Natürlich besteht auch bei Szenarien die Gefahr, dass die Beschreibung ausufert und unnötig kompliziert wird. Dennoch haben Szenarien nicht den Anspruch an Vollständigkeit, beispielsweise werden keine Sonderfälle oder alternativen Abläufe beschrieben. Daher ist das Risiko einer ausufernden Beschreibung eher gering. Wichtige Ankerpunkte für Szenarien bieten die anderen Aspekte auf der Systemebene:

- Szenarien sollten immer mit einem klaren Bezug zu Zielen formuliert werden. So kann für ein oder mehrere Ziele beschrieben werden, wie das System die Ziele erreichen kann.
- Benutzertypen als Teil der Form sollten immer durch Personen repräsentiert werden, die die Rolle der Benutzertypen einnehmen und als menschliche Akteure im Szenario fungieren.
- Vorhandene und eigene Elemente sind weitere wichtige Akteure, die ebenfalls in Szenarien aktiv werden.

Zur Dokumentation von Szenarien können textuelle Beschreibungen als Fließtext oder in Form nummerierter Schritte verwendet werden.

Szenario zur Lauftraining-App als Kurzgeschichte:

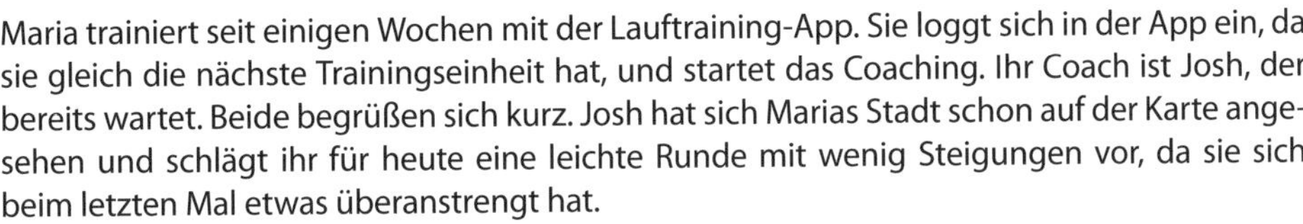

Maria trainiert seit einigen Wochen mit der Lauftraining-App. Sie loggt sich in der App ein, da sie gleich die nächste Trainingseinheit hat, und startet das Coaching. Ihr Coach ist Josh, der bereits wartet. Beide begrüßen sich kurz. Josh hat sich Marias Stadt schon auf der Karte angesehen und schlägt ihr für heute eine leichte Runde mit wenig Steigungen vor, da sie sich beim letzten Mal etwas überanstrengt hat.

Maria läuft los und Josh überwacht Marias Puls während der gesamten Trainingseinheit auf seinem Bildschirm. Auf der Karte sieht Josh während des Trainings, dass Maria auf eine leichte Steigung zuläuft und gibt den Hinweis, dass sie etwas schneller laufen könnte, um den Puls etwas nach oben zu treiben.

An diesem Tag kommt Maria sehr gut durchs Training. Josh sieht auf seinem Bildschirm, dass Marias Geschwindigkeit und Puls in einem guten Bereich geblieben sind. Daher lobt Josh Maria am Ende der Trainingseinheit für ihre gute Leistung. Beide verabschieden sich und Maria beendet das Training in der App.

Szenario zur Lauftraining-App als nummerierte Liste:

1. Maria loggt sich in der App ein.
2. Maria startet die Trainingseinheit in der App.
3. Das Coaching-Portal informiert Josh über den Start der Sitzung.
4. Das Coaching-Portal startet die Sprachverbindung zwischen Maria und Josh.
5. Josh und Maria begrüßen sich. Maria läuft los.
6. Das Portal zeigt Josh die Position, die Geschwindigkeit und den Puls von Maria in Echtzeit an.
7. Josh sieht, dass Maria im Verlauf des Trainings auf eine leichte Steigung zuläuft und gibt den Hinweis, dass Maria an der Steigung schneller laufen soll.
8. Maria nimmt den Hinweis an und absolviert die Steigung gut.
9. Am Ende des Trainings zeigt das Coaching-Portal für Josh eine Zusammenfassung der Strecke mit Geschwindigkeit und Durchschnittspuls.
10. Josh lobt Maria für die gute Leistung und beide verabschieden sich.
11. Maria beendet das Training in der App.

Unser Beispiel zeigt, dass Fließtext zu leicht konsumierbareren Texten führt und durch den Charakter der Kurzgeschichte etwas mehr Ausschmückungen und Hintergrundinformation erlaubt. Nummerierte Szenarien bestehen aus Schritten und bilden pro Schritt eine Interaktion zwischen Benutzertypen bzw. System ab. Diese Darstellungsweise ist systematischer und strukturierter zu lesen, wirkt aber auch etwas nüchterner.

9.1.4 Qualitätsanforderungen an das System als Ganzes

Qualitätsanforderungen an das System beschreiben analog zur Lösungsebene qualitative Eigenschaften der Form und Funktion des Systems.

Auf Basis des zuvor definierten Szenarios können einige Qualitätsanforderungen an das System als Ganzes definiert werden. Welche Qualitätsanforderungen kommen Ihnen beim Lesen des Szenarios in den Sinn?

Auf der Systemebene sind Qualitätsanforderungen nicht nur wichtig für die Akzeptanz des Systems (Mensch-Perspektive), sondern insbesondere auch für Fragen der technischen Machbarkeit (Technologie-Perspektive). Denn die definierten Qualitätsanforderungen müssen später durch das realisierte System erfüllt werden.

Für die praktische Arbeit im Digital Design bedeutet dies, dass die Formulierung von Qualitätsanforderungen eine Teamarbeit zwischen Auftraggebern, weiteren relevanten Stakeholdern sowie Fachleuten für Technologien und Realisierung ist. Wichtig bei dieser Zusammenarbeit ist, dass die Verantwortung für die Formulierung beim Digital Design liegt, da die Ausarbeitung des Systemdesignkonzepts Aufgabe des Digital Design ist.

Die Herausforderung für die Formulierung von Qualitätsanforderungen auf der Systemebene besteht darin, Qualitätsanforderungen für das System als Ganzes zu formulieren und nicht schon in die Details der Elementebene abzutauchen.

Die folgenden Qualitätsanforderungen können auf Basis des Szenarios aus dem letzten Abschnitt formuliert werden:

- Die Sprachverbindung zwischen Coach und Läufer muss in Echtzeit erfolgen.
- Das Coaching-Portal muss dem Coach die aktuelle Geschwindigkeit und den aktuellen Puls des Läufers anzeigen.
- Das Coaching-Portal muss dem Coach die aktuelle Position des Läufers auf einer Karte anzeigen.

Alle drei Qualitätsanforderungen sind wichtig, damit der Coach den Läufer sinnvoll coachen kann. Wenn die Sprachübertragung nicht in Echtzeit erfolgt und die Daten des Läufers nicht in Echtzeit angezeigt werden, kann der Coach seiner Coaching-Aufgabe nur bedingt nachkommen. Der Begriff der Echtzeit ist hier etwas schwammig und müsste in einem realen Projekt weiter konkretisiert werden.

Das Requirements Engineering [Pohl & Rupp 2021] gibt für die Dokumentation und Arbeit mit Qualitätsanforderungen vielfältige praktische Hinweise zur Vorgehensweise. Wie auch auf der Lösungsebene können Qualitätsanforderungen mithilfe textueller Beschreibungen dargestellt werden. Für eine strukturierte Betrachtung von Qualitätsanforderungen helfen darüber hinaus Normen und Standards, die verschiedenste Aspekte von Qualitätsanforderungen konkretisieren (siehe z.B. [ISO 2011] oder [ISO 2019]).

9.1.5 Randbedingungen für das System als Ganzes

Randbedingungen auf der Systemebene definieren unveränderliche Vorgaben, die ein System erfüllen muss. Wie wir schon auf der Lösungsebene gesehen haben, können Randbedingungen je nach Art des Systems technischer, organisatorischer oder gesetzlicher Natur sein.

Randbedingungen auf der Systemebene sind ein wichtiger Faktor für Entwurfsentscheidungen und für den Erfolg des Systems. Werden beispielsweise rechtliche Randbedingungen nicht berücksichtigt, kann dies den Betrieb eines Systems aus rechtlichen Gründen unmöglich machen. Die Identifikation und Formulierung von Randbedingungen für das System gehören daher zum Verantwortungsbereich des Digital Design.

Mögliche Randbedingungen der Lauftraining-App können sein:

- Im Rahmen der Registrierung eines Kunden muss eine Einverständniserklärung für die Speicherung und Übertragung von Positions- und Gesundheitsdaten durch das System vom Kunden erfragt werden.
- Die Sprachkommunikation und die Datenübertragung zwischen Läufer und Coach müssen über das Mobilfunknetz realisiert werden.

Die erste Randbedingung ergibt sich aus dem Datenschutz. Die zweite Randbedingung wird nicht immer als solche angesehen, da argumentiert werden kann, dass theoretisch ein anderes Kommunikationsmittel gewählt werden könnte. Dies ist aber eher eine theoretische Option. Daher sollten solche Erkenntnisse möglichst als Randbedingungen des Systems aufgenommen werden, um einen klaren Blick auf mögliche Umsetzungen zu haben und vor allem, um mit dem Auftraggeber und weiteren Stakeholdern eine klare Entscheidung zum Systemaufbau treffen zu können.

Auch hier liefert das Requirements Engineering [Pohl & Rupp 2021] wichtige Hinweise und Hilfsmittel zur Dokumentation und zur Arbeit mit Randbedingungen. Für die Dokumentation von Randbedingungen eignen sich textuelle Beschreibungen.

9.2 Aspeke der Systemebene im Zusammenspiel

Die Entwurfsarbeit auf der Systemebene wird im Vergleich zur Lösungsebene wesentlich technischer, wir definieren verschiedenste Elemente im Sinne von Bausteinen des Systems, um die gedachte Lösung technisch umzusetzen. Wie auf der Lösungsebene sind auch auf der Systemebene alle eingeführten Aspekte von gleicher Relevanz. Und auch auf dieser Ebene brauchen wir ein Verständnis für das Zusammenspiel und die Wechselwirkungen der Aspekte, um das System ganzheitlich zu entwerfen.

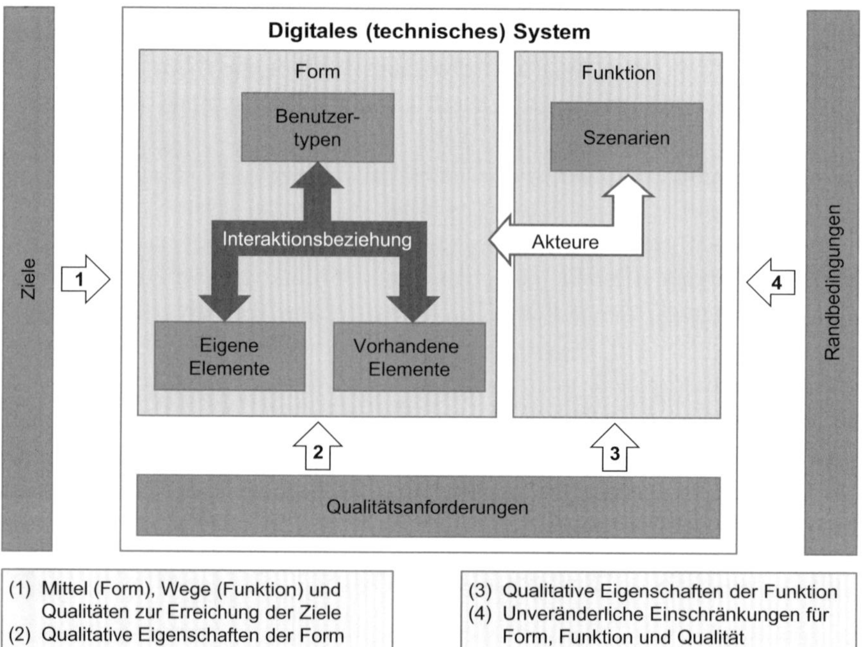

Abb. 9–1 *Aspekte zum Entwerfen auf der Systemebene im Zusammenspiel*

In Abbildung 9–1 wird das Zusammenspiel zwischen den sieben Aspekten zum Entwurf auf der Systemebene dargestellt. Analog zur Lösungsebene können die einzelnen Abhängigkeiten in eine nachvollziehbare Ordnung gebracht werden, die auch bei der Entwurfsarbeit hilft:

- Ausgangspunkt für den Entwurf auf der Systemebene ist die Formulierung von Zielen für das System auf Basis der Lösung und insbesondere der Vision für die Lösung. Diese Ziele können dann verwendet werden, um Form und Funktion als Mittel und Weg sowie Qualitätsanforderungen und erste Randbedingungen zu formulieren.
- Mit einer ersten Liste von Zielen können Szenarien dabei helfen, eine Idee zu entwickeln, wie durch die Funktion des Systems Ziele erreicht werden können.

- Die Szenarien und die darin beschriebenen Akteure (Szenarien können mehrere Akteure umfassen) bieten eine erste Grundlage, um Benutzertypen sowie vorhandene und eigene Elemente mit ihren Interaktionsbeziehungen als Form des Systems zu definieren.
- Auf Basis der ersten Idee von Form und Funktion können Qualitätsanforderungen formuliert werden, die wichtige qualitative Eigenschaften des Systems zur Erreichung der Ziele bzw. Randbedingungen definieren.
- Die so entstehende erste Idee von Form, Funktion und Qualität führt zu einem besseren Verständnis der Ziele, erfordert ggf. eine Anpassung der Ziele und ermöglicht so einen iterativen Arbeitsprozess zum weiteren Entwurf des Systems.

Ein typisches Missverständnis besteht darin, dass in einem ersten Schritt sehr viel Energie in die Formulierung von Zielen gesteckt werden muss und dann auf Basis einer umfangreichen Zielliste ein System entworfen werden soll. Diese Form von Top-down-Prozess ist in der Praxis oft nicht sinnvoll. Hilfreicher ist hier ein schneller Durchlauf durch die einzelnen Aspekte und ein fortlaufendes Überarbeiten und Anpassen des Entwurfs.

Wie auch auf der Lösungsebene ist es hilfreich, das Zusammenspiel der Aspekte auf der Systemebene in Aktion zu erleben, um es zu verinnerlichen. Sie können das Zusammenspiel anhand des Fallbeispiels üben:

1. Betrachten Sie die zwei Beispielziele aus Abschnitt 9.1.1 und legen Sie die Ziele neben das Szenario aus Abschnitt 9.1.3. Wie gut wird die Erfüllung dieser Ziele durch das Szenario beschrieben? Welche Lücken sehen Sie?
2. Formulieren Sie eigene Szenarien für die identifizierten Lücken. Ein guter Ansatzpunkt ist der Aspekt der Überforderung. Dieser wird im Szenario nicht wirklich beachtet.
3. Analysieren Sie die neuen Szenarien auf potenzielle eigene oder vorhandene Elemente. Notieren Sie diese.
4. Betrachten Sie nun die entstehende Form und Funktion und vergleichen Sie diese mit den Beispielen für Qualitätsanforderungen und Randbedingungen. Entdecken Sie vielleicht neue?
5. Schauen Sie sich den entstandenen Entwurf noch einmal an. Welche Ideen für neue Ziele kommen Ihnen in den Sinn? Wie wäre es, wenn ein Läufer für seine Region Laufrouten vorgeschlagen bekommt, die mit Blick auf Länge und Steigung seinem Leistungsstand entsprechen? Verfolgen Sie diese Idee und starten Sie wieder bei einem Szenario und gehen Sie den Prozess weiter durch.

9.3 Evaluation der Entwurfsarbeit auf der Systemebene

Im Folgenden werden wir die wesentlichen Fragestellungen zur Evaluation der Entwurfsarbeit auf der Systemebene betrachten. Tabelle 9–1 stellt die Fragestellungen im Überblick dar.

Mensch	■ Sind die Benutzertypen sinnvoll definiert und verstanden? ■ Ist das System für den Auftraggeber und relevante Stakeholder wünschenswert und attraktiv? ■ Ist das System für Benutzer wünschenswert und attraktiv?
Business	■ Kann das System wirtschaftlich tragfähig realisiert werden? ■ Kann das System wirtschaftlich tragfähig betrieben werden?
Technologie	■ Ist das System als Ganzes technisch machbar? ■ Nutzt das System das Potenzial der verfügbaren Technologien sinnvoll aus?

Tab. 9–1 *Fragestellungen zur Evaluation der Entwurfsarbeit auf der Systemebene*

9.3.1 Evaluation mit Blick auf die Mensch-Perspektive

Definierte Benutzertypen

Analog zu den Kunden-/Benutzergruppen auf der Lösungsebene bilden die Benutzertypen auf der Systemebene den Referenzpunkt für die Verwendung des Systems. Eine sinnvolle Definition der Benutzertypen ist wichtig, um deren Anforderungen zu verstehen und die Interaktion zwischen Benutzern und System zu entwerfen.

Zur Evaluation der Benutzertypen können die Benutzergruppen und die Geschäftsprozesse auf der Lösungsebene als Referenzpunkt herangezogen werden. Im Rahmen von Reviews, z.B. durch potenzielle Benutzer oder andere Stakeholder, kann geprüft werden, ob die Benutzertypen des Systems sinnvoll definiert und zugeschnitten sind oder ob z.B. Benutzertypen fehlen oder anders definiert werden müssen.

Sicht des Auftraggebers und relevanter Stakeholder

Analog zur Lösungsebene muss auch der Entwurf des technischen Systems aus Sicht des Auftraggebers und relevanter Stakeholder dahingehend evaluiert werden, ob das System attraktiv und wünschenswert ist. Diese Fragestellung bezieht sich dabei sowohl auf die Form der technischen Umsetzung (sind Bausteine und gewählte Technologien wünschenswert?), auf die Funktionen (sind die Funktionen des Systems wünschenswert?) als auch auf die Qualitätsanforderungen (sind die definierten Qualitäten wünschenswert?). Für die Evaluation der Akzeptanz des Systems sind die Systemstruktur und die Szenarien gute Referenzpunkte.

Das Systemdesignkonzept kann dem Auftraggeber und den Stakeholdern zum Review vorgelegt werden, um Feedback zum Entwurf zu erhalten. Ebenso kann das System durch geeignete Prototypen realisiert werden, um ausgewählte Aspekte des Systems zu demonstrieren. Auftraggeber und relevante Stakeholder betrachten ein System typischerweise aus einer übergeordneten Perspektive. Daher eignen sich für diese Situation ebenfalls Prototypen, die das technische System als Ganzes erlebbar machen. Zum Beispiel sind dies Videoprototypen oder Simulationen, die die Verwendung des Systems in verschiedenen Situationen darstellen. Ebenso können Prototypen eingesetzt werden, die ausgewählte Szenarien des Systems aus der Perspektive des Benutzers erfahrbar machen.

Sicht der Benutzer

Die Evaluation des Systems aus Sicht der Benutzer betrachtet die Frage, ob das technische System als Ganzes für Benutzer wünschenswert und attraktiv ist. Analog zur Perspektive der Auftraggeber und Stakeholder schließt diese Fragestellung Form, Funktion und Qualität des Systems als Ganzes inklusive der gewählten technischen Umsetzung ein. Referenzpunkte für die Evaluation sind analog zur Perspektive der Stakeholder und Auftraggeber die Systemstruktur und die Szenarien. Wichtig bei der Evaluation des Systems aus Sicht des Benutzers ist der Fokus auf das System als Ganzes und dieser Fokus muss gezielt bei der Planung und Durchführung der Evaluation berücksichtigt werden. Die Evaluation einzelner Elemente und ihrer Details (z.B. einzelne User Interfaces oder Use Cases) betrachten wir auf der Elementebene.

Das Systemdesignkonzept kann potenziellen Benutzern zum Review vorgelegt werden, sodass sie Feedback zur Systemstruktur und zu den Szenarien geben können. Darüber hinaus können ausgewählte Teile des Systems durch geeignete Prototypen realisiert werden, die sich dabei entweder an der Form oder der Funktion des Systems orientieren.

Eine Herangehensweise wäre die Realisierung des Systems in einem Prototyp. Beispiele für dieses Vorgehen wären interaktive Prototypen, die den Geschäftsprozess und die Customer Journey ganz oder in Auszügen erlebbar machen. Bei dieser Vorgehensweise besteht jedoch das Risiko, dass man schnell den Fokus der Systemebene verlässt, da der Prototyp durch die Realisierung der einzelnen Elemente entsteht und so die Elemente in den Vordergrund rücken. Das Feedback von Benutzern könnte sich daher primär auf die Elemente (z.B. auf das User Interface) beziehen und nicht so sehr auf den Mehrwert als Ganzes.

Eine andere Herangehensweise besteht darin, den Prototyp nicht an den Elementen (also an der Form) zu orientieren, sondern vielmehr an der Funktion des Systems auszurichten. Im Zentrum dieser Vorgehensweise steht die Frage, wie man die Funktion des Systems als Prototyp realisiert, ohne die einzelnen Elemente des Systems zu realisieren bzw. nur so weit zu realisieren, dass der Fokus nicht auf den Elementen liegt, sondern auf der Funktion des Systems. Eine mögliche Herangehensweise ist die Simulation der Funktionen durch Videos und Animationen.

9.3.2 Evaluation mit Blick auf die Business-Perspektive

Wirtschaftliche Realisierbarkeit

Die wirtschaftliche Realisierbarkeit eines Systems ist die erste relevante Frage der Business-Perspektive. Wenn ein System nicht unter den gegebenen Randbedingungen (insbesondere Budget des Auftraggebers) realisiert werden kann, ist die wirtschaftliche Lebensfähigkeit eines Systems nicht gegeben. Für die wirtschaftliche Realisierbarkeit des Systems sind die Szenarien und die eigenen Elemente die wesentlichen Referenzpunkte.

Basierend auf den konkreten Beschreibungen des Systems durch Szenarien können Realisierungsfachleute grobe Realisierungskosten der Elemente und des Systems abschätzen. Natürlich sind solche Schätzungen auf Basis von Szenarien weniger präzise als detailliertere Kostenschätzungen auf Basis von Elementdesignkonzepten. Aber insbesondere in frühen Phasen des Bauprozesses (wenn noch keine Details der Elemente vorliegen) hilft dieses Vorgehen, die wirtschaftliche Realisierbarkeit des Systems zu evaluieren.

Wirtschaftliche Betreibbarkeit

Auf der Systemebene steht die wirtschaftliche Betreibbarkeit des Systems im Zentrum der Business-Perspektive. Referenzpunkt für die wirtschaftliche Betreibbarkeit des Systems sind das Geschäftsmodell der Lösungsebene und die Systemstruktur, d.h. die verschiedenen Elemente, aus denen das System besteht, und deren Kosten für den Betrieb. Die wirtschaftliche Betreibbarkeit des Systems ist im Wesentlichen gegeben, wenn die Kosten für den Betrieb des Systems durch die Einnahmen der Lösung gedeckt sind. Daher zielt die Evaluation darauf ab, ob die Kosten sinnvoll definiert und dimensioniert sind.

Die Kosten für den Betrieb können je nach Art des Systems leicht oder schwer ermittelt werden und hängen von vielfältigen Faktoren ab (z.B. von erwarteten Benutzerzahlen, geplanten Datenmengen). Diese Schwierigkeiten lassen insbesondere Einsteiger davor zurückschrecken, sich intensiv mit den Betriebskosten zu befassen. Aber gerade für Einsteiger bietet die Auseinandersetzung mit Betriebskosten eine wichtige Informationsquelle für ein besseres Verständnis von digitaler Technologie und damit eine Chance zum Lernen.

Die Kosten für den Betrieb von Rechenzentren können durch entsprechende Anfragen bei Rechenzentrumsbetreibern ermittelt und überprüft werden. Gleiches gilt für die Kosten von externen Diensten, die als Teil des Systems verwendet werden (z.B. Bezahlservices).

Für die Evaluation der Kosten für den Betrieb von speziellen Elementen können unter Umständen detailliertere Information zu technischen Ressourcen (z.B. Rechenleistung oder Speicherkapazität) erforderlich sein, um die Kosten für den Betrieb sinnvoll abschätzen zu können. In einem solchen Fall kann die Realisierung von Prototypen des Systems notwendig sein, um die Parameter für den Betrieb des Systems sinnvoll bestimmen zu können.

9.3.3 Evaluation mit Blick auf die Technologie-Perspektive

Technische Machbarkeit

Mit der technischen Machbarkeit des Systems ist die Frage gemeint, ob der angedachte Entwurf des Systems als Ganzes (also die erdachte Form, Funktion und Qualität) technisch realisierbar ist. Die Frage nach der technischen Machbarkeit ist immer dann spannend, wenn man mit einer digitalen Lösung in ein innovatives Feld vorstößt, in dem das Bauteam noch keine Erfahrungen hat.

Für die technische Machbarkeit des Systems als Ganzes sind die Systemstruktur, die Szenarien, die Qualitätsanforderungen und die Randbedingungen des Systems geeignete Referenzpunkte. Insbesondere die Qualitätsanforderungen und Randbedingungen sind für die Evaluation der Machbarkeit von großer Bedeutung, da diese durch den technischen Entwurf erreicht bzw. erfüllt werden müssen (z.B. stellen hohe Anforderungen an Sicherheit, Geschwindigkeit oder Ausfallsicherheit besondere Herausforderungen für die Machbarkeit dar).

Die Frage der technischen Machbarkeit kann auf Basis von Expertenreviews des Systemdesignkonzepts evaluiert werden, um zu prüfen, ob die angedachten Endgeräte (vorhandene Objekte) ausreichend Leistung für die Realisierung des Systems bieten.

Bei innovativen Systemen mit neuartigen oder besonders kritischen Funktionen können zusätzlich zu Expertenreviews Evaluationen mit Prototypen durchgeführt werden. Mit diesen Prototypen kann gezielt die technische Machbarkeit ausgewählter kritischer Funktionen oder Qualitätsanforderungen mit der angedachten Technologie untersucht und geprüft werden. Oft wird in diesem Zusammenhang auch der Begriff »Proof of Concept« verwendet, um dem Auftraggeber zu demonstrieren, dass ein Entwurf technisch machbar ist.

Ausnutzung des technischen Potenzials

Die Ausnutzung des vorhandenen technischen Potenzials ist eine zweite relevante Fragestellung der Evaluation in der Technologie-Perspektive auf der Systemebene. Auf den ersten Blick erscheint diese Fragegestellung wenig sinnvoll, da die Technologie ja bewusst auf Basis eines Entwurfs ausgewählt wird, um diesen zu realisieren. Warum sollten dann noch einmal gezielt die Ausnutzung des Potenzials bzw. alternative Technologien untersucht werden? Hierfür gibt es zwei gute Gründe. Zum einen werden digitale Technologien fortlaufend weiterentwickelt und mit neuen Fähigkeiten ausgestattet, die für eine Lösung sinnvoll sein können. Zum anderen bietet die gezielte Betrachtung alternativer Technologien eine sinnvolle Möglichkeit, um die Technologieentscheidungen für ein System kritisch zu hinterfragen.

Express-Check-out als Weiterentwicklung von Bezahldiensten

Bezahldienste sind uns schon als Beispiele für vorhandene Elemente begegnet, um Zahlungen abzuwickeln. Damit hatten diese Dienste eine klare Aufgabe im System. Seit einigen Jahren bieten einige Bezahldienste (z.B. PayPal[a]) mit dem sogenannten *Express-Check-out* eine neue Funktion an, die Zahlungen mit Adressdaten kombiniert. Kunden in einem Onlineshop können mit dieser Funktion ein Produkt kaufen, ohne die eigene Anschrift angeben zu müssen. Diese Information wird zusammen mit den Bezahldaten übermittelt und kann dann für den Versand genutzt werden.

Wenn Sie einen Onlineshop auf der Systemebene betrachten, dann ändert diese Funktion das System erheblich, da sich der Kaufprozess und besonders die Interaktion des Benutzers verändert. Wenn diese Funktion im System integriert wird, verändert sich damit auch die Customer Journey auf der Lösungsebene, da der ganze Kauf vereinfacht wird.

a. Nutzen Sie eine Suchmaschine Ihrer Wahl und suchen Sie nach »express checkout paypal«. So finden Sie ausführliche Erläuterungen zu dieser Funktion.

Die vorhandenen Elemente des Systems sind für diese Evaluation der geeignete Referenzpunkt, da die vorhandenen Elemente z.B. die Hardware für den Betrieb der Lösung oder aber vorhandene Services repräsentieren, die vom System verwendet werden. Die Frage zur Ausnutzung des technischen Potenzials in den eigenen Elementen wird hingegen auf der Elementebene betrachtet.

Für die Evaluation der Ausnutzung des technischen Potenzials können die gleichen Techniken genutzt werden wie bei der Evaluation der technischen Machbarkeit (Reviews und Prototypen). Darüber hinaus sollte man sich die fortlaufende Prüfung der vorhandenen Elemente zu eigen machen, um technische Weiterentwicklungen frühzeitig zu erkennen und für die eigene Lösung und das eigene System nutzbar zu machen.

9.4 Designarbeit auf der Systemebene im Bauprozess

Bei der Designarbeit auf der Systemebene geht es wesentlich technischer zu als bei der Designarbeit auf der Lösungsebene. Es geht um die Struktur des Systems als Ganzes, um die eigenen Elemente und um die Art und Weise, wie das System die Lösung realisiert. Im Verlauf des Bauprozesses besteht die wesentliche Herausforderung beim Entwurf auf der Systemebene darin, den richtigen Detaillierungsgrad zu treffen (siehe auch Tab. 5–8).

9.4.1 Die Systemebene in der Auftragsklärung

Das Ziel der Auftragsklärung besteht darin, die initiale Vision des Auftraggebers zu verstehen und zu entscheiden, ob ein erster Schritt in Richtung der Lösung im Sinne eines konzeptuellen Entwurfs gegangen werden soll – oder nicht. Daher hat die Systemebene während der Auftragsklärung eine geringe Relevanz.

Während der Auftragsklärung ist die Gestaltungsfreiheit auf der Systemebene groß und wird nur durch die Vision beschränkt. Grundsätzlich kann man während der Auftragsklärung über beliebige technische Systeme zur Realisierung der Vision nachdenken, diese skizzieren und diskutieren. Dieses Vorgehen macht es vielen Menschen leichter, denkbare Veränderungen zu beschreiben, da das Denken in konkreten Systemen meist einfacher ist als das Denken in abstrakteren Mehrwerten, Zielen oder Wertversprechen. Wichtig bei diesem Vorgehen ist ein klares Erwartungsmanagement gegenüber allen Stakeholdern. Die erstellten Skizzen für mögliche Systeme sind keine Entwürfe, die im Verlauf des Bauprozesses dann weiter umgesetzt werden. Es sind Mittel, um die Vision greifbarer zu machen und über sie zu diskutieren, damit die Vision für alle Stakeholder klarer wird.

Neben der Vision sollte in der Auftragsklärung auch eine erste Definition des potenziellen Lösungsraums als Teil des Digital Design Brief erfolgen. Einfache Skizzen und Beschreibungen von möglichen Systemen inklusive digitaler Technologien helfen dabei, Umsetzungsmöglichkeiten zu erforschen und insbesondere die Potenziale verschiedener digitaler Technologien mit Blick auf die Vision zu erkunden. Diese frühe Einbeziehung einer technischen Perspektive wird gerne mit dem Hinweis auf die Lösungsneutralität (im technischen Sinne) der Vision abgelehnt. Mit Blick auf die ganzheitliche Gestaltung digitaler Lösungen ist diese Vorgehensweise kontraproduktiv. Die Potenziale neuer Technologien können bei der Formulierung der Vision nützlich sein, da sie oft eine Quelle für Ideen und kreative Lösungsansätze sind. Streng genommen ergibt sich daraus auch kein Widerspruch zur Lösungsneutralität, da die konkreten Technologien eine Inspiration sind und nicht zwangsläufig ihren Weg in die Formulierung der Vision finden müssen.

Wenn man sich mit seiner Vision auf einem innovativen Feld bewegt und die Realisierung der Vision von besonderen Technologien oder Systemumständen abhängt, dann taucht fast immer die Frage nach ihrer Machbarkeit auf. Wenn diese Frage wichtig für den Start der Konzeptarbeit ist, dann können erste Schritte in Richtung Entwurf eines Systemdesignkonzepts und entsprechende Prototypen dabei helfen, sie auch schon im Rahmen der Auftragsklärung zu beantworten.

Zusammengefasst können drei Faustregeln formuliert werden, wann man während der Auftragsklärung die Systemebene betrachten sollte:

- Wenn das Nachdenken über ein System dabei hilft, die Vision besser zu verstehen.
- Wenn die Systemebene dabei hilft, den potenziellen Lösungsraum und die Fähigkeiten digitaler Technologien als Teil des Digital Design Brief zu erkunden, um diese für die Vision nutzbar zu machen.
- Wenn die Realisierung der Vision von besonderen Systemaspekten abhängt, die vor der Konzeptarbeit geklärt werden müssen.

Schauen wir uns diese Faustregeln am Beispiel der Lauftraining-App an.

1. Leistet das Nachdenken über das System einen Beitrag zum Verständnis der Vision?

Während der Arbeit an der Vision stellt man sich unweigerlich vor, wie ein System aussehen kann, das die Lösung realisiert. Wenn wir uns Gedanken über das System der Lauftraining-App machen (Coaches im Callcenter sprechen mit Läufern während ihres Trainings und coachen sie anhand ihrer Fitnessdaten), dann entsteht ein viel klareres Bild dieser Vision.

Würden wir stattdessen über eine Lösung auf Basis künstlicher Intelligenz nachdenken, dann bringt uns das System hier keinen großen Mehrwert für die Vision. Wir stellen uns bei dieser Lösungsidee vor, wie eine KI mit den Läuferinnen und Läufern spricht und sie coacht. Die technischen Details, wie die KI das macht und wo die KI betrieben wird (wir sind ja auf der Systemebene), sind für das Verständnis dieser Idee irrelevant.

2. Leistet das Nachdenken über das System einen Beitrag zur Erkundung des Lösungsraums?

Neben der Vision wollen wir in der Auftragsklärung auch den Lösungsraum zur Realisierung der Vision erkunden, um eine erste Idee der technischen Machbarkeit zu bekommen. Versetzen wir uns auch hier wieder in das Fallbeispiel. Nehmen wir als Vision an, dass eine eigene Fitnessuhr realisiert werden soll, die zusammen mit dem Coaching verkauft werden soll. Eine komplett eigene Uhr ist eine große Herausforderung, da nicht nur die Software, sondern eine komplette Uhr inklusive Hardware realisiert werden muss.

Setzt man sich etwas intensiver mit dem Bereich Fitnessuhren auseinander, dann wird man sehr schnell entdecken, dass es sogenannte *White-Label-Hersteller* für Fitnessuhren gibt. Diese Hersteller bieten standardisierte Uhren an, die in einem gewissen Rahmen für Kunden angepasst werden können (z.B. Farbe des Gehäuses). Dies könnte eine realistische Alternative zur Produktion einer eigenen Uhr sein.

3. Hängt die Realisierung der Vision von besonders kritischen technischen Umständen ab, die vor der Konzeption geklärt werden müssen?

Unter Frage 1. kam der Gedanke des KI-Coachings auf. Angenommen, wir wollen diese Idee wirklich weiterverfolgen, dann wäre die Fähigkeit einer KI, Läufer zu coachen, eine Kernfunktion und damit erfolgskritisch. An dieser Stelle sollte daher in Erwägung gezogen werden, die Fähigkeiten der KI zum Laufcoaching noch im Rahmen der Auftragsklärung durch Prototypen zu prüfen.

9.4.2 Die Systemebene in der Konzeptarbeit

Am Ende der Konzeptarbeit steht die Frage, ob man sich für oder gegen den Start der Entwicklung entscheidet. Ohne ein klares Verständnis über den Aufbau des Systems und die eigenen Elemente für die definierten Benutzergruppen fehlt die Informationsbasis für eine solche Entscheidung. Daher ist die Relevanz der Systemebene in der Konzeptarbeit hoch.

Während der Konzeptarbeit besteht auf der Systemebene im Rahmen der Vision eine große Gestaltungsfreiheit, die nur durch den Digital Design Brief aus der Auftragsklärung und die Festlegungen auf der Lösungsebene beschränkt ist.

Grundsätzlich kann man sich die Konzeptarbeit auf der Systemebene als eine Mischung aus analytischer, entwerfender und evaluierender Tätigkeit vorstellen.

Die analytische Tätigkeit besteht vornehmlich darin, die geplante Lösung und ihren technischen Kontext (Welche vorhandenen Elemente sind relevant? Welche Elemente stehen zur Verfügung? Welche technischen Möglichkeiten sind vorhanden?) zu analysieren und zu verstehen. Diese Analyse ist wichtig, um die technischen Möglichkeiten und auch die Randbedingungen zu verstehen.

Versetzen Sie sich gedanklich wieder in unser Fallbeispiel. Wir sind am Anfang der Konzeptarbeit und verfolgen die Vision der Coaching-Lösung für Läufer. Was fällt Ihnen zum technischen Kontext ein?

Für den technischen Kontext der Lauftraining-App können folgende Aspekte relevant sein:

- Die App für den Läufer setzt ein Smartphone mit gewissen technischen Fähigkeiten voraus: GPS für Position und Laufgeschwindigkeit, eine hinreichend leistungsstarke Mobilfunkverbindung zur Übertragung von Livedaten und zur Sprachübertragung sowie eine Datenverbindung zu einer Smartwatch (z.B. Bluetooth).
- Zur Messung der Gesundheitsdaten wird eine Smartwatch vorausgesetzt, die den Puls und ggf. weitere Gesundheitsdaten des Läufers messen und an die App kommunizieren kann.
- Zur Datenübertragung wird Mobilfunk mit ausreichender Datenkapazität vorausgesetzt.
- Zur Sprachübertragung braucht es eine geeignete Technologie, die eine Sprachverbindung in Echtzeit realisieren kann.

Die entwerfende Tätigkeit auf der Systemebene kann gut mit dem Arbeitsmodell für das Design erklärt werden, sie ist ein intensives Wechselspiel zwischen Zielen, die auf Basis des Lösungsdesignkonzepts für das System formuliert werden, und möglichen Realisierungen im Sinne der Form, Funktion und Qualität des Systems.

Einsteiger können das Entwerfen auf der Systemebene als schnelles Wechselspiel zwischen Konzepten und Prototypen angehen. Schnelle Konzepte im Sinne von skizzierten Systemdesignkonzepten können durch einfache Prototypen überprüft und verfeinert werden. Dieses Vorgehen erlaubt es, verschiedene Perspektiven auf die Umsetzung der Lösung einzunehmen und so entsprechende Alternativen zu betrachten.

Die Kombination aus Smartphone für die App und Smartwatch für die Gesundheitsdaten klingt für die Lauftraining-App sinnvoll und machbar. Fällt Ihnen spontan eine andere Variante ein?

Mit Blick auf die wirtschaftliche Tragfähigkeit (im Sinne von Realisierungs- und Betriebskosten) und die technische Machbarkeit ist hier eine Zusammenarbeit mit Fachleuten der Konstruktion (z.B. Softwarearchitekten) wichtig. Nur so können beide Perspektiven frühzeitig betrachtet und berücksichtigt werden.

Hilfreich an diesem Punkt ist z.B. eine enge Abstimmung bei der Ausarbeitung von Systemdesign- und Systemrealisierungskonzepten. Wenn beide Konzepte in Teamarbeit gemeinschaftlich erarbeitet werden, kann in dieser frühen Phase des Bauprozesses viel kreative Energie in die Zusammenarbeit von Design und Konstruktion investiert werden. Dadurch wird das Potenzial digitaler Technologien besser ausgeschöpft.

Eine realistische Alternative für die App auf dem Smartphone könnte eine App auf einer Smartwatch ohne Smartphone sein. Viele Smartwatches verfügen über ein eigenes Mobilfunkmodul und können ohne Smartphone mit dem Internet kommunizieren. Dies hätte den Vorteil, dass ein Läufer nur die Uhr mitnehmen muss und nicht noch ein Smartphone.

Bei dieser Idee entstehen aber sofort einige Fragen:

- Hat die Smartwatch genug Rechenleistung, um die Sprachübertragung und die Übertragung der Gesundheitsdaten zu bewältigen?
- Reicht die Akku-Kapazität einer Smartwatch aus, um unter den anfallenden Belastungen ein längeres Training durchzuführen?
- Ist die Mobilfunkverbindung beim Laufen gut genug, um das Coaching durchzuführen?

Wenn diese Fragen positiv beantwortet werden können (z.B. durch Prototypen), dann ist diese Idee eine denkbare Alternative.

Für die Entwurfsarbeit und für das beschriebene Wechselspiel ist es wichtig, den Entscheidungsspielraum und den Detaillierungsgrad im Entwurf richtig zu nutzen. Die Systemebene hat für den Erfolg einer Lösung eine große Bedeutung. Diese Bedeutung führt oft zu dem Reflex, dass die Systemebene in der Konzeptarbeit möglichst genau und vollständig ausgearbeitet wird. In der Folge entstehen dann sehr umfangreiche und detaillierte Systemdesignkonzepte, die Themen und Entscheidungen vorwegnehmen, die erst in der Entwicklung relevant werden (z.B. detaillierte Definitionen von technischen Schnittstellen). Um diesem Reflex zu widerstehen, sollte man sich das eigentliche Ziel der Konzeptarbeit immer wieder in Erinnerung rufen: Es geht darum, eine fundierte Entscheidung für oder gegen den Start der Realisierung zu treffen. Alle Informationen und Details der Systemebene, die zu dieser Entscheidung beitragen, sollten ausgearbeitet werden. Für alle anderen Details gilt das nicht.

9.4.3 Die Systemebene in der Entwicklung und im Betrieb

Mit der Entwicklung und dem Betrieb gehen wir daran, das technische System zu realisieren und weiterzuentwickeln, um die Lösung Realität werden zu lassen. Daher ist die Systemebene in dieser Phase von hoher Relevanz. Die Gestaltungsfreiheit auf der Systemebene nimmt mit zunehmendem Entwicklungsfortschritt ab, da Veränderungen an bereits realisierten Systembestandteilen immer aufwendiger und teurer werden. Im Folgenden wird die Designarbeit in den vier Phasen näher betrachtet.

Vorbereitung der Entwicklung und die Systemebene

Zur Vorbereitung der Entwicklung der ersten Version muss das System in Form, Funktion und Qualität klar definiert werden und dabei müssen insbesondere die zu realisierenden eigenen Elemente und die relevanten vorhandenen Elemente festgelegt werden. Diese Festlegung ist wichtig, damit die eigenen Elemente in einem klar definierten technischen Kontext realisiert werden können. Änderungen am Systemdesignkonzept sind zu diesem Zeitpunkt mit vergleichsweise wenig Aufwand machbar, da noch kein System realisiert wurde.

Die Ursachen für Veränderungen auf der Systemebene gehen in dieser Phase meist von Erkenntnissen auf Lösungs- oder Elementebene aus. Beispielsweise könnte eine Veränderung an den Benutzergruppen eine Veränderung an den Benutzertypen nach sich ziehen oder eine Veränderung am Schnitt der eigenen Elemente erforderlich machen.

Typischerweise besteht die Arbeit auf der Systemebene darin, das Systemdesignkonzept zu konkretisieren, um die notwendigen Details für den Entwurf der eigenen Elemente zu definieren.

Entwicklung der ersten Version und die Systemebene

Der Start der Entwicklung verändert die Designarbeit auf der Systemebene nicht, da die Konkretisierung des Systemdesignkonzepts parallel zur Entwicklung der ersten Version fortgesetzt wird. Mit fortschreitender Realisierung reduziert sich der Entscheidungsspielraum, da die Kosten für tiefgreifende Veränderungen am System steigen.

Im Rahmen der Entwicklung der ersten Version müssen wichtige Entscheidungen für den späteren Betrieb der Lösung getroffen werden. Die jeweiligen Entscheidungen hängen von der Art des Systems ab. Dazu gehören Entscheidungen zu Rechenzentren, Cloud-Betrieb und auch die Auswahl konkreter Unternehmen für die Bereitstellung von Diensten aus vorhandenen Systemen. Werden für den Betrieb dedizierte Geräte für Endbenutzer benötigt, sind auch hier entsprechende Entscheidungen zu treffen.

Wir betrachten wieder unser Fallbeispiel zur Lauftraining-App und die Idee der Coaches im Callcenter und überlegen uns, welche wichtigen Entscheidungen für den Betrieb getroffen werden müssen:

- Welche(r) Dienstleister soll(en) die Abwicklung der Bezahlung des Coachings übernehmen?
- Welcher Dienstleister soll die Kartendaten zur Verfügung stellen, mit denen die Coaches die Laufstrecke der Läufer einsehen und überwachen können?
- Wie soll das Coaching-Portal für die Coaches betrieben werden?

- Wenn das Coaching-Portal selbst betrieben wird, wo sollen die Server stehen und wie sollen die Server an das Internet angebunden werden?
- Wie erhalten die Coaches Zugang zum Internet? Welcher Anbieter liefert die Internetanbindung?

Diese Entscheidungen liegen nicht ausschließlich im Digital Design, sondern müssen in Zusammenarbeit mit den Tätigkeitsbereichen Konstruktion und Realisierung getroffen werden. Dennoch muss sich das Digital Design an diesen Entscheidungen beteiligen, da sie Auswirkungen auf die ganzheitliche Gestaltung der Lösung haben. Die Entscheidungen betreffen zum einen das Geschäftsmodell (im Sinne von Kosten) und zum anderen auch die Kunden und Benutzererfahrung (z.B. durch die Leistung der Betriebsinfrastruktur oder durch die Qualität der Endgeräte).

Wichtig mit Blick auf die ganzheitliche Gestaltung einer Lösung ist in dieser Phase, dass Entscheidungen auf der Systemebene im Zusammenspiel mit der Elementebene getroffen werden. Dies mag auf abstrakter Ebene trivial klingen, ist aber mit Blick auf konkrete Arbeitsorganisationen ein wesentlicher Faktor, da Entwurfsentscheidungen oft von unterschiedlichen Personen getroffen werden. Ein Beispiel soll dies verdeutlichen.

Nehmen wir an, am Anfang der Entwicklung der Lauftraining-App hat man sich auf die Anbieter A und B für die Abwicklung von Zahlungen geeinigt, aber noch keine Verträge abgeschlossen. Die entsprechenden Elemente werden nun unter der Annahme realisiert, dass die technischen Schnittstellen von Anbieter A und B angebunden werden.

Im Verlauf des Prozesses entscheidet sich der Auftraggeber aber für Anbieter A und C. Anbieter C hat ganz andere technische Schnittstellen als Anbieter B. Wenn nun die Entwicklung zu spät von dieser Entscheidung erfährt, dann müssen die bereits realisierten Schnittstellen und Prozesse für Anbieter B mit zusätzlichem Aufwand angepasst werden.

Durch eine entsprechende Kommunikation im Prozess können solche Probleme vermieden werden.

Inbetriebnahme der ersten Version, Weiterentwicklung und die Systemebene

Die Inbetriebnahme der ersten Version verändert die Arbeitsweise auf der Systemebene erheblich. Die Systemebene erwacht durch die Inbetriebnahme zum Leben. Man hat es nicht mehr mit einem Konzept, sondern mit einem aktiven System zu tun. Analog zur Lösungsebene beginnt nun eine intensive Phase der Optimierung und Verbesserung im Zusammenspiel mit der Weiterentwicklung des Systems.

Versetzen Sie sich gedanklich in die Situation, dass die Lauftraining-App tatsächlich in Betrieb ist und wir uns nun im Modus der Optimierung und Verbesserung befinden. Auf welche Teile der Lösung würden Sie achten, um nach Optimierungsmöglichkeiten zu suchen?

Diese Weiterentwicklung bedeutet nicht nur eine Weiterentwicklung der Elemente, sondern des Systems als Ganzes. Dazu gehört auch die Weiterentwicklung der Benutzergruppen. Passen die Benutzergruppen zur Weiterentwicklung des Geschäftsprozesses? Sind die Benutzergruppen aus Sicht der Arbeit der Benutzer sinnvoll?

Ebenso wichtig ist in dieser Phase eine kontinuierliche Betrachtung der vorhandenen Elemente im Sinne der Qualität: Ist das Rechenzentrum leistungsfähig genug? Wie gut funktionieren die gewählten Endgeräte im Alltag der Benutzer? Aber auch im Sinne des Geschäftsmodells: Wie entwickeln sich die Kosten für angebundene Systeme und das Rechenzentrum? Und im Sinne der Innovation: Gibt es neue bestehende Systeme, die für die Lösung nützlich sind?

Nachfolgend einige Beispiele für Optimierungsmöglichkeiten der Lauftraining-App auf der Systemebene:

- Wie stabil ist die Sprachverbindung zwischen Coach und Läufer? In der Theorie sieht eine Sprachverbindung über Daten einfach aus, aber in der Realität mit schwankenden Mobilfunkverbindungen kann das anders aussehen.
- Wie gut funktioniert das Coaching mit den vorhandenen Daten? Brauchen die Coaches andere Daten? Sind die gelieferten Daten zu Puls oder Geschwindigkeit aktuell genug?
- Wie zufrieden sind die Läuferinnen und Läufer mit dem Coaching aus technischer Sicht? Ist die Sprachverbindung gut? Haben sie den Eindruck, dass ihre Coaches gut informiert sind?

Bei diesen Fragen ist es wichtig, die Systemebene zu betrachten. Fragen zur Qualität des Coachings an sich gehören zur Lösungsebene, da es um den Mehrwert geht. Optimierungen des User Interface im Detail gehören zur Elementebene.

Umfassende Änderungen am System und am Systemdesignkonzept sollten nicht im Rahmen der kontinuierlichen Weiterentwicklung erfolgen, sondern im Rahmen eines zweiten parallelen Bauprozesses. Dieses Thema schauen wir uns in Kapitel 11 genauer an, wenn es um den Bauprozess aus einer ganzheitlichen Perspektive geht.

Lebensende und die Systemebene

Das Lebensende einer Lösung läutet auch das Lebensende des Systems ein. Je nach Art des Systems stehen auch hier diverse Tätigkeiten an, die geplant und umgesetzt werden müssen. Beispiele für diese Tätigkeiten können sein:

- Abschalten und entsorgen von vorhandener Hardware
- Einsammeln und entsorgen von Endgeräten (sofern vorhanden)
- Kündigung von Verträgen mit Dienstleistern für angeschlossene Systeme

Diese Tätigkeiten sind nicht zwangsläufig Aufgaben des Digital Design. Sie sind jedoch aus Sicht einer ganzheitlichen Gestaltung von Bedeutung. Beispielsweise können Altgeräte im Sinne der Nachhaltigkeit sinnvoll weiterverwendet oder dem Recycling zugeführt werden.

Reflexionsfragen

Entwurf auf der Systemebene

Denken Sie an eine digitale Lösung, die Sie regelmäßig im Alltag nutzen (privat oder auch beruflich). Wie ist das System aufgebaut? Denken Sie dabei nicht nur an die Elemente, die Sie selbst nutzen, sondern vor allem auch an andere (bestehende) Elemente.

Welche Herausforderungen sehen Sie, wenn die Abhängigkeiten beim Design auf Systemebene nicht angemessen berücksichtigt werden?

Evaluation auf der Systemebene

Die Herausforderung bei der Evaluation auf der Systemebene besteht vor allem darin, den Fokus auf die Evaluation des Systems als Ganzes zu legen. Welche Beispiele für digitale Lösungen fallen Ihnen ein, bei denen es besonders leicht oder schwer ist, sich bei der Evaluation auf die Systemebene zu konzentrieren?

Designarbeit auf der Systemebene im Bauprozess

Die klare Trennung von Zielen (was soll erreicht werden?) vom Entwurf der Form, Funktion und Qualität (wie wird ein Ziel erreicht?) ist ein wichtiger Punkt auf der Systemebene. Welche Probleme oder Risiken sehen Sie, wenn diese Trennung nicht konsequent eingehalten wird?

Der Entwurf auf der Systemebene ist im Vergleich zum Entwurf auf der Lösungsebene eher technisch. Welche Vorteile bietet die technische Sicht in den drei Schritten des Bauprozesses?

Denken Sie an Ihre bisherigen Erfahrungen mit digitalen Lösungen. Welche Beispiele fallen Ihnen ein, bei denen im Sinne der Systemebene erhebliche Veränderungen vorgenommen wurden (z.B. an eigenen oder vorhandenen Elementen)? Wie haben Sie persönlich diese Veränderungen erlebt?

10 Designarbeit auf der Elementebene

Gutes Design ist konsequent bis ins letzte Detail.
Nichts darf der Willkür oder dem Zufall überlassen werden.
Gründlichkeit und Genauigkeit der Gestaltung sind letztlich
Ausdruck des Respekts dem Verbraucher gegenüber.
– Dieter Rams in [Rams 1994]

Mit der Elementebene geht die Designarbeit auf eine Ebene, auf der für viele Menschen die eigentliche Designarbeit an einer digitalen Lösung geschieht, da sie einen großen Anteil an der Designarbeit ausmacht und den größten Detaillierungsgrad hat. Es geht insbesondere um das Design von User Interfaces und Use Cases sowie um das Design von Datenstrukturen und Funktionen. Der Aufbau dieses Kapitels folgt der Struktur, die wir schon in den Kapiteln 8 und 9 kennengelernt haben.

10.1 Grundlegende Aspekte zum Entwerfen eines Elements

Für das Entwerfen auf der Elementebene definieren wir basierend auf dem Arbeitsmodell für das Design die folgenden Aspekte:

- Ziele des Elements
- Form des Elements: User Interfaces, technische Interfaces und Daten sowie den physischen Aufbau als optionalen Aspekt
- Funktion des Elements: Use Cases und technische Funktionen
- Qualitätsanforderungen an das Element
- Randbedingungen für das Element

Die Aspekte werden in diesem Abschnitt erläutert und anhand des Fallbeispiels der Lauftraining-App verdeutlicht. Ebenso werden wieder konkrete Techniken zur Dokumentation vorgestellt.

10.1.1 Ziele des Elements

Die Ziele des Elements definieren, was ein Element als Teil des Systems erreichen soll, und bilden damit eine wichtige Vorgabe für den Entwurf der Form, Funktion und Qualität des Elements. Für die Perspektive der Elementebene ist an dieser Stelle wichtig, dass die Ziele des Elements sich auf das jeweilige Element beziehen und damit als eine Verfeinerung oder Konkretisierung der Ziele des Systems verstanden werden sollten. Wichtig für die Verfeinerung eines Ziels ist der Gedanke, dass – wie auch schon auf der Systemebene – das Element sowie die konkrete Form und die konkreten Funktionen des Elements beim Ziel keine Rolle spielen sollen. So wird vermieden, dass in Zielen implizit bereits Festlegungen für Form und Funktion getroffen werden.

Für die Designarbeit ist die Verfeinerung von der System- auf die Elementebene eine wichtige Erkenntnis und eine wichtige Entwurfsentscheidung, die man sich gut mit einer kleinen Übung klarmachen kann.

Im Rahmen der Betrachtung von Zielen auf der Systemebene haben wir u.a. folgendes Ziel formuliert:

> Der Läufer soll während einer Trainingseinheit vom Coach gewarnt werden, wenn er sich zu stark belastet.

Versetzen wir uns gedanklich in die Situation, dass wir am Design für das Coaching-Portal arbeiten, mit dem der Coach im Rahmen des Coachings interagiert. Wie könnte ein konkretisiertes Ziel für das Portal formuliert werden, das zur Erfüllung des oben genannten Ziels beiträgt?

Ein möglicher Ansatz im Fallbeispiel wäre, dass der Coach eine automatisierte Unterstützung erhalten soll. Ein denkbares Ziel für das Portal könnte aufgrund auf dieser Idee wie folgt lauten:

> Der Coach soll gewarnt werden, wenn der Puls eines Läufers einen kritischen Wert überschreitet.

Hinter diesem Ziel verbirgt sich eine wichtige Entwurfsentscheidung. Das Element soll im Coaching einen aktiven Teil übernehmen und den Läufer selbstständig überwachen und den Coach warnen. Wir wollen diese Entscheidung an dieser Stelle nicht bewerten, sondern nur anerkennen, dass sich hier eine Entscheidung verbirgt. Ein alternatives Ziel, das dem Coach die aktive Rolle überlässt, könnte wie folgt lauten:

> Der Coach soll den Verlauf der Pulsveränderung des Läufers nachvollziehen können.

Bei diesem Ziel kann kritisiert werden, dass im Gegensatz zum ersten Ziel kein klarer Bezug zur Warnung vor einer Überlastung formuliert wird. Diese Kritik ist zwar berechtigt, aber streng genommen wird das Ziel auf Systemebene konkretisiert und wir müssen das Ziel in diesem Kontext sehen. Über den Verlauf der Pulsveränderung kann ein Coach erkennen, dass der Puls eines Läufers kontinuierlich steigt, und so das Risiko einer Überlastung besser einschätzen.

Zur Dokumentation von Zielen für das Element eignen sich die gleichen Techniken, wie wir sie bereits für die Dokumentation von Zielen für das System kennengelernt haben (siehe Abschnitt 9.1.1).

10.1.2 Form des Elements

Zum Entwurf der Form eines Elements werden User Interfaces, technische Interfaces und gespeicherte Daten verwendet. Neben diesen drei Aspekten könnten viele weitere Aspekte definiert werden. Für die hier vermittelten Grundlagen wird die Komplexität bewusst reduziert, da diese drei Aspekte grundsätzlich ausreichend sind, um die Form eines Elements angemessen zu entwerfen und einen Einstieg in den Entwurf auf der Elementebene zu finden. Als Brücke zum Design physischer Produkte mit digitalem Anteil (z. B. smarte Lautsprecher oder smarte Haushaltsgeräte) wird der physische Aufbau als weiterer Aspekt der Form betrachtet.

User Interface

Das User Interface beschreibt die Schnittstelle zum Benutzer eines Elements und damit die wahrnehmbare Form eines Elements. Bei User Interfaces denkt man typischerweise an Bildschirme, Fenster, Tastaturen, Mäuse oder Touchbedienung. An diesem Punkt wird die Materialkompetenz relevant, denn digitale Technologien bieten mittlerweile auch weitere spannende Möglichkeiten für das User Interface, z. B. Sprache (siehe Abschnitt 6.1.2). Üben wir zunächst das Entwerfen eines User Interface im Kontext unseres Fallbeispiels.

Im vorhergehenden Abschnitt haben wir als Ziel definiert, dass der Coach gewarnt werden soll, wenn der Puls des Läufers einen kritischen Wert überschreitet. Dieses Ziel nehmen wir als gegeben an. Wie könnte ein User Interface aussehen, das diese Warnung transportiert?

Mit Blick auf den Entwurf von User Interfaces ist der Detaillierungsgrad der Elementebene wichtig. Die Elementebene definiert die Basis für die Realisierung eines Elements. Daher muss der Entwurf eines User Interface alle für die Realisierung relevanten Details umfassen. In der Praxis werden User Interface oft durch mehr oder minder realitätsnahe Abbildungen mit Form, Farben, dargestellten Daten, Interaktionsmöglichkeiten, Schriften usw. beschrieben.

Sollte ein User Interface von unterschiedlichen Benutzertypen verwendet werden bzw. die Benutzertypen unterschiedliche Daten einsehen bzw. Interaktionen ausführen sollen, dann gehört zum Entwurf eines User Interface die Information, welche Daten welcher Benutzertyp sehen und welche Interaktionen er ausführen darf.

Für die Warnung des Coaches bei hohem Puls eines Läufers können z.B. die folgenden User Interfaces definiert werden:

- Die Farbe des Pulswerts verändert sich je nach Belastung (rot für kritischen Puls, orange für zu hohen Puls, grün für guten Puls).
- Anzeige eines zusätzlichen Fensters mit dem Hinweis »Puls des Läufers im kritischen Bereich!«, der Coach muss den Hinweis mit »verstanden« bestätigen, damit sich das Fenster wieder schließt.
- Akustische Warnung durch eine Stimme mit dem Hinweis »Achtung, Puls des Läufers <Name> ist zu hoch«.

Vermutlich fallen Ihnen noch Alternativen ein, wie die Warnung in einem User Interface transportiert werden kann. An dieser Stelle ist es gar nicht so wichtig, wie wir das User Interface konkret entwerfen und umsetzen. Wichtiger ist hier die Erkenntnis, dass wir uns bewusst für den einen oder anderen Entwurf entscheiden müssen und auch entscheiden können. Welcher Entwurf ein guter Entwurf ist, sollte man am besten durch eine geeignete Evaluation herausfinden. Für die Dokumentation von User Interfaces eignen sich vor allem Skizzen und detaillierte Spezifikationen, die den Entwurf im Detail beschreiben (siehe z.B. [Lauesen 2005]).

Wichtig für die Dokumentation des Entwurfs von User Interfaces ist der Übergang zwischen Entwurf und Prototyp. Diese Grenze ist meist fließend, da Werkzeuge zum Entwurf von User Interfaces oftmals auch direkt Funktionalitäten mitbringen, um die Interaktion mit dem entworfenen User Interface zu simulieren. So können sehr schnell interaktive Prototypen auf Basis des Entwurfs realisiert und evaluiert werden. Eine weitere wichtige Unterstützung beim Entwurf von User Interfaces bieten sogenannte *Designsysteme*. Designsysteme helfen dabei, komplexere User Interfaces mit vielfältigen Ansichten systematisch zu strukturieren und zu entwerfen. Einen schnellen Einstieg in das Thema bietet das Atomic Design von Brad Frost [Frost 2023].

Technisches Interface

Genauso wie ein Element Schnittstellen zu den Benutzern bieten muss, muss es auch Schnittstellen zu anderen Elementen des Systems aufweisen. Diese Schnittstellen definieren wir als *technische Interfaces*. Sie gehören zur zugrunde liegenden Form eines Elements, da diese Schnittstellen nicht sichtbar für Stakeholder sind.

Der Entwurf von technischen Interfaces ist auf den ersten Blick ein sehr technisches Thema, das auch zum Feld der Konstruktion gehört. Mit Blick auf die technische Realisierung eines Elements ist dies auch korrekt. Dennoch ist der Entwurf technischer Interfaces auch für das Digital Design wichtig, da zu einem ganzheitlichen Entwurf auch die Kommunikation der Elemente untereinander gehört und hierfür braucht es technische Interfaces. Betrachten wir dies anhand unseres Fallbeispiels.

Wir bleiben weiterhin bei unserem bisherigen Ziel (Warnung bei zu hohem Puls). Über welche technischen Interfaces muss das Coaching-Portal als Element verfügen, um diese Warnung zu realisieren?

Für den Entwurf eines technischen Interface müssen wir analog zum User Interface einige Details festlegen:

- Die *Richtung des Interface* definiert, ob das technische Interface Daten empfangen oder senden soll. Dies ist wichtig, um zu beschreiben, ob das betrachtete Element von einem anderen Element angesprochen wird (Daten empfängt) oder ein anderes Element anspricht (Daten sendet).
- Die *Art des Aufrufs* definiert, wie ein technisches Interface auf einen Aufruf reagiert. Grundsätzlich können synchrone und asynchrone Aufrufe unterschieden werden. Beim synchronen Aufruf liefert ein Interface direkt eine Antwort. Wohingegen beim asynchronen Aufruf eine gewisse Zeit bis zur Antwort vergehen darf.
- Die *Daten des Interface* definieren, welche Daten über das technische Interface übertragen werden. Dies ist wichtig, um die Kommunikation (den Datenstrom) über das Interface zu beschreiben.

Für die Warnung des Coaches bei hohem Puls eines Läufers können z.B. die folgenden technischen Interfaces definiert werden:

- Synchrones Interface zum Abspielen eines Warntons beim Erreichen des kritischen Pulswerts über den Rechner des Coaches
- Synchrones Interface zum Empfang des aktuellen Pulswerts (gemessen in Schlägen pro Minute) des Läufers
- Synchrones Interface zum Empfang des Warnhinweises vom Smartphone des Läufers, dass ein kritischer Puls erreicht wurde.

Das erste technische Interface dürfte wenig überraschend sein. Wenn wir uns beim Entwurf des User Interface entscheiden, einen Warnton abzuspielen, dann braucht es dafür ein technisches Interface. Auch das zweite Interface klingt plausibel, das Portal braucht Pulsdaten, um einen zu hohen Puls zu erkennen.

Aber woher wissen wir, dass das Portal diese Entscheidung treffen soll? Beim aktuellen Stand ist das nicht definiert. Es könnte sein, dass das Smartphone des Läufers diese Entscheidung trifft und das Warnsignal als Information an das Portal des Coaches gibt und es dort nur noch ausgegeben wird. Beide Varianten sind für das Fallbeispiel valide Optionen.

Das Beispiel soll auch hier zeigen, dass es eine bewusste Entwurfsentscheidung ist, wo der Puls überwacht wird und, dass diese Entscheidung technische Interfaces betrifft. Welche Option die sinnvollere ist, muss durch Evaluation und mit Fachleuten der Konstruktion geklärt werden.

Für die Dokumentation von technischen Interfaces eignen sich sowohl textuelle Spezifikationen als auch modellbasierte Techniken (z.B. Interaktionsdiagramme, vgl. [Weilkiens 2014]).

Gespeicherte Daten

Mit dem Aspekt der gespeicherten Daten wird festgelegt, welche Daten in einem Element gespeichert werden sollen. Da die Daten für den Benutzer und weitere Stakeholder nicht direkt einsehbar sind, werden sie zur zugrunde liegenden Form gezählt. Dieser Unterschied ist für das Verständnis wichtig, denn die Daten im User Interface zählen zur wahrnehmbaren Form. Ebenso wichtig ist an diesem Punkt die Erkenntnis, dass die gespeicherten und die angezeigten Daten eines Elements nicht identisch sind. Beide Aspekte hängen zusammen, werden aber eigenständig beschrieben und entworfen. Betrachten wir dies anhand unseres Fallbeispiels.

Ausgehend von der Diskussion über technische Interfaces nehmen wir für den Moment an, dass der Puls eines Läufers im Portal überwacht und die Warnung auch im Portal ausgelöst wird. Welche Daten müssen hierfür im Element gespeichert werden?

Für den Entwurf von gespeicherten Daten ist die Idee der Entität ein gutes Hilfsmittel. Unter einer *Entität* wird ein »Etwas« verstanden, zu dem Daten gespeichert werden sollen. Dieses Etwas erhält einen Namen, um es zu bezeichnen, und Attribute, um die Daten zu charakterisieren, die über das Etwas gespeichert werden sollen. Jedes Attribut wiederum besteht aus einem Namen zur Bezeichnung des Attributs und aus einem Datentyp, der die Art der gespeicherten Daten benennt. Datentypen können sehr vielfältig sein, gängige Datentypen sind z.B. Zeichenketten für Text, ganze Zahlen und reelle Zahlen (Kommazahlen). Zur Definition eines Datentyps gehört häufig auch eine Definition der Größe des Attributs (z.B. die Anzahl an Zeichen in einer Zeichenkette). Im Folgenden betrachten wir ein paar Beispiele aus unserem Fallbeispiel.

Für die Warnung des Coaches bei hohem Puls eines Läufers können z.B. die folgenden Daten erforderlich sein:

- Geburtsdatum des Läufers (Tag/Monat/Jahr)
- Geschlecht des Läufers (männlich/weiblich/divers)
- Grenzwert für kritischen Puls (positive ganze Zahl)
- Grenzwert für hohen Puls (positive ganze Zahl)
- Grenzwert für zu geringen Puls (positive ganze Zahl)

Vielleicht vermissen Sie bei den Beispielen den aktuellen Puls des Läufers. Dieser Gedanke liegt nahe, da man ja auch den Puls speichern möchte, um die Warnung anzugeben. Der aktuelle Puls wird bei unserem derzeitigen Entwurf über eine technische Schnittstelle geliefert und muss nicht separat gespeichert werden, zumindest nicht für die Warnung.

Für die Warnung vor einem kritischen Puls müssen wir wissen, ab welchem Wert der Puls als kritisch angesehen wird. Dazu kann ein Grenzwert berechnet und in den Daten des Läufers hinterlegt werden. Analoges gilt für zu hohe und zu niedrige Pulswerte. Diese Werte lassen sich gut anhand von Alter und Geschlecht ermitteln. Daher brauchen wir als Daten das Geburtsdatum und das Geschlecht der Person. Wichtig ist, dass die Warnung selbst und die Berechnung zur Funktion des Elements gehören, diese wird in Abschnitt 10.1.3 erläutert.

Auch hier zeigt das Beispiel, dass die gespeicherten Daten als Entwurfsentscheidung von anderen Entscheidungen im Element abhängen. Die Daten im Element würden z.B. ganz anders aussehen, wenn die Pulsüberwachung in der Smartphone-App passiert.

Für die Dokumentation von gespeicherten Daten eignen sich sowohl textuelle Spezifikationen als auch modellbasierte Techniken (z.B. Klassendiagramme, vgl. [Weilkiens 2014]).

Physischer Aufbau

Der physische Aufbau als Aspekt im Entwurf eines Elements wird dann relevant, wenn ein Element nicht nur aus Software besteht, sondern ein physisches Gerät mit digitalen Anteilen ist. Man spricht in diesem Kontext oft von sogenannten *hybriden Produkten*. Smarte Lautsprecher und Smartwatches haben wir hier als Beispiele schon kennengelernt.

Zum physischen Aufbau eines Elements zählen dabei sowohl die wahrnehmbare Form (z.B. Gehäuseform, Material, Farbe und technische Elemente wie Schalter oder Bildschirme) als auch die zugrunde liegende Form (z.B. innerer Aufbau, Prozessoren, Kommunikationstechnik, Speicher, Netzteil). Sobald es um das Design eines hybriden Produkts geht, werden entsprechende Fachleute (z.B. aus dem Industriedesign) benötigt. Diese werden genauso wie Fachleute des Digital Design Teil des Bauteams und sind gemeinsam für den Entwurf des hybriden Produkts verantwortlich. Hybride Produkte werden an dieser Stelle nicht weiter vertieft. Wichtig ist nur zu wissen, dass auch hybride Produkte in Teamarbeit entstehen und dass bei hybriden Produkten der physische Anteil genauso wichtig ist wie der digitale Anteil.

Für die Dokumentation des physischen Anteils kommen Entwurfstechniken des Industriedesigns zum Einsatz, z.B. Baupläne, technische Spezifikationen und technische Modelle.

10.1.3 Funktion des Elements

Zum Entwurf der wahrnehmbaren Funktion werden Use Cases und für die zugrunde liegende Funktion technische Funktionen verwendet. Wie beim Entwurf der Form eines Elements können viele weitere Aspekte der Funktion definiert werden. Für den Einstieg in den Entwurf der Funktion eines Elements sind Use Cases und technische Funktionen ein guter und handhabbarer Startpunkt.

Use Cases

Use Cases – auch als Anwendungsfälle bezeichnet – sind eine weitverbreitete und beliebte Technik aus dem Requirements Engineering, um Interaktionen zwischen einem oder mehreren Benutzern und einem System möglichst umfassend zu beschreiben (vgl. [Cockburn 2001]). Hierzu definiert ein Use Case typischerweise ein Hauptszenario und darüber hinaus eine Reihe von Alternativszenarien, um alternative Abläufe zu formulieren. Abbildung 10–1 zeigt einen sehr einfachen Use Case, der das Login für ein beliebiges System (z.B. die Lauftraining-App) beschreibt.

Use Case »Login«

Hauptszenario

1. Der App-Benutzer öffnet die App.
2. Die App zeigt dem Nutzer den Login-Bildschirm.
3. Der App-Benutzer gibt Benutzernamen und Passwort ein und bestätigt die Eingabe durch Klicken auf den Button Login.
4. Die App überträgt Benutzernamen und Passwort an den Server zur Überprüfung.
5. Der Server bestätigt die Korrektheit von Benutzernamen und Passwort.
6. Die App zeigt dem App-Benutzer den Startbildschirm (weiter bei Use Case »Arbeitstag beginnen«).

Alternativszenarien

5a. Der Server meldet der App, dass Benutzername und Passwort nicht übereinstimmen.

6a. Die App zeigt dem App-Benutzer eine Fehlermeldung und fordert den App-Benutzer auf, Benutzernamen und Passwort erneut einzugeben.

7a. weiter bei 2)

Abb. 10–1 *Use Case »Login« als Beispiel*

Der Use Case in diesem Beispiel ist sehr stark vereinfacht, enthält aber alle relevanten Bestandteile. Das Hauptszenario beschreibt das erfolgreiche Login und zeigt auch, dass ein Server bei der Überprüfung von Benutzernamen und Passwort als weiteres Element involviert ist. Weiterhin wird auch dargestellt, wie es nach dem Use Case weitergeht: Der Benutzer bekommt einen Startbildschirm angezeigt und es wird auf einen anderen Use Case verwiesen. Ebenso wird das Verhalten im Fehlerfall beschrieben: Der App-Benutzer bekommt eine Fehlermeldung angezeigt und muss Benutzernamen und Passwort erneut eingeben. Damit ist das Verhalten des Login vollständig beschrieben. Für mehr Sicherheit sollte der App-Benutzer vermutlich nach drei Fehlversuchen ausgesperrt werden. Sie können dieses Alternativszenario gerne als Übung formulieren.

Der Fokus auf die Interaktion zwischen Benutzern und Systemen macht Use Cases zu einer gut geeigneten Technik, um die wahrnehmbare Funktion eines Elements zu entwerfen und zu dokumentieren. Ausgangspunkt für den Entwurf von Use Cases sind die Ziele des Elements. Durch Use Cases kann aufgezeigt werden, wie ein Element die definierten Ziele auf Basis der Interaktion mit dem Benutzer und ggf. weiteren Elementen erreicht. Üben wir das Arbeiten mit Use Cases anhand unseres Fallbeispiels.

Wir setzen die Überlegungen in unserem Fallbeispiel zum Thema »Überlastungswarnung« fort. Implizit haben wir uns auch schon einige Gedanken in Richtung Use Case in diesem Beispiel gemacht.

Skizzieren Sie gedanklich einen Use Case, der das Thema umschreibt. Denken Sie insbesondere darüber nach, was Haupt- und was Alternativszenarien sein könnten.

Wichtig mit Blick auf den Detaillierungsgrad der Elementebene ist der Anspruch an Vollständigkeit, um als Referenz für die Realisierung und Evaluation des Elements zu dienen. Für das Erreichen von Vollständigkeit im Entwurf hilft das Zusammenspiel mit den anderen Aspekten auf der Elementebene (siehe Abschnitt 10.2).

Use Cases können darüber hinaus noch viele weitere Details zur Interaktion definieren (z.B. Vor- oder Nachbedingungen und Ausnahmeszenarien). Diese Details können je nach Art des Systems relevant werden und sollten dann auch angemessen beschrieben werden. Diese Details sind für einen Überblick über den Entwurf auf der Elementebene jedoch nicht relevant und werden daher auch nicht weiter betrachtet.

Ein typischer Reflex bei unserem Beispiel besteht darin, die Überlastungswarnung zum Hauptszenario zu machen. Die Schritte würden beschreiben, dass der Puls einen kritischen Wert erreicht und dann die Warnung angezeigt wird. Unterschiedliche Darstellungen hierfür haben wir bereits im Zusammenhang mit dem User Interface in diesem Beispiel diskutiert.

Schaut man sich das Thema aber aus einer übergeordneten Perspektive an, dann ist die Überlastungswarnung eher eine Ausnahme im normalen Training. Daher ist es in diesem Fall besser, einen Use Case für die Trainingseinheit zu formulieren und die Überlastungswarnung als Teil eines Alternativszenarios zu beschreiben.

Abhängig von der Entwurfsentscheidung für die Warnung müsste dann im Alternativszenario dargestellt werden, dass z.B. eine Warnmeldung angezeigt wird oder dass eine akustische Warnung erfolgt.

Auf die detaillierte Ausformulierung des Use Case verzichten wir an dieser Stelle. Wichtiger ist hier die Erkenntnis, dass die Formulierung von Use Cases Entwurfsentscheidungen umfasst, genauso wie es auch bei den anderen Aspekten der Fall war. Ebenso haben wir im Beispiel gesehen, dass Use Cases und User Interfaces eng miteinander verwoben sind und daher am besten gemeinsam entworfen werden sollten.

Für die Dokumentation können verschiedene Techniken zum Einsatz kommen:

- Einzelne Use Cases können gut textuell beschrieben werden, sogenannte *Use-Case-Templates* [Pohl & Rupp 2021] unterstützen dabei eine einheitliche Darstellung.

- Komplexere Use Cases können mithilfe von Modellen (z.B. Aktivitätsdiagramme [Weilkiens 2014]) beschrieben werden.
- Das Zusammenspiel von Use Cases und Benutzergruppen kann mit Use-Case-Diagrammen [Weilkiens 2014] dargestellt werden.

Technische Funktionen

Technische Funktionen bilden das Gegenstück zum Use Case zum Entwurf der zugrunde liegenden Funktion eines Elements. Wie auch der Entwurf technischer Schnittstellen gehört der Entwurf der technischen Funktionen zum ganzheitlichen Design einer Lösung. Mit technischen Funktionen können wir wichtige Abläufe und Funktionen entwerfen, die innerhalb eines Elements (also ohne direkte Interaktion mit dem Benutzer) erbracht werden müssen, um die Ziele des Elements zu erfüllen. Schauen wir uns dazu wieder unser Fallbeispiel an.

Gehen Sie gedanklich noch einmal durch unsere Überlegungen z.B. zur Überlastungswarnung im Training. Nehmen Sie an, wir realisieren die Warnung im Portal und nicht in der Lauftraining-App. Welche technischen Funktionen kommen Ihnen bei diesem Beispiel in den Sinn? Kleiner Tipp, es sind mehrere.

Technische Funktionen müssen ebenso wie Use Cases in einem bestimmten Detaillierungsgrad vollständig beschrieben werden, um als Referenz für die Realisierung und Evaluation eines Elements zu dienen. Auch hier sind die Abhängigkeiten auf der Elementebene hilfreich, insbesondere sind Daten für technische Funktionen von großer Bedeutung, da Funktionen auf Daten operieren. Dieses Thema wird in Abschnitt 10.2 behandelt.

Die wesentliche technische Funktion in unserem Beispiel ist das Erkennen der Überlastung an sich. Die Funktion vergleicht den aktuellen Puls des Läufers mit dem definierten Überlastungspuls. Sobald der Puls den Grenzwert erreicht, meldet die Funktion eine Überlastung.

Wie Sie sicherlich schon vermuten, versteckt sich im Grenzwert für den Überlastungspuls die zweite technische Funktion. Diese Funktion berechnet den Grenzwert abhängig vom Geburtsdatum und vom Geschlecht.

Würden wir uns im Beispiel der Überlastungswarnung für die Einfärbung des Pulswerts im User Interface entscheiden (siehe Abschnitt 10.1.2), dann bräuchten wir noch eine Funktion, die das Einfärben des Pulswerts abhängig vom aktuellen Puls des Läufers steuert.

Diese technischen Funktionen wirken auf den ersten Blick trivial. Und doch markieren sie wichtige Entwurfsentscheidungen zur Funktion und zum Verhalten. Das Erkennen einer Überlastung im Training ist eine kritische Funktion der Lösung, um die Gesundheit des Läufers während des Trainings zu schützen. Auch wenn die damit zusammenhängenden Funktionen sehr einfach sind, definieren sie für die Realisierung und die Evaluation eine klare Vorgabe, die erfüllt werden muss.

Dokumentieren Sie vermeintlich triviale technische Funktionen sauber

Einfache Funktionen werden oft mit dem Hinweis »das weiß man doch« oder »das kann man sich doch denken« nicht sauber ausgearbeitet. Vermeiden Sie diese Haltung. Wenn etwas trivial oder einfach erscheint, dann sollte es auch keine wirkliche Arbeit sein, die Funktion sauber auszuarbeiten und im Designkonzept zu hinterlegen.

Für die Dokumentation von technischen Funktionen können die folgenden Techniken zum Einsatz kommen:

- Textuelle Spezifikationen für einfache Funktionen
- Modelle zur Beschreibung von Funktionen (z.B. Aktivitätsdiagramme oder Zustandsdiagramme, vgl. [Weilkiens 2014])
- Pseudocode oder auch echter Programmcode bei besonders komplexen und kritischen Funktionen

10.1.4 Qualitätsanforderungen an das Element

Qualitätsanforderungen an das Element beschreiben qualitative Aspekte der Form und Funktion eines Elements. Auch auf der Elementebene sind Qualitätsanforderungen ein wesentlicher Aspekt für den Entwurf eines Elements, da sie einen erheblichen Einfluss auf technische Entscheidungen zur Realisierung eines Elements haben. Schauen wir uns das Thema anhand unseres Fallbeispiels an.

Betrachten wir wieder das Coaching-Portal im Kontext des Beispiels »Überlastungswarnung«. Welche Qualitätsanforderungen kommen Ihnen für das Coaching-Portal in den Sinn?

Mit Blick auf die technische Bedeutung von Qualitätsanforderungen sollte der Entwurf von Qualitätsanforderungen immer als Teamarbeit mit Fachleuten der Konstruktion (z.B. Softwarearchitekten) verstanden werden. Trotz Teamarbeit bleibt aber die Verantwortung für die Formulierung von Qualitätsanforderungen beim Digital Design.

Neben der technischen Perspektive haben die Qualitätsanforderungen einen erheblichen Einfluss auf die Verwendung und Benutzerbarkeit eines Elements. Eine detaillierte Betrachtung der unterschiedlichen Dimensionen von Qualität würde jedoch den Rahmen dieses Buches sprengen. Analog zur Systemebene sind auch hier Normen eine gute Quelle (z.B. [ISO 2011] oder [ISO 2019]).

Die wesentlichste Qualitätsanforderung im Beispiel der Überlastungswarnung haben wir implizit schon von Anfang an betrachtet. Die Überlastungswarnung kann nur dann sinnvoll funktionieren, wenn das Portal den aktuellen Puls des Läufers kennt und darauf reagieren kann.

Jetzt kommt es darauf an, was wir unter aktuell verstehen. Einmal pro Minute ist in diesem Kontext vermutlich nicht aktuell genug. Echtzeit (z.B. ein Pulswert alle zehn Millisekunden) ist vermutlich übertrieben. Vielleicht reicht als Zeitraum alle drei Sekunden?

Wichtiger als die konkrete Entscheidung für einen Wert ist in unserem Beispiel, dass Sie sehen, dass man verschiedene Werte diskutieren kann und dann wieder eine Entwurfsentscheidung treffen muss, welche Qualität es konkret sein soll. Und diese Entscheidung sollte natürlich auch noch evaluiert werden. Bei diesem Beispiel kann man sich nicht damit herausreden, dass diese Anforderung trivial erscheint. Oft sind es gerade diese einfachen Anforderungen, die den Unterschied ausmachen. Durch die Festlegung im Elementdesignkonzept definieren sie eine klare Kante und eine Erwartung an die Realisierung des Elements.

Zur Dokumentation von Qualitätsanforderungen an ein Element können die gleichen Techniken verwendet werden, die wir auch schon auf der Systemebene kennengelernt haben (z.B. textuelle Beschreibungen).

10.1.5 Randbedingungen für das Elements

Randbedingungen auf der Elementebene definieren unveränderliche Vorgaben, die das Element erfüllen muss. Analog zur Lösungs- und Systemebene können Randbedingungen technischer, organisatorischer oder auch gesetzlicher Natur sein. Die Verantwortung für die Formulierung von Randbedingungen trägt das Digital Design.

Wichtig für das Verständnis von Randbedingungen für das Element ist die Perspektive der Elementebene. Daher schauen wir uns im Folgenden Beispiele für Randbedingungen im Kontext unseres Fallbeispiels an.

Überlegen Sie, welche Randbedingungen in unserem Fallbeispiel für die Elementebene gelten könnten.

Beispiele für Randbedingungen für das Element könnten sein:

- Das Portal speichert die Gesundheitsdaten der Läufer und muss diese Daten aus Datenschutzgründen vor dem Zugriff unbefugter Benutzer schützen.
- Die Lauftraining-App ist kein Medizinprodukt, daher muss der Benutzer regelmäßig darüber aufgeklärt werden, dass die App oder die Coaches keine medizinischen Ratschläge geben.

Bei den Randbedingungen ist es wichtig, dass sie klar formuliert sind und wie sie im Entwurf des Elements umgesetzt werden. Zum Beispiel kann man bei der ersten Randbedingung (Schutz vor unbefugtem Zugriff) die Frage stellen, welche Benutzertypen die Daten einsehen dürfen und vor allem wann. Ein datenschutzfreundlicher Entwurf könnte z.B. so aussehen, dass nur der aktuelle Coach die Daten während des Coachings einsehen kann und darüber hinaus niemand Zugriff hat. Wie sinnvoll ein solcher Entwurf ist, hängt natürlich von vielen weiteren Faktoren ab, die wir hier nicht diskutieren können. Wichtiger ist hier die Erkenntnis, dass das klare Formulieren von Randbedingungen ein wichtiger Teil des Entwurfs ist und die Frage der Erfüllung von Randbedingungen viele Entwurfsentscheidungen betrifft.

Zur Dokumentation und zur Arbeit mit Randbedingungen liefert das Requirements Engineering [Pohl & Rupp 2021] wichtige Hinweise und Hilfsmittel. Für die Dokumentation von Randbedingungen eignen sich textuelle Beschreibungen.

10.2 Aspekte der Elementebene im Zusammenspiel

Im vorherigen Abschnitt haben wir mit neun Aspekten zum Entwurf ein sehr vielschichtiges Spektrum betrachtet. Die verschiedenen Aspekte zeigen, dass vielfältige Disziplinen am Entwurf auf der Elementebene beteiligt sein müssen. Es braucht Fachleute im Interaction Design, um gute Use Interfaces zu entwerfen. Für den Entwurf datenintensiver Systeme werden Fachleute im Bereich Data Science benötigt und wenn im Element maschinelles Lernen zum Einsatz kommen soll, werden Fachleute aus diesem Bereich hinzugezogen. Daher ist Teamarbeit für das Entwerfen auf der Elementebene das Mittel der Wahl.

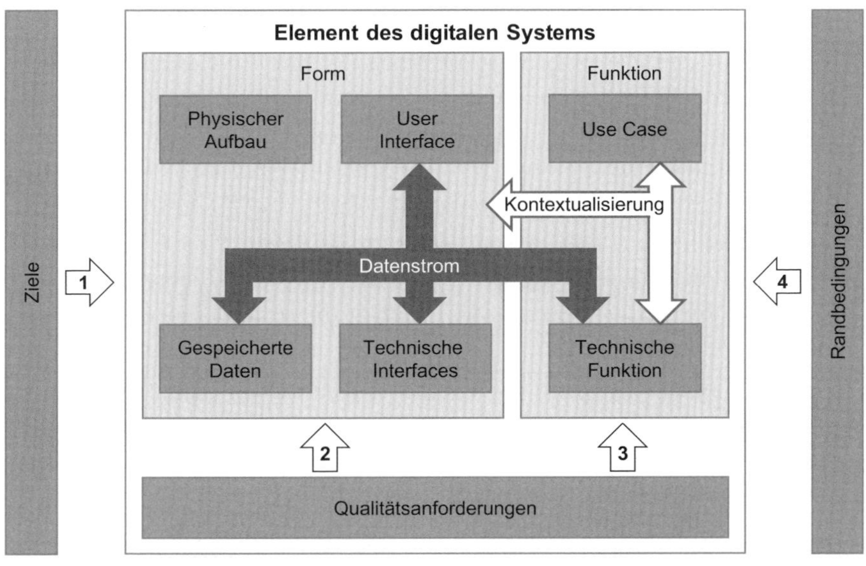

(1) Mittel (Form), Wege (Funktion) und Qualitäten zur Erreichung der Ziele
(2) Qualitative Eigenschaften der Form

(3) Qualitative Eigenschaften der Funktion
(4) Unveränderliche Einschränkungen für Form, Funktion und Qualität

Abb. 10–2 *Aspekte zum Entwerfen eines Elements im Zusammenspiel*

Teamarbeit wird an dieser Stelle bewusst hervorgehoben. Das Verständnis des Zusammenspiels der verschiedenen Aspekte ist nicht nur wichtig für einen guten Entwurf, sondern auch eine wesentliche Grundlage für eine gute Zusammenarbeit. Durch das Verständnis des Zusammenspiels der Aspekte können Fachleute ihre individuellen Stärken in den Entwurfsprozess einbringen und gleichzeitig wichtige Brücken zur Zusammenarbeit mit anderen Fachleuten und ihren Aspekten bauen. Abbildung 10–2 zeigt das Zusammenspiel im Überblick. Bevor wir uns das Zusammenspiel im Detail anschauen, machen wir eine kleine Übung dazu.

Wir befinden uns immer noch im Fallbeispiel »Lauftraining-App«, verlassen aber die Perspektive des Coaches und lenken unseren Fokus auf die App auf dem Smartphone. Wir betrachten folgendes Ziel: Der Coach soll dem Läufer während des Trainings in Abhängigkeit von seiner Laufstrecke und seiner aktuellen Fitness Tipps zum weiteren Laufverhalten geben. Wie könnten ein Use Case und weitere Aspekte aussehen, um dieses Ziel zu erreichen?

Schauen wir uns das Zusammenspiel der Aspekte im Detail an. Wie auf den anderen Ebenen gehen wir das Zusammenspiel der Aspekte in einer Reihenfolge durch, die Neulinge als Arbeitsreihenfolge nutzen können:

- Ausgangspunkt für den Entwurf eines Elements sollten die Ziele für das Element sein. Wie wir bereits in Abschnitt 10.1.1 gesehen haben, basieren die Ziele des Elements auf den Zielen des Systems und konkretisieren diese. Diese Ziele können dann verwendet werden, um Form und Funktion als Mittel und Weg sowie Qualitätsanforderungen und erste Randbedingungen zu formulieren.
- Basierend auf den Zielen können als Nächstes gut Use Cases entworfen werden. So kann definiert werden, wie das Element mit den Benutzern interagiert, um die Ziele zu erreichen. Use Cases setzen die Form des Elements und die technischen Funktionen in einen Kontext, da der Ablauf im Use Case alle anderen Aspekte kontextualisiert, d.h. in einen inhaltlichen Rahmen einbindet.
- Ausgehend von Use Cases können erste Entwürfe für User Interfaces erstellt werden, um die Interaktion zwischen Benutzertyp und Element zu konkretisieren. User Interfaces sind in den Datenstrom zu anderen Aspekten eingebunden (siehe unten).
- Weiterhin können ausgehend von Use Cases technische Funktionen identifiziert und entworfen werden, die durch das Element im Rahmen des Use Case bereitgestellt werden müssen. Technische Funktionen sind ebenso in den Datenstrom eingebunden (siehe unten).
- Aus den Use Cases, User Interfaces und technischen Funktionen ergeben sich meist technische Schnittstellen zu anderen Elementen, die für die Anzeige von Daten im User Interface, die Durchführung der Use Cases oder der technischen Funktionen erforderlich sind. Konkret wird hier ebenfalls ein Datenstrom beschrieben, der über die technische Schnittstelle in das Element hinein oder aus dem Element heraus stattfindet.

- Daten spielen in allen anderen Aspekten der Form und Funktion eine wichtige Rolle (auf den Datenstrom im Element haben wir bereits bei den vorherigen Aspekten Bezug genommen). Ausgehend vom Verständnis der anderen Aspekte muss für ein Element definiert werden, welche Daten im Element gespeichert und so für die anderen Aspekte (User Interfaces, technische Interfaces oder technische Funktionen) verfügbar gemacht werden können. Weiterhin kann auch in Use Cases Bezug auf Daten genommen werden, z.B. wenn gespeicherte Daten im Rahmen einer Interaktion überprüft werden.
- Mit der Formulierung von Daten haben wir ein erstes vollständiges Bild des Elements erhalten und können mit dem iterativen Arbeiten beginnen, indem wir die Ziele und Randbedingungen mit der definierten Form, Funktion und Qualität abgleichen.

Der Vollständigkeit halber wird in Abbildung 10–2 auch der physische Aufbau gezeigt. Der physische Aufbau muss bei hybriden Produkten eng im Zusammenspiel mit der Form und Funktion des digitalen Anteils des Elements entworfen werden. Zum Beispiel hängt das Design des User Interface maßgeblich davon ab, über welche Art von Bildschirm ein Gerät verfügt. Ebenso hängen technische Schnittstellen von der verfügbaren Kommunikationshardware des Geräts ab. Schauen wir uns das Zusammenspiel auf der Elementebene anhand unseres Fallbeispiels genauer an.

Unser betrachtetes Ziel lautete: Der Coach soll dem Läufer im Training abhängig von seiner Laufstrecke und seiner aktuellen Fitness Tipps zum weiteren Laufverhalten geben.

Für dieses Ziel kann ein Use Case zum Training wie folgt entworfen werden: Der Use Case beginnt mit dem Start des Trainings, dazu gehören der Aufbau der Sprachverbindung zwischen Coach und Läufer, der Start der Übertragung der Gesundheitsdaten (Puls von der Smartwatch) und die Übertragung der Position und Geschwindigkeit des Läufers (GPS-Sensor des Smartphones). Sobald die Verbindung steht und die Daten fließen, beginnt der Läufer mit dem Training, der Coach sieht sich die Daten an und gibt dem Läufer je nach Situation Tipps über die Sprachverbindung. Beim Laufen kann der Läufer auf der App seinen Puls, seine Geschwindigkeit und auch die Qualität der Verbindung zum Coach einsehen. Wenn das Training zu Ende ist, wird die Sprach- und Datenübertragung beendet.

Diese Gedanken müssen noch in eine sinnvolle Schrittfolge gebracht werden, um einen richtigen Use Case zu erhalten. Betrachten wir aber zunächst, was sich aus dieser Skizzierung für weitere Aspekte in Form und Funktion ergibt. Der Use Case erfordert eine Reihe von technischen Interfaces:

- Ein Interface zur Smartwatch, damit die App den aktuellen Puls empfangen kann.
- Ein Interface zum Smartphone des Läufers, um die Position und die Geschwindigkeit zu empfangen.
- Ein Interface zur Übertragung der Läuferdaten (Puls, Position und Laufstrecke) an das Coaching-Portal
- Ein Interface für die Sprachverbindung

In der Skizze wird außerdem angegeben, dass das User Interface auf der App den Puls und die Geschwindigkeit geeignet visualisieren soll. Für die Anzeige der Position des Läufers und der gelaufenen Strecke ist ein weiteres technisches Interface erforderlich, das Kartendaten von einem Server (Achtung, ein vorhandenes Element der Systemebene!) beschafft. Zur Anzeige der Laufstrecke muss die gelaufene Strecke geeignet gespeichert werden (ein Hinweis auf die gespeicherten Daten).

Weiterhin wird definiert, dass der Läufer die Qualität der Verbindung zum Coach im User Interface einsehen kann. Dies deutet auf eine technische Funktion hin, die die Datenübertragung geeignet überwacht und daraus die Qualität ableiten kann. Hier braucht es Fachleute, um dieses Thema im Detail zu klären. Für den ersten Entwurf ist die technische Funktion ein guter Platzhalter, damit das Thema berücksichtigt wird.

Diese Überlegungen waren jetzt etwas detaillierter und könnten noch weiter ausgeführt werden. Sie zeigen sehr gut, was sich in Gedanken abspielen kann, wenn man entlang der Aspekte am Entwurf eines Elements arbeitet. Diese Überlegungen im Beispiel sind kein fertiges Elementdesignkonzept, sondern nur ein Anfang. Sie müssen weiter ausgearbeitet, mit anderen Fachleuten besprochen und immer wieder reflektiert werden, um zu einem guten Elementdesignkonzept zu gelangen. Und genau das ist der iterative Designprozess, den wir bereits kennengelernt haben. Wichtig für das grundlegende Verständnis ist, dass Sie das Zusammenspiel der Aspekte kennengelernt haben und diese in eigenen Überlegungen anwenden können.

10.3 Evaluation der Entwurfsarbeit auf der Elementebene

Analog zur Beschreibung der Evaluation auf der Lösungsebene werden im Folgenden wesentliche Fragestellungen der Evaluationsarbeit auf der Elementebene beschrieben. Tabelle 10–1 stellt diese im Überblick dar.

Mensch	■ Ist das Element für den Auftraggeber und relevante Stakeholder wünschenswert und attraktiv? ■ Ist das Element für Benutzer wünschenswert und attraktiv?
Business	■ Kann das Element wirtschaftlich tragfähig realisiert werden? ■ Kann das Element wirtschaftlich tragfähig betrieben werden?
Technologie	■ Ist das Element als Ganzes technisch machbar? ■ Nutzt das Element das Potenzial der Technologien sinnvoll aus?

Tab. 10–1 *Fragestellungen zur Evaluation der Entwurfsarbeit auf der Elementebene*

10.3.1 Evaluation mit Blick auf die Mensch-Perspektive

Sicht des Auftraggebers und relevanter Stakeholder

Analog zur Systemebene sollte der Entwurf eines Elements aus Sicht des Auftraggebers und relevanter Stakeholder dahingehend evaluiert werden, ob er attraktiv und wünschenswert ist. Diese Fragestellung bezieht sich dabei auf Form, Funktion und

Qualität des Elements. Referenzpunkte für die Evaluation der Akzeptanz des Elements sind daher alle Aspekte der Form, Funktion und Qualität aus Abschnitt 10.1.

Ebenso kann das Elementdesignkonzept dem Auftraggeber und den Stakeholdern zum Review vorgelegt werden, sodass Feedback zum Element abgefragt werden kann. Ein Beispiel sind hier Fragen des Datenschutzes (z. B. welche Daten werden wie verarbeitet und gespeichert und ist die Speicherung/Verarbeitung notwendig). Auch hierzu kann ein Elementdesignkonzept von relevanten Stakeholdern reviewt werden.

Ebenso können wichtige Aspekte des Elements durch Prototypen evaluiert werden. Auftraggeber und relevante Stakeholder betrachten ein Element typischerweise aus einer übergeordneten Perspektive, daher eignen sich für diese Situation Prototypen, die das Element als Ganzes erlebbar machen, z. B. Videoprototypen oder Simulationen, die die Verwendung des Elements in verschiedenen Situationen darstellen.

Außerdem können Prototypen eingesetzt werden, die ausgewählte Aspekte des Elements aus der Perspektive des Benutzers erlebbar machen. In diesem Fall nehmen Auftraggeber und Stakeholder die Perspektive der Benutzer ein und evaluieren das Element aus deren Sicht.

Sicht der Benutzer

Die Evaluation des Elements aus Sicht der Benutzer betrachtet die Frage, ob die Form, Funktion und Qualität des Elements wünschenswert und attraktiv sind. Referenzpunkte für die Evaluation sind auch hier primär die Use Cases und die User Interfaces als wahrnehmbare Aspekte. Zugrunde liegende Aspekte (technische Schnittstellen und technische Funktionen) und Qualitäten können ebenfalls relevant werden.

Das Elementdesignkonzept kann zur Evaluation der wahrnehmbaren Form und Funktion potenziellen Benutzern zum Review vorgelegt werden, um z. B. die Use Cases in Kombination mit den entworfenen User Interfaces hinsichtlich ihrer Usability zu evaluieren (ein Beispiel für dieses Vorgehen ist der sogenannte *Cognitive Walkthrough*).

Neben den Aspekten der wahrnehmbaren Form und Funktion können auch Aspekte der zugrunde liegenden Form relevant für die Akzeptanz eines Elements sein. Ein wichtiges Beispiel sind in diesem Zusammenhang gespeicherte Daten zum Benutzerverhalten. Auch hierzu kann ein Elementdesignkonzept von potenziellen Benutzern reviewt werden, um Feedback darüber zu bekommen, ob die Benutzer das Speichern dieser Daten für akzeptabel erachten.

Ebenso können relevante Aspekte eines Elements durch geeignete Prototypen evaluiert werden. Beispielsweise kann die wahrnehmbare Form und Funktion mithilfe von interaktiven Prototypenwerkzeugen simuliert werden, sodass ein potenzieller Benutzer das Element in nahezu realistischen Situationen verwenden und erleben kann. Je nach Situation und Fragestellung können diese Prototypen so realitätsnah umgesetzt werden, dass sie von der späteren Lösung nicht unterschieden werden können. Solche Prototypen werden beispielsweise verwendet, um frühzeitig die Usability zu evaluieren (vgl. [McElroy 2017]).

10.3.2 Evaluation mit Blick auf die Business-Perspektive

Wirtschaftliche Realisierbarkeit

Die wirtschaftliche Realisierbarkeit eines Elements ist analog zur Systemebene die erste relevante Frage der Business-Perspektive. Wenn ein Element nicht unter den gegebenen Randbedingungen (insbesondere Budget des Auftraggebers) realisiert werden kann, ist die wirtschaftliche Tragfähigkeit des Elements nicht gegeben. Ebenso wichtig für die wirtschaftliche Lebensfähigkeit sind auch die Kosten der Weiterentwicklung des Elements. Auch hier müssen im Geschäftsmodell der Lösung ausreichend Ressourcen vorgesehen sein, um die Weiterentwicklung zu finanzieren.

Für die wirtschaftliche Realisierbarkeit des Elements sind die Form, Funktion und Qualität des Elements die wesentlichen Referenzpunkte. Ausgehend von den entworfenen Aspekten im Elementdesignkonzept können Fachleute für die Konstruktion und Realisierung die Kosten der Realisierung und auch der Weiterentwicklung des Elements abschätzen. Mit diesen Kosten kann dann auf Basis des angenommenen Geschäftsmodells die wirtschaftliche Tragfähigkeit des Elements evaluiert werden.

Evaluation der wirtschaftlichen Realisierbarkeit frühzeitig angehen

Die Evaluation der wirtschaftlichen Realisierbarkeit und die damit verbundene Bewertung der Realisierungskosten ist ein gutes Hilfsmittel, um einen Entwurf intensiv durch technische Fachleute prüfen zu lassen.

Die Schätzung von Realisierungskosten erfordert eine intensive und kritische Auseinandersetzung mit einem Elementdesignkonzept. So können frühzeitig Schwächen und fehlende Details in einem Entwurf aufgedeckt und die Qualität des Entwurfs verbessern werden.

Bei innovativen Funktionen kann die Schätzung und damit auch die Evaluation der Realisierbarkeit mit hoher Unsicherheit verbunden sein. In solchen Situationen kann die Realisierung von Funktionen in technischen Prototypen ein sinnvolles Hilfsmittel sein, um ein besseres Verständnis über die zu erwartenden Kosten zu erzielen.

Wirtschaftliche Betreibbarkeit

Die Frage der wirtschaftlichen Betreibbarkeit eines Elements wird immer dann relevant, wenn der Betrieb eines Elements Kosten verursacht, die über den Betrieb des Elements als Teil der Systemebene hinausgehen.

Diese Situation entsteht z.B. dann, wenn zur Realisierung eines Elements Technologien verwendet werden, für die regelmäßige Lizenzgebühren gezahlt werden müssen, oder wenn beim Betrieb eines Elements zusätzlicher Aufwand anfällt. Konkrete Beispiele hierfür sind Gebühren für die Erneuerung von Verschlüsselungszertifikaten oder Lizenzkosten für regelmäßige Sicherheitsupdates. Referenzpunkt für die wirtschaftliche Betreibbarkeit des Elements ist das Geschäftsmodell der Lösung. Für die Evaluation der wirtschaftlichen Betreibbarkeit müssen die angenommenen Kosten zum Betrieb des Elements überprüft und plausibilisiert werden.

10.3.3 Evaluation mit Blick auf die Technologie-Perspektive

Evaluation der technischen Machbarkeit

Mit der technischen Machbarkeit eines Elements ist die Frage gemeint, ob der angedachte Entwurf des Elements (also die erdachte Form, Funktion und Qualität) technisch realisierbar ist. Die Frage nach der technischen Machbarkeit ist immer dann spannend, wenn man mit einer digitalen Lösung in ein innovatives Feld vorstößt, in dem das Bauteam noch keine Erfahrungen hat.

Für die technische Machbarkeit des Elements ist das gesamte Elementdesignkonzept als Referenzpunkt relevant. Insbesondere die Qualitätsanforderungen und Randbedingungen sind hier von großer Bedeutung. Zum Beispiel stellen hohe Anforderungen an Sicherheit, Geschwindigkeit oder Ausfallsicherheit besondere Herausforderungen für die Machbarkeit dar.

Die technische Machbarkeit kann auf Basis von Expertenreviews des Elementdesignkonzepts evaluiert werden, um zu prüfen, ob die angedachte Form und Funktion in der gewünschten Qualität und unter den definierten Randbedingungen realisierbar sind.

Bei innovativen Elementen mit neuartigen Funktionen können Expertenreviews durch Prototypen ergänzt werden, die die technische Machbarkeit ausgewählter kritischer Funktionen oder Qualitätsanforderungen mit der angedachten Technologie untersuchen. In diesem Zusammenhang wird ebenfalls der Begriff »Proof of Concept« verwendet, um dem Auftraggeber zu demonstrieren, dass ein Entwurf technisch machbar ist.

Evaluation der Ausnutzung des technischen Potenzials

Analog zur Systemebene ist die Frage der Ausnutzung des vorhandenen technischen Potenzials eine zweite relevante Fragestellung der Evaluation in der Technologie-Perspektive auf der Elementebene.

Für die Evaluation der Ausnutzung des technischen Potenzials sind insbesondere die definierten User Interfaces, Use Cases und technischen Funktionen geeignete Referenzpunkte. Für alle drei Aspekte kann evaluiert werden, ob sowohl das

Potenzial der gewählten Technologien als auch das der vorhandenen Technologien im Rahmen des Entwurfs sinnvoll ausgenutzt wurden. Wie wir schon auf der Systemebene gesehen haben, sind beide Richtungen für die Evaluation des technischen Potenzials von Bedeutung. Insbesondere die fortlaufende Betrachtung der technischen Weiterentwicklung ist wichtig, um neue technische Möglichkeiten für die eigenen Elemente einer Lösung frühzeitig zu erkennen und zu nutzen.

10.4 Designarbeit auf der Elementebene im Bauprozess

Die Designarbeit auf der Elementebene stellt aufgrund der vielfältigen Aspekte eine besondere Herausforderung dar, gerade für Einsteiger im Digital Design. Auf der Systemebene haben wir schon gesehen, dass sich die volle Komplexität erst im Laufe des Bauprozesses zeigt (siehe Abschnitt 9.4). Gleiches gilt für die Designarbeit auf der Elementebene.

10.4.1 Die Elementebene in der Auftragsklärung

Analog zur Systemebene hat die Elementebene im Rahmen der Auftragsklärung eine geringe Relevanz, bietet aber aufgrund des frühen Zeitpunkts im Bauprozess einen großen Gestaltungsspielraum. Die Elementebene kann betrachtet werden, um die Vision besser zu verstehen (z.B. wenn ein Element im Zentrum der Vision steht) oder um den potenziellen Lösungsraum zu erkunden. Wenn die Realisierbarkeit der Vision von einem Elementaspekt abhängt, kann die Elementebene auch als Teil der Auftragsklärung betrachtet werden. Wichtig für einen sinnvollen Einsatz von Designarbeit auf dieser Ebene im Rahmen der Auftragsklärung ist das Bewusstsein um den hohen Detaillierungsgrad der Elementebene und den damit verbundenen Aufwand.

Fordert z.B. ein Auftraggeber im Rahmen der Auftragsklärung umfassende Informationen, die dem Detaillierungsgrad der Elementebene entsprechen, führt dies zu einem Aufwand, der typischerweise erst in der Konzeptarbeit erbracht wird. Sollte dieser Fall eintreten, muss hinterfragt werden, ob dieser Detaillierungsgrad und der Aufwand in diesem Schritt des Bauprozesses erforderlich sind. Wenn ja, sollte die Konzeptarbeit mit entsprechenden Ressourcen geplant und gestartet werden.

10.4.2 Die Elementebene in der Konzeptarbeit

Die Konzeptarbeit zielt darauf ab, eine bewusste Entscheidung mit dem Auftraggeber herbeizuführen, ob die Realisierung einer Lösung starten soll oder nicht. Diese Entscheidung kann von den Details der Elementebene in gewissem Rahmen profitieren, daher hat die Elementebene für die Konzeptarbeit eine mittlere Relevanz. Ein in Teilen ausgearbeitetes Elementdesignkonzept (z.B. mit Skizzen von

Use Cases und User Interfaces) kann einen guten ersten Eindruck von relevanten Aspekten eines Elements geben. Ebenso können Prototypen von Elementen einen Eindruck vermitteln, wie die realisierte Lösung aussehen könnte.

In der Konzeptarbeit besteht auf der Elementebene eine große Gestaltungsfreiheit, die nur durch die Vision und den Entwurf auf der Systemebene eingeschränkt wird. Wie auch schon in der Auftragsklärung basiert eine sinnvolle Konzeptarbeit auf der Elementebene darauf, dass der richtige Detaillierungsgrad getroffen wird. Schauen wir uns dieses Thema anhand unseres Fallbeispiels an.

Nachfolgend werden drei Themen der Lauftraining-App präsentiert. Entscheiden Sie für jeden Aspekt, ob Sie das Thema in der Konzeptarbeit ausarbeiten oder nicht. Begründen Sie kurz Ihre Entscheidung.

1. Registrierungsprozess für neue Kunden
2. Ablauf einer Trainingseinheit aus Sicht des Läufers
3. Ablauf einer Trainingseinheit aus Sicht des Coaches

Der volle Umfang eines Elementdesignkonzepts mit allen Aspekten aus Abschnitt 10.1 ist typischerweise nicht sinnvoll, da die meisten Details erst in der Realisierung benötigt werden. Des Weiteren stehen in diesem Schritt Aufwand und Kosten für ein umfassendes Elementdesignkonzept meist nicht in einem sinnvollen Verhältnis zum Nutzen. Eine wichtige Ausnahme von dieser Regel kann das Vorgehen beim Bauprozess sein. Es gibt Frameworks, die einen vollständigen Entwurf vorschreiben (z.B. die plangetriebene Entwicklung, siehe Kap. 12).

Der Detaillierungsgrad sollte sich in jedem Fall daran orientieren, ob der Inhalt zu einer fundierten Entscheidung über den Start der Realisierung beiträgt oder nicht. Verstandene Aspekte eines Elements, die nur ein geringes inhaltliches Risiko tragen, sollten eher nicht ausgearbeitet werden. Kritische Aspekte mit hoher Erfolgswahrscheinlichkeit sollten hingegen ausgearbeitet werden. Schauen wir uns diese Kriterien anhand des Fallbeispiels an.

Der Registrierungsprozess (1) kann in der Konzeptarbeit vollständig auslassen werden. Die Registrierung von Kunden ist ein verstandener Prozess, den man sich in vielen Beispielen anschauen kann. Hier bringt eine Ausarbeitung auf Elementebene für die Entscheidung für oder gegen die Realisierung keinen echten Mehrwert.

Der Ablauf einer Trainingseinheit aus Sicht des Läufers (2) ist schon schwieriger. Es gibt viele Apps, die man zum Lauftraining ohne Coach einsetzen kann, und auch hier ist das Risiko eher gering, dass die Lösung an dieser Stelle ein Problem darstellt. Insbesondere, da der Mehrwert nicht primär in der App liegt, sondern im persönlichen Coaching. Im Zweifel kann daher auf die Ausarbeitung dieses Aspekts verzichtet werden.

Beim Ablauf der Trainingseinheit aus Sicht des Coaches (3) sollte eine Ausarbeitung erfolgen. Der wesentliche Mehrwert wird durch den Coach geschaffen. Daher müssen Coaches mit der Lösung sinnvoll arbeiten und vor allem coachen können. Diese Entscheidung sollte somit nicht auf Basis einer vagen Idee getroffen werden. Zumindest die User Interfaces für die

Coaches sollten so detailliert ausgearbeitet werden, dass man anhand der Entwürfe erkennen kann, ob das Coaching funktionieren kann. Denkbar wäre sogar die Realisierung von Prototypen, um diese Frage zu klären.

Weitere Aspekte in diesem Kontext, z.B. gespeicherte Daten oder Use Cases, können abhängig von den Bedürfnissen der Auftraggeber und potenzieller Coaches ausgearbeitet werden. Am Ende des Tages müssen die Coaches dem Auftraggeber glaubhaft vermitteln, dass das Coaching in unserem Fallbeispiel wirklich funktionieren kann.

Wie Sie sehen, ist die Entscheidung über den Detaillierungsgrad auf der Elementebene in weiten Teilen eine Ermessensfrage und basiert auf den Erfahrungen des Teams. In jedem Fall zeigt das Fallbeispiel, dass es sich lohnt, den erforderlichen Detaillierungsgrad im Team und mit den relevanten Stakeholdern zu diskutieren.

10.4.3 Die Elementebene in der Entwicklung und im Betrieb

In der Entwicklung und dem Betrieb geht es darum, die eigenen Elemente zu realisieren und weiterzuentwickeln, um die Lösung Realität werden zu lassen. Daraus folgt, dass die Elementebene in diesem Schritt eine hohe Relevanz hat, da die Elementebene die Details liefert, die als Grundlage für die Realisierung dienen.

Die Gestaltungsfreiheit nimmt im Vergleich zur Konzeptarbeit ab, verbleibt aber auf einem mittleren Niveau, da die Technologien der Elementebene unterschiedlichste Möglichkeiten bieten, um ein Element auszugestalten und zu realisieren. Die wesentlichen Einschränkungen für die Gestaltungsfreiheit werden durch die Vorgaben der Systemebene und die bereits bestehenden Realisierungen definiert.

Charakteristisch für die Designarbeit auf der Elementebene in der Entwicklung und im Betrieb ist die intensive Zusammenarbeit mit allen anderen Tätigkeitsbereichen im Bauteam. Während das Design in den anderen Schritten des Bauprozesses in Teilen eigenständig arbeiten konnte, muss das Design in der Entwicklung und im Betrieb eng abgestimmt mit der Konstruktion und der Realisierung zusammenarbeiten, um einen effizienten und effektiven Bauprozess zu gewährleisten.

Dennoch gibt es je nach Phase unterschiedliche Ausprägungen der Designarbeit. Im Folgenden wird daher die Elementebene entlang der vier Phasen näher betrachtet und aufgezeigt, wie sich die Designarbeit im Verlauf der vier Phasen verändert. Weiterhin ist die Frage nach dem Zeitpunkt und dem Detaillierungsgrad der Designarbeit ein wichtiges Thema, auf das am Ende dieses Abschnitts noch einmal gezielt eingegangen wird.

Vorbereitung der Entwicklung auf der Elementebene

Zur Vorbereitung der Entwicklung der ersten Version muss jedes einzelne Element der ersten Version in Form, Funktion und Qualität angemessen definiert werden. Wie genau diese angemessene Definition aussieht, kann unterschiedlich ausgeprägt werden und auch vom gewählten Framework für den Bauprozess abhängen (siehe Abschnitt 12.1).

Diese Festlegung der Form, Funktion und Qualität der ersten Version ist wichtig, damit klare Vorgaben für die Realisierung und Evaluation der eigenen Elemente geschaffen werden. Änderungen am Elementdesignkonzept sind zu diesem Zeitpunkt mit wenig Aufwand machbar, da noch kein Element realisiert wurde.

Mit Blick auf einen wirtschaftlich effizienten Entwicklungsprozess muss aus Sicht des Digital Design in jedem Fall darauf geachtet werden, dass ein ausreichend großer Umfang an Elementdesignkonzepten erarbeitet und evaluiert wird, um die Entwicklung tatsächlich zu starten. Dieser Umfang definiert im Kern einen Arbeitsvorrat, der im Rahmen der Realisierung abgearbeitet wird und fortlaufend durch das Design wieder mit neuen Inhalten aufgefüllt werden muss. Die Erarbeitung eines angemessenen Arbeitsvorrats für die Entwicklung der ersten Version ist auch aus Sicht des Designs wichtig, da sich mit dem Start der Entwicklung zusätzliche Aufgaben für das Digital Design ergeben.

Die sinnvolle Definition des richtigen Umfangs an Arbeitsvorrat hängt von vielfältigen Faktoren ab (z.B. Teamgröße und Kapazität für die Realisierung). In jedem Fall muss dieses Maß im Vorfeld in Zusammenarbeit mit dem Bauteam festgelegt werden, um hier ein gemeinsames Verständnis zu erzielen. Das Thema geht jedoch über die hier vermittelten Grundlagen hinaus und wird an dieser Stelle nicht weiter vertieft.

Entwicklung der ersten Version und die Elementebene

Mit dem Start der Entwicklung ändert sich die Arbeit auf der Elementebene erheblich. Das Design muss nun sehr eng mit den anderen Tätigkeitsbereichen zusammenarbeiten, um Rückfragen zu klären und Entscheidungen über Details der Realisierung eines Elements zu treffen. Darüber hinaus wird das Design an der Evaluation der bereits realisierten Bestandteile beteiligt und muss die Ergebnisse der Evaluation bearbeiten.

In der Konsequenz bedeuten diese zusätzlichen Aufgaben, dass sich das Design sinnvoll zwischen verschiedenen Aufgaben aufteilen muss. Je nach Größe und Umfang einer Lösung bedeutet diese Vielfalt, dass sich mehrere Personen diese Aufgaben teilen müssen. Von besonderer Bedeutung für einen wirtschaftlichen Bauprozess ist die angemessene Aufteilung zwischen der Arbeit mit dem Bauteam zur Klärung von Rück- und Detailfragen und der Arbeit am Arbeitsvorrat, d.h. der Ausarbeitung neuer Details der Elementdesignkonzepte für die Realisierung.

Einsparungen im Design können teuer erkauft werden ...

Mit dem Start der Entwicklung wird oft Personal im Design eingespart, da jetzt ja alles klar sein sollte. Aus Sicht von Projektmanagern kann man das in Teilen auch nachvollziehen, da das Klären von Rückfragen sowie Detailentscheidungen oft wenig sichtbar sind.

Sichtbar wird diese Arbeit erst, wenn sie nicht mehr gemacht wird oder wenn der Arbeitsvorrat abgearbeitet ist und niemand Zeit hatte, sich um »neue Arbeit« zu kümmern. Aus dieser Situation kommen die Projekte oft nur schwer wieder heraus, da das freigestellte Designpersonal meist in anderen Projekten arbeitet und nicht mehr zur Verfügung steht.

Das Personal im Design sollte daher vorsichtig reduziert werden, um nicht in diese Falle zu laufen. Ein einfaches Rechenbeispiel macht dies klar: Ein Team von fünf Entwicklern, das einen Tag nicht arbeiten kann, kostet so viel wie eine ganze Woche Designarbeit.

Inbetriebnahme, Weiterentwicklung und die Elementebene

Die Inbetriebnahme der ersten Version verändert die Arbeitsweise im Bauprozesses nochmals erheblich. Das System erwacht durch die Inbetriebnahme zum Leben und damit auch die eigenen Elemente. Wie wir schon auf der Lösungs- und Systemebene gesehen haben, beginnt nun eine intensive Phase der Optimierung und Verbesserung im Zusammenspiel mit der Weiterentwicklung der Lösung.

Auf der Elementebene bedeutet dies für die Designarbeit eine intensive inhaltliche Arbeit an den Details der eigenen Elemente. Gerade zu Beginn des Betriebs wird trotz sorgfältigster Arbeit des Bauteams typischerweise eine Reihe von Fehlern entdeckt, die geklärt und behoben werden müssen. Genauso typisch sind Optimierungen und Verbesserungen, die Kunden und Benutzer einbringen. Diese müssen in den Designkonzepten der Elementebene eingepflegt werden, damit sie aktuell bleiben. Diese Arbeit ersetzt nicht die bisherige Arbeit, sie kommt als weitere Aufgabe dazu. Die bisherigen Aufgaben – Betreuung der Realisierung und Vorbereitung der weiteren Entwicklung – bleiben weiter bestehen.

Inbetriebnahme und Weiterentwicklung sind eine spannende Arbeit

Dieser Teil des Bauprozesses wird oft als langweilig bezeichnet. Dieser Einschätzung soll dieser Praxistipp widersprechen.

Die Arbeit in dieser Phase des Bauprozesses gestaltet sich zwar anders, aber nicht minder spannend und keinesfalls langweilig. Ganz im Gegenteil, in gut organisierten Bauteams ist sie gerade deswegen interessant, da man sichtbar etwas verändern und weiterentwickeln kann. Man arbeitet an Elementen einer Lösung, die von echten Benutzern in der realen Welt verwendet werden. Die eigene Designarbeit wirkt sich also direkt auf die Arbeit von Menschen aus und man erhält sehr zügig Rückmeldung zu seiner eigenen Arbeit.

→

Diese ist diese Phase des Bauprozesses ist außerdem eine gute Schule für Einsteiger, hier kann man im Rahmen eines laufenden Bauprozesses die Designarbeit Schritt für Schritt erlernen und Erfahrungen sammeln.

Lebensende und die Elementebene

Das Lebensende einer Lösung läutet auch das Lebensende des Systems und der eigenen Elemente ein. Je nach Art des Systems stehen auch hier diverse Tätigkeiten an, die geplant und umgesetzt werden müssen. Beispiele für diese Tätigkeiten können sein:

- User Interfaces anpassen, um auf das Lebensende hinzuweisen.
- Neue Use Cases und technische Funktionen realisieren, um die Sicherung bzw. den Export von Daten zu unterstützen.
- Neue Use Cases und technische Funktionen realisieren, damit Benutzer ihre eigenen Daten gezielt löschen können.
- Falls die alte Lösung durch eine neue Lösung ersetzt wird, können Use Cases, User Interfaces und technische Schnittstellen erforderlich sein, um Benutzer bei der Umstellung von der alten auf die neue Lösung zu unterstützen.

Diese Tätigkeiten am Lebensende einer Lösung sind mit Blick auf das ganzheitliche Design und eine gute Customer Experience wichtig. So wird der Lebenszyklus einer Lösung aus Sicht der Kunden und Benutzer angemessen abgeschlossen.

10.4.4 Strategien für das richtige Maß an Details zur richtigen Zeit

Zum Abschluss dieses Abschnitts kommen wir noch einmal auf die Frage des Detaillierungsgrads und des Umfangs der Elementdesignkonzepte als Basis für die Entwicklung zurück. Dieses Thema ist in der Praxis sehr umstritten und schwankt zwischen der Auffassung, dass alles vor der Entwicklung festgelegt werden muss (was auch immer »alles« sein mag), und der Auffassung, dass alles erst im Rahmen der Entwicklung festlegt werden kann.

Problematisch an dieser Diskussion ist der Umstand, dass in vielen Prozessen oft nur eine feste Vorgehensweise verwendet wird. Dies führt zu einer starren Form der Zusammenarbeit und zu vielfältigen Problemen zwischen Design, Konstruktion und Realisierung. Es werden z.B. zu viele oder unnötige Details vorab festgelegt oder die Realisierung bekommt zu wenige klare Informationen zur Entwicklung.

Konkrete Vorgehensweisen hängen von unterschiedlichsten Faktoren ab, die hier nicht vertieft werden können. Dennoch ist das Thema für den Einstieg wichtig. Im Folgenden werden daher vier Strategien vorgestellt, die je nach Inhalt und Situation den Detaillierungsgrad von Designkonzepten bestimmen. Diese Strategien sollen primär dafür sensibilisieren, dass verschiedene Vorgehensweisen verwendet werden können, um die Zusammenarbeit im Bauteam bei der Entwicklung zu organisieren.

Ein Grundsatz ist jedoch unabhängig von der gewählten Strategie wichtig: Designkonzepte müssen spätestens nach erfolgter Realisierung in einem angemessenen Detaillierungsgrad ausgearbeitet werden. Nur so können sie ihre Aufgaben im Bauprozess wahrnehmen, z.B. die Konsistenz zwischen Konzept und Lösung sicherstellen und auch eine angemessene Referenz für die Evaluation bieten.

Orientierung am Risiko

Erfolgskritische Aspekte einer Lösung (z.B. ein bestimmter Use Case oder ein User Interface) können vor der Entwicklung mit einem hohen Detaillierungsgrad ausgearbeitet werden. Dies hat zum einen den Vorteil, dass diese Aspekte anhand des Entwurfs intensiv evaluiert werden können, und zum anderen, dass die Realisierung genaue Vorgaben erhält, wie diese umzusetzen sind. Aspekte mit geringem Risiko für den Erfolg einer Lösung können dagegen weniger detailliert ausgearbeitet werden. Relevante Details können dann in direkter Zusammenarbeit mit der Realisierung definiert und entschieden werden.

Orientierung am Vorwissen des Bauteams

Teams, die schon länger an einer Lösung oder in einem Kontext (z.B. in einer Branche) arbeiten, haben aufgrund ihrer Erfahrung meist ein sehr großes Vorwissen. Dieses Vorwissen kann im Rahmen der Entwicklung genutzt werden, um Designkonzepte mit deutlich weniger Details auszuarbeiten, da das Bauteam die Details bereits kennt oder durch gezielte Rückfragen im Verlauf der Realisierung erfragen kann.

Für Bauteams ohne oder mit sehr wenig Vorwissen über die Lösung oder den Kontext müssen bei dieser Strategie die Designkonzepte wesentlich mehr Details liefern, um klare Vorgaben für die Realisierung zu definieren. Diese Konstellation erlebt man z.B. in der Auftragsentwicklung, bei der ein externes Unternehmen in die Realisierung einbezogen wird.

Orientierung an den Freiheitsgraden für das Bauteam

Die Mitglieder im Bauteam bringen unterschiedliche Fähigkeiten und Voraussetzungen mit. Nur weil jemand z.B. mit der Realisierung des Elements betraut ist, muss dies nicht bedeuten, dass diese Person nicht auch am Design des Elements mitarbeiten kann. Wenn man den Mitgliedern des Bauteams Freiheitsgrade bei der konkreten Ausgestaltung eines Elements geben möchte, dann braucht es weniger detaillierte Designkonzepte. Umgekehrt schränken sehr detaillierte Designkonzepte die Freiheitsgrade für das Bauteam im Rahmen der Realisierung ein.

Orientierung an den Kosten nachträglicher Veränderung

Bei dieser Strategie werden die Kosten für Designkonzepte und die Kosten für die Realisierung im Zusammenhang betrachtet. Wenn nachträgliche Änderungen kostspielig sind, lohnt es sich, in Designkonzepte zu investieren und diese intensiv zu evaluieren, um das Risiko für nachträgliche und teure Anpassungskosten gering zu halten. Sind nachträgliche Anpassungen eher günstig, dann kann es aus Kostensicht sinnvoller sein, einen Aspekt schnell und mit wenig Details zu entwerfen und direkt zu realisieren. Auf Basis des realisierten Aspekts können Kunden und Benutzer dann Feedback geben, um den Aspekt nachträglich zu verbessern.

Reflexionsfragen

Entwurf auf der Elementebene

Denken Sie an eine digitale Lösung, die Sie im Alltag nutzen (privat oder auch beruflich). Wie sind die Elemente im Sinne der Aspekte aufgebaut?

Denken Sie an die Abhängigkeiten auf der Elementebene. Welche Herausforderungen sehen Sie, wenn diese nicht berücksichtigt werden?

Haben Sie vielleicht in Ihrer eigenen Projektpraxis schon Probleme erlebt, die auf eine unzureichende Berücksichtigung von Abhängigkeiten zurückzuführen sind?

Evaluation auf der Elementebene

Die Herausforderung bei der Evaluation auf der Elementebene besteht vor allem darin, die vielfältigen Aspekte sinnvoll zu berücksichtigen. Dies erfordert eine Vielzahl von Kompetenzen und Rollen. Welche Beispiele für Kompetenzen oder Rollen fallen Ihnen ein, die sich mit der Evaluation auf der Elementebene befassen?

Designarbeit auf der Elementebene im Bauprozess

Die Relevanz der Elementebene nimmt im Verlauf des Bauprozesses zu. Welche Probleme oder Risiken sehen Sie, wenn die Elementebene zu früh oder zu spät im Bauprozess berücksichtigt wird?

Die Designarbeit auf der Elementebene verändert sich beim Übergang von der Konzeptarbeit zur Entwicklung erheblich. Welche dieser Veränderungen empfinden Sie persönlich als besonders herausfordernd und warum?

11 Ganzheitliche Designarbeit entlang des Bauprozesses

We have always thought of design as being so much more than just the way something looks. It's the whole thing: the way something works on so many different levels.
– Jonathan Ive

Das Verständnis von Designarbeit auf den drei Ebenen bildet die Basis für die tägliche Designarbeit im Bauprozess. Unabhängig davon, auf welcher Ebene gearbeitet wird, ist für ein ganzheitliches Design ein Verständnis der Zusammenhänge auf allen Ebenen erforderlich. Daher wird in diesem Kapitel eine übergeordnete Perspektive eingenommen. Wir werden dabei auf die Zusammenhänge zwischen den Ebenen einer Lösung, den drei Designperspektiven und den Schritten des Bauprozesses eingehen.

11.1 Designarbeit über die Ebenen hinweg

Bei der Betrachtung der Designarbeit auf den drei Ebenen wurden bereits einige Verbindungen zwischen den Ebenen angesprochen. Nun wollen wir diese Verbindungen noch einmal systematisch betrachten, um die wesentlichen Beziehungen zwischen den Ebenen besser zu verstehen. Dieses Verständnis ist die Grundlage für die gemeinsame Designarbeit an der Lösung über die Ebenen hinweg (auch als Co-Design bezeichnet). Wir orientieren uns dabei am Arbeitsmodell aus Abschnitt 3.3 und werden die folgenden wesentlichen Abhängigkeiten kennenlernen:

- Ziele, Qualität und Randbedingungen werden über die Ebenen hinweg *konkretisiert*.
- Form wird über die Ebenen hinweg *dekomponiert* bzw. in detailliertere Bestandteile *zerlegt*.
- Funktion wird über die Ebenen hinweg *umgesetzt*.

11.1.1 Ganzheitliches Design der Ziele

Ziele bilden den Ausgangspunkt für die Designarbeit. Mit Zielen legen wir fest, was wir mit einer Lösung erreichen wollen. Auf der Lösungsebene wird das Ziel für die Lösung als Vision bezeichnet, um einen übergeordneten Begriff für das Ziel der Lösung als Ganzes zu erhalten. Auf der System- und Elementebene definieren wir basierend auf der Vision detailliertere Ziele. So konkretisieren wir, wie die Vision mithilfe eines Systems und seiner Elemente erreicht werden soll.

Wir haben in unserem Fallbeispiel bisher die Vision einer Lösung mit persönlichen Coaches verfolgt, die Läufer über eine Sprachverbindung coachen. Nun formulieren wir eine veränderte Vision:

Das Coaching soll auf Basis von maschinellem Lernen erfolgen, d.h., die Läuferinnen und Läufer werden im Training von einer künstlichen Stimme gecoacht.

Versuchen Sie, diese recht grobe Vision durch Ziele auf der System- und Elementebene zu konkretisieren. Betrachten Sie auf der Elementebene zur Vereinfachung eine Smartphone-App und keine weiteren Elemente.

Die drei Ebenen helfen bei der Designarbeit an den Zielen durch den Fokus auf die jeweilige Ebene und durch einen definierten Übergang zwischen den Ebenen. Der Übergang von der Lösungs- zur Systemebene bedeutet eine technische Konkretisierung der Lösung durch ein System. Der Übergang von der System- zur Elementebene erfolgt durch eine technische Konkretisierung der eigenen Elemente als Teil des Systems.

Bei der Arbeit an der Vision und an den Zielen entwickeln sich schnell Ideen, wie eine Vision durch ein System oder durch Elemente realisiert werden kann. Beim Lesen des Fallbeispiels entstehen vielleicht Bilder, wie ein Läufer gesprochene Anweisungen von einer künstlichen Stimme erhält. Diese Ideen lassen sich gut in Ziele übersetzen, um die Intention hinter diesen Ideen zu erfassen. So kann die Vision konkretisiert werden.

Die Ziele auf Systemebene für unser Fallbeispiel könnten wie folgt lauten:

Der Läufer soll während einer Trainingseinheit durch die KI gewarnt werden, wenn er sich übermäßig belastet.

Dieses Ziel unterscheidet sich nur durch das Wort »KI« von dem Ziel für das System mit einem menschlichen Coach. Für die Systemebene bedeutet die veränderte Vision keine große Verschiebung. Das System als Ganzes hat nach wie vor das Ziel, Läufer zu coachen, nur dass das Coaching jetzt von einer KI durchgeführt wird. Verfolgen wir dieses Ziel gedanklich weiter auf die Elementebene. Die Smartphone-App muss in der Lage sein, dem Läufer sprachlich etwas mitzuteilen, um das Ziel des Systems zu erreichen. Das Ziel für die App könnte wie folgt lauten:

Warnungen und Hinweise zum Trainingsverlauf sollen per künstlich erzeugter Sprachausgabe an den Läufer übermittelt werden.

Dieses Ziel klingt auf den ersten Blick etwas holprig. Das liegt daran, dass der Zielcharakter klar herausgearbeitet werden soll und wir Entscheidungen über Form, Funktion und Qualität nicht vorwegnehmen wollen.

Die Arbeit an den Zielen auf der Element- oder Systemebene kann auch zur Formulierung weiterer Ziele führen. Diese zusätzlichen detaillierten Ziele stellen oft neue Gedanken zur Lösung dar und können dann mit der Vision verglichen werden. Wichtig ist hier, dass neue Ziele nicht im Widerspruch zu Zielen auf den höheren Ebenen stehen. Gehen wir dazu noch einmal in unser Fallbeispiel hinein.

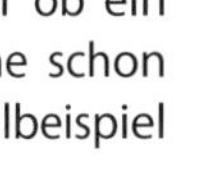

Welche weiteren Ziele kommen Ihnen in Bezug auf die KI, die den Coach ersetzt, in den Sinn? Bei einer Sprachinteraktion stellte sich z.B. die Frage, ob eine KI nur spricht oder ob ein Mensch einer KI auch antworten kann. Viele Menschen geben ihrem Smartphone schon heute Sprachanweisungen. Vielleicht lässt sich dieser Gedanke auch auf unser Fallbeispiel übertragen, z.B. mit dem folgenden Ziel:

Auf Anfrage soll die KI dem Läufer während des Trainings eine kurze Einschätzung zu seiner aktuellen Laufleistung geben.

Wenn wir dieses Ziel weiterverfolgen, sehen wir, dass es nicht im Widerspruch zur Vision steht, dort haben wir nur eine KI formuliert. Zum bisherigen Ziel auf der Systemebene passt es jedoch nicht, wo es nur um Warnungen geht. Wenn wir das neue Ziel in Betracht ziehen wollen, braucht es ein weiteres Ziel für die Systemebene, das die Kommunikation vom Läufer zur KI erfasst. Und von diesem Ziel aus könnten wir wieder überlegen, welche Ziele sich daraus für die Elementebene ergeben. Denken Sie über dieses Beispiel weiter nach, um die Arbeit mit Zielen auf den Ebenen zu üben.

11.1.2 Ganzheitliches Design von Form, Funktion und Qualität

Die Designarbeit an Form, Funktion und Qualität einer Lösung dreht sich um den konkreten Entwurf der Lösung zur Erreichung der Ziele. Die Ebenen helfen uns bei diesem Prozess durch eine klare Perspektive und durch hilfreiche Abhängigkeiten. Im Folgenden schauen wir uns diese Perspektiven und Abhängigkeiten für Form, Funktion und Qualität an.

11.1.2.1 Design der Form einer Lösung entlang der drei Ebenen

Das Design der Form einer Lösung entlang der drei Ebenen betrachtet den strukturellen Aufbau der Lösung angefangen bei der Wertschöpfungsarchitektur und den Kunden-/Benutzergruppen (Lösungsebene) über die Benutzertypen, vorhandene und eigene Elemente (Systemebene) bis hin zum Aufbau der eigenen Elemente (Elementebene). Da der Aufbau von Ebene zu Ebene immer detaillierter wird, spricht man von einer *Dekomposition* bzw. von einer Zerlegung in detailliertere Bestandteile. Abbildung 11–1 zeigt die Aspekte der Form auf den drei Ebenen und ihre wesentlichen Beziehungen im Überblick.

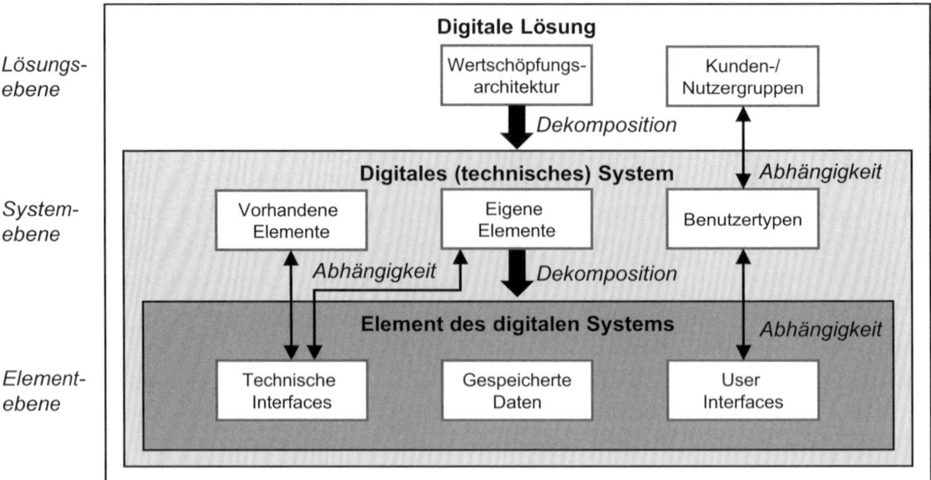

Abb. 11–1 *Wesentliche Beziehungen der Form entlang der drei Ebenen*

Wir betrachten die Designarbeit zur Dekomposition der Form anhand von drei Beispielen: technischer Aufbau, Benutzerstruktur und Informationsstruktur. Diese Beispiele sind typische Perspektiven, denen man bei vielen digitalen Lösungen begegnet, und daher hilfreich für das Erlernen von Designarbeit.

Design des technischen Aufbaus

Der technische Aufbau einer Lösung betrachtet, wie eine Lösung entlang der drei Ebenen strukturiert ist. Auf der Lösungsebene ist dies die Wertschöpfungsarchitektur zur Erbringung des Wertversprechens (z.B. Partnerorganisationen oder Organisationsstrukturen innerhalb der Organisation, die die Lösung betreibt). Auf der Systemebene bezieht sich der technische Aufbau auf die eigenen und vorhandenen Elemente. Die Benutzertypen werden separat im Rahmen der Benutzerstruktur betrachtet. Wichtig bei der Definition des technischen Aufbaus auf der Systemebene ist die Erkenntnis, dass Partnerorganisationen und auch die Organisationsstruktur einen Einfluss auf den technischen Aufbau des Systems nehmen können. Zum Beispiel können Partnerorganisationen vorhandene Elemente bereitstellen und Abteilungen in der Organisationsstruktur eigene Elemente benötigen. Schauen wir uns dieses Zusammenspiel anhand unseres Fallbeispiels an.

Wir betrachten weiterhin die Vision der KI, die den menschlichen Coach ersetzt. Auch in dieser Variante brauchen wir Partner für das Bezahlen des Coachings (egal, wie das konkrete Geschäftsmodell aussieht) und auch einen Partner, der Kartendaten liefert.

Es stellt sich auch die Frage, welche Auswirkungen die KI auf die Lösungs- und Systemebene hat. Hier wird es etwas kniffeliger. Überlegen Sie, ob Ihnen etwas einfällt.

Mit Blick auf das Bezahlen und die Karten braucht es für die Bezahldienstleister und auch für den Kartendienstleister vorhandene Elemente, um beide Partner in das System einzubinden.

Wir wissen, dass maschinelles Lernen das Training von entsprechenden Modellen erfordert. Wenn solche Modelle nicht extern eingekauft werden können, dann müssen die Modelle selbst trainiert werden. Für die Organisationsstruktur unseres Fallbeispiels könnte dies bedeuten, dass eine Abteilung benötigt wird, die sich um das Training der Modelle für das Coaching kümmert. Und auf der Systemebene ist eine geeignete technische Umgebung für das Training erforderlich.

In Bezug auf den technischen Aufbau gibt es eine Abhängigkeit beim Übergang zwischen System- und Elementebene zwischen den vorhandenen Elementen (Systemebene) und den technischen Interfaces (Elementebene). Wenn auf der Systemebene Beziehungen zwischen eigenen und vorhandenen Elementen definiert werden, dann müssen sich diese Beziehungen auf der Elementebene in passenden technischen Schnittstellen manifestieren, um sie zu realisieren. Wenn in unserem Fallbeispiel z.B. auf der Systemebene definiert ist, dass die App des Läufers von einem Kartenservice mit Karten versorgt wird, dann muss auf der Elementebene eine technische Schnittstelle für die App definiert werden.

Design der Benutzerstruktur

Die Benutzerstruktur einer Lösung betrachtet, wie sich die Kunden-/Benutzergruppen der Lösung entlang der drei Ebenen in Benutzertypen und schließlich User Interfaces entwickeln. Auf der Lösungsebene beginnt es mit dem Schnitt der Kunden-/Benutzergruppen für die Lösung.

In unserem Fallbeispiel sind die Läuferinnen und Läufer als Kundengruppe unmittelbar klar. Sie interagieren mit unserem System und sind damit auch Benutzertypen auf Systemebene.

Nehmen wir weiter an, dass es eine Abteilung gibt, die sich mit dem Training der Modelle der KI befasst. Welche Gedanken kommen Ihnen zum Thema Benutzerstruktur dabei in den Sinn?

Hier treffen wir auf eine Abhängigkeit zwischen Kunden-/Benutzergruppen (Lösungsebene) und Benutzertypen (Systemebene). Konkret geht es um die Frage, ob Kunden direkt mit Elementen des Systems interagieren oder nicht. Kunden, die mit Elementen interagieren, werden auf der Systemebene in Benutzertypen überführt. Ebenso werden alle Benutzergruppen auf der Lösungsebene zu Benutzertypen auf der Systemebene, die als Teil der Organisation in die Wertschöpfung eingebunden sind und mit dem System interagieren. Schauen wir uns dieses Zusammenspiel wieder im Fallbeispiel an.

Mit Blick auf die Abteilung, die die KI-Modelle trainiert, ist es denkbar, dass es in dieser Abteilung Personen gibt, die die Modelle verwalten. Zu dieser Tätigkeit könnte auch die Aufgabe zählen, neue Modelle in die Lösung zu übertragen, sobald ein neues Modell vorliegt. Auf der Systemebene würde dies zu einem Benutzertyp führen, der in der Lage ist, die Modelle zu verändern, die für das Coaching im Betrieb verwendet werden.

Des Weiteren wird die Qualitätssicherung der Modelle wichtig werden, d.h. die Überprüfung, wie sich die KI im Training verhält. Nehmen wir an, dass es Mitarbeitende in der Organisation gibt, die zu diesem Zweck mit der KI trainieren. Bei dieser Arbeit könnte ein Zugriff auf zusätzliche Daten hilfreich sein, um das Verhalten der KI besser zu verstehen. Hieraus würde sich ein weiterer Benutzertyp auf Systemebene ergeben, der auch mit der App trainieren kann. Nennen wir ihn für den Moment »Testläufer«, um den Aspekt des Testens herauszustellen.

Beim Übergang von der System- auf die Elementebene müssen wir die Abhängigkeit zwischen Benutzertypen (Systemebene) und User Interfaces (Elementebene) beachten. Es geht grundsätzlich um die Form der Interaktion (über welches Medium interagiert ein Benutzer, z.B. Sprache oder ein grafisches User Interface) und um den detaillierten Inhalt der Interaktion (welche Daten/Informationen umfasst die Interaktion). Betrachten wir dazu wieder unser Fallbeispiel.

Beim Übergang von der Lösungs- zur Systemebene haben wir den Testläufer definiert. Dieser Benutzertyp soll die KI testen und braucht dafür besondere Informationen, die ein »normaler« Läufer nicht sehen soll. In welcher Weise könnten sich die User Interfaces für beide Benutzertypen unterscheiden?

In Abschnitt 6.3.2 haben wir gesehen, dass maschinelles Lernen mit statistischen Verfahren und Wahrscheinlichkeiten arbeitet. Solche Wahrscheinlichkeiten könnten für einen Testläufer besonders interessant sein, um die Qualität zu bewerten.

Wir tauchen an dieser Stelle nicht tiefer in das Beispiel ein, da wir uns nicht mit der Qualitätssicherung von maschinellem Lernen befassen wollen. Dennoch zeigt das Beispiel schon auf dieser abstrakten Ebene, wie wichtig die Betrachtung von Benutzertypen und User Interfaces ist, ohne sich konkret mit dem visuellen Design zu befassen.

Design der Informationsstruktur

Die Informationsstruktur einer Lösung betrachtet, welche Daten in der Lösung verarbeitet werden und in welcher Form sie gespeichert werden. Die Speicherung von Daten wird zwar erst auf der Elementebene entworfen und auch mit dem Entwurf von Use Cases und Funktionen konkretisiert, dennoch spielen Daten im Sinne der Informationsstruktur schon auf den höheren Ebenen eine wichtige Rolle.

Die Wertschöpfungsarchitektur im Zusammenspiel mit den Geschäftsprozessen zur Erbringung des Wertversprechens kann vielfältige Anforderungen an Daten formulieren, die vom System erfüllt werden müssen. Das Spektrum kann sehr breit sein. Es können einfache Kundendaten sein, um einen Geschäftsprozess abzuwickeln. Es können aber genauso auch Umweltdaten sein, die die Lösung steuern oder beeinflussen (z.B. zur Steuerung eines smarten Gebäudes). Wichtig für den Übergang von der Lösungs- zur Systemebene ist hier die Frage, welche Daten auf der Lösungsebene erforderlich sind und wo diese Daten im System gespeichert werden. Schauen wir uns dazu wieder unser Fallbeispiel an.

Wir betrachten weiterhin die Vision der KI. Welche Informationsstrukturen sehen Sie auf der Lösungsebene?

Die KI braucht Daten der Läufer (z.B. Puls, Geschwindigkeit und zurückgelegte Strecke), um Coaching-Tipps zu formulieren. Für die Systemebene bedeutet dies, dass das System diese Daten in geeigneter Weise beschaffen muss. Diesen Punkt haben wir bereits in unserem Fallbeispiel betrachtet und auch hier könnten das Smartphone (Position & Geschwindigkeit) und die Smartwatch (Puls) diese Aufgabe übernehmen.

Aber wie verhält es sich mit der KI und ihrem trainierten Modell? In welchem Systemteil steckt die künstliche Intelligenz wirklich?

Eine Möglichkeit wäre, diese Intelligenz in einem zentralen Element in einem Rechenzentrum zu speichern. Dies würde jedoch voraussetzen, dass die Daten der Läufer während des Trainings an dieses Element übermittelt werden, damit die KI die Daten auswerten kann.

Ebenso denkbar wäre es auch, dass das Modell in der App arbeitet und dort die Daten auswertet. Dies würde aber bedeuten, dass das Modell in die App übertragen werden müsste.

Auch hier gehen wir nicht weiter ins Detail. Wir halten aber fest, dass die Frage nach den Speicherorten bereits ein wichtiges Thema für den Systemaufbau darstellt, das auf der Systemebene entschieden wird.

Beim Übergang von der System- auf die Elementebene geht es um die konkreten Details, d.h. den Aufbau der erforderlichen Datenstrukturen. Sehen wir uns dazu wieder das Fallbeispiel an.

Wir sind wieder beim Testläufer, der die Qualität einer KI überprüfen möchte. Welche zusätzlichen Informationen könnten bei dieser Arbeit hilfreich sein, die vom System gespeichert werden müssen?

Hier könnten der detaillierte Trainingsverlauf und die ausgegebenen Coaching-Tipps relevant sein. Ein »normaler Läufer« bekommt seine Tipps während des Trainings und kann damit arbeiten. Ein Testläufer möchte vermutlich eine Trainingseinheit im Nachgang auswerten und schauen, wie gut die Coaching-Tipps zum jeweiligen Zeitpunkt gepasst haben. Was bedeutet dies für die Datenspeicherung?

Die Daten könnten in der App gespeichert werden. Allerdings müsste der Testläufer die Auswertung dann auch in der App vornehmen. Sinnvoller ist hier vermutlich, die Daten in einem anderen Element des Systems zu speichern, um sie nachträglich auswerten zu können.

Je nach Entscheidung müssten entweder entsprechende Datenstrukturen in der App oder in einem anderen Element geschaffen werden, um den Trainingsverlauf zu speichern.

Auch hier gehen wir nicht tiefer ins Detail, da dies den Rahmen dieses Buches sprengen würde. Wichtig ist wieder, dass wir auf dieser abstrakten Ebene über die Frage der zu speichernden Daten nachdenken und sie entscheiden können.

Datenschutz und Datensicherheit bei der Informationsstruktur beachten

Die ganzheitliche Perspektive auf die Informationsstruktur einer Lösung ist ein wesentlicher Faktor bei der Diskussion zu Datenschutz und Datensicherheit. Durch dieses Verständnis kann aufgezeigt und evaluiert werden, ob bestimmte Daten überhaupt erforderlich sind oder nicht. Werden Daten beispielsweise nicht zur Durchführung eines Geschäftsprozesses benötigt oder tragen bestimmte Daten nicht zur Erfüllung des Wertversprechens bei, dann brauchen diese Daten vermutlich auch nicht gespeichert zu werden.

11.1.2.2 Design der Funktion entlang der drei Ebenen

Das Design der Funktion einer Lösung entlang der drei Ebenen betrachtet die Umsetzung der Funktionen von einer Ebene zur nächsten. Wichtig dabei ist, dass sowohl der Übergang von der Lösungs- zur Systemebene als auch der Übergang von der System- zur Elementebene jeweils eine Entwurfs- und damit eine Umsetzungsentscheidung markiert. Abbildung 11–2 zeigt die Aspekte der Funktion entlang der drei Ebenen und ihre wesentlichen Beziehungen im Überblick.

Auf der Lösungsebene definieren wir die Funktion zunächst aus Sicht der Kundengruppen durch ein Wertversprechen und aus Sicht der Benutzergruppen durch Geschäftsprozesse zur Realisierung des Wertversprechens. Auf der Systemebene müssen wir darauf aufbauend konkretisieren, wie das System (mit seinen Elementen und Benutzertypen) die Geschäftsprozesse und das Wertversprechen umsetzt. Hierzu haben wir als Hilfsmittel die Szenarien kennengelernt, die auf Basis beispielhafter Abläufe die Funktion des Systems als Ganzes definieren und damit beschreiben, wie die Geschäftsprozesse und das Wertversprechen umgesetzt werden sollen. Betrachten wir dies wieder anhand unseres Fallbeispiels.

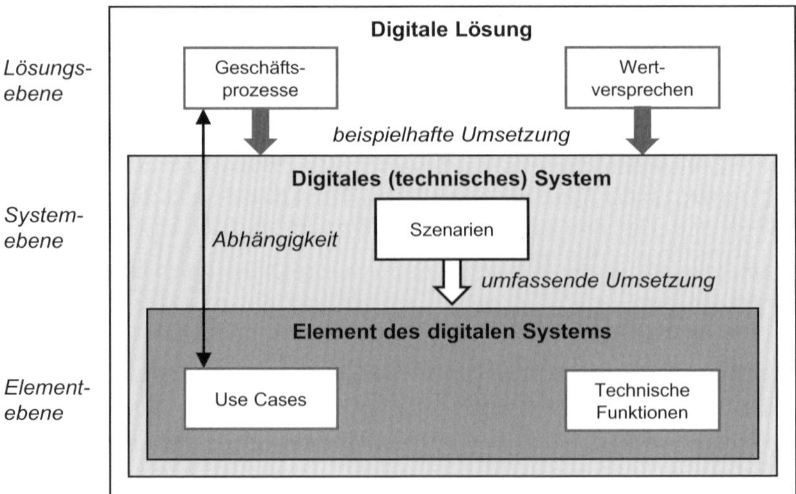

Abb. 11–2 *Wesentliche Beziehungen der Funktion entlang der drei Ebenen*

Die Vision der KI besagt, dass ein Läufer Tipps während des Trainings bekommt. In dieser Formulierung sind das Wertversprechen (gutes Training) und ein Ansatz für einen Geschäftsprozess (Tipps im Training) enthalten. Wie realisieren wir diese Funktion durch ein System?

Bisher sind wir implizit immer davon ausgegangen, dass die KI während des Trainings Tipps gibt. Aber hinterfragen wir diese Idee für unser Fallbeispiel einmal. Es wäre doch denkbar, dass die Tipps nur vor oder nach dem Training gegeben werden. Dieser Gedanke ist auf den ersten Blick spitzfindig, enthält aber eine wichtige Entwurfsentscheidung.

Vermutlich sind alle drei Zeitpunkte wichtig und richtig. Um diesen Gedanken mit Blick auf die Funktion klar festzuhalten, können hierzu drei Szenarien auf der Systemebene formuliert werden, die jeden Fall abdecken und zeigen, dass im Entwurf davon ausgegangen wird, dass alle drei Zeitpunkte für Trainingstipps wichtig sind.

Auch wenn wir auf der Elementebene mit Use Cases diese Alternativen erfassen können, ist es hilfreich, die drei Alternativen durch unterschiedliche Szenarien auf der Systemebene zu definieren. Gerade bei komplexen Lösungen ist es wichtig und notwendig, Szenarien für die wesentlichen Funktionen des Systems zu entwerfen. In unserem Fallbeispiel beschreiben die drei Szenarien sehr klar, wann die KI Tipps geben kann. Dies ist eine fundamentale Entwurfsentscheidung, die durch die Szenarien eindeutig dokumentiert wird.

Der Übergang von der System- zur Elementebene erfordert in Bezug auf den Entwurf der Funktion ebenfalls eine ganze Reihe von Entscheidungen. Es braucht Use Cases, die den Ablauf der Szenarien aus Sicht der Elemente umfassend umsetzen. Hierbei müssen alle relevanten Sonderfälle und Ausnahmen abgedeckt werden, die den Rahmen der Szenarien sprengen würden. Schließlich werden neben den Use Cases technische Funktionen benötigt, die die Abläufe innerhalb eines Elements definieren, die zur Realisierung der Szenarien und damit der Geschäftsprozesse erforderlich sind. Wir schauen uns diesen Übergang wieder anhand unseres Fallbeispiels an.

Zuvor haben wir in unserem Fallbeispiel u.a. ein Szenario definiert, das festlegt, dass unser Läufer am Ende eines Trainings Tipps von der KI bekommt. Gehen Sie dieses Szenario gedanklich durch. Wie könnte ein Use Case für dieses Szenario aussehen? Denken Sie insbesondere an mögliche alternative Abläufe.

Das Hauptszenario würde vermutlich das Ende der Trainingseinheit beschreiben (der Läufer beendet aktiv das Training in der App). Im Anschluss kann der Läufer das Feedback der KI starten (vielleicht über eine Schaltfläche in der App). Die KI gibt ihr Feedback, der Läufer hört zu und am Ende des Feedbacks schließt der Läufer seine App. Das Training ist beendet.

Bei diesem Ablauf könnten folgende Alternativszenarien relevant sein: Der Läufer sollte die Möglichkeit haben, die Tipps erneut anzuhören (z.B. weil er die Tipps akustisch nicht verstanden hat). Weiterhin könnte ein Alternativszenario in Betracht gezogen werden, bei dem der Läufer die Tipps abspeichert, um sie später noch einmal anzuhören.

Wichtig für das Design der Funktion ist, dass der Übergang zwischen Beispielabläufen auf der Systemebene zu vollständigen Abläufen auf der Elementebene klar wird und dass auf Abhängigkeiten zwischen der Lösungs- (Geschäftsprozesse) und Elementebene (Use Cases) geachtet wird.

11.1.2.3 Design der Qualität entlang der drei Ebenen

Das Design der Qualität einer Lösung entlang der drei Ebenen betrachtet die Konkretisierung der Qualität von einer Ebene zur nächsten. Wichtig ist auch hier, dass die Konkretisierung von Ebene zu Ebene auch immer eine Entwurfsentscheidung umfasst und dass gute Qualität einer Lösung als Ganzes nur erreicht werden kann, wenn Qualität auf allen drei Ebenen einer Lösung als sinnvoll betrachtet und realisiert wird.

Auf der Lösungsebene definieren wir Qualität zunächst mit Blick auf die Lösung als Ganzes und betrachten dabei Form und Funktion der Lösung. Beim Übergang auf die Systemebene geht es um die Frage, wie sich die Qualitäten der Lösungsebene in Qualitäten auf der Systemebene widerspiegeln. Dabei ist es wichtig, dass nicht alle Qualitäten der Lösung unmittelbar durch Qualitäten des Systems konkretisiert werden. Wenn z.B. Teile eines Geschäftsprozesses durch Mitarbeitende einer Organisation erbracht werden und für diesen Teilprozess eine Qualitätsanforderung zur maximalen Bearbeitungszeit definiert wurde, dann schlägt sich eine solche Anforderung nicht auf die Qualitätsanforderungen des Systems nieder. Ist umgekehrt das System für diesen Prozess verantwortlich, da der Prozess automatisiert vom System abgewickelt wird, dann wirkt sich das unmittelbar auf die Qualitätsanforderungen an das System aus. Betrachten wir diesen Übergang im Kontext unseres Fallbeispiels.

Nehmen wir an, dass wir in unserem Fallbeispiel zur Lauftraining-App einen Geschäftsprozess zur Buchung einer Trainingseinheit definiert haben, bei dem ein Kunde einen Trainingstermin online buchen und auch gleich bezahlen kann. Nach erfolgreicher Buchung und Bezahlung erhält der Kunde eine Bestätigung per E-Mail. Für diese Bestätigung wurde auf der Lösungsebene die Qualitätsanforderung definiert, dass die Bestätigung nach maximal 60 Sekunden im Postfach des Kunden eingehen soll.

Wie wirkt sich diese Qualitätsanforderung auf der Lösungsebene auf die Qualitätsanforderungen an das System aus?

Zunächst halten wir fest, dass sie sich auswirkt, da es sich um einen automatischen Prozess handelt, der vom System ausgeführt wird. Denkbar ist an dieser Stelle die Formulierung einer nahezu gleichlautenden Qualitätsanforderung auf Systemebene. Dieses Vorgehen ist möglich, würde aber die zusätzlichen Details der Systemebene außer Acht lassen.

Nehmen wir an, der Prozess ist so gestaltet, dass der Kunde den Termin wählt und dass die Bezahldaten im Benutzerkonto des Kunden hinterlegt sind. Unser System würde dann nach Abschluss der Terminbuchung die Zahlung beim Bezahldienstleister anweisen und auf eine Bestätigung warten. Sobald die Bestätigung vorliegt, wird der Termin im System fixiert und die Bestätigungs-E-Mail an den Mailserver übergeben.

Damit haben wir drei relevante Stellen für die Qualität definiert: Bezahlung verifizieren, Termin fixieren und E-Mail senden.

Wenn die Qualitätsanforderung auf der Lösungsebene (60 Sekunden) eingehalten werden soll, dann dürfen die drei Schritte in Summe nicht mehr als 60 Sekunden dauern. Da es sich beim Bezahldienstleister um einen externen Service handelt, gibt es dort typischerweise definierte Qualitäten, die der Partner zusichert. Nehmen wir an, der Bezahldienst sichert zu, dass eine Zahlung nach maximal 10 Sekunden bestätigt oder abgelehnt wird, dann bleiben 50 Sekunden für den weiteren Prozess.

Geben wir dem System 10 Sekunden für die Fixierung des Termins, dann bleiben noch 40 Sekunden für den Versand der E-Mail. Wird der E-Mail-Server extern betrieben, könnten auch hier vertraglich zugesicherte Qualitäten definiert sein.

Wenn es weniger als 40 Sekunden sind, dann ist die Anforderung auf Lösungsebene erreichbar, wenn nicht, dann haben wir ein Problem. Aber für den Moment halten wir die 40 Sekunden als Qualitätsanforderung für den Versand der E-Mail fest.

Das Beispiel ist natürlich konstruiert. Es zeigt aber gut, wie die Details der Systemebene in Bezug auf Form und Funktion genutzt werden können, um Qualitätsanforderungen der Lösungsebene in entsprechende Qualitätsanforderungen der Systemebene zu konkretisieren.

Der Übergang von der System- auf die Elementebene erfolgt auf die gleiche Weise. Alle Qualitätsanforderungen, die sich auf eigene Elemente auswirken, müssen beim Übergang geeignet konkretisiert werden. Wichtig ist wieder die sinnvolle Konkretisierung der Qualitäten auf der Elementebene, um einen echten Mehrwert für die Konstruktion und die Realisierung zu erhalten. Betrachten wir auch diesen Übergang anhand des Fallbeispiels.

Bleiben wir gedanklich bei dem Beispiel des Buchungsprozesses. Wir haben festgehalten, dass unser System für die Fixierung eines Termins maximal 10 Sekunden brauchen darf. Wie könnte sich diese Anforderung auf die Qualitätsanforderungen der Elemente auswirken?

Auf den ersten Blick ist das eine schwierige Frage. Aber genau wie beim Übergang von der Lösungs- auf die Systemebene können wir uns die Details der Form und Funktion der Elemente zunutze machen.

Vermutlich wird der Fixierungsprozess in Teilen auf einem Portal laufen und durch einen Use Case, durch technische Funktionen und durch technische Schnittstellen konkreter entworfen sein. Genau diese Aspekte müssen bei Qualitätsanforderungen berücksichtigt werden.

Nehmen wir an, dass die Fixierung des Termins eine technische Funktion ist, bei der eine Reihe von Parametern berechnet und festgelegt werden muss. Diese Berechnungen dürfen nur einen bestimmten Anteil der 10 Sekunden in Anspruch nehmen, um die definierte Qualität liefern zu können. Genau diesen Anteil halten wir in Qualitätsanforderungen fest und haben in Bezug auf die Qualität wieder einen echten Mehrwert für das Design und die Realisierung der Lösung geschaffen.

Wie wir schon bei Form und Funktion gesehen haben, geht Designarbeit in beide Richtungen. Genauso wie wir Qualitäten verfeinern, können wir auf einer Ebene zusätzliche Qualitäten entdecken und definieren. Deren Auswirkungen auf die höhere Ebene müssen dann untersucht und festlegt werden. Dieser Aspekt wird insbesondere dann wichtig, wenn sich Qualitätsanforderungen ändern, da sie z. B. nicht erfüllbar sind.

Denken Sie hierbei an das Fallbeispiel und stellen Sie sich vor, die 10 Sekunden sind aus unterschiedlichen Gründen nicht einhaltbar. Vielleicht dauert der Prozess immer zwischen 15 und 20 Sekunden. In diesem Fall müssten wir auf die Systemebene gehen und dort überlegen, ob diese Veränderung durch die Anpassung anderer Qualitätsanforderungen kompensiert werden kann oder ob vielleicht sogar die übergeordnete Anforderung auf der Lösungsebene angepasst werden muss. Vielleicht ist es in Ordnung, wenn der Prozess statt in 60 Sekunden in 80 Sekunden abgeschlossen wird.

11.1.3 Ganzheitliche Arbeit an Randbedingungen

Zum Abschluss gehen wir kurz auf die Arbeit an Randbedingungen auf den drei Ebenen ein. Randbedingungen sind per Definition unveränderlich, daher können wir Randbedingungen nicht designen, sondern nur mit ihnen arbeiten[1].

In den Kapiteln 8 bis 10 haben wir bereits gesehen, dass Randbedingungen aus vielfältigen Gründen auf jeder Ebene neu dazukommen können. Wichtig für die Arbeit mit Randbedingungen ist daher, dass man die Randbedingungen pro Ebene sauber identifiziert und darstellt. So können Inkonsistenzen identifiziert werden und Randbedingungen über die Ebenen sinnvoll konkretisiert werden, um die Lösung konform zu den Randbedingungen zu entwerfen.

11.2 Designarbeit entlang der drei Designperspektiven

In diesem Abschnitt wollen wir zeigen, wie die drei Designperspektiven Mensch, Business und Technologie das ganzheitliche Design einer digitalen Lösung unterstützen. Dazu werden wir zunächst die drei Designperspektiven einzeln betrachten und zeigen, dass die drei Ebenen einer Lösung in jeder Perspektive gleich wichtig sind. Anschließend werden wir einen Blick auf den Schnittpunkt der drei Designperspektiven werfen und erkennen, dass sie integriert betrachtet werden müssen, um eine erfolgreiche digitale Lösung zu designen.

1. Für die hier vermittelten Grundlagen halten wir diese strickte Perspektive aufrecht. In der Praxis können Randbedingungen (z. B. Gesetze oder Normen) durchaus veränderbar sein.

11.2.1 Design in der Mensch-Perspektive

In der Mensch-Perspektive geht es um die Attraktivität einer Lösung und insbesondere um die Frage, was sich Kunden/Benutzer wünschen und was Kunden/Benutzer brauchen. Im Folgenden wird gezeigt, dass die Attraktivität einer Lösung auf allen drei Ebenen betrachtet werden muss, um eine ganzheitlich attraktive Lösung zu erhalten.

Attraktivität beginnt auf der Lösungsebene

Auf der Lösungsebene manifestiert sich die Attraktivität im Wertversprechen sowie in der Customer Journey bzw. den Geschäftsprozessen. Beide Aspekte bedingen einander und müssen gemeinsam betrachtet werden, um eine attraktive Lösung zu designen. Ein attraktives Wertversprechen muss in einem attraktiven Geschäftsprozess realisiert werden, damit die Kunden die Lösung im Ganzen als attraktiv wahrnehmen.

Attraktivität im Übergang zur Systemebene

Die Realisierung eines attraktiven Geschäftsprozesses wird maßgeblich durch die Systemebene bestimmt. Sie definiert sowohl die Benutzertypen, durch die die Kunden mit dem System interagieren können, als auch die Elemente, die die Geschäftsprozesse realisieren und mit denen die Kunden als Benutzer in Interaktion treten können. Attraktivität manifestiert sich auf der Systemebene zum einen durch ein attraktives Zusammenspiel der Elemente als System und zum anderen durch die Attraktivität der Elemente. Schauen wir uns dies anhand unseres Fallbeispiels an.

Wir betrachten beide Varianten der Vision für die Lauftraining-App, d.h. sowohl den menschlichen Coach als auch die KI.

Welche Themen kommen Ihnen in den Sinn, wenn Sie an die Attraktivität beider Ideen für die Kunden denken und sich dabei auf den Übergang zwischen Lösungs- und Systemebene konzentrieren?

Folgende Themen könnten relevant sein:

- Je nach Kundengruppe kann die Frage nach einem menschlichen Cosch und einer KI eine Frage der Attraktivität sein. Manche Menschen bevorzugen einen menschlichen Coach, andere vielleicht eine KI.
- Bezahldienstleister als vorhandene Elemente können unterschiedlich auf Kunden wirken. Manche Menschen vertrauen bestimmten Unternehmen nicht oder bevorzugen einen bestimmten Anbieter. Wenn eine Lösung hier nicht die passenden Anbieter hat, kann dies ein attraktives Wertversprechen für Kunden unattraktiv machen.
- Vorhandene Elemente (z.B. von Bezahldienstleistern) haben eigene Prozesse und Interaktionen mit den Benutzern. Wenn diese Prozesse und Interaktionen schlecht realisiert und damit unattraktiv sind, kann sich dies negativ auf die Attraktivität der Lösung auswirken.

- Ein Teil des Systems ist die App für den Läufer. Diese App läuft auf einem Smartphone. Wenn die Lösung hier nur sehr neue Smartphones oder nur ein Betriebssystem (z.B. Android) unterstützt, dann kann dies die Attraktivität negativ beeinflussen.
- Die Smartwatch ist ebenfalls Teil des Systems. Hier gilt das Gleiche wie beim Smartphone. Wenn nur wenige Hersteller unterstützt werden, dann kann dies die Attraktivität ebenfalls negativ beeinflussen.

Die Beispiele zeigen, dass Entwurfsentscheidungen auf der Systemebene zu vorhandenen Elementen bereits einen erheblichen Einfluss auf die Attraktivität einer Lösung haben können. Mit Blick auf die Attraktivität der eigenen Lösung sollten vorhandene Elemente daher stets kritisch hinsichtlich ihres positiven oder auch negativen Beitrags zur Attraktivität der eigenen Lösung bewertet werden. Die eigenen Elemente können solche negativen Eindrücke meist nur schwer kompensieren.

Eine besondere Perspektive auf die Attraktivität einer Lösung kommt hinzu, wenn bei einer Lösung die Kunden selbst keine Benutzer sind, sondern nur mit Benutzern des Systems interagieren. Ein Beispiel hierfür können Servicekräfte im Restaurant sein, die mit einer digitalen Lösung zur Abwicklung von Bestellungen interagieren, um die Bestellung von Gästen aufzunehmen. Hier wird das Kundenerlebnis auch dadurch beeinflusst, wie ein Benutzer mit der Lösung interagieren kann. Funktioniert die Lösung für die Servicekraft schlecht, kann sich dies auch negativ auf die Attraktivität für den Restaurantkunden auswirken.

Attraktivität im Übergang zur Elementebene

Im Übergang von der System- zur Elementebene gehen wir auf die Details der Elemente ein. Hier spielt die Attraktivität der User Interfaces und der Use Cases eine große Rolle, da sie die Art und Weise bestimmen, wie Benutzer interagieren. Dabei ist die User Experience wichtig, um eine für den Benutzer attraktive Lösung zu realisieren. Schauen wir uns diese Sicht wieder in unserem Fallbeispiel an.

Nehmen Sie an, wir betrachten die Vision des menschlichen Coaches und schauen auf die Lauftraining-App. Welche Themen kommen Ihnen mit Blick auf die Attraktivität in den Sinn, wenn Sie sich auf den Übergang zwischen System- und Elementebene konzentrieren?

Folgende Themen könnten relevant sein:

- Das Design des User Interface sollte ansprechend gestaltet sein. Die Teile zur Buchung und zur Durchführung eines Trainings werden vermutlich sehr häufig genutzt und haben daher einen großen Einfluss auf die Attraktivität der Lösung.
- Der Use Case zur Buchung eines Trainings ist wesentlich für die Erbringung des Mehrwerts. Hier braucht es einen attraktiven und einfachen Prozess, damit Kunden gerne und oft ein Training buchen.
- Das Verhalten bei kurzfristigen Problemen während des Trainings (z.B. bei einem Kommunikationsabbruch) ist ein kritisches Thema für die Attraktivität. Wenn die Lösung hier transparent reagiert und dem Läufer z.B. einen kurzen Hinweis gibt, dass der Coach gerade nicht verfügbar ist, dann kann sich dies positiv auf die Attraktivität auswirken.

- Das Verhalten bei größeren Problemen kann darüber hinaus ein Thema für die Attraktivität der Lösung sein. Denken Sie an den Fall, dass ein Läufer in einem Gebiet läuft, das nur über eine schlechte Mobilfunkabdeckung verfügt, und der Coach mangels Kommunikationsverbindung kaum Tipps zum Laufen geben kann. Die wesentliche Frage ist hier, ob der Läufer die Trainingseinheit trotzdem bezahlen muss oder nicht.

Diese Beispiele zeigen, dass die Attraktivität einer Lösung auch im Übergang von der System- zur Elementebene sorgfältig betrachtet werden muss. Das letzte Beispiel ist wichtig für den Umgang mit größeren Problemen. Je nach Vorgehensweise im Bauprozess treten solche Probleme häufig erst dann auf, wenn die Details der Elementebene zur Realisierung entworfen und ausgearbeitet werden. An diesem Punkt ist es dann wichtig, sich darüber bewusst zu sein, dass diese Prozesse und die Entscheidungen über die Vorgehensweise im Einzelfall einen großen Einfluss auf die Attraktivität einer Lösung haben können.

11.2.2 Design in der Business-Perspektive

In der Business-Perspektive geht es um den wirtschaftlichen Erfolg einer Lösung und im Speziellen um die Frage, wie tragfähig eine Lösung aus wirtschaftlicher Sicht ist. Im Folgenden werden wir zeigen, dass die wirtschaftliche Tragfähigkeit einer Lösung auf allen drei Ebenen betrachtet werden muss, um eine ganzheitlich tragfähige Lösung zu erhalten.

Wirtschaftliche Tragfähigkeit beginnt auf der Lösungsebene

Die Lösungsebene bildet die Basis für die wirtschaftliche Tragfähigkeit einer Lösung. Mit der Wertschöpfungsarchitektur und den Geschäftsprozessen wird definiert, wie das Wertversprechen realisiert wird. Damit wird der Rahmen definiert, um eine Lösung kostendeckend zu betreiben und in unternehmerischen Kontexten auch Gewinn zu erwirtschaften (zur Erinnerung: Nicht jede Lösung muss Gewinn erwirtschaften). Sind Geschäftsprozesse ineffizient und die Wertschöpfungsarchitektur nicht tragfähig, ist die wirtschaftliche Tragfähigkeit der Lösung nicht gegeben.

Wirtschaftliche Tragfähigkeit im Übergang zur Systemebene

Die Effizienz der Geschäftsprozesse und die Tragfähigkeit der Wertschöpfungsarchitektur werden maßgeblich durch die Umsetzung der Lösung im System definiert. Für die Geschäftsprozesse spielen sowohl die Abläufe in vorhandenen Elementen als auch in den eigenen Elementen eine große Rolle. Dieses Thema werden wir beim Übergang zwischen System- und Elementebene aufgreifen, da hier die Elementebene eine wichtige Rolle spielt, um effiziente Prozesse zu realisieren.

Mit Blick auf die Tragfähigkeit der Wertschöpfungsarchitektur ist der Entwurf des Systems von Bedeutung. Durch den Entwurf des Systems werden konkrete Partner und vorhandene Elemente festgelegt, die als Teil des Systems an der Wertschöpfung mitwirken und Kosten verursachen (z.B. Lizenz- oder Nutzungskosten). Außerdem wird auf der Systemebene entschieden, wie die Lösung betrieben wird. Auch hier fallen Kosten an, die für die Wertschöpfung eine Rolle spielen.

Schlussendlich wird durch die Definition von Benutzertypen und eigenen Elementen festgelegt, welche Benutzer mit dem System interagieren und welche eigenen Elemente realisiert werden müssen. Diese Entscheidungen führen zu Entwicklungskosten und ggf. auch zu Personalkosten. Daher können im Rahmen des Entwurfs auf der Systemebene wichtige Aspekte des Geschäftsmodells infrage gestellt werden und auch zu Veränderungen am Geschäftsmodell führen. Verfolgen wir dieses Thema wieder in unserem Fallbeispiel.

Betrachten wir erneut die Idee des menschlichen Coaches. Was kommt Ihnen zur wirtschaftlichen Tragfähigkeit in den Sinn, wenn Sie sich auf den Übergang zwischen Lösungs- und Systemebene konzentrieren?

Folgende Themen könnten relevant sein:

- Der Bezahldienstleister zur Abwicklung der Zahlungen für das Training wird Kosten verursachen.
- Wenn Coach oder Läufer Karten beim Coaching/Training nutzen, dann werden Kosten für die Bereitstellung von Kartendaten anfallen.
- Für die Smartphone-App und das Coaching-Portal entstehen Realisierungskosten, ebenso für den Betrieb des Coaching-Portals. Falls die App für mehrere Betriebssysteme realisiert werden soll, kann dies zusätzliche Realisierungskosten verursachen.
- Nehmen wir an, die Coaches sind Mitarbeitende der Organisation. Dies wird zu Personalkosten führen und ist kritisch für das Geschäftsmodell, da das Gehalt für die Coaches im Geschäftsmodell berücksichtigt werden muss.

Vermutlich werden Ihnen an dieser Stelle noch einige weitere Punkte einfallen. Für die Tragfähigkeit in unserem Beispiel ist der letzte Punkt zu den Personalkosten wichtig. Ein Coach kostet einen Betrag von x Euro pro Stunde. Für den Preis einer Trainingseinheit ist dieses x wichtig, denn der Preis für das Coaching muss sowohl diesen Betrag x einspielen, wenn ein Coach einen Läufer betreut, als auch die anderen Kosten – sofern wir nicht noch eine andere Finanzierungsquelle finden.

Aber wer sagt, dass ein Coach nur einen Läufer betreuen muss? Wenn man es schafft, die Lösung so zu entwerfen, dass ein Coach mehrere Läufer betreuen kann, dann verteilen sich die Kosten und der Preis für ein Training kann geringer als x werden.

Insbesondere der letzte Punkt zu den Kosten des Coaches und dem Schnitt des Systems ist ein wichtiges Argument dafür, dass die Kosten beim Entwurf des Systems eine wichtige Rolle spielen können und zentrale Entwurfsentscheidungen auch durch die Kostenbrille betrachtet werden müssen.

Wirtschaftliche Tragfähigkeit im Übergang zur Elementebene

Beim Übergang von der System- zur Elementebene fokussieren wir die Details der Elemente. Für den wirtschaftlichen Betrieb der Lösung spielen sinnvoll definierte Use Cases und User Interfaces eine große Rolle, um einen wirtschaftlich tragfähigen Prozess zu realisieren.

Schauen wir uns als Nächstes die Kosten für die Entwicklung und den Betrieb der Elemente an. Die Kosten für die Entwicklung sind ein wichtiger Teil der Kosten und damit relevant für die wirtschaftliche Tragfähigkeit der Lösung als Ganzes. Besondere Technologien und Frameworks können zusätzliche Kosten verursachen. Werden komplexe Elemente mit aufwendigen User Interfaces, Use Cases oder Funktionen definiert, kann dies zu hohen Realisierungskosten führen. Des Weiteren entstehen durch komplexe Elemente typischerweise auch höhere Wartungs- und Weiterentwicklungskosten, die ebenfalls durch das Geschäftsmodell gedeckt werden müssen. Betrachten wir dazu wieder unser Fallbeispiel.

Was fällt Ihnen zur wirtschaftlichen Tragfähigkeit der Vision des menschlichen Coaches ein, wenn Sie sich auf den Übergang zwischen System- und Elementebene konzentrieren?

Das Design des User Interface für den Coach spielt eine wichtige Rolle, wenn ein Coach mehrere Läufer gleichzeitig betreuen soll. Je besser das User Interface die parallele Betreuung unterstützt, desto mehr Läufer kann ein Coach betreuen. So verteilen sich die Kosten für den Coach auf mehrere Läufer.

Wie viele Läufer parallel betreut werden können und wie genau ein gutes User Interface für parallele Betreuung aussieht, ist eine Frage, die mit kritischen Evaluationen beantwortet werden muss.

Wichtig für das ganzheitliche Design einer wirtschaftlich tragfähigen Lösung ist an dieser Stelle das Bewusstsein für den Zusammenhang zwischen Kosten und Entwurf der eigenen Elemente. Alles, was wir als Form, Funktion und Qualität entwerfen, muss realisiert und gewartet werden. Gleichzeitig kann unser Entwurf auch Auswirkungen auf die Effizienz der Geschäftsprozesse haben und auch hier wieder die Tragfähigkeit beeinflussen. Das Beispiel der parallelen Betreuung im Coaching zeigt dies.

11.2.3 Design in der Technologie-Perspektive

In der Technologie-Perspektive geht es um die technische Realisierung einer Lösung und im Speziellen um die Frage, ob eine Lösung technisch machbar ist. Im Folgenden wird gezeigt, dass die technische Machbarkeit einer Lösung auf allen drei Ebenen betrachtet werden muss, um eine ganzheitlich machbare Lösung zu erhalten.

Technische Machbarkeit beginnt auf der Lösungsebene

Wenn es um technische Machbarkeit geht, ist die Lösungsebene als Startpunkt ein wenig überraschend, da sich die Lösungsebene bewusst von der Technik abtrennt. Auf der Lösungsebene werden jedoch mit der Wertschöpfungsarchitektur und den Geschäftsprozessen wesentliche Grundlagen dafür gelegt, wie sich eine Lösung verhält. Daher stellt sich schon hier die Frage der Machbarkeit.

Das Betreuungsverhältnis zwischen Coach und Läufer aus dem vorherigen Abschnitt liefert ein anschauliches Beispiel. Wenn das Geschäftsmodell darauf beruhen würde, dass ein Coach 1.000 Läufer gleichzeitig betreuen muss, dann kommen unabhängig von den technischen Möglichkeiten Zweifel auf, ob eine solche Relation technisch machbar ist. Natürlich haben Sie recht, dass dies ein extremes Beispiel ist. Dennoch ist das intuitive Gefühl für Machbarkeit an solchen Punkten ein guter Ratgeber, sofern Sie über gute Materialkompetenz verfügen.

Technische Machbarkeit im Übergang zur Systemebene

Beim Übergang von der Lösungs- zur Systemebene können wir beim Entwurf des Systems vielfältige Fragen der Machbarkeit betrachten. Das Spektrum an Fragestellungen ist sehr breit, daher führen wir nachfolgend einige Beispiele auf, um für das Thema zu sensibilisieren:

- Sind die erforderlichen Geräte und Systeme verfügbar, um den Geschäftsprozess zu realisieren?
- Sind die vorhandenen Technologien leistungsfähig genug, um die definierten Geschäftsprozesse zu realisieren und zu betreiben?
- Sind die erwartete Form, Funktion und Qualität des Systems sinnvoll realisierbar?

Mit Blick auf das ganzheitliche Design einer technisch machbaren Lösung ist es wichtig, diese und weitere Fragen bei der Ausgestaltung der Geschäftsprozesse und im Zusammenspiel mit dem Entwurf des Systems zu betrachten. Sehen wir uns dazu wieder unser Fallbeispiel an.

Was kommt Ihnen zur technischen Machbarkeit der Vision des menschlichen Coaches in den Sinn, wenn Sie sich auf den Übergang zwischen Lösungs- und Systemebene konzentrieren?

Die Anzahl der gleichzeitig zu betreuenden Läuferinnen und Läufer wird ein Thema sein. Dabei geht es nicht so sehr um die einzelnen Läufer pro Coach. Es geht um die Frage, wie viele Läufer und Coaches gleichzeitig trainieren. Die Auslastung der Server durch die Verarbeitung der Fitnessdaten und auch die zu transportierende Datenmenge (Sprachdaten und Fitnessdaten) werden hier relevant.

Die Datenmenge und Rechenleistung für einen Läufer sind eher klein. Stellen Sie sich aber vor, die Lösung wird ein Erfolg und mehrere Tausend Läufer wollen von mehreren Hundert Coaches betreut werden.

Technische Machbarkeit im Übergang zur Elementebene

Beim Übergang von der System- zur Elementebene verschiebt sich der Fokus auf die Frage der Machbarkeit der eigenen Elemente. Auch hier ist das Spektrum möglicher Fragen sehr breit, daher folgen hier wieder einige Beispiele, um für das Thema zu sensibilisieren:

- Sind die User Interfaces und technischen Interfaces machbar?
- Sind die verfügbaren Endgeräte leistungsfähig genug, um die geplanten Funktionen der Elemente zu ermöglichen und die notwendigen Datenmengen zu verarbeiten?
- Sind die entworfenen Use Cases und technischen Funktionen grundsätzlich durch Software realisierbar?

Für das ganzheitliche Design einer technisch machbaren Lösung ist es auch hier wichtig, diese und weitere Fragen bei der Ausgestaltung der Elemente im Zusammenspiel mit dem Entwurf des Systems und der Lösung zu betrachten. Betrachten wir zur Illustration noch einmal unser Fallbeispiel.

Was fällt Ihnen zur technischen Machbarkeit der Vision des menschlichen Coaches ein, wenn Sie sich auf den Übergang zwischen System- und Elementebene konzentrieren?

Wir können direkt bei der Frage anschließen, wie viele Läufer ein Coach gleichzeitig betreuen kann. Die technische Machbarkeit einer gleichzeitigen Anzeige von 5–7 Läufern steht vermutlich außer Frage.

Stellen Sie sich aber vor, ein Coach müsste 50 Läufer gleichzeitig betreuen, um eine wirtschaftlich tragfähige Lösung zu realisieren. Wäre das technisch machbar? Wie sehen die User Interfaces und die technischen Schnittstellen aus, die diese Daten verarbeiten? Wie sieht der Use Case zur Betreuung der Läufer aus?

Ein wesentlicher Aspekt des Wertversprechens unseres Fallbeispiels ist die persönliche Betreuung und die persönliche Ansprache im Training. Selbst wenn wir davon ausgehen, dass ein Coach 50 Läufer zeitgleich überwachen kann, bleibt die Frage, ob ein User Interface machbar ist, das diese 50 Läufer gleichzeitig anzeigt und auch die persönliche Ansprache der Läufer als Teil des Wertversprechens ermöglicht.

11.2.4 Ganzheitliches Design am Schnittpunkt von Mensch, Business und Technologie

Betrachtet man die drei Designperspektiven für sich, kann man leicht zu der Auffassung gelangen, dass man jede Perspektive optimieren muss, um eine optimale Lösung zu erhalten. Dieser Gedanke ist zwar reizvoll, aber praktisch kaum zu erreichen, da die drei Designperspektiven nicht unabhängig voneinander sind. Die Attraktivität einer Lösung, z.B. im Sinne von ansprechend entworfenen User Interfaces, umgesetzt mit besonders leistungsfähiger und schneller Technologie, führt zu erheblichen Kosten bei der Realisierung. Diese Kosten müssen durch das Geschäftsmodell abgedeckt werden. Hohe Kosten können zu hohen Preisen für die Kunden führen und damit potenzielle Kunden abschrecken.

Umgekehrt kann z.B. ein zu eng definierter Kostenrahmen mit Blick auf ein ertragreiches Geschäftsmodell dazu führen, dass zu wenig Ressourcen für eine technisch sinnvolle und attraktive Realisierung zur Verfügung stehen. Die entstehende Lösung ist dann nur wenig attraktiv für Kunden und wird ggf. nicht ausreichend nachgefragt, sodass am Ende wieder die Tragfähigkeit des Geschäftsmodells gefährdet wird. Schauen wir uns die Verbindung der drei Designperspektiven konkret anhand unseres Fallbeispiels an.

Gehen Sie in Gedanken unser Fallbeispiel der Lauftraining-App noch einmal durch. Betrachten Sie dabei beide Varianten der Vision (menschlicher Coach und KI). Welche Beispiele fallen Ihnen ein, die das Spannungsfeld zwischen den drei Designperspektiven gut illustrieren?

Für die KI-Variante werden gut trainierte Modelle benötigt, damit die Läufer während ihres Trainings sinnvolle Hinweise erhalten. Gleichzeitig ist die Lösung mit der KI sehr gut skalierbar, da vermutlich sehr viele Läufer gleichzeitig trainieren können. Mit Blick auf das Geschäftsmodell ist das sicherlich auch positiv. Wenn viele Läufer mit der KI trainieren, verteilen sich die Kosten für den Betrieb auf viele Läufer. So kann ein guter Preis für das Coaching berechnet werden. So weit, so gut. Das Problem bei dieser Idee ist das Training der Modelle im Rahmen des maschinellen Lernens, damit die KI ihre Arbeit gut erledigen kann. Auch diese Kosten müssen im Geschäftsmodell abgedeckt werden. Wie hoch diese Kosten sind, ist unklar. Wichtig ist, dass die Kosten anfallen und berücksichtigt werden müssen.

Für die Variante des menschlichen Coaches ist das Problem des Betreuungsverhältnisses zwischen Coach und Läufern ein gutes Beispiel für die Arbeit am Schnittpunkt. Für die Attraktivität der Lösung ist ein möglichst geringes Betreuungsverhältnis vermutlich positiv, allerdings wirkt sich dies negativ auf Preis und Geschäftsmodell aus. Eine möglichst hohe Betreuungsquote (viele Läufer pro Coach) ist positiv für das Geschäftsmodell, aber technisch herausfordernd und vermutlich auch eher negativ für die Attraktivität der Lösung.

Beide Beispiele zeigen, dass die Designarbeit immer ein Kompromiss zwischen zwei oder drei Designperspektiven bedeutet. Wenn man sich in einer Perspektive Vorteile verschaffen will, dann führt dies zu Nachteilen oder Einbußen in anderen Perspektiven.

Für die ganzheitliche Designarbeit folgt daraus unmittelbar, dass gutes Design im Sinne der drei Designperspektiven die Arbeit an einem guten Kompromiss bedeutet. Gute Kompromisse lassen sich am besten erreichen, wenn man nicht nur auf die positiven Effekte eines Entwurfs in einer Perspektive schaut, sondern immer auch die Nachteile in den anderen Perspektiven betrachtet. Gerade in der Kommunikation mit Auftraggebern und anderen relevanten Stakeholdern ist dies wichtig, um die Vor- und Nachteile von Lösungsentwürfen transparent zu machen. Diese Transparenz unterstützt die Auftraggeber, alle relevanten Stakeholder und das Bauteam dabei, einen guten Kompromiss zu finden und eine fundierte Entscheidung über den Entwurf der Lösung zu treffen.

11.3 Die Bedeutung iterativer Arbeit

Zum Abschluss dieses Kapitels wollen wir den Blick auf die zeitliche Dimension des Bauprozesses richten und die ganzheitliche Designarbeit entlang der Schritte des Bauprozesses betrachten.

Dabei werden wir insbesondere auf die iterative Natur der Designarbeit zurückkommen, die wir bereits mit dem Design Squiggle kennengelernt haben. Wir werden sehen, dass Iterationen sowohl innerhalb der Schritte des Bauprozesses als auch zwischen den Schritten stattfinden. Und wir werden erfahren, dass sich die Arbeit im Bauprozess zwischen dem Paradigma der rationalen Problemlösung und dem Paradigma der reflektierenden Praxis hin und her bewegt. Abbildung 11–3 zeigt den Verlauf des Bauprozesses zwischen den beiden Paradigmen mit möglichen Iterationsschleifen (gestrichelte Linien) als idealisiertes Modell im Überblick.

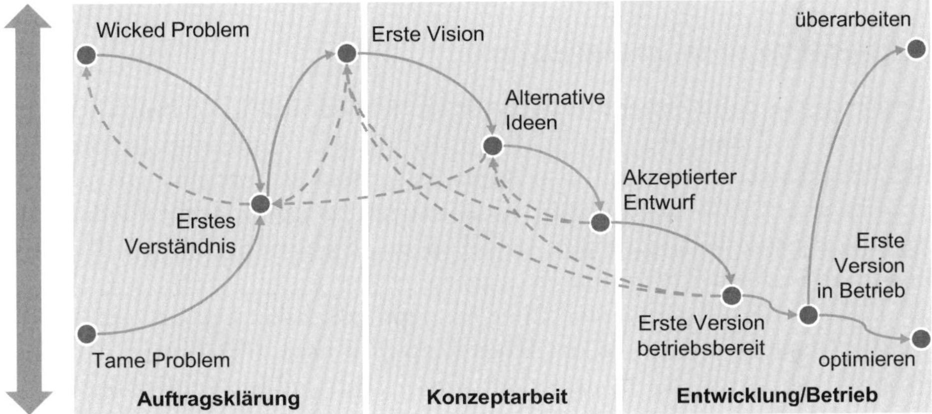

Abb. 11–3 *Ein idealisiertes Modell der Iterationen im Bauprozess mit möglichen Iterationsschleifen (gestrichelte Linien)*

11.3.1 Iteratives Vorgehen in der Auftragsklärung

Am Anfang der Auftragsklärung befinden wir uns in einem abstrakten und offenen Raum von Möglichkeiten und stehen bildlich gesprochen vor einem weißen Blatt Papier. Auftraggeber und weitere Stakeholder können über ein beliebig vages oder konkretes Verständnis des Auftrags und der geplanten Lösung verfügen. In dieser Situation können wir die Unterscheidung zwischen Tame und Wicked Problem (siehe Abschnitt 7.1.3) nutzen, um unser Vorgehen auszurichten.

Auftragsklärung für ein Tame Problem

Wenn wir uns dafür entscheiden, dass wir es mit einem Tame Problem zu tun haben, ist das Paradigma der rationalen Problemlösung die favorisierte Arbeitsweise. Wir untersuchen gemeinsam mit dem Auftraggeber und weiteren relevanten Stakeholdern das vorliegende Problem und die Gesamtsituation. Unser Ziel besteht darin, das Problem möglichst gut zu verstehen und zu beschreiben, damit wir zu einem gemeinsamen Verständnis des Problems kommen.

Gute Techniken in dieser Situation sind Workshops und Interviews mit dem Auftraggeber und den Stakeholdern, bei denen wir den Digital Design Brief als Rahmen nutzen. Erreichen wir mit diesem Vorgehen kein gemeinsames Problemverständnis, ist dies ein Hinweis darauf, dass wir es mit einem Wicked Problem zu tun haben. In diesem Fall haben wir die erste Iteration im Bauprozess erreicht. Wir starten die Auftragsklärung von Neuem und gehen davon aus, dass wir ein Wicked Problem bearbeiten.

Auftragsklärung für ein Wicked Problem

Wenn wir uns dafür entscheiden, dass wir es mit einem Wicked Problem zu tun haben, ist das Paradigma der reflektierenden Praxis die favorisierte Arbeitsweise. Wir arbeiten gemeinsam mit dem Auftraggeber und allen relevanten Stakeholdern in iterativer Weise daran, die verschiedenen Perspektiven auf die Probleme und die geplante Veränderung zu verstehen, um einen ersten Schritt in Richtung eines gemeinsamen Verständnisses zu gehen.

Gute Techniken hierfür sind frühe Konzepte möglicher Lösungen (z.B. Skizzen für Kundengruppen und das Wertversprechen nach dem Vorbild der Value Proposition Canvas, vgl. [Osterwalder et al. 2014]) und leichtgewichtige Prototypen (z.B. Papierprototypen möglicher User Interfaces oder Storyboards zur Visualisierung möglicher Geschäftsprozesse).

Bei größeren Problemen können Teilprobleme helfen

Die strikte Trennung von Tame und Wicked Problem ist ein idealisiertes Modell. In der Praxis trägt ein gegebenes Problem meist Anteile von beiden in sich.

Dennoch ist es sinnvoll, eine Auftragsklärung mit einer klaren Meinung und Entscheidung zu starten, ob man es mit einem Tame oder Wicked Problem zu tun hat. Ist das Problem größer, dann lohnt es sich in der Auftragsklärung, Teilprobleme zu definieren und diese als Tame oder Wicked Problem gemäß der skizzierten Arbeitsweise zu betrachten.

Die klare Entscheidung für eine der beiden Arbeitsweisen ist wichtig, um die eigene Wahrnehmung für die Probleme zu trainieren und im Verlauf der Auftragsklärung zu erkennen, ob man es wirklich mit einem Tame bzw. Wicked Problem zu tun hat.

Eine erste vereinbarte Vision als Ergebnis der Auftragsklärung

Sobald ein erstes gemeinsames Verständnis erarbeitet wurde, geht es in der Arbeitsweise der reflektierenden Praxis weiter. Wir nehmen das erarbeitete Problemverständnis als Designaufgabe an und versuchen gemeinsam mit dem Auftraggeber und allen relevanten Stakeholdern ein Verständnis des Lösungsraums, möglicher Vorgehensweisen und auch der Randbedingungen zu erarbeiten.

Bei dieser Aufgabe bietet uns der Digital Design Brief ebenfalls einen sinnvollen Rahmen, den wir gemeinsam mit dem Auftraggeber, allen relevanten Stakeholdern und dem Bauteam bearbeiten. Wenn dieses Vorgehen erfolgreich ist, entsteht ein gemeinsames Verständnis der Vision, des möglichen Lösungsraums und der Randbedingungen. Ebenso ergibt sich in diesem Prozess eine klare Entscheidung darüber, ob der Bauprozess in den nächsten Schritt (Konzeptarbeit) übergehen soll oder nicht.

Entsteht bei dieser Vorgehensweise kein klares Verständnis und ist keine eindeutige Entscheidung für oder gegen den nächsten Schritt möglich, ist dies ein Indiz dafür, dass die bisher erarbeiteten Ergebnisse in die falsche Richtung zeigen und dass die Auftragsklärung einer weiteren Iteration bedarf. Konkret sieht diese Iteration so aus, dass die bisherige Vision verworfen wird und die Arbeit an einer neuen Vision beginnt.

11.3.2 Iteratives Vorgehen in der Konzeptarbeit

Mit dem Start der Konzeptarbeit liegt wieder eine abstrakte und offene Situation vor uns. Mit dem Digital Design Brief haben wir durch die erste abgestimmte Vision, die weiteren Details zum Lösungsraum und zu Randbedingungen eine klar formulierte Richtung. Dennoch gibt es für die Vision vielfältige Möglichkeiten der Ausgestaltung und auch zahlreiche Optionen für das Vorgehen in der Konzeptarbeit. Daher ist an diesem Punkt das Paradigma der reflektierenden Praxis die angemessene Arbeitsweise, da wir sowohl an Lösungsideen als auch am Vorgehen gleichzeitig arbeiten und unser Vorgehen je nach Arbeitsfortschritt an der Lösung anpassen.

Hier kommen die Details zur Designarbeit zum Tragen, die wir in den Kapiteln 8 bis 10 besprochen haben. Durch Konzepte können verschiedene Varianten für Lösungsideen auf den drei Ebenen entworfen und sinnvoll (z.B. durch Prototypen) evaluiert werden. Der Design Squiggle ist hier ein nützliches Bild, da er zeigt, dass die Designarbeit in diesem Schritt des Bauprozesses nicht linear verläuft. Die Betrachtung vielfältiger Varianten für Lösungsideen kann den Prozess je nach Ergebnis in unterschiedliche und teilweise auch unerwartete Richtungen lenken.

Wichtig ist aus Sicht des Bauprozesses die Arbeit mit alternativen Ideen. Das Denken in Varianten und das Ausdenken von Varianten bilden die Basis für gute Designarbeit. Alternative Ideen bieten eine gute Möglichkeit, um den Lösungsraum sinnvoll in verschiedene Richtungen zu erkunden. Ebenso unterstützt das Arbeiten mit alternativen Lösungsideen das iterative Arbeiten in der Konzeptarbeit.

Eine Form der Iteration ist das Erstellen und Verwerfen von Varianten, eine andere Form das fortlaufende Verbessern von Varianten in mehreren Iterationen. Schließlich hat das Arbeiten in Varianten für die Konzeptarbeit noch einen weiteren wichtigen Vorteil: Man vermeidet das frühzeitige Festlegen auf eine Lösungsidee. Betrachten wir nun das Denken in Varianten in unserem Fallbeispiel.

Nehmen Sie an, dass die Vision darin besteht, dass wir eine Lösung für Läufer anbieten wollen, die ein individuelles Training ermöglicht. Als potenziellen Lösungsraum ziehen wir dazu sowohl den menschlichen Coach als auch die KI in Betracht.

Wie sehen Varianten für Lösungsideen aus, die im Rahmen der Konzeptarbeit diesen Lösungsraum untersuchen können?

Wenn sich in der Konzeptarbeit keine vielversprechende Lösungsidee ergibt, kann dies bedeuten, dass die bisherige Vision infrage gestellt werden muss. Die Konzeptarbeit kann dann abgebrochen werden und der Prozess geht zur Überarbeitung der Vision zurück in die Auftragsklärung.

Im Verlauf der Konzeptarbeit entsteht im positiven Fall ein immer klareres Bild der Lösungsidee und auch der weiteren Details. Die Arbeitsweise wechselt damit von der reflektierenden Praxis zur rationalen Problemlösung. Dieser Wechsel zeichnet sich vor allem dadurch aus, dass die Lösung immer detaillierter auf der Lösungs- und Systemebene ausgearbeitet wird und die erarbeiteten Entwürfe im Sinne der drei Designperspektiven kritisch auf ihre Attraktivität, wirtschaftliche Tragfähigkeit und Machbarkeit geprüft werden. Diese Informationen sind notwendig, um am Ende der Konzeptarbeit ein gemeinsames und akzeptiertes Verständnis über den Entwurf zu erzielen und eine fundierte Entscheidung für oder gegen den Start der Entwicklung zu treffen. Entsteht dieses Verständnis nicht, dann bestehen zwei Möglichkeiten der Iteration: Entweder kann eine andere erarbeitete Variante für die Lösung ausgearbeitet werden oder die Konzeptarbeit beginnt von Neuem mit der Entwicklung neuer Varianten, wenn keine weiteren vielversprechenden alternativen Lösungsideen zur Ausarbeitung vorliegen.

Die Unterscheidung zwischen menschlichem Coach und KI ist uns bereits begegnet. Aber damit sollte man sich nicht zufriedengeben, denn diese beiden Varianten sind sehr grob gehalten.

In einem ersten Schritt könnte man verschiedene Arten des Coachings untersuchen. Wir haben immer wieder darüber gesprochen, dass Läufer während des Trainings gecoacht werden, aber auch das ist ja noch ein weites Feld. Zum einen kann man gezielt untersuchen, wie gut das Coaching während des Laufens wirklich funktioniert. Darüber hinaus kann man auch die Variante prüfen, dass ein Läufer vor einem Training Tipps und Hinweise bekommt. Und ebenso kann man die Variante mit einer Nachbesprechung im Anschluss an das Training untersuchen.

Hier liegt jetzt der Gedanke nahe, dass alle drei Varianten sinnvoll sind, um gut zu trainieren. Das ist bestimmt richtig, aber dies ist eine Bewertung der Attraktivität. Für ein ganzheitliches Design müssen wir auch die Machbarkeit und die wirtschaftliche Tragfähigkeit betrachten. Mit diesem Anspruch sollte man die Varianten eher kleiner schneiden, denn nachträglich zusammensetzen kann man diese Varianten immer noch.

Es gibt weitere Möglichkeiten für Varianten. Man könnte untersuchen, ob ein menschlicher Coach und eine KI als Idee kombinierbar sind. Hier sind zwei denkbare Varianten in dieser Richtung:

1. Die KI kann viele Läufer beobachten und dem menschlichen Coach Hinweise geben, welche Läufer besondere Aufmerksamkeit brauchen.
2. Die KI könnte mit einem sehr einfachen und kostengünstigen Coaching ein Einstiegsangebot sein, während der menschliche Coach einen Premiumservice anbieten könnte, den Läuferinnen und Läufer nur ab und zu in Anspruch nehmen.

Das Beispiel zeigt, dass es viele verschiedene Richtungen gibt, in die Varianten gedacht werden können. Mit Blick auf das ganzheitliche Design in der Konzeptarbeit ist es wichtig, die Möglichkeiten der Arbeit mit Varianten und das Arbeiten in Iterationen im Prozess zu kennen und zu nutzen.

Gerade für Einsteiger im Digital Design kann diese Form des Arbeitens eine Herausforderung darstellen. Das Arbeiten in Varianten und Iterationen kann als Schwäche missverstanden werden, da man »nicht weiß, wohin die Reise geht«. Der Design Squiggle und auch das Dual-Mode-Modell des Designs sagen uns genau das Gegenteil. Der Designprozess ist nicht linear. Daher sind das Arbeiten in Varianten und das Erkunden des Lösungsraums eine wichtige Voraussetzung für das Finden einer guten Lösung.

11.3.3 Iteratives Vorgehen in der Entwicklung und im Betrieb

Die Ergebnisse und die Entscheidung für den Start der Entwicklung sind aus Sicht der Konzeptarbeit sehr konkret. Dennoch muss der Start der Entwicklung wieder als eine abstrakte und offene Situation für alle Beteiligten betrachtet werden. Für die Entwicklung der ersten Version gibt es vielfältige Möglichkeiten zum Vorgehen und auch zum Umfang.

In dieser Situation ist das Paradigma der rationalen Problemlösung die richtige Arbeitsweise. Es gilt viele detaillierte Designentscheidungen zu treffen, um die erforderlichen Details zur Realisierung der Lösung auszuarbeiten und zu evaluieren. Diese Arbeitsweise haben wir bereits besprochen und gesehen, dass sie eine echte Herausforderung ist und Fachleute aus vielfältigen Bereichen erfordert.

Ein wichtiger Teil der Arbeit ist die Entscheidung über den Umfang der ersten Version. Zum einen, um für den Auftraggeber ein klares Bild der ersten Version zu definieren, und zum anderen, um einen eindeutigen Fokus zu haben, welche Details der Lösung ausgearbeitet werden müssen. Betrachten wir diese Aufgabe anhand unseres Fallbeispiels.

Nehmen wir an, dass wir uns in der Konzeptarbeit für die Realisierung der Kombination von menschlichem Coach und KI entschieden haben. Die KI soll ein einfaches Coaching bieten und der menschliche Coach einen Premiumservice.

Wie könnte eine erste Version dieser Lösung aussehen, mit der wir an den Markt gehen?

Im Verlauf der Entwicklung einer ersten Version muss eine Lösung entstehen, die nicht nur technisch betriebsbereit, sondern auch attraktiv für Kunden und wirtschaftlich tragfähig ist. Nur wenn alle drei Designperspektiven zusammenkommen, hat die erste Version eine realistische Erfolgschance.

Aus einer ganzheitlichen Perspektive muss daher spätestens mit der Fertigstellung der ersten Version hinterfragt werden, ob die Lösung in diesem Sinne betriebsbereit ist. Ist die erste Version nicht betriebsbereit, steht eine wichtige Entscheidung an, aus der sich unterschiedliche Möglichkeiten für Iterationen ergeben: Kann die Lösung unter den gegebenen Randbedingungen und auf Basis der bisherigen Ideen so weiterentwickelt werden, dass die Lösung betriebsbereit wird oder nicht.

Lautet die Antwort auf diese Frage ja (eine betriebsbereite Lösung ist erreichbar), dann erfolgt eine kleine Iteration in dem Sinne, dass die Entwicklung fortgesetzt wird. Sollte die Antwort auf diese Frage jedoch nein lauten (eine betriebsbereite Lösung ist nicht erreichbar), dann kann der Bauprozess entweder nur abgebrochen werden oder aber es muss ein Rücksprung in die Konzeptarbeit erfolgen, um eine neue Iteration zu starten. Diese beiden Optionen erscheinen auf den ersten Blick vermutlich radikal. Sie sind aber die einzig sinnvollen Möglichkeiten, denn die Weiterentwicklung der Lösung hin zu einer betriebsbereiten ersten Version haben wir bereits ausgeschlossen.

Die Definition einer ersten Version für den Betrieb unserer Lauftraining-App kann sehr unterschiedlich erfolgen. Zum einen können wir versuchen, eine vollumfängliche erste Version mit menschlichem Coach und KI zu realisieren. Dies wäre eine sehr umfangreiche und aufwendige erste Version. Ein solches Vorgehen ist nur dann sinnvoll, wenn man sich sehr sicher ist, dass die Lösung funktionieren wird und die erforderlichen Ressourcen verfügbar sind, um diesen Weg zu finanzieren.

Sinnvoller wäre hier eine kleinere erste Version. Zum Beispiel könnte man mit dem menschlichen Coach oder der KI an den Markt gehen. Die Version mit dem menschlichen Coach ist vermutlich recht schnell realisierbar, kann aber je nach Preis des Coachings ein wirtschaftliches Risiko bergen, da es sich um die teurere Premiumvariante des Coachings handelt.

Denkbar wäre auch, mit der KI an den Markt zu gehen. Hier besteht aber zumindest ein technisches Risiko, da sie entsprechend realisiert bzw. trainiert werden muss, um am Markt zu funktionieren.

Alles in allem zeigt das Beispiel, dass der Umfang der ersten Version keine leichte Entscheidung ist und dass bei der Entscheidung zur ersten Version die drei Designperspektiven und die Fragen nach Attraktivität, Machbarkeit und wirtschaftlicher Tragfähigkeit der Lösung eine gute Unterstützung bieten, um Alternativen zu diskutieren.

Sobald die Lösung in Betrieb gegangen ist, kann der Bauprozess aus einer übergeordneten Sicht zwei Wege nehmen. Entweder die Kunden akzeptieren die Lösung und wir erhalten Feedback aus dem echten Betrieb, das wir zur Optimierung und Verbesserung der Lösung auf allen drei Ebenen nutzen können. Oder aber die Kunden akzeptieren die Lösung nicht oder nur in Teilen. Auch diese Möglichkeit besteht, selbst wenn im Vorfeld eine intensive Evaluation der Lösung auf allen Ebenen darauf hingedeutet hat, dass der Erfolg und die Kundenakzeptanz sehr wahrscheinlich sind.

Diese Situation ist im besten Sinne ein Wicked Problem und sollte als ein solches bearbeitet werden, da es unser bisheriges Verständnis der Lösung vollkommen infrage stellt. Für den Bauprozess ergeben sich in einer solchen Situation drei grundsätzliche Möglichkeiten für Iterationen:

1. Die erforderlichen Änderungen an den problematischen Teilen der Lösung stellen sich als klein und überschaubar heraus. In diesem Fall können die Anpassungen im Rahmen der Entwicklung und während des Betriebs in Form von Optimierungen erfolgen.
2. Die erforderlichen Änderungen stellen sich als umfassend und so groß heraus, dass die gesamte Lösung umgebaut werden muss. In diesem Fall sollte eine erneute Auftragsklärung stattfinden und der Bauprozess sollte erneut durchlaufen werden.
3. Einzelne Teile der Lösung müssen umfassend überarbeitet und verändert werden, ggf. sind neue Bestandteile zu ergänzen. In dieser Situation kann der Bauprozess aufgeteilt werden. Der bestehende und funktionierende Teil der Lösung verbleibt im Betrieb und wird weiterentwickelt. Für die neuen bzw. zu verändernden Bestandteile wird ein neuer Prozess beginnend mit der Auftragsklärung gestartet.

Wichtig bei diesen Möglichkeiten ist das Verständnis über die grundsätzlichen Wege, die der Bauprozess nehmen kann und dass der Bauprozess von vorne beginnen kann (siehe Abb. 11–4). Das konkrete Vorgehen und insbesondere die Arbeit in parallelen Bauprozessen sind jedoch ein weiterführendes Thema.

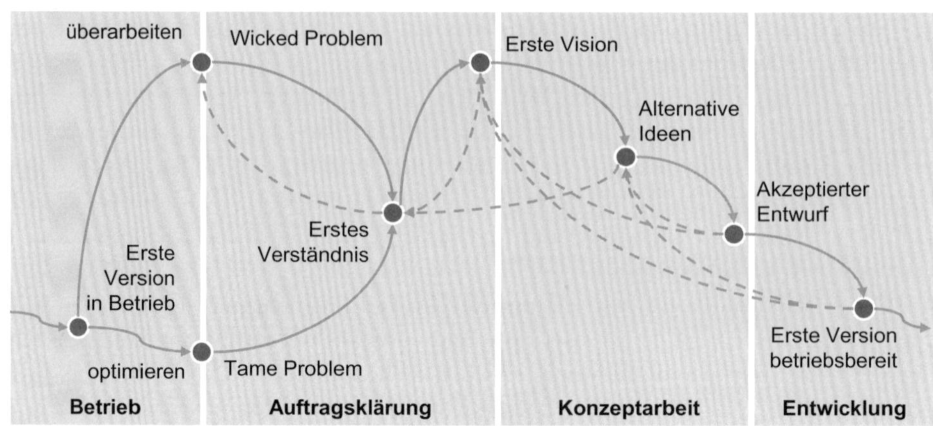

Abb. 11–4 *Das Ende des Bauprozesses ist ein neuer Anfang.*

Reflexionsfragen

Designarbeit über die Ebenen hinweg

Die Designarbeit entlang der drei Ebenen ist durch vielfältige Beziehungen und Wechselwirkungen gekennzeichnet. Welche der drei Beziehungen zwischen den Ebenen (Konkretisierung, Dekomposition und Umsetzung) ist aus Ihrer Sicht die größte Herausforderung und warum?

Wir haben gesehen, dass für den Erfolg einer Lösung alle drei Ebenen ganzheitlich gestaltet werden müssen. Dennoch kann es sein, dass eine Ebene für den Erfolg einer Lösung besonders wichtig ist. Überlegen Sie sich drei Beispiele, die jeweils die Relevanz einer Ebene hervorheben.

Betrachten Sie Ihre bisherige Arbeit mit digitalen Lösungen. Fallen Ihnen Beispiele für Probleme in Ihrer Arbeit ein, die auf eine unzureichende Berücksichtigung der drei Ebenen zurückgeführt werden können?

Designarbeit entlang der drei Designperspektiven

Bei der Betrachtung der drei Designperspektiven haben wir gesehen, dass alle drei Perspektiven ganzheitlich gestaltet werden müssen, damit eine Lösung erfolgreich sein kann. Wie bei den Ebenen kann aber auch hier eine einzelne Perspektive besonders wichtig sein. Überlegen Sie sich drei Beispiele, die jeweils die Relevanz einer Designperspektive unterstreichen.

Betrachten Sie Ihre bisherige Arbeit mit digitalen Lösungen. Fallen Ihnen Beispiele für Probleme in Ihrer Arbeit ein, die auf eine unzureichende Berücksichtigung der drei Designperspektiven zurückgeführt werden können?

Die Bedeutung iterativer Arbeit

Bei der Betrachtung des Bauprozesses haben wir verschiedene Möglichkeiten für Iterationen kennengelernt. Welche Iterationsmöglichkeit ist aus Ihrer Sicht besonders wichtig? Welche ist besonders herausfordernd?

Betrachten Sie Ihre bisherige Arbeit mit digitalen Lösungen. Fallen Ihnen Beispiele für Probleme in Ihrer Arbeit ein, die auf ein fehlendes oder unzureichendes Verständnis von iterativem Arbeiten zurückgeführt werden können?

Teil III
Querschnittliches & Ausklang

12 Frameworks für den Bauprozess

Anything goes
– Paul Feyerabend in [Feyerabend 1975]

In diesem Kapitel werden verschiedene Frameworks[1] mit ihren Einsatzmöglichkeiten im Bauprozess aus der Perspektive des Digital Design betrachtet. Weiterhin wird auch darauf eingegangen, wie die Frameworks kombiniert werden können, um gute Vorgehensweisen für den Bauprozess zu definieren und die Stärken der einzelnen Frameworks zu nutzen.

12.1 Ausgewählte Frameworks aus Sicht des Digital Design

Frameworks zur Definition von Vorgehensweisen und Prozessen für den Bauprozess oder auch für Teile des Bauprozesses sind zahlreich vorhanden. Jedes Framework hat besondere Stärken, Vorteile und auch Nachteile, die bei der Auswahl berücksichtigt werden müssen. Im Folgenden werden sechs bekannte Frameworks vorgestellt.

Ziel dieser Darstellung ist es, einen ersten Eindruck und Überblick zu vermitteln und zu zeigen, dass Frameworks in unterschiedlichen Schritten des Bauprozesses eingesetzt werden können. Um einen kompakten Überblick zu ermöglichen, wird auf methodische Details der Anwendung verzichtet und verweisen stattdessen auf die entsprechende Literatur verwiesen.

12.1.1 Future Search

Die *Future Search* [Weisbord & Janoff 2010] ist ein Framework, das als Mittel für die Bürgerbeteiligung entwickelt wurde. Im Rahmen einer Future Search können sehr große Gruppen an Planungsprozessen beteiligt werden, um die Anforderungen,

---

1. Der Begriff »Framework« ist ein Kompromiss im Sinne eines Oberbegriffs, da es in der Literatur sehr viele Detaillierungsgrade für die Beschreibung von Vorgehensweisen, Prozessen und Arbeitsmodellen gibt.

Meinungen und Ideen der gesamten Gruppe für die Planung nutzbar zu machen. Häufige Einsatzfelder für eine Future Search sind z. B. Stadtplanungsprojekte.

Eine Future Search basiert auf einer Fragestellung, die mit sehr großen Gruppen (50 Personen oder mehr) bearbeitet wird, um konkrete Maßnahmen für nächste Schritte für diese Fragestellung zu erarbeiten. Um die Arbeit mit einer sehr großen Gruppe sinnvoll zu organisieren und durchzuführen, basiert eine Future Search auf einem festen Zeitplan und einer Reihe von Prinzipien für die Zusammenarbeit.

Ablauf und Prinzipien

Der Ablauf einer Future Search ist auf drei Tage verteilt. Die Idee hinter den drei Tagen besteht neben einem angemessenen Zeitrahmen darin, dass die Teilnehmenden während der Bearbeitung der Fragestellungen zweimal über die bisherigen Erkenntnisse schlafen können. Damit soll die Verarbeitung und Analyse der vielfältigen Informationen unterstützt werden. Weiterhin basiert eine Future Search auf vier Prinzipien:

1. *Das ganze System soll in einen Raum geholt werden*: Möglichst alle von einer Fragestellung betroffenen Stakeholder sollen an der Future Search teilnehmen. So können viele unterschiedliche Perspektiven auf die Fragestellung betrachtet werden.
2. *Die Gruppe soll global denken, aber lokal handeln*: Als Gruppe soll die Fragestellung global und ganzheitlich untersucht und diskutiert werden, damit alle das gleiche Verständnis haben. Maßnahmen und Aktionen sollen hingegen konkret und lokal erfolgen.
3. *Der Fokus soll auf die Zukunft gerichtet werden, nicht auf aktuelle Probleme*: In der Future Search geht es um die Gestaltung einer gemeinsamen Zukunft, daher sollte die Zukunft und das Gemeinsame im Fokus stehen. Bestehende Probleme und Konflikte dienen als Information in diesem Prozess.
4. *Alle Teilnehmenden arbeiten in selbststeuernden Gruppen*: Selbststeuernde Gruppen sind wichtig, um als große Gruppe effektiv und effizient zu arbeiten. Außerdem unterstützt die Selbststeuerung die Selbstwirksamkeit und das Verantwortungsbewusstsein aller Beteiligten. Dies fördert die Motivation und die Beteiligungsbereitschaft.

Die Arbeit in einer Future Search unterteilt sich grundsätzlich in die folgenden Schritte:

1. Verstehen der Vergangenheit
2. Verstehen der Gegenwart
3. Fokus auf die Zukunft

4. Identifikation von Gemeinsamkeiten
5. Planung von Maßnahmen

Für diese fünf Schritte finden sich in der Literatur vielfältige Hinweise, Vorlagen und Anleitungen zur Moderation, Raumplanung und auch Ablaufplanung (siehe z.B. [Weisbord & Janoff 2010]). Aufgrund der großen Anzahl an beteiligten Personen ist der Aufwand besonders hoch, da angemessene Räume, Catering, Übernachtungsmöglichkeiten und auch Moderatoren für einen reibungslosen Ablauf erforderlich sind. Die praktischen Erfahrungen und Fallstudien aus der Literatur zeigen jedoch, dass dieser Aufwand sinnvoll investiert ist, wenn eine große Gruppe von Menschen an der Bearbeitung einer Fragestellung beteiligt werden soll.

Future Search im Bauprozess

Aus Sicht des Digital Design sind alle Situationen, bei denen große und diverse Gruppen am Bauprozess beteiligt werden müssen, eine denkbare Einsatzmöglichkeit der Future Search. Insbesondere am Anfang des Bauprozesses kann eine Future Search durchgeführt werden, um gemeinsam mit einer großen Gruppe eine erste Vision für eine digitale Lösung zu erarbeiten. Sollte in diesem Kontext das Einbeziehen einer großen Gruppe (z.B. aus Ressourcengründen) nicht machbar sein, kann eine Future Search auch mit einer kleineren Gruppe ausgerichtet werden. Hierbei ist aber zu beachten, dass die Ergebnisse auf einer kleineren Basis entstehen und damit auch nur die Gedanken einer kleineren Gruppe repräsentieren.

12.1.2 Design Thinking

Das *Design Thinking* [Brown 2009] ist ein Framework für die Entwicklung innovativer Ideen bzw. für die Lösung von Problemen (insbesondere Wicked Problems). Hierfür definiert das Design Thinking die folgenden wesentlichen Bestandteile: ein interdisziplinäres Team, einen Raum zum Arbeiten und einen Arbeitsprozess.

Interdisziplinäres Team

Im Design Thinking wird davon ausgegangen, dass gute Lösungen durch interdisziplinäre Teamarbeit entstehen. Daher sollte ein Design-Thinking-Team aus Personen bestehen, die ein möglichst breites Spektrum an Ideen, Erfahrungen und Perspektiven bieten. Aus Sicht des Digital Design sollte dieses Team sowohl aus Vertretern von Auftraggebern, Kunden, Benutzern und weiteren Stakeholdern bestehen als auch die verschiedenen Tätigkeitsbereiche des Bauprozesses repräsentieren.

Gemeinsamer Raum

Der gemeinsame Arbeitsraum soll ein Ort sein, an dem das Design-Thinking-Team während des gesamten Prozesses gemeinsam an der Fragestellung arbeiten kann. Dem Arbeitsraum wird für den Erfolg des Design Thinking eine große Bedeutung beigemessen, da er der Ort ist, an dem das Team kreativ arbeitet. Daher sollten dem Team alle erforderlichen Ressourcen zur Verfügung gestellt werden, um sinnvoll arbeiten zu können und sich dabei wohlzufühlen.

Definierter Arbeitsprozess

In der Literatur wird eine Reihe von leicht unterschiedlichen Prozessen für das Design Thinking vorgeschlagen. Im Wesentlichen finden sich die folgenden Schritte in diesen Prozessen:

1. *Empathie entwickeln*: Das Team arbeitet daran, Empathie für die vom Problem betroffenen Menschen (z.B. Benutzer, Kunden und andere Stakeholder) zu entwickeln. Hierzu werden z.B. deren Bedürfnisse, Wünsche und Motivationen analysiert.
2. *Problem bzw. Standpunkt definieren*: Das Team arbeitet daran, die gewonnenen Erkenntnisse in eine gemeinsame Problemdefinition bzw. in einen gemeinsamen Standpunkt zu überführen. Zum Ende des Schritts entscheidet das Team, wie das Problem definiert ist bzw. welche Fragen/Herausforderungen im weiteren Prozess bearbeitet werden.
3. *Ideen finden*: Das Team erarbeitet möglichst viele Ideen für infrage kommende Lösungen des Problems. Die erarbeiteten Ideen werden dann für die weitere Arbeit priorisiert.
4. *Prototypen entwickeln*: Das Team entwickelt Prototypen für die vielversprechendsten Ideen aus dem vorherigen Schritt. Die Prototypen sollen möglichst einfach sein, Perfektion ist bewusst nicht das Ziel. So sollen zu den Ideen ein schneller Test und ein schnelles Feedback im nächsten Schritt möglich gemacht werden.
5. *Prototypen testen*: Das Team testet die entwickelten Prototypen mit relevanten Stakeholdern, um Feedback zu den Ideen zu bekommen und die Ideen auf Basis der Prototypen zu validieren.

Der Prozess im Design Thinking sollte so weit eingehalten werden, dass das Team sich auf den aktuellen Teil des Prozesses fokussiert und zielgerichtet im jeweiligen Schritt arbeitet. Sprünge zwischen den einzelnen Schritten sind jedoch zu jeder Zeit möglich und sollten immer dann vorgenommen werden, wenn das Team den Wechsel als sinnvoll für den Erkenntnisgewinn ansieht. Wenn z.B. beim Entwickeln eines Prototyps erkannt wird, dass ein geändertes Problem klarer und sinnvoller ist, dann sollte das Team im Prozess zurückgehen und das Problem überarbeiten.

Design Thinking im Bauprozess

Aus Sicht des Digital Design ist Design Thinking ein vielfältiges Framework, das in unterschiedlichen Situationen verwendet werden kann. Wichtig für die Verwendung von Design Thinking ist, dass sich der Prozess auf die Ideenentwicklung fokussiert und als Ergebnis evaluierte Ideen liefert. Die Evaluation basiert dabei auf einfachen Prototypen, die von Stakeholdern und insbesondere Kunden und Benutzern geprüft wurden. Mit diesem Fokus kann Design Thinking in allen Schritten des Bauprozesses sinnvoll eingesetzt werden, z.B. zur Erarbeitung einer Vision in der Auftragsklärung oder auch zur Erarbeitung erster Lösungsideen in der Konzeptarbeit.

Eine besondere Herausforderung bei der Anwendung von Design Thinking ist der Bedarf an Ressourcen und Zeit (vgl. [Liedtka & Ogilvie 2011]). Um aussagekräftige Ergebnisse (also evaluierte Lösungsideen) zu erhalten, wird ein interdisziplinäres Team über mehrere Wochen gebunden und benötigt einen Raum sowie Zugang zu relevanten Stakeholdern. Konkrete Problem- bzw. Fragestellungen sollten daher kritisch ausgewählt und auch mit Blick auf den Zeitbedarf sinnvoll in den Bauprozess als Ganzes eingeplant werden. Umgekehrt lässt sich aus dem Zeit- und Ressourcenbedarf ableiten, dass Design Thinking für zeitkritische Fragestellungen (z.B. in einer laufenden Entwicklung) eher ungeeignet ist. Unter Umständen kann hierzu der Design Sprint aus dem nächsten Abschnitt verwendet werden.

12.1.3 Design Sprint

Der *Design Sprint* [Knapp et al. 2016] ist ein Framework, das auf dem Design Thinking basiert. Wie der Name schon andeutet, geht es beim Design Sprint um Geschwindigkeit. Dies macht sich insbesondere dadurch bemerkbar, dass der Design Sprint einen sehr präzise definierten Arbeitsplan vorsieht, der sich auf genau fünf Tage verteilt:

- Tag 1: Problem verstehen
- Tag 2: Lösungsideen skizzieren
- Tag 3: Beste Lösungsidee wählen
- Tag 4: Prototyp bauen
- Tag 5: Prototyp mit fünf Kundenrepräsentanten testen

Für jeden Tag wird ein strikter Arbeitsplan mit festgelegten Aufgaben und Schritten definiert, die vom Team abgearbeitet werden müssen. Die Literatur zum Design Sprint bietet dazu eine ganze Reihe von Checklisten und weiteren Hilfsmitteln.

Damit dieser straffe Arbeitsplan funktioniert, müssen einige Voraussetzungen erfüllt sein. Zum einen muss das Team für den Design Sprint an den fünf Tagen uneingeschränkt zur Verfügung stehen. Zum anderen braucht das Team für seine

Arbeit Stakeholder, die mit Entscheidungsbefugnis ausgestattet sind, da im Rahmen der fünf Tage diverse Entscheidungen in Bezug auf das zu lösende Problem, die Lösungsideen und auch die zu entwickelnden Prototypen getroffen werden müssen.

Design Sprint im Bauprozess

Im Bauprozess kann der Design Sprint ähnlich eingesetzt werden wie das Design Thinking. Das Spektrum an erzeugten Ideen und der Grad der Evaluation sind begrenzter als beim Design Thinking, da der Zeitrahmen und auch der Ressourceneinsatz beschränkt sind.

Vor diesem Hintergrund eignet sich der Design Sprint eher für kleinere und fokussierte Probleme. Mit Blick auf den Ressourcenaufwand (ein Team für eine ganze Woche) sollte man vor dem Einsatz eines Design Sprint analog zum Design Thinking kritisch auf die Kosten und den erwarteten Nutzen schauen. Sinnvoll ist der Design Sprint in zeitkritischen Situationen, z.B. könnte im Schritt »Entwicklung und Betrieb« eine schnelle Lösung für ein wichtiges Problem erarbeitet werden.

12.1.4 Plangetriebene Entwicklung

Vorgehensmodelle, die einem stark strukturierten Vorgehen mit definierten Phasen und Arbeitsprodukten folgen, werden unter dem Begriff »plangetriebene Entwicklung« zusammengefasst.

Wichtige Annahmen und Merkmale

Die zentrale Annahme der plangetriebenen Entwicklung besteht darin, dass Anforderungen an eine Lösung vor der Entwicklung möglichst vollständig formuliert werden können. In nachfolgenden Phasen wird auf Basis dieser Anforderungen ein realisierungsreifer Entwurf erarbeitet, realisiert und schließlich in Betrieb genommen (vgl. [Royce 1970]).

Die strikte Trennung der Arbeit in Phasen ist das wesentliche Merkmal der plangetriebenen Entwicklung. Eine Phase muss vollständig abgeschlossen werden, damit die Arbeit in der nächsten Phase aufgenommen werden kann. Zum Beispiel müssen erst alle Anforderungen abgenommen und bestätigt werden, bevor die Arbeit am Entwurf starten kann. Werden bei dieser Arbeitsweise in späteren Phasen Fehler oder Unvollständigkeiten identifiziert (z.B. in den Anforderungen), kehrt der Prozess in die frühere Phase zurück, um die Fehler zu beheben und Unvollständigkeiten auszuarbeiten.

Plangetriebene Entwicklung im Bauprozess

Plangetriebene Entwicklung wird im Bauprozess verwendet, wenn äußere Randbedingungen eine starke Strukturierung des Bauprozesses erforderlich machen. Typische Beispiele hierfür sind Vorhaben in öffentlichen Kontexten, die über Ausschreibungen abgewickelt werden, oder auch Lösungen mit sehr hohen Anforderungen an Sicherheit und funktionale Qualität (z. B. in der Luft- und Raumfahrt).

Die Entscheidung für plangetriebene Entwicklung hat erhebliche Auswirkungen auf die Arbeit im Digital Design, da ein Großteil der Designarbeit am Anfang des Bauprozesses erfolgt. Die Designarbeit besteht im Wesentlichen darin, einen möglichst vollständigen konzeptuellen Entwurf der digitalen Lösung über alle drei Ebenen im Sinne einer Anforderungsspezifikation zu erarbeiten und mit dem Auftraggeber abzustimmen.

In der Terminologie des Bauprozesses werden in der Designphase die Auftragsklärung und die Konzeptarbeit durchgeführt. Dabei müssen alle Elemente, die für die Realisierung relevant sind, vollständig ausgearbeitet werden. Als Ergebnis dieser Designarbeit werden Designkonzepte für alle drei Ebenen erstellt und mit dem Auftraggeber abgestimmt, um ein Anforderungsdokument für die nachgelagerten Phasen zu definieren. Auf Basis dieser Anforderungsdokumente wird dann in der Konstruktionsphase ein technischer Entwurf erstellt, der in einer Realisierungsphase umgesetzt wird. Die Arbeit des Digital Design reduziert sich in diesen Phasen auf die Klärung von offenen Fragen und die Ausarbeitung von Details für die Realisierung. Abbildung 12–1 zeigt die plangetriebene Entwicklung in einem vereinfachten Modell.

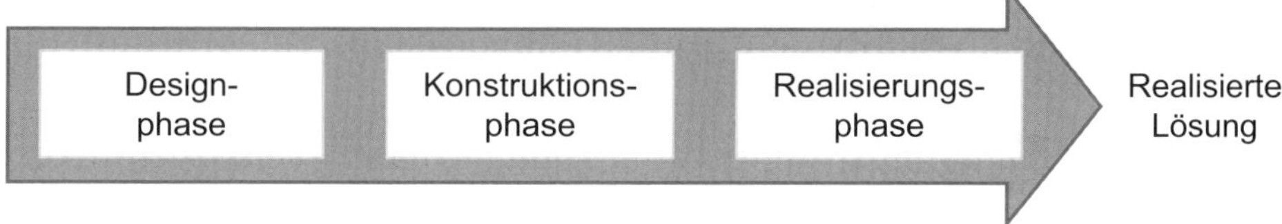

Abb. 12–1 *Vereinfachtes Modell für die plangetriebene Entwicklung*

Die plangetriebene Entwicklung stellt das Digital Design durch ihre Struktur vor große Herausforderungen, da alle relevanten Details der Lösung, möglichst vollständig und fehlerfrei vorab definiert werden müssen. Das Vorgehen der plangetriebenen Entwicklung sieht auch Rücksprünge im Prozess vor, um entdeckte Fehler zu beheben. Diese Phasenrücksprünge sind jedoch meist sehr aufwendig und mit hohen Kosten verbunden, da ein zuvor definierter Zeit- und Arbeitsplan verändert werden muss.

12.1.5 Scrum

Scrum ist ein sehr bekanntes Framework für die Entwicklung komplexer Produkte [Schwaber & Sutherland 2020]. Der Produktbegriff von Scrum ist sehr weit gefasst und beinhaltet sowohl Software, physische Gegenstände als auch Konzepte im Sinne des Digital Design. Wichtig für die Anwendung von Scrum ist, dass ein Produkt inkrementell und iterativ entwickelt werden kann und jedes Inkrement einen Mehrwert in Bezug auf das Produkt liefert.

Arbeitsprozess

Ein priorisiertes Product Backlog und das Arbeiten in festen Zeiträumen (sogenannte *Sprints*) bilden die Grundlage des Arbeitsprozesses in Scrum. Die Arbeit für den nächsten Sprint wird vom Product Owner gemeinsam mit dem Scrum-Team festgelegt. Dazu werden Backlog Items (die zu erledigende Arbeit) aus dem Product Backlog entnommen und priorisiert im Sprint Backlog (die Arbeit für den nächsten Sprint) abgelegt. Im Sprint werden die Backlog Items des Sprint Backlog entsprechend ihrer Priorität abgearbeitet. So entsteht am Ende des Sprints das realisierte Inkrement des Produkts, das von den Stakeholdern und dem Scrum-Team überprüft wird. Diese Prüfung führt zu neuen Erkenntnissen über das zu entwickelnde Produkt, die im Product Backlog mit einer entsprechenden Priorität für die weitere Abarbeitung hinterlegt werden.

Scrum im Bauprozess

Scrum kann im Bauprozess besonders gut für den Schritt »Entwicklung und Betrieb« eingesetzt werden. Der begrenzende Faktor für die Anwendung von Scrum ist die Größe und Komplexität der zu realisierenden Lösung. Wenn eine Lösung so groß und komplex wird, dass mehr als ein Scrum-Team für eine sinnvolle Entwicklung erforderlich ist, kommt man zur sogenannten *skalierten agilen Entwicklung*. Dieses Thema geht jedoch über die hier vermittelten Grundlagen hinaus und wird nicht weiter behandelt[2].

Designarbeit in Scrum

Wie beschrieben, kann ein Konzept auch ein Produkt im Sinne von Scrum sein. Aus Sicht des Digital Design ist diese Perspektive wichtig. In Scrum ist es möglich, dass Designarbeit sowohl vom Product Owner als auch von anderen Teammitgliedern geleistet werden kann. In diesem Zusammenhang ist das Verständnis des Product Backlog als Mittel der Arbeitsorganisation relevant. Im Scrum Guide [Schwaber & Sutherland 2020] wird definiert, dass das Product Backlog *eine emergente, geordnete Liste der Dinge ist, die zur Produktverbesserung benötigt werden*. Diese »Dinge« im Product Backlog können im Sinne des Digital Design wie folgt beschaffen sein:

1. *Entwurf eines zu realisierenden Aspekts für die digitale Lösung:* Der Product Owner hat im Sinne des Digital Design einen umsetzungsreifen Entwurf definiert. Mit diesem Entwurf gibt der Product Owner den Auftrag, den entworfenen Aspekt der digitalen Lösung zu realisieren. Die konkrete Weiterentwicklung der Lösung macht den Wert dieses Inkrements aus.

---

2. Wer sich tiefer in das Thema skalierte Entwicklung einlesen will, findet in [CPRE AL 2023] einen guten Einstieg.

2. *Beschreibung eines zu entwerfenden Aspekts der digitalen Lösung:* Im Sinne des Digital Design ist dies ein Auftrag zur Entwurfsarbeit, der für eine nachgelagerte Umsetzung in einem späteren Sprint genutzt werden kann. Das Scrum-Team entwirft den beauftragten Aspekt der geplanten Lösung. Die neuen Erkenntnisse aller Beteiligten in Bezug auf die weitere Entwicklung machen den Wert dieses Inkrements aus. In der weiteren Ausarbeitung des Product Backlog können diese Erkenntnisse anschließend genutzt werden.
3. *Beschreibung eines zu realisierenden Prototyps für einen definierten Aspekt der Lösung:* Dies ist ein Auftrag zur Erstellung eines Prototyps im Sinne des Digital Design. Wie bei der Konzeptarbeit stellen die Erkenntnisse aus der Realisierung und Prüfung des Prototyps für alle Beteiligten den Mehrwert dieses Inkrements dar. Diese können ebenfalls für die weitere Ausarbeitung des Product Backlog genutzt werden.

Scrum basiert auf der Idee, sich in kleinen definierten Iterationen (Sprints) einem lauffähigen, wertschöpfenden und potenziell auslieferbaren Teil eines Produkts anzunähern. Bei komplexen Lösungen können Designkonzepte und Prototypen einen wertschöpfenden Zwischenschritt darstellen, um diesen Prozess zu unterstützen. Die in diesem Buch vorgestellten Designkonzepte und Prototypen können daher im Kontext von Scrum als wertschöpfende Produkte verstanden werden, die kollaborativ vom Scrum-Team im Rahmen der Sprints erarbeitet werden.

Wichtig für die Designarbeit in Scrum ist der Anspruch an Transparenz, ständige Reflexion und Anpassung der eigenen Arbeitsweise. Die Arbeit mit Designkonzepten und Prototypen bildet hier keine Ausnahme. Umfang und Detaillierungsgrad von Konzeptarbeit und Prototypen sollten im Rahmen des Scrum-Feedbackprozesses kontinuierlich überprüft und angepasst werden.

12.1.6 Lean Startup

Lean Startup [Ries 2011] beschreibt ein Framework für die Entwicklung von neuen Unternehmen und deren Produkten. Lean Startup geht davon aus, dass jeder Aspekt eines Produkts zunächst eine Hypothese ist, die möglichst schnell validiert werden muss. Hierzu wird ein Prozess definiert, der Hypothesen zum Produkt des Unternehmens mit echten Kunden in kurzen Entwicklungszyklen validiert. Diese kurzen Zyklen fördern das schnelle Lernen eines Unternehmens und tragen so zur Weiterentwicklung der Produkte im Sinne der Kunden bei.

Validiertes Lernen als Prozess im Lean Startup

Vereinfacht wird der Prozess von Lean Startup durch die drei Schritte »bauen, messen, lernen« (build, measure, learn) charakterisiert (siehe Abb. 12–2):

1. *Bauen*: Auf Basis von Hypothesen (Was wollen/brauchen die Kunden? Welche Probleme haben Kunden? Welcher Mehrwert ist wichtig für Kunden?) wird ein sogenanntes *Minimum Viable Product* (MVP) realisiert.
2. *Messen*: Das MVP soll von echten Kunden verwendet werden. Dabei werden möglichst objektive Daten zur Validierung der Hypothesen gesammelt.
3. *Lernen*: Die gesammelten Daten werden ausgewertet und mit den Hypothesen abgeglichen. Ausgehend von den Erkenntnissen aus diesem Schritt können neue oder veränderte Hypothesen formuliert werden und der Prozess kann von Neuem beginnen.

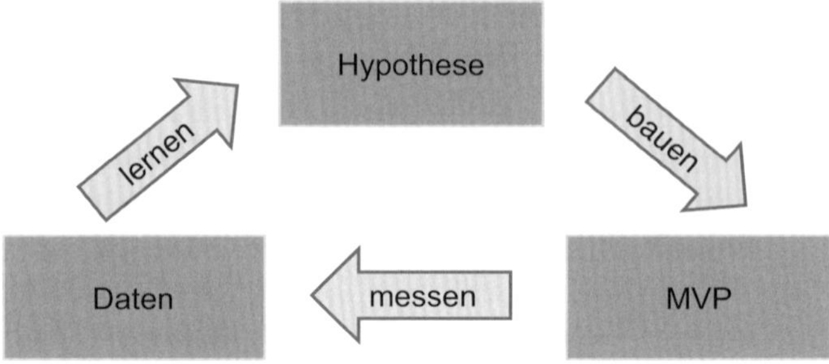

Abb. 12–2 *Der Prozess im Lean Startup*

Um den empirischen Anspruch hinter diesem Prozess zu unterstreichen, wird dieser Prozess auch als »validiertes Lernen« (validated learning) bezeichnet. Damit soll hervorgehoben werden, dass ein Unternehmen auf Basis von Daten und Experimenten systematisch etwas über das eigene Produkt lernen soll, um es weiterzuentwickeln.

Das Minimum Viable Product (MVP)

Neben dem Prozess ist das MVP ein wesentlicher Aspekt des Lean Startup. Das MVP wird definiert als eine Version eines Produkts, mit dem das Team einen möglichst großen Erkenntnisgewinn mit möglichst geringem Aufwand erzielen kann. Das MVP darf an dieser Stelle nicht mit einem Prototyp verwechselt werden[3]. Das MVP ist keine vorläufige Version einer Lösung, sondern wird mit der Absicht realisiert, dass es tatsächlich in Betrieb geht, um Feedback von echten Kunden zu bekommen.

---

3. An dieser Stelle ist der Hinweis wichtig, dass das MVP in anderen Kontexten anders definiert und verwendet wird (siehe z.B. [CPRE AL 2023]).

Evaluation und schnelles Feedback

Im Vergleich zur plangetriebenen Entwicklung und zu Scrum ist Lean Startup ein Framework, das einen besonderen Schwerpunkt auf die Evaluation einer Lösung mit Kunden im echten Betrieb legt. Dieser Idee wird im Lean Startup alles untergeordnet, da Feedback von echten Kunden als die beste Informationsquelle betrachtet wird. Setzt man die Brille der drei Schritte des Bauprozesses auf, dann werden diese im Lean Startup kontinuierlich durchlaufen, um schnelles Feedback zu erhalten. Eine realisierte Lösung (MVP) verbleibt im Betrieb und wird mit allen damit verbundenen Vor- und Nachteilen kontinuierlich weiterentwickelt.

Das schnelle Feedback zum aktuellen MVP ist aus Sicht des Digital Design ein wesentlicher Vorteil für die Designarbeit. Der Preis ist ein Arbeitsprozess mit kurzen Iterationen und dem Fokus auf eine schnelle Realisierung des MVP. Konzeptarbeit und das Erstellen von Prototypen werden im Lean Startup zugunsten des schnellen Prozesses zurückgestellt. Dies bedeutet jedoch nicht, dass Konzeptarbeit im Lean Startup grundsätzlich abgelehnt wird. Die Konzeptarbeit fokussiert gezielt auf den Entwurf eines nächsten sinnvollen MVP auf Basis der Erkenntnisse aus dem vorherigen MVP.

Lean Startup im Bauprozess

Viele Aspekte einer Unternehmensgründung werden im Lean Startup strukturiert. Daher bietet sich Lean Startup an, wenn tatsächlich ein neues Unternehmen gegründet werden soll und die digitale Lösung Teil dieses Start-ups ist. Darüber hinaus kann Lean Startup aber auch in Situationen verwendet werden, die für den Prozess von Lean Startup und die Idee des MVP empfänglich sind. Konkret müssen das schnelle Iterieren von Lösungsideen und die kontinuierliche Weiterentwicklung der Lösung im Betrieb von Kunden und Auftraggebern gewollt und akzeptiert werden.

12.2 Kombination von Frameworks in einem Bauprozess

In Abschnitt 12.1 haben wir verschiedene Frameworks kennengelernt, die alle gewisse Vor- und Nachteile haben.

Die Frage, welche Frameworks in einem konkreten Bauprozess verwendet werden sollen, ist eine Frage, die über das Digital Design hinausgeht. In Abschnitt 4.3 wurde bereits dargestellt, dass alle Tätigkeitsbereiche im Bauprozess sinnvoll zusammenarbeiten müssen, damit eine gute Lösung entsteht. Folglich müssen auch alle Tätigkeitsbereiche sowie der Auftraggeber und die relevanten Stakeholder an der Entscheidung über das Vorgehen im Bauprozess beteiligt werden.

Aus der Perspektive des Digital Design ist es wichtig, die verschiedenen Frameworks (Vor- und Nachteile sowie ihre Besonderheiten für die Designarbeit) zu kennen. Nur so kann man sinnvoll an der Entscheidung über das Vorgehen mitwirken und die Perspektive des Digital Design angemessen einbringen. Auch als Neuling im Digital Design sollte man in der Lage sein, eine Vorstellung vom Vorgehen zu entwickeln und sich eine Meinung darüber zu bilden, ob ein gewähltes Vorgehen gut und sinnvoll ist.

Für die Arbeit mit Frameworks und die Diskussion zum Vorgehen in einem Bauprozess ist die Haltung hilfreich, dass Frameworks als Baukasten verstanden werden können. Aus diesem Baukasten kann man sich bedienen, um ein konkretes Vorgehen im Bauprozess zu definieren. Dieses Verständnis bedeutet, dass verschiedene Frameworks im Rahmen eines Bauprozesses kombiniert werden können. Die Kombinationsmöglichkeiten sind sehr vielfältig. Daher schauen wir uns im Folgenden zwei Beispiele für Kombinationen an und diskutieren deren Anwendung im Rahmen unseres Fallbeispiels.

12.2.1 Design Thinking, Lean Startup und Scrum als Abfolge

Das erste Beispiel beschreibt eine sequenzielle Abfolge von drei Frameworks in einem Bauprozess: Design Thinking, Lean Startup und Scrum.

Wir stehen am Anfang des Bauprozesses der Lauftraining-App in unserem Fallbeispiel und haben die Vision, dass man durch persönliches Coaching sinnvoll trainieren kann. Dabei denken wir noch nicht an menschliche Coaches oder KI-Coaching. Wie könnte eine Vorgehensweise im Bauprozess aussehen, die die drei genannten Frameworks kombiniert?

Design Thinking wird verwendet, um gemeinsam mit allen relevanten Stakeholdern eine erste Vision inklusive Randbedingungen zu erarbeiten (Auftragsklärung). Design Thinking kann dann als Vorgehen eingesetzt werden, um verschiedene Lösungsideen zu entwerfen und zu evaluieren (Konzeptarbeit). Am Ende der Konzeptarbeit stehen vielversprechende Ideen, die realisiert werden können. Auftraggeber, Stakeholder und Bauteam wählen die beste Idee aus und arbeiten mit dem Lean-Startup-Ansatz an einem ersten MVP, um die Idee schnell auf den Markt zu bringen und Feedback zur Idee zu bekommen. Nach mehreren Iterationen stabilisiert sich die Idee so weit, dass ein klares Bild von der Lösung vorliegt. Nun kann der Bauprozess auf Scrum umschwenken und das bis dahin erstellte MVP als Produkt weiterentwickeln und weiter optimieren.

Bei unserem Fallbeispiel könnte das Vorgehen wie folgt aussehen:

Durch das Design Thinking könnte die Vision des menschlichen Coaches und der KI erarbeitet und konkretisiert werden. Nehmen wir an, dass beide Ideen als sinnvoll erachtet und im Rahmen der Konzeptarbeit weiter ausgearbeitet werden. Vermutlich wird sich hier herausstellen, dass beide Varianten erfolgversprechend sind. Die Entscheidung, welche Variante weiterverfolgt werden soll, wäre in einer solchen Situation vermutlich sehr schwierig.

Hier kann nun Lean Startup seine Stärke ausspielen und durch die Idee des schnellen Kundenfeedbacks auf Basis eines MVP in kurzer Zeit neue Erkenntnisse liefern. Angenommen, eine KI lässt sich nur schwer als MVP realisieren. Dann wäre der menschliche Coach ein sinnvoller erster Ansatz für ein MVP. Aber wie sieht ein MVP in unserem Fallbeispiel aus?

Als MVP könnten wir vielleicht eine App realisieren, die nur wenige Daten (Puls, Laufgeschwindigkeit und Position) des Läufers an den Coach übermittelt, damit dieser sich ein Bild von der Situation des Läufers machen kann. Das Coaching erfolgt dann über eine Telefonverbindung zum Smartphone des Läufers.

Auf Basis dieses MVP könnte sehr schnell gelernt werden, wie gut das Coaching mit den Daten funktioniert und welche Daten und Hilfsmittel der Coach braucht. Hat sich die Lösungsidee nach mehreren Iterationen stabilisiert, kann der Prozess für die Weiterentwicklung auf Scrum umgestellt werden.

12.2.2 Plangetriebene Entwicklung und Scrum parallel

Das zweite Beispiel beschreibt eine parallele Verwendung von zwei Frameworks: Ein Teil einer Lösung wird mit plangetriebener Entwicklung realisiert, der andere Teil mit Scrum.

Wir nehmen unser Fallbeispiel wieder auf, diesmal befinden wir uns aber bereits in der Entwicklung.

Wie könnte eine Vorgehensweise im Bauprozess aussehen, die plangetriebene Entwicklung und Scrum kombiniert?

Ausgangspunkt für die parallele Entwicklung einer Lösung mit verschiedenen Frameworks ist ein geeignetes Systemdesign. Eine denkbare Vorgehensweise wäre, dass unterschiedliche separate Elemente auf Basis unterschiedlicher Frameworks entwickelt werden. An dieser Stelle spielen insbesondere die technischen Schnittstellen zwischen den Elementen eine wichtige Rolle, damit die Entwicklung in beiden Elementen eine klare Schnittstelle für die Interaktion zwischen den Elementen festlegen kann. Solange die Schnittstellen zwischen den Elementen zusammenpassen, können die anderen Bestandteile der Elemente weitgehend unabhängig voneinander entwickelt werden. Natürlich erfordert eine solche Arbeitsweise dennoch eine übergreifende Koordination, damit Veränderungen an den Schnittstellen der Elemente auf beiden Seiten zum richtigen Zeitpunkt vorgenommen und fertiggestellt werden.

Für die parallele Verwendung von plangetriebener Entwicklung und Scrum gibt es in unserem Fallbeispiel einige denkbare Ansatzpunkte.

Nehmen wir an, dass als Teil der Lösung eine eigene Smartwatch entworfen und realisiert werden soll. Eine solche Smartwatch ist aufgrund der äußeren Umstände (Entwurf und Produktion eines physischen Produkts) ein denkbarer Kandidat für die plangetriebene Entwicklung. Die Software für die Smartwatch muss nicht zwangsläufig plangetrieben entwickelt werden, hier wäre auch ein Scrum-basiertes Vorgehen möglich, um inkrementell immer mehr Funktionen in die Smartwatch einzubauen.

Eine andere potenzielle Situation wäre z.B., dass die App für den Läufer eher plangetrieben entwickelt wird, wenn man die Lauftraining-App als gut verstandenes Element betrachtet. Das Coaching-Portal könnte eher als Neuland aufgefasst werden, da hier noch viele Unsicherheiten bestehen. Dies würde dann für ein Vorgehen nach Scrum sprechen, sodass das Coaching-Portal inkrementell auf Basis des Feedbacks der Coaches weiterentwickelt werden kann.

Beide Varianten sind rein fiktiv und von diversen Details abhängig. Wichtiger als die Details ist hier der Gedanke, dass man schon beim Vorgehen viele Freiheitsgrade hat und diese auch betrachten sollte, um ein sinnvolles Vorgehen für einen Bauprozess zu definieren.

Reflexionsfragen

Frameworks im Bauprozess

Welches der genannten Frameworks ist aus Ihrer persönlichen Sicht das spannendste und warum?

Welche weiteren spannenden Frameworks für den Bauprozess fallen Ihnen ein? Wie unterstützen diese Frameworks das Digital Design?

Kombination von Frameworks im Bauprozess

Was wären aus Ihrer Sicht wichtige Gründe für oder gegen die Kombination der vorgestellten Frameworks im Bauprozess?

13 Die soziale Dimension im Bauprozess

Now that design has become a social process,
designers will need to become skilled negotiators.
– Keith Dorst in [Dorst 2003]

Ein Bauprozess wird von Menschen durchgeführt, die in unterschiedlichen Situationen zusammenarbeiten. Die Eigenschaften der beteiligten Personen sind für den Erfolg ebenso wichtig wie ihre Kenntnisse, Fähigkeiten oder Fertigkeiten im Digital Design und im gesamten Bauprozess. Dieses Kapitel soll ein Bewusstsein für die Bedeutung der sozialen Dimension im Bauprozess vermitteln und dabei unterstützen, die Auswirkungen und Einflüsse der sozialen Dimension zu erkennen und den eigenen Umgang mit der sozialen Dimension weiterzuentwickeln.

13.1 Grundlagen zum Mindset

Die Persönlichkeit bzw. das Mindset ist ein wesentlicher Faktor, den ein Mensch in jeder Situation einbringt. Das Mindset eines Menschen kann im weitesten Sinne als die Summe aus Mentalität, Wertesystem sowie der Haltung im Umgang mit Herausforderungen und mit anderen Menschen beschrieben werden. Abhängig von der Persönlichkeit, dem Tätigkeitsbereich und der aktuellen Situation kommunizieren, denken und handeln Menschen unterschiedlich. Die Entwicklung eines Menschen wird durch diverse Faktoren beeinflusst, u.a. durch die Bildung, die Kultur, in der ein Mensch aufwächst, und durch individuelle Lebenserfahrung.

Dieser Überblick zeigt, dass das Mindset durch äußere Faktoren in einem längeren Prozess entsteht und sich immer weiterentwickelt. Im Gegensatz dazu können sich Menschen Fachwissen und Fertigkeiten vergleichsweise schnell aneignen. Auch bei der Aneignung von Fachwissen und Fertigkeiten spielt das Mindset eines Menschen eine Rolle, einigen Menschen fällt das Lernen je nach Kontext leichter, anderen schwerer.

Den Unterschied zwischen Mindset und Fertigkeiten kann man sich sehr schön bei der Besetzung von Rollen in Projekten oder anderen Situationen klarmachen. Es gibt viele Situationen, bei denen eine Person mit gewissen Fertigkeiten gesucht wird. Zum Beispiel wird für eine digitale Lösung ein Designer für das User Interface gesucht oder eine Person, die die Evaluation des Wertversprechens unterstützt. Bei diesem Beispiel haben die Menschen, die den Bedarf nach Unterstützung formulieren, eine recht klare Vorstellung davon, was die gesuchte Person können muss. Es gibt genauso aber auch andere Situationen, in denen gezielt eine gewisse Person angefragt wird, um eine Aufgabe zu übernehmen. Zum Beispiel wird für das Design dann die »Jennifer« angefordert oder für die Evaluation der »Stefan«. In diesem Fall haben die Menschen, die die Unterstützung suchen, eine Kombination aus Fertigkeiten und Mindset vor Augen. Diese Kombination sehen sie in der genannten Person und fordern diese Person für die Bearbeitung einer Aufgabe an. Das Wissen um unterschiedliche Ausprägungen des Mindsets ist in diesem Zusammengang hilfreich, um die Anforderungen einer Situation oder Aufgabe an eine Person besser zu verstehen und auch formulieren zu können.

Vereinfacht kann man sich das Mindset als Denkweise vorstellen. Hierzu zählen die Art und Weise, wie Menschen Information aufnehmen (z.B. machen sich manche Menschen lieber eigene Vorstellungen, andere Menschen lassen sich gerne Dinge erzählen), welchen Dingen Menschen Bedeutung beimessen (z.B. legen manche Menschen großen Wert auf Ordnung, andere lieben das Chaos) und wie Menschen Entscheidungen fällen (z.B. entscheiden manche Menschen lieber spontan aus dem Bauch heraus, während andere Entscheidungen auf Basis rationaler Erwägungen fällen).

Das Mindset eines Menschen wird durch das Temperament bestimmt, das er von Geburt an mitbringt und auch durch die Haltung, die ein Mensch im Verlauf seines Lebens entwickelt. Unterschiede in den Mindsets von Menschen können an verschiedenen Faktoren festgemacht werden, z.B. am Denken, der Art zu sprechen, dem Verhalten oder auch am Umgang mit Stress.

Zum Beispiel gibt es Menschen, die das große Ganze sehen können und bewusst darauf achten. Andere Menschen können z.B. sehr gut Details wahrnehmen und ebenfalls sehr genau darauf achten, dass diese auch stimmen. Wieder andere Menschen verlassen sich sehr auf ihr Wissen und ihre Erfahrungen in der Vergangenheit. Dies führt bei solchen Menschen zu Herausforderungen, wenn es darum geht, eine Idee für die Zukunft zu entwickeln. Wieder andere Menschen können sich sehr leicht zukünftige Zusammenhänge vorstellen.

Dies sind nur einige Beispiele in Bezug auf das Mindset, die auch Auswirkungen auf die Arbeit im Digital Design und im Bauprozess haben können. Wer sich intensiver mit dem Mindset als Thema befassen will, kann sich z.B. in der Psychologie umschauen. Die Literatur enthält u.a. verschiedene Formen von Persönlichkeitsmodellen (Keirsey Temperament Sorter, Myers-Briggs-Typenindikator oder das Big-Five-Modell). Diese Modelle können dabei helfen, Verhaltensmuster und Mindset zu erkennen und damit Menschen und ihre Motive besser zu verstehen. Dieses Wissen ist hilfreich, um die Kommunikation besser zu leiten, die Dynamik zwischen Menschen (z.B. im Bauteam oder auch zwischen Stakeholdern) besser zu verstehen und einen Bauprozess durch ein besseres Verständnis der beteiligten Personen besser zu führen[1].

13.2 Die soziale Dimension in den drei Schritten

Die Grundlagen zum Mindset vermitteln einen Eindruck davon, dass das Verständnis der Menschen ein wichtiger Faktor für einen erfolgreichen Bauprozess ist. In diesem Unterkapitel wollen wir daher die soziale Dimension und die menschliche Perspektive als Ergänzung zur prozessualen Perspektive (Frameworks und Vorgehensweisen) und zur inhaltlichen Perspektive (Was muss in welcher Tiefe, in welchem Detaillierungsgrad und in welcher inhaltlichen Reife bis wann geklärt werden?) betrachten.

In den folgenden Abschnitten werden wir uns hierzu wieder die drei Schritte des Bauprozesses als Rahmen vor Augen führen und Beispiele für wichtige menschliche Faktoren anschauen. Dabei werden wir insbesondere auf die Herausforderungen eingehen, die aus den unterschiedlichen Voraussetzungen der Menschen und ihren individuellen Beiträgen zum Bauprozess entstehen. Wir sprechen hier allgemein von Menschen, da die Aspekte auf alle beteiligten Menschen zutreffen können, z.B. Auftraggeber, Kunden, Benutzer, das Bauteam und weitere Stakeholder. An einigen Stellen werden wir Stakeholder-Rollen extra hervorheben, wenn diese Rollen besonders betroffen sind.

Für das Verständnis der folgenden Inhalte ist wichtig, dass wir uns mit grundsätzlichen Tendenzen befassen und diese Tendenzen im Sinne von Grundlagen stark vereinfacht darstellen. In der Realität sind Persönlichkeiten von Menschen ein sehr komplexes und vielfältiges Konstrukt, das sich nur bedingt in einfachen Dimensionen erfassen lässt.

13.2.1 Die soziale Dimension in der Auftragsklärung

Umgang mit der Ausgangssituation – Tame vs. Wicked Problem

Der Design Squiggle zeigt uns, dass ein Designprozess gerade am Anfang ein intensiver Orientierungsprozess für alle Stakeholder ist (siehe Abschnitt 7.1.1). Man steht am Anfang eines neuen Vorhabens und hat trotz vielfältiger Einschränkungen viele Freiheitsgrade und Möglichkeiten zur Ausgestaltung einer Lösung. Diese Orientierungssituation stellt Menschen vor etliche Herausforderungen. Die Unterscheidung von Tame und Wicked Problem (siehe Abschnitt 7.1.3) hilft uns

1. Wer sich für das Thema Menschen/Persönlichkeiten und deren Bedeutung für den digitalen Wandel interessiert, sollte das Buch »E-Man« von Gunter Dueck [Dueck 2013] lesen. Es liefert eine spannende Auseinandersetzung mit der Frage, welche Persönlichkeiten für unsere Zukunft wichtig sein werden.

an dieser Stelle, um die Unterschiede in den Persönlichkeiten in Abhängigkeit von der Ausgangssituation aufzuzeigen.

Wenn wir uns am Anfang des Bauprozesses eher mit einem Tame Problem konfrontiert sehen, dann sind Menschen hilfreich, die eher auf das Konkrete fokussiert sind und z.B. konkrete Herausforderungen erkennen und beschreiben können. Diese Menschen können das Tame Problem systematisch analysieren und alle relevanten Anforderungen formulieren, die zur Lösung des Problems erfüllt werden müssen.

Befinden wir uns eher in der Situation eines Wicked Problem, helfen uns Menschen, die eher auf das Abstrakte fokussiert sind. Sie können z.B. die Vielfältigkeit einer Situation sehen, die übergeordneten Zusammenhänge und Abhängigkeiten erkennen und daraus Hypothesen oder Vorstellungen zu Lösungsideen ableiten.

Umgang mit Risiken in der Auftragsklärung

Im Kern geht es bei der Auftragsklärung darum, eine Risikoentscheidung für oder gegen den Start des nächsten Schritts im Bauprozess zu treffen. Mit Blick auf die soziale Dimension ist es wichtig, dass Menschen sehr unterschiedlich auf Risiken reagieren und mit Risiken umgehen.

Es gibt Menschen, die Risiken tendenziell negativ gegenüberstehen und versuchen, sie zu vermeiden. Solche Menschen fordern typischerweise viel Information ein, um bei einer Risikoentscheidung eine fundierte und auf Fakten basierende Entscheidung zu treffen und um die Orientierung und Kontrolle zu erhalten. Auf der anderen Seite des Spektrums stehen Menschen, die positiv gegenüber Risiken eingestellt sind. Solche Menschen akzeptieren die Unsicherheit, die mit vielen Optionen und einer Risikoentscheidung verbunden ist, und sind offen in der Wahrnehmung von Möglichkeiten. Sie verlassen sich gerne auf ihre Intuition oder auf die Intuition anderer Menschen, anstatt sich umfangreiche Informationen zu beschaffen und diese auszuwerten.

Ein gutes Verständnis der Risikobereitschaft von Menschen in der Rolle des Auftraggebers ist entscheidend für die Auftragsklärung. Risikoscheue Auftraggeber neigen dazu, frühzeitige Entscheidungen einzufordern, um die Risikosituation und die damit verbundene Belastung für sie zu beenden. Bei eigenen Entscheidungen verlangen risikoscheue Auftraggeber klare und fundierte Informationen zur eigenen Orientierung. Wenn sie sich auf die Entscheidungen anderer verlassen, fordern sie auch hier oft, dass Entscheidungen fundiert und nachvollziehbar getroffen werden, da sie ein starkes Sicherheitsheitsbedürfnis haben. Risikofreudige Auftraggeber können auf diese Form der Kontrolle und auf den höheren Detaillierungsgrad eher verzichten. Sie ermöglichen damit bei der Auftragsklärung einen größeren Spielraum für die Ausgestaltung der Vision und für den potenziellen Lösungsraum. Ähnliche Muster der Risikobereitschaft lassen sich auch bei Menschen in der Rolle von Kunden oder Benutzern beobachten oder bei Menschen, die im Bauteam am Prozess beteiligt sind, beobachten.

Umgang mit dem »weißen Blatt Papier«

Das »weiße Blatt Papier« umschreibt als Bild eine offene Situation mit beliebigen Möglichkeiten, die sehr unterschiedliche Wirkungen auf Menschen hat und zu unterschiedlichsten Verhaltensweisen führt. Die Auftragsklärung kann im weitesten Sinne als eine solche offene Situation verstanden werden.

Es gibt Menschen, die offene Situationen stark ablehnen und sich unwohl fühlen, wenn sie mit einem großen Freiraum konfrontiert sind. Ein typischer Reflex solcher Menschen in dieser Situation ist die Suche nach Expertenrat und der Meinung Dritter. Auf diese Weise soll der Freiraum mithilfe von Experten gefüllt und bearbeitet werden, um Kontrolle und Sicherheit zu fördern.

Ebenso gibt es Menschen, die diese Situation sehr positiv bewerten und solche Situationen als Chance sehen, um etwas Neues zu erschaffen und mit eigenen Ideen etwas zu bewegen. Für den Bauprozess ist es hilfreich, Personen im Bauteam zu haben, die in der Lage sind, mit dem sprichwörtlichen weißen Blatt Papier gut umzugehen, um den Freiraum der Auftragsklärung sinnvoll nutzen zu können.

Fazit mit Blick auf die soziale Dimension in der Auftragsklärung

Die Ausgangssituation, der Umgang mit Risiken und der Umgang mit offenen Situationen sind drei Beispiele für menschliche Faktoren mit Relevanz für die Auftragsklärung.

Eine wichtige Erkenntnis aus diesen Beispielen für die Arbeit in der Auftragsklärung besteht daher darin, dass risikobereite Menschen wichtig sind, die den Status quo hinterfragen und die eine Situation (das Big Picture) gut erfassen und beschreiben können. Solche Personen können dann den eher detailfokussierten und risikoscheuen Kollegen einen Überblick über die Zusammenhänge geben und auch einen Weg aufzeigen, wie die Auftragsklärung zu einem sinnvollen Ergebnis kommt.

Die Risikobereitschaft einer Person kann sehr unterschiedlich sein

Wir haben in diesem Abschnitt gesehen, dass die Risikobereitschaft und mit ihr der Umgang mit offenen Situationen ein spannender Faktor ist.

Wichtig in diesem Zusammenhang ist oft die Rolle einer Person. Zum Beispiel können Menschen mit Budget- oder Personalverantwortung risikobereit in Bezug auf Inhalte sein. Wenn es aber um ihren Verantwortungsbereich (hier Geld) geht, nimmt die Risikobereitschaft schnell ab. Umgekehrt kann man das bei Personen mit inhaltlicher Verantwortung beobachten. Wenn Sie sich also mit der Risikobereitschaft von Personen befassen, schauen Sie auch auf die Rolle der Person.

13.2.2 Die soziale Dimension in der Konzeptarbeit

Kombination aus divergentem und konvergentem Denken

Der Design Squiggle zeigt uns, dass auch die Konzeptarbeit am Anfang ein chaotischer Orientierungsprozess sein kann. Bei diesem Prozess werden unterschiedliche Varianten für den Entwurf der Lösung und des Systems erstellt, untersucht und auch wieder verworfen, um einen möglichst guten Entwurf zu erhalten. Damit die Konzeptarbeit ihr Ziel erreicht, muss am Ende ein möglichst konkreter Entwurf stehen, um eine fundierte Entscheidung für oder gegen den Start der Entwicklung zu treffen. In diesem Prozess spielen zwei Arbeitsstile eine wichtige Rolle.

Um den Möglichkeitsraum zur Entwicklung verschiedener Ideen für den Entwurf von Lösung und System weit zu öffnen, hilft das sogenannte *divergente Denken*. Es zeichnet sich dadurch aus, dass ein Mensch in verschiedene Richtungen denkt und gedanklich mit Ideen spielt, um Varianten zu kombinieren oder neue Ideen zu entwickeln. Das *konvergente Denken* bezeichnet im Gegensatz zum divergenten Denken die Fähigkeit, eine gegebene Idee zu Ende zu denken und auf ein Niveau zu bringen, das eine fundierte Entscheidung über die Idee erlaubt.

Theorie- und Praxisfokus als Arbeitsstil

Die Arbeit mit Konzepten und das Entwerfen ist eine geistige Arbeit, die sich um Ideen und komplexe Gedankenkonstrukte dreht. Dieser Arbeitsstil wird von Menschen bevorzugt, die einen Theoriefokus haben. Wir sehen diesen Arbeitsstil z. B. oft, bei Architekten, Erfindern oder Visionären. Einen anderen Arbeitsstil beobachten wir bei praxisfokussierten Menschen. Diese Menschen konzentrieren ihre Energie und ihre Arbeit auf die Realisierung und Auseinandersetzung mit der realen und begreifbaren Welt.

Theoriefokussierte Menschen können leichter die Perspektive wechseln und so z. B. den Status quo in einem Kontext hinterfragen und auf diese Weise innovative Lösungen entwerfen. Im Gegensatz dazu können praxisfokussierte Menschen auf eine konkrete Variante fokussieren, diese zu Ende denken und sich so weniger bei der Lösungsfindung verzetteln.

Theorie- und praxisfokussierte Menschen legen unterschiedliche Maßstäbe bei der Bewertung an, schenken anderen Dingen Bedeutung und haben eine andere Wahrnehmung. Dieser Unterschied führt zwischen Menschen mit unterschiedlichen Arbeitsstilen häufig zu Missverständnissen und Kommunikationsproblemen.

Zeitliche Orientierung zur Findung von Lösungen

Für das Denken in Entwürfen und das Entwickeln von Ideen spielt die zeitliche Orientierung eine wichtige Rolle. Hier können zwei Richtungen unterschieden werden, in die Menschen tendenziell denken.

Die eine Richtung ist die Gegenwart mit heute existierenden Dingen, die erprobt und sozial akzeptiert sind. Menschen, die in der Gegenwart denken, übertragen ihre bestehenden Erfahrungen gerne auf die Zukunft. Sie entwickeln auf der Basis des Bekannten Ideen, die Bestehendes und Erprobtes auf neue Situationen übertragen. Die andere Richtung ist das Denken in Trends und in zukünftigen Entwicklungen. Menschen, die mehr zukunftsorientiert denken, entwickeln eher neue Ideen, die ihr Potenzial erst noch unter Beweis stellen müssen. Darüber hinaus gibt es Menschen, die in beide Richtungen denken können und somit bei der Entwicklung von Ideen sowohl auf Erfahrungswissen als auch auf zukünftige Trends zurückgreifen können.

Fazit für die soziale Dimension in der Konzeptarbeit

Die Art des Denkens (konvergent vs. divergent), der Arbeitsstil (Theorie- vs. Praxisfokus) und die zeitliche Orientierung (Gegenwart vs. Zukunft) sind Beispiele für relevante menschliche Faktoren für die Konzeptarbeit.

Für die Konzeptarbeit braucht man Menschen, die als Gruppe über ein ausgewogenes Maß an konvergentem und divergentem Denken verfügen. Ein Übergewicht an divergentem Denken hat das Risiko, dass sich eine Gruppe im Möglichkeitsraum verliert und die Konzeptarbeit kein Ende findet oder sich in den eigenen Gedanken verzettelt, keine Idee zu Ende gedacht wird und immer neue Ideen auf den Tisch gebracht werden. Ein Übergewicht an konvergentem Denken birgt das Risiko, dass der verfügbare Möglichkeitsraum nicht sinnvoll untersucht wird, potenziell wertvolle Ideen und Entwürfe unentdeckt bleiben und sich die Gruppe zu früh auf eine suboptimale Lösung festlegt.

Mit Blick auf den Theorie- und Praxisfokus stellt sich die Situation anders dar. Hier braucht es am Anfang der Konzeptarbeit einen stärkeren Anteil an Menschen mit Theoriefokus. Diese Menschen helfen dabei, den Ideen- und Lösungsraum sinnvoll zu öffnen, zu untersuchen und letztlich gute Ideen zu priorisieren. Für den Start der Priorisierung sind Menschen mit Praxisfokus erforderlich, die eine gute Idee umsetzen wollen. Für den Abschluss der Konzeptarbeit ist dementsprechend ein höherer Anteil an Personen mit Praxisbezug erforderlich.

Die Frage nach dem Anteil der zeitlichen Orientierung hängt vom angestrebten Innovationsgrad einer Lösung ab. Je höher der Anspruch an Innovation ist, desto höher sollte der Anteil der Menschen mit Zukunftsorientierung sein. Bei geringerem Innovationsgrad sollte der Anteil der Personen mit Gegenwartsorientierung höher sein. Mit Blick auf den Innovationsgrad ist es wichtig zu beachten, dass Innovation nicht per se positiv ist. Es gibt z.B. viele Vorhaben, bei denen eine bestehende und gut funktionierende Lösung aus technischen Gründen abgelöst werden soll. Ein hoher Innovationsgrad in dem Sinne, dass Dinge in der neuen Lösung anders gemacht werden sollen, ist in solchen Situationen kontraproduktiv.

Beobachten Sie Ihr Umfeld durch eine bestimmte Brille

Ein erster Schritt zur Anwendung der Faktoren für die Konzeptarbeit besteht darin, Menschen bei ihrer Arbeit zu beobachten und nach bestimmten Faktoren Ausschau zu halten, z.B.:

- Menschen mit Hang zum divergenten Denken bringen gerne alternative Vorschläge, wenn eine Idee vorgetragen wird (»Man könnte doch auch ...«).
- Menschen mit Praxisfokus setzen Ideen in einen bekannten Kontext und stellen konkrete Fragen zu einer Idee (»Was passiert, wenn dieses oder jenes eintritt?«).
- Menschen mit Gegenwartsorientierung fragen, ob eine Idee woanders schon erfolgreich verwendet wurde (»Hat das woanders schon funktioniert?«).

13.2.3 Die soziale Dimension in der Entwicklung und im Betrieb

Anspruch an Perfektion

Bei der Arbeit an den Details einer Lösung spielt der Anspruch an Perfektion eine große Rolle. Es gibt Perfektionisten, d.h. Menschen, die einen sehr hohen Perfektionsanspruch haben und im weitesten Sinne die bestmögliche Lösung realisieren wollen. Das Gegenteil von Perfektionisten sind Menschen, die nach dem Motto »gut genug ist gut genug« arbeiten, also nach Lösungen suchen, die gut genug sind, um die definierten Ziele zu erreichen.

Die Bereitschaft, Fehler zu machen und Feedback zu bekommen

Im Rahmen der Entwicklung und im Betrieb wird die Arbeit sehr konkret und greifbar, da eine echte Lösung realisiert wird und im Betrieb auf echte Kunden und Benutzer trifft. In diesem Prozess ist es natürlich, dass Fehler passieren. Genauso wird es Menschen geben, die Kritik an der Lösung äußern oder Feedback zu Aspekten geben, die ihnen an der Lösung auffallen.

Menschen können sich in Bezug auf Fehler, Feedback und Kritik sehr unterschiedlich verhalten. Manche Menschen nehmen eigene Fehler sehr persönlich oder tun sich sehr schwer damit, Fehler einzugestehen oder negatives Feedback und Kritik anzunehmen, da sie dies als Gefahr für ihr eigenes Ansehen betrachten. Umgekehrt gibt es Menschen, die Fehler als Chance begreifen und bewusst Feedback und Kritik einfordern, da sie dies als Gelegenheit zur Weiterentwicklung begreifen.

Fazit für die soziale Dimension in der Entwicklung und im Betrieb

Anspruch an Perfektion und die Bereitschaft für Fehler und Feedback sind zwei Beispiele für menschliche Faktoren in der Entwicklung und im Betrieb.

Zeichnen sich die am Bauprozess beteiligten Menschen (Auftraggeber, Stakeholder und Bauteam) durch einen hohen Anteil an Perfektionisten aus, dann fördert dies die Entwicklung einer möglichst guten Lösung, sofern die Menschen auch bereit sind, Fehler zu machen oder einzugestehen und Feedback anzunehmen. Kommt zu hohem Perfektionismus jedoch eine geringe Fehlerbereitschaft hinzu, dann kann dies zum Risiko führen, dass eine Lösung sehr spät oder gar nicht fertiggestellt wird, da die Lösung ständig verbessert und optimiert wird.

Ein zu geringer Anteil an Perfektionismus birgt das Risiko, dass die sprichwörtlich nächstbeste Lösung realisiert wird und so die Qualität leidet. Daher ist es wichtig, im Rahmen der Entwicklung eine gute Balance zwischen Perfektionismus und »gut genug« anzustreben und gleichzeitig die Fehlerbereitschaft und Feedbackbereitschaft zu kultivieren.

Fehler- und Feedbackkultur brauchen fortlaufende Pflege

In ruhigen Zeiten ist eine gute Fehler- und Feedbackkultur leicht zu erreichen und beizubehalten, da kleine Fehler und gutes Feedback meist kein Problem darstellten. Werden die Fehler aber kritischer oder kommt ein Team anderweitig unter Druck, dann kann sich die Fehler- und Feedbackkultur schlagartig verändern und sich ins Negative drehen.

Dieser Veränderungsprozess beginnt meist schleichend und lässt sich z.B. daran erkennen, dass im Team die Suche nach Verantwortlichen für Fehler beginnt, anstatt nach einer guten Lösung für den Fehler zu suchen. Diese Verhaltensweisen können sich dann immer weiter aufschaukeln und die Kultur der Zusammenarbeit zum Kippen bringen.

Daher ist es wichtig, die Fehler- und Feedbackkultur in einem Team fortlaufend zu pflegen, um eine gute Arbeitskultur zu erhalten.

13.3 Wesentliche Aspekte für ein gestalterisches Mindset

In diesem Abschnitt wollen wir uns mit dem gestalterischen Mindset auseinandersetzen. Wir wechseln hier bewusst die Begrifflichkeit von Design auf Gestaltung, um den größeren Rahmen von Gestaltung im Sinne einer absichtsvollen Veränderung zu adressieren (siehe Abschnitt 2.1). Die folgenden Aspekte für ein gestalterisches Mindset sind wichtig für alle Menschen, die eine digitale Lösung gestalten wollen und am Design einer Lösung beteiligt sind.

13.3.1 Designarbeit bedeutet, durch die Augen anderer Menschen zu schauen

Die Zusammenarbeit mit Stakeholdern spielt eine wichtige Rolle, da wir eine Lösung stets für Auftraggeber, Kunden und Benutzer gestalten. Um diese Aufgabe gut und sinnvoll zu erfüllen, müssen wir uns bewusst sein, dass wir immer für andere Menschen gestalten. Für die praktische Designarbeit bedeutet dies, dass wir lernen müssen, mit den Augen der Menschen zu sehen, für die wir gestalten. Diese Form der Tätigkeit wird in der allgemeinen Systemtheorie als *Tätigkeit zweiter Ordnung* bezeichnet. Im Unterschied dazu sind Tätigkeiten erster Ordnung Tätigkeiten, die eine Person in Bezug auf sich selbst ausführt. Betrachten wir dies anhand eines Fallbeispiels.

Stellen Sie sich vor, Sie wollen sich ein neues Smartphone kaufen. Welche Faktoren spielen bei dieser Entscheidung eine wichtige Rolle für Sie? Vielleicht die Kamera? Vielleicht die Marke? Vielleicht die Batterielaufzeit?

Wenn Sie sich diese Fragen stellen und für sich beantworten, dann arbeiten Sie im Bereich der ersten Ordnung für sich selbst.

Stellen Sie sich nun vor, Sie müssten ein Smartphone für Ihren Vater, Ihre Mutter oder eine andere Person kaufen, die Sie gut kennen. Versetzen Sie sich in die Lage dieser Person. Vermutlich spielen andere Faktoren eine wichtige Rolle und Sie müssen durch die Augen dieser Person auf den Kauf des Smartphones schauen. Sie arbeiten also in der zweiten Ordnung.

Damit das Beispiel noch etwas schwieriger wird, stellen Sie sich jetzt vor, dass eine liebe alte Tante (80+) auf einmal beschließt, dass sie jetzt ein Smartphone braucht, um mit ihren Enkeln und Urenkeln kommunizieren zu können. Diese Tante hatte vorher noch kein Smartphone, ist aber fest entschlossen, sich jetzt eines zu kaufen. Welche Faktoren spielen nun eine Rolle? Vermutlich sind es wieder andere und vermutlich ist es schwieriger, sich in die Lage der alten Tante hineinzuversetzen.

Designarbeit ist also eine Tätigkeit zweiter Ordnung. Daraus ergeben sich die folgenden Konsequenzen für ein gestalterisches Mindset.

Üben Sie das Hineindenken in die Perspektive von Stakeholdern

Damit wir eine gute Lösung für unsere Stakeholder gestalten können, müssen wir ein tiefes Verständnis der jeweiligen Perspektiven unserer Stakeholder haben. Als Digital Designer sollte man sich dieser Tatsache bewusst sein und ernst nehmen, dass Stakeholder sehr unterschiedliche Perspektiven auf einen Sachverhalt haben. Um bei unserem Fallbeispiel zu bleiben: Vermutlich wird die alte Tante ganz andere Ansprüche an ihr erstes Smartphone haben als Ihr Vater oder Ihre Mutter und auch als Sie selbst. Auch wenn dieses Beispiel sehr einfach ist, zeigt es im Kern die Herausforderung von Designarbeit. Wenn Sie für die alte Tante ein Smartphone kaufen, das Sie selbst gut finden, dann besteht ein erhebliches Risiko, dass dieses Gerät nicht gut für die alte Tante funktionieren wird. Für gutes Digital Design ist es daher wichtig, das Hineindenken in andere Menschen zu üben und als Haltung zu kultivieren. So können Sie lernen, die eigene Perspektive von der Perspektive anderer Menschen besser zu trennen.

Begreifen Sie Entwürfe immer als Hypothesen

Auch wenn wir glauben, uns sehr gut in die Lage unserer Stakeholder hineinversetzen zu können, beruht dieses Verständnis immer auf Annahmen und Interpretation. Wenn wir auf Basis unseres Wissens Entwürfe für eine Lösung erarbeiten, dann beruhen diese Entwürfe auf einem potenziell fehlbehafteten Wissen. Daher sollte jeder Entwurf zunächst als Hypothese verstanden werden, die durch geeignete Vorgehensweisen bestätigt oder widerlegt werden muss. Genau aus diesem Grund gehört die Evaluation untrennbar zur Designarbeit.

Verschaffen Sie sich Klarheit durch Evaluation

Und damit sind wir schon bei der dritten Konsequenz. Sie können als Digital Designerin oder Designer noch so gut, intelligent und kreativ sein. Klarheit darüber, ob Ihre Entwürfe gut sind und damit zu einer im Sinne der Stakeholder guten Lösung führen, bekommen Sie nur durch eine sinnvolle Evaluation. Die späteste Form der Evaluation ist die Realisierung der Entwürfe und das daraus resultierende Feedback von Kunden und Benutzern im Betrieb. Es gibt Situationen, in denen ein solches Vorgehen sinnvoll ist. Wir haben in diesem Buch aber auch gesehen, dass man mit einfachen Mitteln Entwürfe sehr früh und intensiv evaluieren kann. Für gutes Digital Design sollte man sich diese Möglichkeiten zunutze machen, um zum richtigen Zeitpunkt Klarheit über die Qualität der eigenen Entwürfe zu erlangen.

13.3.2 Gute Kommunikation kultivieren

Im Bauprozess arbeiten vielfältige Stakeholder mit dem Bauteam zusammen. Diese Zusammenarbeit kann im weitesten Sinne auch als Kommunikationsprozess verstanden werden. Gute Kommunikation und gute Kommunikationsfähigkeiten sind für die Designarbeit von großer Bedeutung. Damit ist nicht nur die inhaltliche Kommunikation gemeint (Was und worüber wird kommuniziert?), sondern vor allem auch die zwischenmenschliche Ebene der Kommunikation (Wie wird kommuniziert und was macht die Kommunikation mit den beteiligten Menschen?).

Ein wichtiger Erfolgsfaktor für die Designarbeit ist das wechselseitige Verständnis. Wenn Stakeholder wichtige Entscheidungen zum Entwurf einer digitalen Lösung treffen müssen, dann sollten sie den Entwurf auch verstanden haben. Für die Designarbeit muss man sich an dieser Stelle bewusst sein, dass Menschen immer auf Basis ihrer individuellen Hintergründe und Erfahrungen kommunizieren und Kommunikation verstehen.

In der Kommunikationspsychologie wird dieser Umstand gerne wie folgt zusammengefasst: »Empfänger entscheiden über die Botschaft.« Diese Aussage wird dann als Hinweis verstanden, dass man als Mensch die Hoheit über die Bedeutung einer Botschaft hat. Es liegt z. B. an mir selbst, ob ich eine Aussage zu meiner kreativen Frisur als Beleidigung, als Kompliment oder als Hinweis auffasse, mich mal wieder zu kämmen.

Für die Designarbeit können wir aus dieser Aussage eine andere wichtige Haltung ableiten. Wir müssen uns darüber bewusst sein, dass unser Gegenüber immer interpretiert. Daher müssen wir darauf achten, dass diese Interpretation in unserem Sinne ist und dass mein Gegenüber mich versteht, mir folgen kann und mir auch folgen möchte. Diese Haltung zu guter Kommunikation ist im Digital Design aus zwei Gründen wichtig.

Zum einen sind digitale Lösungen für fachfremde Menschen oft komplex. Stakeholder brauchen daher je nach Vorwissen und weiteren Faktoren Zeit, um eine Lösung, einen Entwurf oder einen Prototyp in seiner Tiefe zu verstehen. Gute Kommunikation bedeutet an dieser Stelle, dass man Stakeholder beim Verständnis der Lösung unterstützt und sie nicht mit der Lösung oder dem Entwurf allein lässt. Zum anderen stehen wie oben schon ausgeführt Stakeholder oft in der Verantwortung, kritische Entscheidungen in Bezug auf die Lösung oder den Bauprozess zu treffen. Auch hier bedeutet gute Kommunikation, die Stakeholder dabei zu unterstützen, die Lösung so gut zu verstehen, dass sie eine fundierte Entscheidung treffen können.

Verständnis braucht Zeit und Begleitung

Ein häufiges Missverständnis in der Entwurfsarbeit besteht darin, dass das Verstehen eines Entwurfs mit dem einmaligen Lesen eines Konzepts gleichgesetzt wird.

Ein Beispiel hierfür ist das Übersenden eines Konzepts (z.B. drei Use Cases) an eine Gruppe potenzieller Benutzer. Die Benutzer sollen das Konzept kurz lesen und Feedback geben, ob das Konzept passt. Am besten noch innerhalb einer kurzen Frist (z.B. 48 Stunden).

Eine solche Vorgehensweise ist keine gute Kommunikation im gerade besprochenen Sinne. Sie kann Stakeholder überfordern und führt oft dazu, dass diese ein Konzept einfach abnicken, ohne es zu verstehen, oder dass sie das Feedback einfach verweigern.

Im Sinne einer guten Kommunikation ist es besser, ein Konzept mit den Stakeholdern gemeinsam durchzusprechen. Dies bietet einerseits die Möglichkeit, sich in die Verständniswelt der Stakeholder hineinzuversetzen und unmittelbar auf Fragen zu reagieren, andererseits können Verständnisprobleme der Stakeholder (z.B. ein Stirnrunzeln bei einer Aussage) erlebt und adressiert werden.

13.3.3 Experimentieren mit Alternativen für gute Lösungen

Das Arbeiten mit alternativen Ideen ist wichtig für die Designarbeit, nur so können wir aus einem Raum möglicher Lösungen eine gute Lösung auswählen. Um diese Arbeitsform anwenden zu können, muss man das Arbeiten in Alternativen als Haltung kultivieren und auch lernen, sich nicht zu früh auf eine Lösungsoption festzulegen. Darüber hinaus braucht es die Fähigkeit, mit Alternativen auf allen drei Ebenen einer Lösung zu arbeiten. Die Betrachtung alternativer Wertversprechen und Geschäftsmodelle ist hier genauso wichtig wie alternative Entwürfe für ein System oder das User Interface eines Elements.

Das Arbeiten mit alternativen Ideen ist im besten Sinne eine Fähigkeit zum Experimentieren. Und dieses Experimentieren braucht Mut zum Risiko, Mut zu Fehlschlägen und auch Mut, vermeintlich etablierte Ideen infrage zu stellen. Eng verbunden mit dem Experimentieren ist auch die Haltung, dass das Verwerfen von Ideen kein Fehlschlag, keine Zeitverschwendung und kein Zeichen von Unfähigkeit ist, sondern ein essenzieller Aspekt von Designarbeit. Denken Sie auch hier wieder an den Design Squiggle und den teilweise chaotischen Verlauf eines Designprozesses – jeder Schritt im Prozess und jede verworfene Idee trägt hier zum Erkenntnisprozess bei.

Umgekehrt darf das Entwerfen von Alternativen aber auch nicht als Selbstzweck verstanden werden. Nicht für jeden Aspekt einer Lösung müssen alternative Entwürfe erstellt werden. Verstandene und erprobte Teile einer Lösung können entworfen und realisiert werden. Alternative Entwürfe sind wichtig, wenn es um kritische Aspekte einer Lösung geht oder wenn eine Lösung für ein Problem als zu selbstverständlich erscheint.

Trainieren Sie das Experimentieren mit Alternativen

Der Umgang mit alternativen Entwürfen und das Experimentieren brauchen viel Erfahrung. Gerade für Einsteiger kann das Entwerfen alternativer Ideen sehr schwierig sein, insbesondere, wenn man selbst von einem Entwurf sehr überzeugt ist.

Einsteiger sollten das Entwerfen von Alternativen intensiv trainieren. Zum Beispiel kann man gezielt versuchen, zu einem gegebenen Entwurf (z.B. einem Use Case) weitere Alternativen zu entwerfen. Hilfreich dabei ist das Denken in extremen Ideen (siehe Hinweis von Dan Formosa am Ende von Abschnitt 7.1.1). Damit fällt es meist leichter, auf andere Ideen zu kommen.

13.3.4 Schöpferische Zugkraft beobachten und fördern

Im Kern geht es bei der Gestaltung einer Lösung darum, eine Veränderung der Realität zu erreichen. Damit ist ein Bauprozess immer auch ein Veränderungsprozess für die beteiligten Menschen. Um diesen Prozess voranzutreiben, braucht es Energie und Motivation. Beides wird sehr schön durch das Konzept der schöpferischen Zugkraft (Creative Tension) charakterisiert.

Schöpferische Zugkraft kann definiert werden als die Diskrepanz zwischen dem Ist-Zustand und dem Ziel einer Gruppe (vgl. [Senge 2006]). In der Sprache dieses Buches ist dies der Unterschied zwischen Vision und Realität. Mit einer guten und ansprechenden Vision können wir in diesem Sinne also eine Zugkraft erzeugen, die Menschen motiviert, an der Gestaltung und der angestrebten Veränderung aktiv mitzuwirken. Umgekehrt gibt es aber auch vielfältige Faktoren, die diese Zugkraft vermindern, ihr entgegenwirken oder sie sogar vollständig aufheben können.

Das Managen und das aktive Fördern von schöpferischer Zugkraft ist ein Thema für Fortgeschrittene. Dennoch ist es wichtig, sich frühzeitig damit zu befassen, um die Bedeutung von schöpferischer Zugkraft für den Erfolg eines Bauprozesses zu verstehen und um die eigene Wahrnehmung dafür zu schulen. Ein guter Ansatzpunkt ist die Arbeit mit und an der Vision einer digitalen Lösung. Eine gut formulierte Vision erkennen Sie insbesondere auch daran, dass sie den Menschen einen guten Grund zum Handeln gibt und sie so motiviert, an der Gestaltung der Lösung mitzuwirken.

Beobachten Sie die eigene schöpferische Zugkraft

Das Motivieren und das Fördern der schöpferischen Zugkraft von Menschen brauchen Übung und Erfahrung. Hier ist es sehr hilfreich, zunächst mit sich selbst zu beginnen.

Ein einfaches Tagebuch ist ein gutes Hilfsmittel, um sich die Veränderung der eigenen Zugkraft bewusst zu machen. Notieren Sie jeden Abend kurz Ihre Motivation in Bezug auf ein Projekt oder Vorhaben auf einer Skala von 0–10 (0 – keine Motivation, 10 – volle Motivation). Notieren Sie weiterhin kurz, was zur Veränderung Ihres Werts beigetragen hat. Dies können positive Feedbacks von Stakeholdern sein, ein nerviges Designproblem oder aber auch externe Umstände, die nichts mit dem Vorhaben zu tun haben. Wenn Sie mehrere Vorhaben gleichzeitig bearbeiten, dann notieren Sie den Wert am besten getrennt nach Vorhaben.

13.3.5 Auf richtige Führung und Teamzusammensetzung achten

In Abschnitt 13.2 haben wir gesehen, dass der Bauprozess von unterschiedlichen menschlichen Faktoren bestimmt wird. Darüber hinaus hängt der Erfolg des Bauprozesses von den Menschen ab, die den Veränderungsprozess vorantreiben, und zwar unabhängig von dem für den Arbeitsprozess gewählten Framework und den äußeren Umständen. Wer diese Menschen im Einzelnen sind, hängt von diversen Faktoren und dem Umfeld ab.

In gewissen Phasen des Bauprozesses kann eine Person mit Führungsfähigkeiten und Kompetenzen im Digital Design diese Aufgabe übernehmen. Insbesondere im Rahmen der Auftragsklärung und der Konzeptarbeit bietet Digital Design vielfältige Kompetenzen, um den Bauprozess zu steuern. In anderen Situationen sind jedoch andere Personen besser geeignet, die Führung zu übernehmen. In diesen Fällen muss die Führung bewusst an eine andere Person abgegeben werden.

In diesem Zusammenhang ist es wichtig, dass gute Gestaltung nur durch interdisziplinäre Zusammenarbeit erreicht werden kann. Dabei braucht ein Bauprozess je nach Schritt und Situation eine andere Art von Teamkonstellation und Führung, um wirksam zu sein. Teamkonstellation bedeutet an dieser Stelle nicht nur eine Zusammenstellung der richtigen Fertigkeiten im Sinne von Interdisziplinarität. Das Team braucht ebenso eine gute Zusammensetzung in Bezug auf das Mindset, die sich aus der Persönlichkeitsvielfalt der Teammitglieder ergibt.

Für gutes Digital Design ist es wichtig, ein Bewusstsein für richtige Führung und Teamzusammensetzung zu entwickeln und, sofern notwendig, auf Veränderungen in der Führung und Teamzusammensetzung hinzuweisen. Dies bedeutet vor allem, dass jemand die Führung aktiv übernimmt, auf die Teamzusammensetzung achtet und auch darauf achtgibt, dass beides bei Bedarf verändert wird. Weiterhin ist es wichtig zu wissen, dass die Verantwortung für das Thema Führung und Team bei den Personen liegt, die im Tätigkeitsbereich Management arbeiten.

Führung und Teamzusammensetzung beobachten

Auch wenn das Thema »Führung und Teamzusammensetzung« eine Managementaufgabe ist, ist ein Bewusstsein für die Bedeutung beider Themen im Digital Design erforderlich.

Wenn Sie Ihr Bewusstsein für Team und Führung schärfen wollen, versuchen Sie in Ihrer praktischen Arbeit (egal in welcher Rolle) darauf zu achten, welche Personen Führungsaufgaben übernehmen und wie sich die Teamzusammensetzung auf die Zusammenarbeit auswirkt.

Führungsaufgaben müssen nicht zwangsläufig nur von Personen mit Managementfunktionen übernommen werden. Oft gibt es z.B. Personen, die neben dem Management wichtige Führungsaufgaben übernehmen, indem sie z.B. Entscheidungsoptionen erarbeiten oder vorliegende Optionen kritisch diskutieren.

13.3.6 Gestaltung benötigt durchgängige Erkenntnisprozesse

Das Erstellen von Entwürfen und Prototypen ist ein wichtiger Bestandteil der Designarbeit und damit auch der Gestaltung einer Lösung. Unabhängig davon, wie gut Entwürfe als externes Gedächtnis gepflegt werden und egal wie gut die Arbeit mit Prototypen dokumentiert wird, basiert ein Bauprozess immer zu einem großen Teil auf implizitem Wissen. Dieses implizite Wissen über die Lösung und den Bauprozess ist typischerweise nicht gleichmäßig verteilt und gleich gewichtet. Bei Übergängen im Bauprozess und bei Personalwechseln im Bauteam oder in den Stakeholder-Rollen (z.B. ein Wechsel in der Rolle des Auftraggebers) besteht das Risiko, dass viel implizites Wissen verloren geht.

Daher ist es wichtig, dieses Risiko zu kennen und daran zu arbeiten, es zu minimieren. Eine hilfreiche Vorgehensweise an dieser Stelle ist der Einsatz von Personen, die bewusst als Brückenbauer bei Übergängen fungieren. Brückenbauer lassen sich z.B. an folgenden Fähigkeiten erkennen. Sie können zwischen den Welten des »Theoriefokus« und des »Praxisfokus« vermitteln. Ebenso können Brückenbauer das große Ganze (Big Picture) einer Lösung zeichnen und erklären (vgl. [Kemper 2021]). So helfen sie dabei, die bestehenden Ideen zu transportieren und neue Personen gut in das Team einzuführen.

Der durchgängige Erkenntnisprozess kann weiterhin durch gezielte Teambildung und Teamveränderung unterstützt werden. Zum Beispiel können Personen schon frühzeitig in den Bauprozess eingebunden werden, auch wenn sie erst später eine aktive Rolle spielen. Durch diese frühe Beteiligung können Personen wichtiges implizites Wissen über die Lösung und den Bauprozess aufnehmen.

Gezielte Teambildung zur Weitergabe von implizitem Wissen nutzen

Mit Blick auf den Übergang von der Auftragsklärung zur Konzeptarbeit ist es sehr hilfreich, Personen mit Aufgaben im Design (z.B. Interaction Design) oder der Konstruktion (z.B. Softwarearchitekturen) gegen Ende der Auftragsklärung einzubeziehen. So erhalten diese Personen einen guten Einblick in die Finalisierung der Vision und können durch die Zusammenarbeit mit den beteiligten Stakeholdern ein besseres Bild von der Gesamtsituation bekommen.

Gleiches gilt für den Übergang von der Konzeptarbeit zur Entwicklung und zum Betrieb. Personen mit Realisierungsaufgaben (z.B. Softwareentwicklung) profitieren im Hinblick auf implizites Wissen stark davon, die letzten Teile der Konzeptarbeit mitzuerleben und an der Finalisierung der letzten Details des Entwurfs mitzuwirken.

Das Gleiche gilt auch, wenn es um Sie selbst geht. Wenn Sie Teil eines neuen Teams werden sollen, versuchen Sie frühzeitig Kontakt mit dem Team aufzunehmen, um schon früh an den Tätigkeiten des Teams mitwirken zu können.

13.4 Gestaltung ist Teamwork

In Kapitel 2 haben wir Designkompetenz im Sinne von Gestaltungskompetenz definiert, da das Digital Design einen erheblichen Beitrag zur Gestaltung einer digitalen Lösung leistet und als Berufsbild den Anspruch hat, den Bauprozess einer digitalen Lösung aus der Gestaltungsperspektive zu führen (vgl. [Bitkom 2018]). Dieser Anspruch soll nicht zur Folge haben, dass man das Digital Design als die einzig relevante Profession begreift. Auch wenn die Ausführungen in diesem Buch deutlich machen, dass das Gestalten und Bauen einer guten Lösung weit über das Digital Design hinausgeht, ist es für den Abschluss dieses Buches wichtig, die Grundhaltung des Digital Design zur Teamarbeit noch einmal hervorzuheben.

Das Bauen einer guten Lösung erfordert eine enge Zusammenarbeit auf Augenhöhe zwischen Fachleuten aller Tätigkeitsbereiche (siehe Abschnitt 4.2). Zusätzlich zur Fachkompetenz in den Tätigkeitsbereichen werden Fachleute aus diversen anderen Bereichen benötigt, z.B.:

- Datenschutzfachleute für den Schutz von Daten und Privatsphäre
- Fachleute für visuelles Design für ein elegantes und ästhetisches visuelles Design

- Fachleute für Ergonomie und Benutzbarkeit (Usability), um angenehme, nützliche und benutzbare digitale Lösungen zu schaffen
- Fachleute für Requirements Engineering zur Identifizierung von Stakeholdern und zum Verständnis ihrer Bedürfnisse
- Fachleute für Sozialwissenschaften und Ethnologie, um die Auswirkungen einer digitalen Lösung zu antizipieren
- Fachleute für Nachhaltigkeit zur Bewertung und Verbesserung der Nachhaltigkeit einer digitalen Lösung
- Fachleute für Design und Konstruktion, um eine elegante und ästhetische digitale Lösung auf der wahrnehmbaren und zugrunde liegenden Ebene zu erreichen

Am Ende des Lehrplans zum Digital Design Professional – Foundation Level (DDP) [DDP FL 2023] wird vom Autorenteam eine wichtige Aussage zur Haltung des Digital Design gegenüber Teamarbeit gemacht. Als Teil des Autorenteams stehe ich voll und ganz hinter dieser Aussage und möchte sie zum Abschluss dieses Kapitels wörtlich zitieren:

> *Schließlich bleibt noch eine abschließende wichtige Feststellung für die Haltung des Digital Design. Dieses Handbuch zeigt, dass Digital Design ein sehr vielfältiges Berufsbild ist, das unterschiedliche Fähigkeiten erfordert. Wir glauben, dass es möglich ist, die Bedeutung und den Zusammenhang zwischen all diesen Fähigkeiten zu verstehen. Wir glauben außerdem, dass es möglich ist, einige dieser Fähigkeiten zu beherrschen.*
>
> *Aber, ein Meister des gesamten Spektrums an Fähigkeiten zu werden, ist zwar möglich, aber nur für außergewöhnliche Talente. Für einen Durchschnittsmenschen, wie wir als Autorinnen und Autoren uns selbst sehen, bleibt daher folgendes Fazit für die Haltung des Digital Design, die wir in diesem Handbuch transportieren wollten:*
>
> *Gutes Digital Design kann nur durch transdisziplinäre Teamarbeit erreicht werden, die die Vielfalt an Fähigkeiten für gutes Digital Design abdecken kann.*

Reflexionsfragen

Soziale Dimension im Bauprozess

Welche positiven oder negativen Erfahrungen haben Sie beim Bau digitaler Lösungen gemacht, die sich auf die soziale Dimension zurückführen lassen?

Gestalterisches Mindset

Gehen Sie in Gedanken noch einmal die Aspekte des gestalterischen Mindsets durch. Wie stark sind die einzelnen Aspekte bei Ihnen ausgeprägt? Welche Aspekte halten Sie für Ihre persönliche Entwicklung für besonders wichtig?

Gestaltung ist Teamwork

Welche Erfahrungen haben Sie mit Teamarbeit bei der Gestaltung der Digitalisierung gemacht? Denken Sie dabei sowohl an positive als auch an negative Erfahrungen.

Betrachten Sie Ihre eigenen Kompetenzen im Kontext von Digital Design. Welche Stärken und Schwächen sehen Sie bei sich selbst? Wie schätzen Sie Ihre eigene Teamfähigkeit ein?

Ausblick – wie kann es weitergehen?

Trials never end, of course. Unhappiness and misfortune are bound to occur as long as people live, but there is a feeling now, that was not here before, and is not just on the surface of things, but penetrates all the way through: We've won it. It's going to get better now. You can sort of tell these things.
– Robert Pirsig in [Pirsig 1974]

Am Anfang dieses Buches stand die Überlegung, dass Digital Design ein neues Verständnis für die ganzheitliche Gestaltung von Digitalisierung bietet, das den neuen Herausforderungen der Digitalisierung besser gerecht wird. Es liegt daher nahe, am Ende noch einmal die große Perspektive einzunehmen, um die behandelten Inhalte einzuordnen und einen Ausblick zu geben, wie mit dem Gelernten weiter verfahren werden kann.

Digital Design bietet einen Rahmen, um den Bauprozess und die Gestaltung einer Lösung besser zu verstehen und so die vielen Herausforderungen rund um die Gestaltung von Digitalisierung gezielter zu adressieren. Die Auseinandersetzung mit Digital Design und die Arbeit mit den Inhalten dieses Buches helfen, die Vielfältigkeit der Gestaltung von Digitalisierung besser zu erfassen und zu verstehen. Natürlich sind die Herausforderungen bei der Gestaltung von Digitalisierung nach wie vor groß und die zu lösenden Probleme komplex, aber sie fügen sich in eine größere Struktur ein und können zielgerichteter bearbeitet und gelöst werden. An dieser Stelle setzt dieser Ausblick an, denn von hier aus gibt es viele Richtungen, in die man sich weiterentwickeln kann. Einige dieser Richtungen werden im Folgenden aufgeführt, um Möglichkeiten der persönlichen Weiterentwicklung aufzuzeigen.

Vertiefung entlang des Pi – Designkompetenz

Entwurfskompetenz gehört zum Kern der Designkompetenz (siehe auch Abb. 2–1). Daher ist die Vertiefung der Entwurfskompetenz ein logischer erster Schritt. Mit den Entwurfsaspekten auf den drei Ebenen und deren Zusammenspiel haben Sie ein grundlegendes Verständnis erlangt, das Sie nun mit konkreten Entwurfstechniken vertiefen können. Wichtig bei der Vertiefung der einzelnen Aspekte ist immer der Blick auf den übergeordneten Zusammenhang. Wenn Sie sich z. B. eingehender mit dem Entwurf von Geschäftsprozessen auseinandersetzen wollen, helfen Ihnen Kenntnisse im Digital Design, die dahinterliegenden Aspekte des Systems und der Elemente leichter zu erkennen und zu berücksichtigen. Wenn Sie sich umgekehrt mit dem Entwurf von Use Cases oder User Interfaces beschäftigen wollen, helfen Ihnen Ihre Kenntnisse, den Zusammenhang mit dem übergeordneten System und der Lösung als Ganzes zu erkennen und zu verstehen.

Kompetenzen in Prototypen sind ein zweiter wichtiger Teil der Designkompetenz. Das Spektrum von Prototypen reicht von sehr einfachen Skizzen auf Papier über simulierte Lösungen bis hin zu voll funktionsfähigen Teilen einer digitalen Lösung. Die Vertiefung der Arbeit mit Prototypen auf allen Ebenen und in allen Schritten des Bauprozesses kann einen echten Mehrwert bieten. Es ist wichtig, sich bewusst zu sein, dass es viele verschiedene Arten von Prototypen gibt und dass es für jede Situation verschiedene Arten und Möglichkeiten gibt, mit Prototypen zu arbeiten. Wenn Sie sich intensiv mit einer Art von Prototyp (z. B. interaktive User Interfaces) auseinandersetzen, sollte das Wissen über Digital Design Sie daran erinnern, dass es viele Arten von Prototypen gibt. Denken Sie immer an die Ziele des Prototyps, um eine der Situation angemessene Art von Prototyp zu wählen.

Evaluationskompetenz ist der dritte wichtige Teil der Designkompetenz. Das Spektrum der Evaluation ist sehr breit und kann in allen drei Schritten des Bauprozesses und auf allen Ebenen einer Lösung angewendet werden. Der eigene Arbeitskontext kann als Entscheidungshilfe für die Vertiefung im Bereich der Evaluation herangezogen werden. Sind Sie primär in den ersten beiden Schritten des Bauprozesses (Auftragsklärung und Konzeptarbeit) tätig, lohnt sich eine Vertiefung im Bereich der Evaluation von Entwürfen und frühen Prototypen, wie sie z. B. im Design Thinking eingesetzt werden. Sind Sie hingegen eher in der Entwicklung und im Betrieb aktiv, dann ist eine Vertiefung in der Evaluation im Kontext der Realisierung sinnvoll, z. B. im Bereich des Softwaretests oder auch des Usability-Tests. Unabhängig von der konkreten Vertiefung ist es wichtig, sich bewusst zu machen, dass Evaluation ein wesentlicher Bestandteil der Designarbeit ist.

Vertiefung entlang des Pi – digitales Material

Wer sich im Sinne des Digital Design umfassend weiterbilden will, muss auch eine Vertiefung im Bereich des digitalen Materials anstreben. Hier hängt die Weiterentwicklung sehr stark vom individuellen Hintergrund ab. Wichtig für die Vertiefung ist hier das Bewusstsein, dass Sie später nicht mit diesen Technologien etwas realisieren müssen, sondern vielmehr die Fähigkeiten, Möglichkeiten und Grenzen der Technologien verstehen sollten, um mit den Technologien gestalten zu können. Für die Konstruktion und die Realisierung von Lösungen gibt es Fachleute mit entsprechenden Kompetenzen. Sie erarbeiten sich Materialkompetenz auch deshalb, um besser mit diesen Fachleuten zusammenzuarbeiten.

Vertiefung entlang des Pi – Querschnittskompetenzen

Die Querschnittskompetenzen bilden den dritten Bestandteil von Digital Design. Auch hier lohnt sich eine Vertiefung in jeder der drei Dimensionen Projekt, Produkt und soziale Dimension, wenn Sie sich umfassend im Digital Design weiterbilden möchten. Je nach Interessenlage und persönlicher Situation kann eine der drei Dimensionen mit Priorität vertieft werden. Wenn Sie z.B. im Projektgeschäft tätig sind (da Sie in einem Beratungshaus arbeiten), dann ist eine Vertiefung in der Projektdimension eine gute Wahl, um die Zusammenarbeit mit Fachleuten aus dem Projektmanagement zu vertiefen. Wenn Sie hingegen in einer Produktorganisation arbeiten (z.B. bei einem Hersteller eines Softwareprodukts), dann sind Kenntnisse in der Produktdimension hilfreicher. Wichtig für die Vertiefung in den Querschnittskompetenzen ist das Bewusstsein dafür, dass die Querschnittskompetenzen die Fähigkeit zu interdisziplinärem Arbeiten fördern und Brücken zu den Disziplinen bauen, die für das Design einer guten Lösung erforderlich sind.

Vertiefung auf einer der drei Ebenen einer Lösung

Eine andere Sicht auf die Vertiefung bieten uns die drei Ebenen einer Lösung. Beim *Digital Design auf der Lösungsebene* vertiefen Sie die Themen Entwurf, Arbeit mit Prototypen und Evaluation von Wertversprechen, Geschäftsmodellen, Wertschöpfungsarchitekturen und Geschäftsprozessen. Ebenso vertiefen Sie mit Blick auf digitales Material Technologien, die sich konkret mit Geschäftsmodellen und Geschäftsprozessen befassen. Sie erwerben vertiefte Kompetenzen in der Gestaltung von digitalen Geschäftsmodellen und digitalen Geschäftsprozessen und können dazu beitragen, gute und sinnvolle digitale Prozesse, Geschäftsmodelle und digitale Ökosysteme zu bauen.

Beim *Digital Design auf der Systemebene* vertiefen Sie Ihre Kenntnisse im Entwurf, der Arbeit mit Prototypen und der Evaluation von technischen Systemen. Mit Blick auf digitales Material befassen Sie sich mit Technologien zum Betrieb von Systemen (z.B. Cloud-Technologien) und mit Endgeräten. So erwerben Sie vertiefte Kompetenzen in der Gestaltung digitaler Systeme und können dazu beitragen, sinnvolle technische Systeme zur Realisierung digitaler Lösungen zu bauen.

Beim *Digital Design auf der Elementebene* vertiefen Sie die Themen Entwurf, Arbeit mit Prototypen und Evaluation von User Interfaces, technischen Interfaces, Use Cases und technischen Funktionen. Dies gilt auch für Ihr Wissen über Technologien zur Realisierung von Elementen (z.B. Frontend-Technologien). Auf diese Weise erwerben Sie vertiefte Kompetenzen in der Gestaltung von Elementen einer digitalen Lösung und können so dabei unterstützen, gute und brauchbare Elemente einer Lösung zu bauen.

Wenn Sie die Vertiefung auf einer der drei Ebenen vorantreiben, ist der Anspruch an eine ganzheitliche Gestaltung ein wichtiger Faktor. Auch wenn Sie sich auf eine Ebene konzentrieren, hilft Ihnen das Wissen über die Designarbeit auf den anderen Ebenen und die Kenntnisse über die Zusammenhänge zwischen den Ebenen, besser mit den Fachleuten auf den anderen Ebenen zusammenzuarbeiten. So können Sie im Team ganzheitlich an der Gestaltung der Lösung arbeiten.

Vertiefung in einem Schritt des Bauprozesses

Die Schritte des Bauprozesses bieten eine weitere Möglichkeit zur Vertiefung Ihres Wissens. Beim *Digital Design für die Auftragsklärung* tauchen Sie in die frühe Arbeit mit dem Auftraggeber und den Prozess der Erstellung eines Digital Design Brief ein. Materialkompetenz ist insbesondere im Hinblick auf innovative Entwicklungen nützlich, um neue Trends in der technischen Entwicklung bei der Arbeit an der Vision berücksichtigen zu können. Der Entwurf und die Evaluation einer guten Vision sowie die Begleitung des Auftraggebers und anderer Stakeholder bei der Entscheidung für oder gegen den nächsten Schritt im Bauprozess sind hier entscheidend.

Beim *Digital Design für die Konzeptarbeit* vertiefen Sie Ihr Wissen im Bereich des Entwurfs und der Evaluation auf der Lösungs- und Systemebene sowie im Prozess der Erstellung eines Lösungs- und Systemdesignkonzepts. Neben Kenntnissen über innovative Technologien ist hier ein breites Technologiewissen nützlich, um die Möglichkeiten und Grenzen von Technologien in den Lösungs- und Systementwurf einfließen zu lassen. Sie unterstützen Auftraggeber und andere Stakeholder bei der Erarbeitung einer guten und sinnvollen Lösung und bei der Entscheidung für oder gegen den Start der Realisierung.

Beim *Digital Design für die Entwicklung und den Betrieb* vertiefen Sie Ihr Wissen im Bereich des Entwurfs und der Evaluation auf der Elementebene, im Erstellungsprozess von Elementdesignkonzepten und in Entwicklungsprozessen für digitale Lösungen. Materialkompetenz bedeutet hier primär Kompetenzen in den Technologien, die für die Realisierung der Elemente erforderlich sind. Sie begleiten Auftraggeber und andere Stakeholder bei der Realisierung der Lösung und insbesondere auch bei der Optimierung und Weiterentwicklung der Lösung bis hin zum Lebensende und der Außerbetriebnahme.

Wenn Sie sich für eine Vertiefung Ihrer Arbeit in einem der drei Schritte des Bauprozesses entscheiden, werden Ihnen Ihre Kenntnisse im Digital Design besonders bei den Übergängen zwischen den Schritten helfen. Arbeiten Sie z. B. in der Auftragsklärung, dann haben Sie ein Verständnis für die Aufgaben in der Konzeptarbeit und können Ihre Ergebnisse so ausarbeiten, dass ein Team sinnvoll darauf aufbauen kann. Gleiches gilt für den Übergang von der Konzeptarbeit zur Entwicklung. Umgekehrt können Sie auch klare Anforderungen an die Ergebnisse der vorgelagerten Schritte stellen. Wenn Sie sich z. B. auf die Konzeptarbeit spezialisieren, können Sie klare Anforderungen an die Ergebnisse der Auftragsklärung stellen, um eine gute Grundlage für die eigene Konzeptarbeit zu erhalten. Gleiches gilt für den Übergang von der Konzeptarbeit zur Entwicklung, wenn Sie sich auf die Entwicklung spezialisieren.

Achten Sie bei aller Vertiefung immer auf die Ganzheitlichkeit

Für welchen Weg Sie sich auch entscheiden mögen und welche Form der Vertiefung Sie für sich im Digital Design vorantreiben möchten: *Achten Sie immer auch auf die Ganzheitlichkeit.*

Je mehr Sie sich in die Arbeit im Digital Design vertiefen und hinter die vielen Details einer digitalen Lösung schauen können, desto besser wird sich Ihre Gestaltungskompetenz entwickeln. Hier heißt es nun, sich den Blick für die Ganzheitlichkeit des Digital Design zu bewahren. Durch den ganzheitlichen Blick und das Verständnis der Zusammenhänge können Sie besser im Team arbeiten, Ihre erworbenen Fähigkeiten wirksamer im Bauprozess einbringen und im Sinne Ihrer Stakeholder ganzheitlich an der Gestaltung digitaler Lösung mitwirken.

Anhang

A Hinweise zur Vorbereitung auf die Zertifizierungsprüfung zum Digital Design Professional (DDP)

Zur Vorbereitung auf die Zertifizierungsprüfung zum Digital Design Professional – Foundation Level (DDP) werden in den folgenden Abschnitten alle Lerneinheiten (kurz LE) zum Lehrplan [DDP FL 2023] mit den zugehörigen Lernzielen (kurz LZ) vorgestellt. Die Gliederung dieses Buches ist so gewählt, dass die Abschnitte dem Aufbau des Lehrplans folgen. Zum Beispiel sind die Inhalte zum LZ 8.1 in Abschnitt 8.1 beschrieben. Für jedes Lernziel wird die kognitive Stufe angegeben, die erreicht werden soll:

- K1: Kennen: Sich an zuvor gelernten Stoff erinnern oder ihn abrufen können.
- K2: Verstehen: Bedeutung anhand von gegebenem Inhalt oder Situationen begreifen/herstellen.
- K3: Anwenden: Wissen und Fähigkeiten in gegebenen Situationen anwenden.

Des Weiteren wird in einem kurzen Absatz beschrieben, welche Kenntnisse erforderlich sind, um das Lernziel zu erreichen. Diese Erläuterungen sind keine Zusammenfassungen, sondern sollen Ihnen helfen zu überprüfen, ob Sie dieses Lernziel erreicht haben. Als weitere Möglichkeit, Ihr Wissen zu überprüfen, finden Sie zu jedem Lernziel eine mögliche Prüfungsfrage als Beispiel mit Musterlösungen am Ende dieses Anhangs.

Ein guter Weg, sich auf die Prüfung vorzubereiten, besteht darin, die Inhalte anhand dieses Anhangs zu wiederholen und Ihr Wissen mit den Beispielfragen zu testen. Wenn Sie die Beispielfragen gut beherrschen, können Sie auf der Webseite des Digital Design Professional (*www.digitaldesign.org*) eine Übungsprüfung absolvieren. Diese Übungsprüfung sollten Sie unter realistischen Bedingungen durchführen, d.h. achten Sie insbesondere auf die Einhaltung der angegebenen Prüfungszeit.

Überblick und Charakterisierung der Lerneinheiten

LE 1 Motivation für Digital Design

LZ 1.1 Die Notwendigkeit eines eigenen Design-Berufsbilds für die Entwicklung erfolgreicher digitaler Lösungen begründen können (K2)

Die Notwendigkeit von Digital Design motiviert sich durch die fortlaufende Entwicklung digitaler Technologien und dem damit verbundenen und wachsenden Gestaltungsspielraum. Hierzu wurden drei Stufen der Technologieentwicklung eingeführt. Anhand dieser Stufen kann gezeigt werden, warum Digital Design als Berufsbild heute erforderlich ist.

LZ 1.2 Wissen, dass Digital Design ein Berufsbild und keine Rolle im Bauprozess ist (K1)

Für das Verständnis von Digital Design ist der Gedanke des Berufsbilds im Unterschied zu einer Rolle in einem Bauprozess ein wesentlicher Faktor. Bei diesem Lernziel geht es um den Unterschied zwischen beiden.

LE 2 Überblick über Digital Design

LZ 2.1 Designkompetenzen als Teil des Pi-förmigen Profils von Digital Design erläutern können (K2)

Designkompetenz ist die erste wesentliche Kompetenz für Digital Design und wird als Gestaltungskompetenz definiert. Bei diesem Lernziel soll die Designkompetenz erläutert werden. Hierzu wird Designkompetenz in verschiedene Bestandteile zerlegt, die beim Grund für eine Veränderung beginnen und beim Wirksammachen der Veränderung aufhören.

LZ 2.2 Materialkompetenzen als Teil des Pi-förmigen Profils von Digital Design erläutern können (K2)

Materialkompetenz ist die zweite wesentliche Kompetenz für Digital Design. Bei diesem Lernziel sollen die verschiedenen Bestandteile von Materialkompetenz erläutert werden. Folgende Bestandteile wurden hierzu eingeführt: verschiedene Arten von Wissen über Technologien, Bewusstsein über zwei wichtige technische Themen und ein wichtiges Missverständnis zu digitaler Technologie.

LZ 2.3 Querschnittskompetenzen als Teil des Pi-förmigen Profils von Digital Design erläutern können (K2)

Querschnittskompetenzen vervollständigen die Kompetenzfelder im Digital Design. Für dieses Lernziel sollen die Querschnittskompetenzen erläutert werden. Hierzu wurden drei Dimensionen eingeführt, um die Querschnittskompetenzen zu unterteilen.

LE 3 Digitales Material verstehen

LZ 3.1 Digital als Material zur Erstellung von Datenstrukturen, Datenströmen und Datentransformation erklären können (K2)

Digitale Technologien können vereinfacht als Material verstanden werden. Für dieses Lernziel soll diese Idee erläutert werden. Ausgangspunkt für die Erklärung ist die Tatsache, dass durch Technologie Datenstrukturen, Datenströme und Datentransformationen realisiert werden.

LZ 3.2 Das Denken in Form, Funktion und Qualität auf einer wahrnehmbaren und zugrunde liegenden Ebene als Modell für digitale Lösungen und digitale Technologie erklären können (K2)

Für die Gestaltung digitaler Lösungen braucht es ein Modell, das die Gestaltung digitaler Lösungen mit digitalen Technologien strukturiert. Für dieses Lernziel soll das FFQ-Modell erklärt werden. Es besteht aus drei Säulen auf zwei Ebenen, die zusammen die digitale Lösung strukturieren.

LZ 3.3 Die generelle Struktur der Designarbeit für digitale Lösungen in Bezug auf Ziele und Randbedingungen erklären können (K2)

Mit dem FFQ-Modell wird die digitale Lösung strukturiert. Für dieses Lernziel soll die generelle Struktur von Designarbeit erläutert werden. Hierzu braucht es neben dem FFQ-Modell noch zwei weitere Bestandteile, um Designarbeit im Allgemeinen zu erklären.

LZ 3.4 Das Mindset zum Verständnis digitaler Technologien als Material für die Gestaltung digitaler Lösungen erklären können (K2)

Für dieses Lernziel soll dieses Verständnis des Digitalen als Material im Sinne eines Mindsets erklärt werden. Hierzu gehören ein besonderer Umgang mit Technologiewissen im Hinblick auf den Entwurf, eine Haltung in Bezug auf die Aneignung von Technologie- bzw. Materialwissen und das Wissen um fünf wichtige Vorteile durch Materialwissen.

LE 4 Grundlagen des Bauprozesses für digitale Lösungen

LZ 4.1 Die unterschiedlichen Rollen der wichtigsten Stakeholder im Bauprozess und ihre Beziehung zueinander erklären können (K2)

Für die Arbeit im Bauprozess können einige wichtige Stakeholder-Rollen unterschieden werden. Für dieses Lernziel sollen diese Stakeholder-Rollen und ihre Beziehungen erklärt werden. Insgesamt wurden vier wichtige Stakeholder-Rollen unterschieden.

LZ 4.2 Die Tätigkeitsbereiche im Bauprozess für digitale Lösungen mit ihren Arbeitsprodukten verstehen (K2)

Die Arbeit im Bauprozess einer digitalen Lösung ist sehr vielfältig. Für ein grundlegendes Verständnis der Arbeit im Bauprozess braucht es ein einfaches Modell, das die Tätigkeitsbereiche und deren Arbeitsprodukte beschreibt. Für dieses Lernziel muss dieses Modell erklärt werden. Es wurden insgesamt drei Kerntätigkeitsbereiche und zwei querschnittliche Tätigkeitsbereiche mit Arbeitsprodukten eingeführt.

LZ 4.3 Den grundlegenden Ablauf des Bauprozesses und das Zusammenspiel der Tätigkeiten beschreiben können (K1)

Neben den Tätigkeitsbereichen ist für das Verständnis des Bauprozesses auch die Kenntnis des grundlegenden Ablaufs des Bauprozesses erforderlich. Für dieses Lernziel soll der wesentliche Ablauf des Prozesses als Aktivitätenfolge und wesentliche Themen für das Zusammenspiel zwischen den Tätigkeitsbereichen benannt werden.

LE 5 Strukturierung des Bauprozesses aus Sicht des Digital Design

LZ 5.1 Mensch, Business und Technologie als zusammenhängende Designperspektiven für eine digitale Lösung erklären können (K2)

Die Designperspektiven Mensch, Business und Technologie definieren drei zusammenhängende Perspektiven auf eine Lösung. Bei diesem Lernziel geht es darum, das Modell sowie die jeweilige Sicht der Perspektiven, ihr Zusammenspiel und ihre Bedeutung für die Designarbeit zu erklären.

LZ 5.2 Lösung, System und Element als drei wesentliche Abstraktionsebenen einer digitalen Lösung erklären können (K2)

Das Ebenenmodell strukturiert die Komplexität einer digitalen Lösung durch drei Abstraktionsebenen: Lösungs-, System- und Elementebene. Bei diesem Lernziel geht es darum, die jeweilige Sicht einer Ebene mit Blick auf die drei Designperspektiven zu erklären.

LZ 5.3 Die drei Schritte des Bauprozesses für digitale Lösungen erklären können (K2)

Für das grundlegende Verständnis des Bauprozesses einer Lösung wurden drei essenzielle Schritte definiert. Bei diesem Lernziel geht es darum, die wesentlichen Ziele und Herausforderungen, die beteiligten Stakeholder, die Arbeitsprodukte und die Arbeitsweisen für jeden Schritt zu erläutern.

LZ 5.4 Das Zusammenspiel zwischen den Abstraktionsebenen einer digitalen Lösung, den Tätigkeitsbereichen und den Schritten des Bauprozesses erklären können (K2)

Die Ebenen (LZ 5.2 mit den Designperspektiven aus LZ 5.1), die Tätigkeitsbereiche (LZ 4.2) und die Schritte (LZ 5.3) sind Hilfsmittel. Bei diesem Lernziel soll erklärt werden, wie diese dabei helfen, dass die Aufgaben und Verantwortlichkeiten (Schritte und Tätigkeitsbereiche), die Komplexität einer Lösung an sich (Designperspektiven und Ebenen) und im Verlauf des Bauprozesses (mit Schritten) beherrscht werden können.

LE 6 Überblick über wichtige Technologien als Grundlage der Materialkompetenz

LZ 6.1 Beispiele für wahrnehmbare Technologien nennen können (K1)

Wahrnehmbare Technologien sind nach dem FFQ-Modell (LZ 3.2) die erste wichtige Kategorie für digitale Technologien. Für dieses Lernziel sollen Beispiele für wahrnehmbare Technologien genannt werden. Hierzu wurden die beiden Kategorien Endgeräte und Interaktionstechnologien eingeführt. Für jede Kategorie wurden verschiedene Beispiele genannt.

LZ 6.2 Beispiele für zugrunde liegende Technologien nennen können (K1)

Zugrunde liegende Technologien sind nach dem FFQ-Modell (LZ 3.2) die zweite wichtige Kategorie für digitale Technologien. Für dieses Lernziel sollen Beispiele für zugrunde liegende Technologien genannt werden. Hierzu wurden Technologien zur Programmierung, Technologien für den Betrieb und Kommunikationstechnologien als Kategorien eingeführt und für jede Kategorie wurden Beispiele genannt.

LZ 6.3 Möglichkeiten und Grenzen der Kommunikationstechnologie und des maschinellen Lernens als Beispiele für Materialkompetenz erklären können (K2)

Das Wissen um Möglichkeiten und Grenzen von Technologie macht den Kern von Materialkompetenz aus. Für dieses Lernziel soll die Materialkompetenz am Beispiel von Kommunikationstechnologie und maschinellem Lernen erklärt werden. Für beide Technologien wurden Fähigkeiten und Grenzen anhand des FFQ-Modells eingeführt.

LE 7 Grundlagen der Designarbeit

LZ 7.1 Die grundlegenden Denkmodelle der Designarbeit erklären können (K2)

Für ein allgemeines Verständnis von Designarbeit ist es hilfreich, Designarbeit mit unterschiedlichen Denkmodellen zu erklären. Für dieses Lernziel sollen drei Denkmodelle erklärt werden. Ein Modell bezieht sich auf den Designprozess, ein Modell teilt die Designarbeit in zwei unterschiedliche Arbeitsmodi ein und ein Modell bezieht sich auf zu lösende Probleme.

LZ 7.2 Designkonzepte als zentrales Gestaltungsmittel für die Designarbeit erklären können (K2)

Designkonzepte sind ein wesentliches Mittel für die Designarbeit. Für dieses Lernziel soll erklärt werden, was Designkonzepte als Gestaltungsmittel ausmacht. Hierzu wurden wichtige Grundlagen zur Bedeutung von Konzepten für den Entwurf beschrieben. Des Weiteren wurde vier Beispiele für den Nutzen und die Grenzen von Designkonzepten erläutert.

LZ 7.3 Prototypen als zentrales Design- und Evaluierungshilfsmittel für die Designarbeit erläutern können (K2)

Prototypen sind ein weiteres wesentliches Mittel für die Designarbeit. Für dieses Lernziel soll erklärt werden, wie Prototypen die Designarbeit unterstützen. Hierzu wurden wichtige Grundlagen von Prototypen und die Verwendung von Prototypen für das Design und für die Evaluation beschrieben.

LZ 7.4 Die Bedeutung von Prototypen in verschiedenen Disziplinen kennen (K1)

Für die interdisziplinäre Arbeit im Digital Design ist es hilfreich, zu wissen, dass Prototypen in unterschiedlichen Disziplinen unterschiedlich verstanden und verwendet werden. Für dieses Lernziel soll die Bedeutung von Prototypen am Beispiel von sechs unterschiedlichen Disziplinen benannt werden.

LE 8 Designarbeit auf der Lösungsebene

LZ 8.1 Die grundlegenden Aspekte des konzeptuellen Entwurfs auf der Lösungsebene erklären können (K2)

Auf der Lösungsebene (LZ 5.2) betrachten wir die digitale Lösung als Ganzes im Sinne eines soziotechnischen Systems. Für dieses Lernziel sollen die sieben Aspekte erklärt werden, die zum Entwurf der Lösung verwendet werden können. Für die Strukturierung der Aspekte wurde das Arbeitsmodell für das Design digitaler Lösungen verwendet (LZ 3.3).

LZ 8.2 Den konzeptuellen Entwurf zur Erstellung von Designkonzepten auf der Lösungsebene anwenden können (K3)

Um die Lösung als Ganzes sinnvoll entwerfen zu können, ist neben der Kenntnis der Aspekte auch ein Verständnis ihres Zusammenspiels erforderlich. Für dieses Lernziel soll das Zusammenspiel der Aspekte auf der Lösungsebene angewendet werden können. Das grundlegende Zusammenspiel haben wir bereits beim Arbeitsmodell (LZ 3.3) kennengelernt. Hier geht es insbesondere um das Zusammenspiel der Aspekte für Form, Funktion und Qualität der Lösung.

LZ 8.3 Die wesentlichen Fragen für die Evaluationsarbeit auf der Lösungsebene erklären können (K2)

Für die Evaluation des Entwurfs auf der Lösungsebene haben wir auf Basis der drei Designperspektiven (LZ 5.1) insgesamt acht Fragestellungen zur Evaluation kennengelernt. Bei diesem Lernziel geht es darum, die einzelnen Fragestellungen zu erklären, d.h., welcher Aspekt durch eine Frage evaluiert wird und warum die Frage relevant ist.

LZ 8.4 Die Designarbeit auf der Lösungsebene entlang der drei Schritte des Bauprozesses erklären können (K2)

Die Lösungsebene spielt je nach Schritt im Bauprozess eine unterschiedliche Rolle in der Designarbeit. Sie hat eine unterschiedlich hohe Relevanz und unterschiedliche Grade an Gestaltungsfreiheit. Bei diesem Lernziel geht es darum, die Designarbeit auf der Lösungsebene im Verlauf der drei Schritte hinsichtlich des Beitrags zum Design und zum Bau der Lösung, zu Relevanz und Gestaltungsfreiheit zu erklären.

LE 9 Designarbeit auf der Systemebene

LZ 9.1 Die grundlegenden Aspekte des konzeptuellen Entwurfs auf der Systemebene erklären können (K2)

Auf der Systemebene (LZ 5.2) betrachten wir das technische System, das die Lösung realisiert, als Ganzes. Für dieses Lernziel sollen die sieben Aspekte erläutert werden, die zum Entwurf des Systems verwendet werden können. Für die Strukturierung der Aspekte wurde das Arbeitsmodell für das Design digitaler Lösungen verwendet (LZ 3.3).

LZ 9.2 Den konzeptuellen Entwurf zur Erstellung von Designkonzepten auf der Systemebene anwenden können (K3)

Um das System als Ganzes sinnvoll entwerfen zu können, braucht es neben dem Wissen zu den Aspekten auch ein Verständnis über das Zusammenspiel der Aspekte. Für dieses Lernziel soll das Zusammenspiel zwischen den Aspekten auf der Systemebene angewendet werden können. Das grundlegende Zusammenspiel haben wir bereits beim Arbeitsmodell (LZ 3.3) kennengelernt. Hier geht es insbesondere um das Zusammenspiel der Aspekte für Form, Funktion und Qualität des Systems.

LZ 9.3 Die wesentlichen Fragen für die Evaluationsarbeit auf der Systemebene erklären können (K2)

Für die Evaluation des Entwurfs auf der Systemebene haben wir auf Basis der drei Designperspektiven (LZ 5.1) insgesamt sieben Fragestellungen zur Evaluation kennengelernt. Bei diesem Lernziel geht es darum, die einzelnen Fragestellungen zu erklären, d.h., welcher Aspekt durch eine Frage evaluiert wird und warum die Frage relevant ist.

LZ 9.4 Die Designarbeit auf der Systemebene entlang der drei Schritte des Bauprozesses erklären können (K2)

Die Systemebene spielt je nach Schritt im Bauprozess eine unterschiedliche Rolle in der Designarbeit. Sie hat eine unterschiedlich hohe Relevanz und unterschiedliche Grade an Gestaltungsfreiheit. Bei diesem Lernziel geht es darum, die Designarbeit auf der Systemebene im Verlauf der drei Schritte hinsichtlich des Beitrags zum Design und zum Bau der Lösung, zu Relevanz und Gestaltungsfreiheit zu erklären.

LE 10 Designarbeit auf der Elementebene

LZ 10.1 Die grundlegenden Aspekte des konzeptuellen Entwurfs auf der Elementebene erklären können (K2)

Auf der Elementebene (LZ 5.2) betrachten wir eigene Elemente, die zur Realisierung des technischen Systems umgesetzt werden müssen. Für dieses Lernziel sollen die neun Aspekte erklärt werden, die zum Entwurf eines Elements verwendet werden können. Für die Strukturierung der Aspekte wurde das Arbeitsmodell für das Design digitaler Lösungen verwendet (LZ 3.3).

LZ 10.2 Den konzeptuellen Entwurf zur Erstellung von Designkonzepten auf der Elementebene anwenden können (K3)

Um ein Element sinnvoll entwerfen zu können, ist neben der Kenntnis der Aspekte auch ein Verständnis ihres Zusammenspiels erforderlich. Für dieses Lernziel soll das Zusammenspiel zwischen den Aspekten auf der Elementebene angewendet werden können. Das grundlegende Zusammenspiel haben wir bereits beim Arbeitsmodell (LZ 3.3) kennengelernt. Hier geht es insbesondere um das Zusammenspiel der Aspekte für Form, Funktion und Qualität eines Elements.

LZ 10.3 Die wesentlichen Fragen für die Evaluationsarbeit auf der Elementebene erklären können (K2)

Für die Evaluation des Entwurfs auf der Elementebene haben wir auf Basis der drei Designperspektiven (LZ 5.1) insgesamt sechs Fragestellungen zur Evaluation kennengelernt. Bei diesem Lernziel geht es darum, die einzelnen Fragestellungen zu erklären, d.h., welcher Aspekt durch eine Frage evaluiert wird und warum die Frage relevant ist.

LZ 10.4 Die Designarbeit auf der Elementebene entlang der drei Schritte des Bauprozesses erklären können (K2)

Die Elementebene spielt je nach Schritt im Bauprozess eine unterschiedliche Rolle in der Designarbeit. Sie hat unterschiedlich hohe Relevanz und unterschiedliche Grade an Gestaltungsfreiheit. Bei diesem Lernziel geht es darum, die Designarbeit auf der Elementebene im Verlauf der drei Schritte hinsichtlich des Beitrags zum Design und zum Bau der Lösung, zu Relevanz und Gestaltungsfreiheit zu erklären.

LE 11 Ganzheitliche Designarbeit im Bauprozess

LZ 11.1 Die Bedeutung des Co-Designs auf Lösungs-, System- und Elementebene für eine ganzheitliche Designarbeit erklären können (K2)

Ganzheitliches Design bedeutet, auf allen drei Ebenen gleichzeitig zu designen (auch Co-Design genannt). Für dieses Lernziel soll erklärt werden, was Co-Design auf den drei Ebenen bedeutet. Hierzu wurde auf Basis des Arbeitsmodells (LZ 3.3) beschrieben, wie die Aspekte auf den einzelnen Ebenen gemeinsam entworfen werden; wichtige Stichworte sind hier Konkretisierung, Dekomposition und Umsetzung.

LZ 11.2 Die Bedeutung der gemeinsamen Betrachtung von Mensch, Business und Technologie auf den drei Ebenen für eine ganzheitliche Designarbeit erklären können (K2)

Die drei Designperspektiven (LZ 5.1) helfen uns bei der Strukturierung einer digitalen Lösung. Für dieses Lernziel soll erklärt werden, warum die drei Perspektiven auf allen drei Ebenen (LZ 5.2) wichtig für eine ganzheitliche Gestaltung sind. Hierzu wurde die individuelle Bedeutung der drei Perspektiven für das Design auf den drei Ebenen aufgezeigt. Des Weiteren wurde die Bedeutung einer integrierten Betrachtung aller drei Perspektiven für das Design auf den drei Ebenen erläutert.

LZ 11.3 Den iterativen Charakter von Auftragsklärung, Konzeptarbeit, Entwicklung und Betrieb für ganzheitliche Designarbeit erklären können (K2)

Neben einem strukturellen Verständnis der Designarbeit ist ein Prozessverständnis wichtig für ein ganzheitliches Design. Für dieses Lernziel soll erklärt werden, warum iteratives Arbeiten im Bauprozess wichtig für eine ganzheitliche Designarbeit ist. Es wurde die Bedeutung von iterativem Arbeiten innerhalb der drei Schritte sowie die Bedeutung von Iterationen über die drei Schritte hinweg erläutert.

LE 12 Bestehende Frameworks für den Bauprozess aus der Digital-Design-Perspektive

LZ 12.1 Future Search, Design Thinking, Design Sprint, plangetriebene Entwicklung, Scrum und Lean Startup als Frameworks für den Entwicklungsprozess aus der Perspektive des Digital Design vergleichen und gegenüberstellen können (K2)

In der Praxis gibt es verschiedene Frameworks für den Bauprozess. Für dieses Lernziel sollen insgesamt sechs bekannte Frameworks charakterisiert und ihre Verwendungsmöglichkeiten im Bauprozess erklärt werden. Für die Verwendungsmöglichkeiten wurde auf die drei Schritte des Bauprozesses (LZ 5.3) zurückgegriffen.

LZ 12.2 Die Möglichkeit der Kombination von Frameworks im Bauprozess erläutern können (K2)

Für die Anwendung von Frameworks zur Durchführung des Bauprozesses ist es wichtig, dass Frameworks kombiniert werden können. Für dieses Lernziel sollen anhand von zwei Beispielen Verwendungsmöglichkeiten für Frameworks erläutert werden. Grundsätzlich können Frameworks parallel oder auch sequenziell kombiniert werden.

LE 13 Die soziale Dimension des Bauprozesses

LZ 13.1 Die Bedeutung des Mindsets als Basis für die soziale Dimension kennen (K1)

Das Mindset einer Person spielt eine wichtige Rolle im Bauprozess. Für dieses Lernziel soll die Bedeutung des Mindsets für die soziale Dimension erklärt werden. Hierzu wurde erläutert, welche Bedeutung das Mindset für das Denken, die Informationsaufnahme und auch die Entscheidungsfindung haben kann.

LZ 13.2 Die Bedeutung der sozialen Dimension im Bauprozess für eine digitale Lösung begründen können (K2)

Der Bauprozess einer Lösung ist auch in menschlicher Hinsicht eine Herausforderung. Für dieses Lernziel soll die Bedeutung der sozialen Dimension erklärt werden. Hierzu wurden die drei Schritte des Bauprozesses (LZ 5.3) und die wesentlichen Stakeholder-Rollen (LZ 4.1) als Basis verwendet. Für jeden Schritt wurden unterschiedliche Aspekte beschrieben.

LZ 13.3 Die wesentlichen Aspekte des Mindsets, die für die Gestaltung einer digitalen Lösung am wichtigsten sind, beschreiben können (K1)

Neben der allgemeinen Sicht auf das Mindset im Bauprozess ist für das Digital Design ein Verständnis des Mindsets für die Gestaltung wichtig. Für dieses Lernziel sollen sechs wichtige Aspekte für ein gestalterisches Mindset beschrieben werden.

Beispielfragen zu den Lernzielen

LZ 1.1 Welche zwei der folgenden Aussagen charakterisieren die Notwendigkeit eines Design-Berufsbilds für digitale Lösungen am besten? (2 Antworten)

O	Spezialisierte Kompetenzen, wie z.B. Requirements Engineering, sind kein attraktives Berufsbild mehr für junge Menschen, daher braucht es ein neues Berufsbild.
O	Die Daten- und Prozessdigitalisierung der Gesellschaft ist weitgehend abgeschlossen. Für die anstehende digitale Transformation braucht es ein neues Design-Berufsbild.
O	Die zunehmende Bedeutung der digitalen Transformation erfordert ein Design-Berufsbild mit Kompetenzen zur ganzheitlichen Gestaltung.
O	Spezialisierte Kompetenzen, wie z.B. Businessanalyse, werden in der digitalen Transformation überflüssig und müssen durch ein neues Design-Berufsbild ersetzt werden.
O	Die wachsenden technischen Möglichkeiten erfordern ein Design-Berufsbild, das technische Möglichkeiten frühzeitig im Bauprozess berücksichtigen kann.

LZ 1.2 Welche Aussage über Digital Design als Rolle/Berufsbild ist richtig? (1 Antwort)

O	Digital Design als Rolle erfordert, dass Menschen den Beruf Digital Design erlernt haben.
O	Digital Design als Rolle ist aufgrund seiner Breite eine attraktive Aufgabe für viele Menschen.
O	Menschen mit dem Berufsbild Digital Design haben die Fähigkeiten, alle Design-Rollen im Bauprozess einzunehmen.
O	Menschen mit dem Berufsbild Digital Design haben die Befugnis, im Team mit vielfältigen Design-Rollen zusammenzuarbeiten.
O	Das Erlernen des Berufsbilds Digital Design führt zur Erlaubnis, vielfältige Design-Rollen im Bauprozess zu definieren.

LZ 2.1 Welche der folgenden Aussagen über Designkompetenz im Digital Design sind richtig (R) und welche sind falsch (F)?

R	F	
O	O	Das Entwerfen einer Lösung ist Teil der Designkompetenz.
O	O	Die Evaluation einer Lösung ist Teil der Designkompetenz.
O	O	Die Implementierung des User Interface ist Teil der Designkompetenz.
O	O	Die Formulierung von Zielen ist Teil der Designkompetenz.
O	O	Das Wirksammachen der Lösung ist eine optionale Designkompetenz.

LZ 2.2 Welche der folgenden Aussagen über Materialkompetenz im Digital Design sind richtig (R) und welche sind falsch (F)? Materialkompetenz umfasst …

R	F	
O	O	… Wissen über Fähigkeiten von Softwaretechnologien.
O	O	… Wissen über Grenzen von Hardwaretechnologien.
O	O	… Wissen über Randbedingungen von Softwaretechnologie.
O	O	… Wissen über die Kosten von Softwaretechnologie.
O	O	… Wissen über die Kosten von Hardwaretechnologie.

LZ 2.3 Welche zwei der folgenden Aussagen charakterisieren Querschnittskompetenzen im Digital Design korrekt? (2 Antworten)

O	Das Management des Digital Design gehört zur sozialen Dimension.
O	Das Management des Bauprozesses gehört zur Produktdimension.
O	Der Umgang mit Stakeholdern gehört zur sozialen Dimension.
O	Die Branchenkompetenz gehört zur Produktdimension.
O	Die Wirtschaftlichkeit einer Lösung gehört zur Projektdimension.

LZ 3.1 Welche der folgenden Beispiele über die Idee des Digitalen als Material sind richtig (R), welche sind falsch (F)?

R	F	
O	O	Die Eingabe von Daten in eine App ist ein Datenstrom.
O	O	Die Berechnung der Zinsen für ein Bankkonto ist eine Datenstruktur.
O	O	Die Überprüfung einer Kontonummer auf Korrektheit beschreibt eine Datentransformation.
O	O	Die Bankverbindung einer Person beschreibt eine Datentransformation.
O	O	Das Aufrufen einer Webseite auf einem Smartphone erzeugt einen Datenstrom.

LZ 3.2 Welche der Beispiele zum FFQ-Modell sind richtig (R), welche sind falsch (F)?

R	F	
O	O	Die Ladegeschwindigkeit einer App auf dem Smartphone ist eine zugrunde liegende Qualität.
O	O	Die Schriftart im User Interface gehört zur wahrnehmbaren Form.
O	O	Das Einloggen eines Benutzers in einer App gehört zur wahrnehmbaren Funktion.
O	O	Der technische Datensatz eines Benutzers gehört zur wahrnehmbaren Form.
O	O	Die Überprüfung des Passworts für einen Benutzer gehört zur zugrunde liegenden Funktion.

LZ 3.3 Welche zwei der folgenden Aussagen charakterisieren die Designarbeit am besten? (2 Antworten)

O	Ziele bilden den Ausgangspunkt für die Designarbeit einer digitalen Lösung.
O	Randbedingungen formulieren Einschränkungen, die nach Möglichkeit eingehalten werden müssen.
O	Designarbeit ist ein Top-down-Prozess, der von Zielen über Randbedingungen zur Lösung führt.
O	Die Definition von Funktionen der Lösung kann zu Veränderungen an den Zielen führen.
O	Ziele beziehen sich auf die Form einer Lösung und Randbedingungen auf die Funktion einer Lösung.

LZ 3.4 Welche zwei der folgenden Aussagen beschreiben am ehesten wesentliche Vorteile der Materialkompetenz des Digital Design? (2 Antworten)

O	Materialkompetenz ersetzt Wissen über konkrete Technologien.
O	Das Finden innovativer Ideen wird durch Materialkompetenz unterstützt.
O	Durch Materialkompetenz können Digital Designer Technologien möglichst lange ausblenden.
O	Materialkompetenz hilft dabei, die digitale Lösung zu realisieren.
O	Durch Materialkompetenz wird die Kommunikation zwischen Digital Designern und technischen Fachleuten unterstützt.

LZ 4.1 Welche zwei der folgenden Aussagen über wichtige Stakeholder-Rollen sind korrekt? (2 Antworten)

O	Eine Person, die Kunde ist, muss auch Benutzer sein.
O	Eine Person, die Auftraggeber ist, darf kein Kunde sein.
O	Eine Person kann Benutzer sein, aber kein Kunde.
O	Eine Person, die Benutzer ist, darf kein Auftraggeber sein.
O	Eine Person kann Benutzer und Kunde sein.

LZ 4.2 Welche der folgenden Kombinationen aus Tätigkeitsbereich und Arbeitsprodukt sind richtig (R), welche sind falsch (F)?

R	F	
O	O	Im Design werden Designkonzepte erstellt.
O	O	In der Konstruktion werden Entwurfskonzepte erstellt.
O	O	In der Realisierung werden Realisierungskonzepte erstellt.
O	O	Im Management werden Managementkonzepte erstellt.
O	O	In der Evaluation werden Evaluationskonzepte erstellt.

LZ 4.3 Welche zwei der folgenden Aspekte sind gemeinsame Aufgaben der Tätigkeitsbereiche Design und Konstruktion? (2 Antworten)

O	Entscheidungen zur Auswahl von Technologien für die Umsetzung einer Lösung
O	Entscheidung über die technische Realisierung einer Lösung
O	Evaluation der technischen Machbarkeit des Entwurfs einer Lösung
O	Evaluation der realisierten Lösung aus technischer Sicht
O	Entscheidung über die Form und Funktion des User Interface

LZ 5.1 Welche der folgenden Aussagen charakterisiert das Modell der drei Designperspektiven korrekt? (1 Antwort)

O	Das Modell definiert Mensch, Business und Technologie als drei unabhängige Perspektiven einer Lösung.
O	Das Modell definiert die Perspektiven Mensch, Business und Technologie als drei Abstraktionsebenen einer Lösung.
O	Das Modell definiert die Perspektiven Mensch, Business und Technologie als Prozesszyklus mit drei Schritten.
O	Das Modell definiert Mensch, Business und Technologie als drei überlappende Perspektiven auf eine Lösung.
O	Das Modell definiert Mensch, Business und Technologie als drei Perspektiven auf den Bauprozess.

LZ 5.2 Welche zwei der folgenden Aussagen können am ehesten der Abstraktionsebene »Lösungsebene« zugeordnet werden? (2 Antworten)

O	Das User Interface unserer App ist zu kompliziert, die Benutzer machen bei der Bedienung viele Fehler.
O	Für Zwei-Faktor-Authentifizierung brauchen wir einen zusätzlichen Server.
O	Unsere Kunden bewerten unseren Service im Callcenter bei Problemen mit der App durchweg positiv.
O	Die Kosten für den Betrieb der Server in der Cloud sind in den letzten 6 Monaten um 50% gestiegen.
O	Das neue Abo-Modell für die Premiumfunktionen der App kommt bei den Kunden gut an.

LZ5.3 Welche zwei der folgenden Aussagen charakterisieren Ziele oder Herausforderungen, die am ehesten zur Konzeptarbeit gehören? (2 Antworten)

O	Unterstützung des Auftraggebers bei der Entscheidung für oder gegen den Start der Konzeptarbeit
O	Entwicklung eines ersten gemeinsamen Verständnisses zu den Randbedingungen für den Bauprozess
O	Unterstützung des Auftraggebers bei der Entscheidung für oder gegen den Start der Entwicklung
O	Erstellung realisierungsreifer Elementdesignkonzepte zur Vorbereitung der Entwicklung
O	Erstellung eines Systemdesignkonzepts zur Sicherstellung der technischen Machbarkeit der Lösung

LZ 5.4 Welche der folgenden Aussagen zum Zusammenspiel zwischen den drei Designperspektiven, den drei Abstraktionsebenen einer Lösung und den drei Schritten des Bauprozesses sind richtig (R), welche sind falsch (F)?

R	F	
O	O	Zum Ende der Auftragsklärung muss ein evaluierter Entwurf für ein attraktives, tragfähiges und realisierbares Systemdesignkonzept vorliegen.
O	O	Mit dem Ende der Konzeptarbeit muss auch die Arbeit am Lösungsdesignkonzept beendet werden.
O	O	Die Systemebene hat in allen Schritten des Bauprozesses hohe Relevanz.
O	O	Die Gestaltungsfreiheit auf der Lösungs- und Systemebene nimmt mit dem Start der Entwicklung ab.
O	O	Die Relevanz der Elementebene nimmt im Verlauf des Bauprozesses zu.

LZ 6.1 Welche zwei der folgenden Technologien sind am ehesten Beispiele für wahrnehmbare Technologie? (2 Antworten)

O	Ein Tablet-Computer
O	Die Datenbank MySQL
O	Der Sprachassistent Cortana
O	Das Workflow-Managementsystem Camunda
O	Das Machine-Learning-Framework TensorFlow

LZ 6.2 Welche zwei der folgenden Technologien sind am ehesten Beispiele für zugrunde liegende Technologie? (2 Antworten)

O	Ein Desktop-PC
O	Die Bash-Kommandozeile eines Servers
O	Die Datenbank SQLite
O	Der Webservice GraphHopper für Routenplanung
O	Die VR-Brille der Playstation-Spielekonsole

LZ 6.3 Welche der folgenden Aussagen zu Fähigkeiten oder Grenzen von Technologie zum maschinellen Lernen sind richtig (R), welche sind falsch (F)?

R	F	
O	O	Eine Funktion, basierend auf maschinellem Lernen, kann im laufenden Betrieb der Lösung trainiert werden.
O	O	Maschinelles Lernen basiert auf statistischen Verfahren und Wahrscheinlichkeiten.
O	O	Mangelhafte Trainingsdaten führen beim maschinellen Lernen durch statistische Verfahren zu Problemen.
O	O	Analytisches maschinelles Lernen bedeutet, gegebene Daten zu analysieren, auszuwerten und zu verändern.
O	O	Generatives maschinelles Lernen bedeutet, Trainingsdaten für analytisches maschinelles Lernen automatisch zu erzeugen.

LZ 7.1 Welche zwei der folgenden Aussagen zu den Modi des Dual-Mode-Modells des Designs charakterisieren Designarbeit am besten? (2 Antworten)

O	Die Designarbeit beginnt mit dem objektiven Modus und endet mit dem subjektiven Modus.
O	In der Designarbeit sollte der objektive Modus dem subjektiven Modus vorgezogen werden.
O	Kommt die Designarbeit im objektiven Modus an ihre Grenzen, sollte in den subjektiven Modus gewechselt werden.
O	Die Arbeit an der Designlösung wird im objektiven und im subjektiven Modus betrachtet.
O	Im subjektiven Modus wird das Designproblem aus Sicht der Stakeholder analysiert.

LZ 7.2 Welche der folgenden Aussagen zu Vorteilen und Grenzen der Arbeit mit Designkonzepten sind richtig (R), welche sind falsch (F)?

R	F	
O	O	Designkonzepte verlieren mit zunehmender Komplexität einer Lösung immer mehr an Nutzen.
O	O	Designkonzepte sind ein Kommunikationsmittel für den Austausch mit Fachleuten der Realisierung.
O	O	Designkonzepte sind ein Kommunikationsmittel für den Austausch mit Auftraggebern.
O	O	Designkonzepte sind ohne Prototypen nicht interpretierbar.
O	O	Designkonzepte verlieren ihren Nutzen bei unzureichender Pflege.

LZ 7.3 Welche der folgenden Aussagen zur Verwendung von Prototypen im Digital Design sind richtig (R), welche sind falsch (F)?

R	F	
O	O	Prototypen sind für die Evaluation der technischen Machbarkeit eines Entwurfs geeignet.
O	O	Prototypen sind für die Klärung von Ideen zur Gestaltung einer Lösung geeignet.
O	O	Prototypen sind für die Evaluation der wirtschaftlichen Tragfähigkeit eines Entwurfs geeignet.
O	O	Prototypen sind als Alternative zur Erstellung von Designkonzepten geeignet.
O	O	Prototypen sind für die Evaluation des User-Interface-Entwurfs geeignet.

LZ 7.4 Welches der folgenden Beispiele ist kein Prototyp aus anderen Disziplinen? (1 Antwort)

O	Eine 3D-Simulation eines Gebäudes
O	Ein 3D-Druck einer Tasse
O	Ein Storyboard mit Skizzen von Filmszenen
O	Ein Hamster im Käfig
O	Ein Vorserienmodell einer Smartwatch

LZ 8.1 Welche der folgenden Aussagen zu Aspekten des konzeptuellen Entwurfs auf der Lösungsebene sind richtig (R), welche sind falsch (F)?

R	F	
O	O	Die Vision beschreibt das Geschäftsmodell der Lösung.
O	O	Das Wertversprechen beschreibt das Zielbild der Lösung.
O	O	Die Geschäftsprozesse beschreiben Abläufe zur Erbringung des Wertversprechens.
O	O	Die Wertschöpfungsarchitektur beschreibt die Kundenstruktur einer Lösung.

LZ 8.2 Beim Entwurf einer Lösung wird eine weitere Kundengruppe entdeckt, die bisher übersehen wurde. Welche der folgenden Aussagen über mögliche Anpassungen aufgrund dieser Erkenntnis sind richtig (R), welche sind falsch (F)?

R	F	
O	O	Eine Überprüfung der Vision ist erforderlich.
O	O	Eine Überprüfung der Wertschöpfungsarchitektur ist erforderlich.
O	O	Eine Überprüfung des Wertversprechens ist erforderlich.
O	O	Eine Überprüfung der Geschäftsprozesse ist erforderlich.

LZ 8.3 Welche der folgenden Aussagen über die Evaluation auf der Lösungsebene entlang der drei Designperspektiven sind richtig (R), welche sind falsch (F)?

R	F	
O	O	Die Evaluation der Kunden- und Benutzergruppen stellt sicher, dass die Lösung wirtschaftlich tragfähig ist.
O	O	Die technische Machbarkeit kann schon auf der Lösungsebene in begrenztem Umfang evaluiert werden.
O	O	Die Attraktivität einer Lösung kann auf Basis des Wertversprechens und der Geschäftsprozesse evaluiert werden.
O	O	Die wirtschaftliche Realisierbarkeit einer Lösung wird nicht auf der Lösungsebene, sondern auf der Systemebene betrachtet.

LZ 8.4 Welche zwei der folgenden Aussagen charakterisieren die Designarbeit auf der Lösungsebene entlang des Bauprozesses am besten? (2 Antworten)

O	Die Designarbeit auf der Lösungsebene ist mit dem Start der Entwicklung im Wesentlichen abgeschlossen.
O	In der Konzeptarbeit nimmt die Gestaltungsfreiheit auf der Lösungsebene zunehmend ab.
O	In der Konzeptarbeit werden die wesentlichen Entscheidungen zum Entwurf des Geschäftsmodells einer Lösung getroffen.
O	In der Auftragsklärung und der Konzeptarbeit ist die Relevanz der Lösungsebene gleich hoch.
O	Die Vision der Lösung wird mit dem Abschluss der Auftragsklärung festgeschrieben.

LZ 9.1 Welche zwei der folgenden Aspekte gehören zum Entwurf auf der Systemebene? (2 Antworten)

O	Benutzergruppen
O	Eigene Elemente
O	Benutzertypen
O	Benutzerinterfaces
O	Technische Interfaces

LZ 9.2 Bei der Arbeit am Entwurf eines Systems werden zwei weitere Benutzertypen für die Umsetzung der Geschäftsprozesse definiert. Welche der folgenden Aussagen über Anpassungen am Entwurf sind richtig (R), welche sind falsch (F)?

R	F	
O	O	Die neuen Benutzertypen müssen als Teil der Form des Systems definiert werden.
O	O	Die neuen Benutzertypen können die Ergänzung des Systems um weitere vorhandene Elemente erforderlich machen.
O	O	Eine Anpassung der bestehenden Szenarien ist nicht erforderlich, da es sich um neue Benutzertypen handelt, die neue Szenarien erfordern.
O	O	Die Ziele des Systems müssen nicht angepasst werden, da die Benutzertypen keinen Einfluss auf die Ziele haben.

LZ 9.3 Welche der folgenden Aussagen über die Evaluation auf der Systemebene entlang der drei Designperspektiven sind richtig (R), welche sind falsch (F)?

R	F	
O	O	Die Attraktivität des Systems für die Benutzertypen wird auf Basis der User Interfaces evaluiert.
O	O	Für die Evaluation der wirtschaftlichen Betreibbarkeit ist die Systemstruktur der wesentliche Referenzpunkt auf der Systemebene.
O	O	Die wirtschaftliche Realisierbarkeit eines Systems kann auf Basis der Szenarien und der Beschreibung der eigenen Elemente evaluiert werden.
O	O	Die technische Machbarkeit auf der Systemebene wird durch die Evaluation der Machbarkeit der eigenen Elemente sichergestellt.

LZ 9.4 Welche zwei der folgenden Aussagen charakterisieren die Designarbeit auf der Systemebene entlang des Bauprozesses am besten? (2 Antworten)

O	Die Gestaltungsfreiheit auf der Systemebene nimmt im Verlauf des Bauprozesses ab.
O	Die Systemebene hat in allen drei Schritten des Bauprozesses eine hohe Relevanz.
O	In der Auftragsklärung können frühe Entwürfe auf der Systemebene das Verständnis der Vision verbessern.
O	Die Designarbeit auf der Systemebene beginnt mit dem Start der Entwicklung des Systems.
O	Die Designarbeit auf der Systemebene endet mit dem Abschluss der Entwicklung der ersten Version.

LZ 10.1 Welche der folgenden Aussagen zu Aspekten des konzeptuellen Entwurfs auf der Elementebene sind richtig (R), welche sind falsch (F)?

R	F	
O	O	User Interfaces definieren Schnittstellen zwischen Benutzern und Elementen.
O	O	Technische Interfaces beschreiben die technische Basis für User Interfaces.
O	O	Use Cases beschreiben beispielhafte Abläufe der Verwendung eines Elements durch einen Benutzertyp.
O	O	Technische Funktionen beschreiben Abläufe, die innerhalb eines Elements erbracht werden.

LZ 10.2 Bei der Arbeit am Entwurf eines User Interface wird festgestellt, dass dem Benutzer zur Bearbeitung einer Aufgabe wichtige Daten fehlen. Welche der folgenden Aussagen über mögliche Anpassungen am Entwurf aufgrund dieser Erkenntnis sind richtig (R), welche sind falsch (F)?

R	F	
O	O	Eine Anpassung des zum User Interface zugehörigen Use Case ist nicht erforderlich, da Use Cases keinen Bezug zu Daten haben.
O	O	Eine Anpassung an den technischen Interfaces ist notwendig, wenn die fehlenden Daten von einem anderen Element des Systems geliefert werden.
O	O	Eine Anpassung an den technischen Funktionen ist notwendig, wenn die fehlenden Daten auf Basis vorhandener Daten berechnet werden.
O	O	Eine Anpassung der Ziele ist erforderlich, da die zusätzlichen Daten Einfluss auf die Ziele des Elements haben können.

LZ 10.3 Welche der folgenden Aussagen über die Evaluation auf der Elementebene entlang der drei Designperspektiven sind richtig (R), welche sind falsch (F)?

R	F	
O	O	Für die Evaluation der Attraktivität eines Elements sind Use Cases und User Interfaces Referenzpunkte.
O	O	Für die Evaluation der Attraktivität eines Elements sind technische Funktionen und technische Interfaces Referenzpunkte.
O	O	Die wirtschaftliche Betreibbarkeit eines Elements wird durch die Evaluation der Betreibbarkeit auf der Systemebene abgedeckt.
O	O	Die wirtschaftliche Realisierbarkeit eines Elements kann auf Basis der definierten Form, Funktion und Qualität evaluiert werden.

LZ 10.4 Welche zwei der folgenden Aussagen charakterisieren die Designarbeit auf der Elementebene entlang des Bauprozesses am besten? (2 Antworten)

O	Die Gestaltungsfreiheit auf der Elementebene nimmt mit dem Start der Entwicklung ab.
O	Zum Start der Entwicklung eines Elements müssen die Arbeiten am zugehörigen Designkonzept abgeschlossen sein.
O	Die Relevanz der Elementebene ist in allen drei Schritten des Bauprozesses gleich.
O	Die Designarbeit auf der Elementebene beginnt mit dem Start der Entwicklung des Systems.
O	Die Relevanz der Elementebene nimmt im Verlauf des Bauprozesses zu.

LZ 11.1 Welche der folgenden Aussagen über die Beziehungen zwischen den drei Ebenen einer Lösung sind richtig (R), welche sind falsch (F)?

R	F	
O	O	Die Funktion auf der Lösungsebene wird durch die Funktion auf der Systemebene konkretisiert.
O	O	Die Funktion auf der Systemebene wird durch die Funktion auf der Elementebene umgesetzt.
O	O	Die Form auf der Lösungsebene wird durch die Form auf der Systemebene konkretisiert.
O	O	Qualitätsanforderungen auf der Systemebene können durch Qualitätsanforderungen auf der Elementebene konkretisiert werden.

LZ 11.2 Welche der folgenden Aussagen über die Bedeutung einer gemeinsamen Betrachtung der drei Ebenen einer Lösung und der drei Designperspektiven sind richtig (R), welche sind falsch (F)?

R	F	
O	O	Für die wirtschaftliche Tragfähigkeit einer Lösung spielen die Entwicklungs- und Betriebskosten eines Elements eine untergeordnete Rolle.
O	O	Für die Attraktivität einer Lösung spielt die Systemebene keine Rolle.
O	O	Das Geschäftsmodell spielt für die technische Machbarkeit einer Lösung keine Rolle.
O	O	Die Form des Systems spielt für die wirtschaftliche Tragfähigkeit der Lösung eine zentrale Rolle.

LZ 11.3 Welche zwei der folgenden Aussagen charakterisieren die Bedeutung des iterativen Arbeitens im Bauprozesses am besten? (2 Antworten)

O	Wenn in der Konzeptarbeit die Vision infrage gestellt wird, ist ein Rücksprung in die Auftragsklärung sinnvoll.
O	Iterationen sind eher unwahrscheinlich, wenn in der Auftragsklärung ein Wicked Problem bearbeitet wird.
O	Ein unzureichendes gemeinsame Verständnis der Vision kann ein Grund für Iterationen in der Auftragsklärung sein.
O	Wenn die erste Version einer Lösung nicht betriebsbereit ist, muss ein Rücksprung in die Konzeptarbeit erfolgen.
O	Sobald die erste Version in Betrieb gegangen ist, beschränkt sich das iterative Arbeiten auf die Entwicklung.

LZ 12.1 Welches der folgenden Frameworks bezieht alle drei Schritte des Bauprozesses ein? (1 Antwort)

O	Design Thinking
O	Future Search
O	Lean Startup
O	Scrum

LZ 12.2 Welche der folgenden Aussagen über die Kombination von Frameworks im Ramen des Bauprozesses sind richtig (R), welche sind falsch (F)?

R	F	
O	O	Im Bauprozess können unterschiedliche Frameworks verwendet werden.
O	O	Plangetriebene Entwicklung und Scrum können gleichzeitig in einem Bauprozess verwendet werden.
O	O	Ein Wechsel des Frameworks während der Entwicklung ist nicht sinnvoll.
O	O	Ein Framework kann mehrere Schritte des Bauprozesses überspannen.

LZ 13.1 Welche der folgenden Aussagen zur Definition des Mindsets einer Person sind richtig (R), welche sind falsch (F)? Das Mindset umfasst ...

R	F	
O	O	... Mentalität.
O	O	... Wertesystem.
O	O	... Haltung.
O	O	... Fertigkeiten.
O	O	... Fachwissen.

LZ 13.2 Welche der folgenden Aussagen über die Bedeutung der sozialen Dimension im Bauprozess sind richtig (R), welche sind falsch (F)?

R	F	
O	O	Die Risikobereitschaft des Auftraggebers hat auf die Arbeit in der Auftragsklärung keinen Einfluss.
O	O	In der Konzeptarbeit braucht es zur Ideenentwicklung zunächst konvergentes Denken und danach divergentes Denken.
O	O	Um innovative Lösungen zu entwickeln, bedarf es eines hohen Anteils an zukunftsorientierten Menschen.
O	O	Für die schnelle Entwicklung einer guten Lösung braucht es einen hohen Anteil an Menschen mit hohem Perfektionsanspruch und geringer Fehlerbereitschaft.

LZ 13.3 Welche der folgenden Antwortmöglichkeiten gehört nicht zu den Aspekten eines gestalterischen Mindsets? (1 Antwort)

O	Designarbeit bedeutet, mit den Augen anderer Menschen zu schauen.
O	Gute Kommunikation kultivieren.
O	Andere Personen von der eigenen Perspektive überzeugen.
O	Schöpferische Zugkraft (Creative Tension) beobachten.
O	Auf die richtige Führung und Teamzusammensetzung achten.

Musterlösung zu den Beispielfragen

Nachfolgend finden Sie Erläuterungen zu jeder Frage, warum die Antworten richtig oder falsch sind. Die richtigen Antworten sind grau hervorgehoben. Einzelheiten zu den Fragen finden sich stets in dem Abschnitt, der dem Lernziel zugeordnet ist (z.B. Abschnitt 1.1 für LZ 1.1). Bei besonderen Details sind zusätzliche Querverweise angegeben.

LZ 1.1 Welche zwei der folgenden Aussagen charakterisieren die Notwendigkeit eines Design-Berufsbilds für digitale Lösungen am besten? (2 Antworten)

	Falsch, es mag Unterschiede in der Attraktivität geben, diese sind aber kein Grund für ein neues Berufsbild.
	Falsch, alle Stufen der Technologieentwicklung sind nach wie vor im Gange.
X	Die zunehmende Bedeutung der digitalen Transformation erfordert ein Design-Berufsbild mit Kompetenzen zur ganzheitlichen Gestaltung.
	Falsch, spezialisierte Kompetenzen sind auch in der digitalen Transformation notwendig, aber nicht ausreichend.
X	Die wachsenden technischen Möglichkeiten erfordern ein Design-Berufsbild, das technische Möglichkeiten frühzeitig im Bauprozess berücksichtigen kann.

LZ 1.2 Welche Aussage über Digital Design als Rolle/Berufsbild ist richtig? (1 Antwort)

	Falsch, Digital Design als Rolle ist zu breit für viele Menschen.
	Falsch, siehe vorherige Begründung.
	Falsch, viele Rollen brauchen Zusatzqualifikationen.
X	Menschen mit dem Berufsbild Digital Design haben die Befugnis, im Team mit vielfältigen Design-Rollen zusammenzuarbeiten.
	Falsch, das Berufsbild definiert keine besonderen Befugnisse.

LZ 2.1 Welche der folgenden Aussagen über Designkompetenz im Digital Design sind richtig (R) und welche sind falsch (F)?

R	F	
X		Das Entwerfen einer Lösung ist Teil der Designkompetenz.
X		Die Evaluation einer Lösung ist Teil der Designkompetenz.
	X	Falsch, die Begleitung der Realisierung gehört dazu, nicht jedoch die Implementierung selbst, siehe Abschnitt 2.1.4.
X		Die Formulierung von Zielen ist Teil der Designkompetenz.
	X	Falsch, das Wirksammachen ist ein fester Bestandteil, siehe Abschnitt 2.1.5.

LZ 2.2 Welche der folgenden Aussagen über Materialkompetenz im Digital Design sind richtig (R) und welche sind falsch (F)? Materialkompetenz umfasst …

R	F	
X		… Wissen über Fähigkeiten von Softwaretechnologien.
X		… Wissen über Grenzen von Hardwaretechnologien.
X		… Wissen über Randbedingungen von Softwaretechnologie.
X		Richtig, Kosten gehören zu den Randbedingungen, siehe Abschnitt 2.2.3.
X		Richtig, Kosten gehören zu den Randbedingungen, siehe Abschnitt 2.2.3.

LZ 2.3 Welche zwei der folgenden Aussagen charakterisieren Querschnittskompetenzen im Digital Design korrekt? (2 Antworten)

	Falsch, das Management des Bauprozesses (auch des Designs) gehört dazu.
	Falsch, das Management gehört zur Projektdimension, siehe Abschnitt 2.3.1.
X	Der Umgang mit Stakeholdern gehört zur sozialen Dimension.
X	Die Branchenkompetenz gehört zur Produktdimension.
	Falsch, Wirtschaftlichkeit gehört zur Produktdimension, siehe Abschnitt 2.3.2.

LZ 3.1 Welche der folgenden Beispiele über die Idee des Digitalen als Material sind richtig (R), welche sind falsch (F)?

R	F	
X		Daten fließen vom Benutzer zur App.
	X	Falsch, Berechnungen fallen unter Datentransformationen.
X		Eine Überprüfung ist auch eine Form von Berechnung.
	X	Falsch, der Datensatz definiert die Struktur der Bankverbindung.
X		Daten fließen aus dem Web zum Smartphone.

LZ 3.2 Welche der Beispiele zum FFQ-Modell sind richtig (R), welche sind falsch (F)?

R	F	
	X	Falsch, die Ladegeschwindigkeit ist eine wahrnehmbare Qualität.
X		Schriftarten gehören zur Struktur der Interaktion.
X		Einloggen ist eine wahrnehmbare Interaktion und damit eine Funktion.
	X	Falsch, technische Datenstrukturen sind eine zugrunde liegende Form.
X		Die Überprüfung ist eine Funktion und für den Benutzer nicht direkt wahrnehmbar.

LZ 3.3 Welche zwei der folgenden Aussagen charakterisieren die Designarbeit am besten? (2 Antworten)

X	Ohne Ziele kann kein erster Entwurf erarbeitet werden.
	Falsch, Randbedingungen müssen beachtet werden.
	Falsch, Designarbeit ist kein Top-down-Prozess.
X	Die Konkretisierung kann zu einem besseren Zielverständnis führen.
	Falsch, Ziele und Randbedingungen beziehen sich auf die gesamte Lösung.

LZ 3.4 Welche zwei der folgenden Aussagen beschreiben am ehesten wesentliche Vorteile für das Digital Design, die sich aus der Materialkompetenz ergeben? (2 Antworten)

	Falsch, Materialkompetenz meint Wissen über Technologien.
X	Innovative Technologien können zu innovativen Ideen führen.
	Falsch, gerade das Gegenteil ist der Fall.
	Falsch, Realisierungsaufgaben gehören nicht zum Digital Design.
X	Die Materialkompetenz unterstützt die Kommunikation.

LZ 4.1 Welche zwei der folgenden Aussagen über wichtige Stakeholder-Rollen sind korrekt? (2 Antworten)

	Falsch, es gibt Kunden, die keine Benutzer sind.
	Falsch, die Kombination ist möglich.
X	Beispiele sind interne Benutzer.
	Falsch, die Kombination ist möglich.
X	Beispiele sind Kunden, die die Lösung direkt benutzen

LZ 4.2 Welche der folgenden Kombinationen aus Tätigkeitsbereich und Arbeitsprodukt sind richtig (R), welche sind falsch (F)?

R	F	
X		Designkonzepte werden im Design erstellt.
	X	Falsch, richtig wäre Realisierungskonzepte als Arbeitsprodukt.
	X	Falsch, richtig wäre die digitale Lösung als Arbeitsprodukt.
X		Im Management werden Managementkonzepte erstellt.
X		In der Evaluation werden Evaluationskonzepte erstellt.

LZ 4.3 Welche zwei der folgenden Aspekte sind gemeinsame Aufgaben der Tätigkeitsbereiche Design und Konstruktion? (2 Antworten)

X	Entscheidungen zur Auswahl von Technologien zur Umsetzung einer Lösung.
	Falsch, Aufgabe der Konstruktion, siehe Abschnitt 4.2.1.2.
X	Evaluation der technischen Machbarkeit des Entwurfs einer Lösung.
	Falsch, Aufgabe der Konstruktion, siehe Abschnitt 4.2.1.2.
	Falsch, Aufgabe des Designs, siehe Abschnitt 4.2.1.1.

LZ 5.1 Welche der folgenden Aussagen charakterisiert das Modell der drei Designperspektiven korrekt? (1 Antwort)

	Falsch, die drei Perspektiven sind nicht unabhängig, siehe Abschnitt 5.1.
	Falsch, bei den drei Abstraktionsebenen handelt es sich um ein anderes Modell.
	Falsch, bei den drei Schritten handelt es sich um ein anderes Modell.
X	Das Modell definiert Mensch, Business und Technologie als drei überlappende Perspektiven auf eine Lösung.
	Falsch, die Perspektiven schauen auf die Lösung, nicht auf den Prozess, siehe Abschnitt 5.1.

LZ 5.2 Welche zwei der folgenden Aussagen können am ehesten der Abstraktionsebene »Lösungsebene« zugeordnet werden? (2 Antworten)

	Falsch, das User Interface ist ein Thema der Elementebene.
	Falsch, die Frage nach Servern gehört zur Hardware des Systems und damit zur Systemebene.
X	Richtig, Service bei Problemen gehört zum Geschäftsprozess und damit zur Lösungsebene.
	Falsch, Kosten für Server gehören zum Betrieb und damit zur Systemebene.
X	Richtig, Funktionen der App gehören zwar zur Elementebene, aber das hier betrachtete Abo-Modell gehört zur Lösungsebene.

LZ 5.3 Welche zwei der folgenden Aussagen charakterisieren Ziele oder Herausforderungen, die am ehesten dem Schritt »Konzeptarbeit« zugeordnet werden können? (2 Antworten)

	Falsch, gehört zur Auftragsklärung.
	Falsch, gehört bereits zur Auftragsklärung.
X	Unterstützung des Auftraggebers bei der Entscheidung für oder gegen den Start der Entwicklung
	Falsch, Details zur Realisierung der Elemente werden erst in der Entwicklung erarbeitet, siehe Abschnitt 5.3.3.
X	Erstellung eines Systemdesignkonzepts zur Sicherstellung der technischen Machbarkeit der Lösung

LZ 5.4 Welche der folgenden Aussagen zum Zusammenspiel zwischen den drei Designperspektiven, den drei Abstraktionsebenen einer Lösung und den drei Schritten des Bauprozesses sind richtig (R), welche sind falsch (F)?

R	F	
	X	Falsch, dies ist erst am Ende der Konzeptarbeit gefragt.
	X	Falsch, das Lösungsdesignkonzept wird auch in der Entwicklung weiter konkretisiert.
	X	Falsch, in der Auftragsklärung ist die Relevanz eher gering.
X		Die Gestaltungsfreiheit auf der Lösungs- und Systemebene nimmt mit dem Start der Entwicklung ab.
X		Die Relevanz der Elementebene nimmt im Verlauf des Bauprozesses fortlaufend zu.

LZ 6.1 Welche zwei der folgenden Technologien sind am ehesten Beispiele für wahrnehmbare Technologie? (2 Antworten)

X	Richtig, ein Endgerät
	Falsch, Datenbanken speichern Daten, daher handelt es sich hier um eine zugrunde liegende Technologie.
X	Richtig, es ist eine Interaktionstechnologie.
	Falsch, Workflows können zwar nachvollzogen werden, aber die Prozesse laufen größtenteils im Verborgenen ab, daher sind sie weniger wahrnehmbar als Endgeräte und eine Sprachinteraktion.
	Falsch, es handelt sich um eine zugrunde liegende Technologie.

LZ 6.2 Welche zwei der folgenden Technologien sind am ehesten Beispiele für zugrunde liegende Technologie? (2 Antworten)

	Falsch, der Desktop-PC ist ein Endgerät.
	Falsch, Server sind zwar eine zugrunde liegende Technologie, aber die Kommandozeile ist eher eine Interaktionstechnologie.
X	Richtig, es ist eine Technologie zur Datenspeicherung.
X	Richtig, es ist eine API-Technologie.
	Falsch, eine VR-Brille ist eher ein Endgerät und eine Interaktionstechnologie.

LZ 6.3 Welche der folgenden Aussagen zu Fähigkeiten oder Grenzen von Technologie zum maschinellen Lernen sind richtig (R), welche sind falsch (F)?

R	F	
X		Eine Funktion, basierend auf maschinellem Lernen, kann im laufenden Betrieb der Lösung trainiert werden.
X		Maschinelles Lernen basiert auf statistischen Verfahren und Wahrscheinlichkeiten.
X		Mangelhafte Trainingsdaten führen beim maschinellen Lernen durch statistische Verfahren zu Problemen.
X		Analytisches maschinelles Lernen bedeutet, gegebene Daten zu analysieren, auszuwerten und zu verändern.
	X	Falsch, generatives maschinelles Lernen erzeugt auf Basis einer Eingabe neue Inhalte, siehe Abschnitt 6.3.2.

LZ 7.1 Welche zwei der folgenden Aussagen charakterisieren Designarbeit anhand des Dual-Mode-Modells des Designs am besten? (2 Antworten)

	Falsch, Designarbeit wechselt zwischen den Modi.
	Falsch, beide Modi sind in der Designarbeit gleich wichtig.
X	Kommt die Designarbeit im objektiven Modus an ihre Grenzen, sollte in den subjektiven Modus gewechselt werden.
X	Die Arbeit an der Designlösung wird im objektiven und im subjektiven Modus betrachtet.
	Falsch, das Designproblem wird nur im objektiven Modus betrachtet.

LZ 7.2 Welche der folgenden Aussagen zu Vorteilen und Grenzen der Arbeit mit Designkonzepten sind richtig (R), welche sind falsch (F)?

R	F	
	X	Falsch, gerade bei komplexen Lösungen helfen gut strukturierte Designkonzepte, um die Komplexität zu beherrschen.
X		Designkonzepte sind ein Kommunikationsmittel für den Austausch mit Fachleuten der Realisierung.
X		Designkonzepte sind ein Kommunikationsmittel für den Austausch mit Auftraggebern.
	X	Falsch, Prototypen sind ein Mittel zur Interpretation von Designkonzepten.
X		Designkonzepte verlieren ihren Nutzen bei unzureichender Pflege.

LZ 7.3 Welche der folgenden Aussagen zur Verwendung von Prototypen im Digital Design sind richtig (R), welche sind falsch (F)?

R	F	
X		Prototypen sind für die Evaluation der technischen Machbarkeit eines Entwurfs geeignet.
X		Prototypen sind für die Klärung von Ideen zur Gestaltung einer Lösung geeignet.
X		Prototypen sind für die Evaluation der wirtschaftlichen Tragfähigkeit eines Entwurfs geeignet.
	X	Falsch, Prototypen können Designkonzepte nicht ersetzen.
X		Prototypen sind für die Evaluation des User-Interface-Entwurfs geeignet.

LZ 7.4 Welches der folgenden Beispiele ist kein Prototyp aus anderen Disziplinen? (1 Antwort)

	Falsch, dies ist ein Prototyp der Bauarchitektur.
	Falsch, dies ist ein Prototyp im Industriedesign.
	Falsch, dies ist ein Prototyp in der Filmindustrie.
X	Richtig, ein lebendes Tier ist kein Prototyp.
	Falsch, dies ist ein Prototyp im Industriedesign.

LZ 8.1 Welche der folgenden Aussagen zu Aspekten des konzeptuellen Entwurfs auf der Lösungsebene sind richtig (R), welche sind falsch (F)?

R	F	
	X	Falsch, die Vision beschreibt das Zielbild.
	X	Falsch, das Wertversprechen definiert den Mehrwert für Kunden.
X		Die Geschäftsprozesse beschreiben Abläufe zur Erbringung des Wertversprechens.
	X	Falsch, die Kundenstruktur wird durch die Kundengruppen definiert.

LZ 8.2 Beim Entwurf einer Lösung wird eine weitere Kundengruppe entdeckt, die bisher übersehen wurde. Welche der folgenden Aussagen über mögliche Anpassungen aufgrund dieser Erkenntnis sind richtig (R), welche sind falsch (F)?

R	F	
X		Die neue Kundengruppe kann zu einem veränderten Verständnis der Vision führen.
X		Die Kundengruppen definieren Akteure, die als Teil der Wertschöpfungsarchitektur adressiert werden. Eine neue Kundengruppe kann daher zu einer Veränderung der Wertschöpfungsarchitektur führen.
X		Die Kundengruppen haben Einfluss auf das Wertversprechen. Daher muss das Wertversprechen auf mögliche Auswirkungen der neuen Kundengruppe überprüft werden.
X		Die Geschäftsprozesse definieren, wie Kundengruppen als Akteure in der Wertschöpfungsarchitektur adressiert werden. Daher können neue Kundengruppen auch zu veränderten Geschäftsprozessen führen.

LZ 8.3 Welche der folgenden Aussagen über die Evaluation auf der Lösungsebene entlang der drei Designperspektiven sind richtig (R), welche sind falsch (F)?

R	F	
	X	Falsch, die Evaluation der Kunden- und Benutzergruppen stellt sicher, dass die richtigen Kunden und Benutzer adressiert werden.
X		Die technische Machbarkeit kann schon auf der Lösungsebene in begrenztem Umfang evaluiert werden.
X		Die Attraktivität einer Lösung kann auf Basis des Wertversprechens und der Geschäftsprozesse evaluiert werden.
	X	Falsch, die Realisierbarkeit kann in begrenztem Umfang auch auf der Lösungsebene betrachtet werden.

LZ 8.4 Welche zwei der folgenden Aussagen charakterisieren die Designarbeit auf der Lösungsebene entlang des Bauprozesses am besten? (2 Antworten)

	Falsch, auch während der Entwicklung kann die Lösungsebene noch verändert werden, wenn auch mit größerem Aufwand, siehe Abschnitt 8.4.3.
	Falsch, auf der Lösungsebene besteht in der Konzeptarbeit eine große Gestaltungsfreiheit, siehe Abschnitt 8.4.2.
X	In der Konzeptarbeit werden die wesentlichen Entscheidungen zum Entwurf des Geschäftsmodells einer Lösung getroffen.
X	In der Auftragsklärung und der Konzeptarbeit ist die Relevanz der Lösungsebene gleich hoch.
	Falsch, die Vision kann sich nach der Auftragsklärung noch weiter verändern, z.B. im Rahmen der Konzeptarbeit, siehe Abschnitt 8.4.2.

LZ 9.1 Welche zwei der folgenden Aspekte gehören zum Entwurf auf der Systemebene? (2 Antworten)

	Falsch, es handelt sich um die Lösungsebene, siehe Abschnitt 8.1.2.
X	Eigene Elemente
X	Benutzertypen
	Falsch, es handelt sich um die Elementebene, siehe Abschnitt 10.1.2.
	Falsch, es handelt sich um die Elementebene, siehe Abschnitt 10.1.2.

LZ 9.2 Bei der Arbeit am Entwurf eines Systems werden zwei weitere Benutzertypen für die Umsetzung der Geschäftsprozesse definiert. Welche der folgenden Aussagen über Anpassungen am Entwurf sind richtig (R), welche sind falsch (F)?

R	F	
X		Richtig, die Definition von Benutzertypen ist Teil des Systementwurfs.
X		Richtig, Benutzertypen interagieren auch mit vorhandenen Elementen, daher können weitere vorhandene Elemente erforderlich sein.
	X	Falsch, ein Szenario kann sich auf mehrere Akteure und damit auf mehrere Benutzertypen beziehen, daher können auch bei vorhandenen Szenarien Anpassungen notwendig sein.
	X	Falsch, Benutzertypen können als Akteure Einfluss auf Szenarien haben und Szenarien können Einfluss auf Ziele haben. Daher können neue Benutzertypen auch Veränderungen an den Zielen erforderlich machen.

LZ 9.3 Welche der folgenden Aussagen über die Evaluation auf der Systemebene entlang der drei Designperspektiven sind richtig (R), welche sind falsch (F)?

R	F	
	X	Falsch, auch die Attraktivität des Systems als Ganzes kann auf der Systemebene evaluiert werden, siehe Abschnitt 9.3.1.
X		Für die Evaluation der wirtschaftlichen Betreibbarkeit ist die Systemstruktur der wesentliche Referenzpunkt auf der Systemebene.
X		Die wirtschaftliche Realisierbarkeit eines Systems kann auf Basis der Szenarien und der Beschreibung der eigenen Elemente evaluiert werden.
	X	Falsch, auch das System als Ganzes muss mit Blick auf die Machbarkeit evaluiert werden, siehe Abschnitt 9.3.3.

LZ 9.4 Welche zwei der folgenden Aussagen charakterisieren die Designarbeit auf der Systemebene entlang des Bauprozesses am besten? (2 Antworten)

X	Die Gestaltungsfreiheit auf der Systemebene nimmt im Verlauf des Bauprozesses ab.
	Falsch, in der Auftragsklärung hat die Systemebene eine geringe Relevanz, siehe Abschnitt 9.4.1.
X	In der Auftragsklärung können frühe Entwürfe auf der Systemebene das Verständnis der Vision verbessern.
	Falsch, die Designarbeit auf der Systemebene beginnt schon in der Konzeptarbeit, siehe Abschnitt 9.4.2, und kann sogar in der Auftragsklärung einen Nutzen haben, siehe Abschnitt 9.4.1.
	Falsch, die Designarbeit auf der Systemebene geht auch im Betrieb der Lösung weiter, siehe Abschnitt 9.4.3.

LZ 10.1 Welche der folgenden Aussagen zu Aspekten des konzeptuellen Entwurfs auf der Elementebene sind richtig (R), welche sind falsch (F)?

R	F	
X		User Interfaces definieren Schnittstellen zwischen Benutzern und Elementen.
	X	Falsch, technische Interfaces definieren Schnittstellen zu anderen Elementen, siehe Abschnitt 10.1.2.
	X	Falsch, Use Cases beschreiben die Interaktion zwischen Element und Benutzertyp möglichst umfassend, siehe Abschnitt 10.1.3.
X		Technische Funktionen beschreiben Abläufe, die innerhalb eines Elements erbracht werden.

LZ 10.2 Bei der Arbeit am Entwurf eines User Interface wird festgestellt, dass dem Benutzer zur Bearbeitung einer Aufgabe wichtige Informationen fehlen. Welche der folgenden Aussagen über mögliche Anpassungen am Entwurf aufgrund dieser Erkenntnis sind richtig (R), welche sind falsch (F)?

R	F	
	X	Falsch, Daten spielen in Use Cases eine Rolle, da sie Interaktionen beschreiben und Interaktionen Datenflüsse umfassen.
X		Richtig, die Begründung ist korrekt.
X		Richtig, die Begründung ist korrekt.
X		Richtig, Daten definieren die Mittel zur Erreichung der Ziele und neue Daten können veränderte Mittel bieten, die zu veränderten Zielen führen.

LZ 10.3 Welche der folgenden Aussagen über die Evaluation auf der Elementebene entlang der drei Designperspektiven sind richtig (R), welche sind falsch (F)?

R	F	
X		Für die Evaluation der Attraktivität eines Elements sind Use Cases und User Interfaces Referenzpunkte.
X		Für die Evaluation der Attraktivität eines Elements sind technische Funktionen und technische Interfaces Referenzpunkte.
	X	Falsch, auch auf der Elementebene kann die Evaluation der Betreibbarkeit eine Rolle spielen, siehe Abschnitt 10.3.2.
X		Die wirtschaftliche Realisierbarkeit eines Elements kann auf Basis der definierten Form, Funktion und Qualität evaluiert werden.

LZ 10.4 Welche zwei der folgenden Aussagen charakterisieren die Designarbeit auf der Elementebene entlang des Bauprozesses am besten? (2 Antworten)

X	Die Gestaltungsfreiheit auf der Elementebene nimmt mit dem Start der Entwicklung ab.
	Falsch, es gibt verschiedene Strategien für die Arbeit an Designkonzepten, siehe Abschnitt 10.4.4.
	Falsch, die Relevanz ist in der Auftragsklärung gering und nimmt dann immer weiter zu, siehe Abschnitt 10.4.
	Falsch, erste Entwürfe auf der Elementebene können bereits in der Konzeptarbeit erstellt werden, siehe Abschnitt 10.4.2, und in Ausnahmefällen sogar in der Auftragsklärung, siehe Abschnitt 10.4.1.
X	Die Relevanz der Elementebene nimmt im Verlauf des Bauprozesses zu.

LZ 11.1 Welche der folgenden Aussagen über die Beziehungen zwischen denn drei Ebenen einer Lösung sind richtig (R), welche sind falsch (F)?

R	F	
	X	Falsch, die Funktion wird über die Ebenen hinweg umgesetzt, siehe Abschnitt 11.1.2.2.
X		Die Funktion auf der Systemebene wird durch die Funktion auf der Elementebene umgesetzt.
	X	Falsch, die Form wird über die Ebenen hinweg dekomponiert, siehe Abschnitt 11.1.2.1.
X		Richtig, das »können« ist hier nicht falsch, da Qualitätsanforderungen auf der Systemebene nicht zwangsläufig konkretisiert werden müssen, siehe Abschnitt 11.1.2.3.

LZ 11.2 Welche der folgenden Aussagen über die Bedeutung einer gemeinsamen Betrachtung der drei Ebenen einer Lösung und der drei Designperspektiven sind richtig (R), welche sind falsch (F)?

R	F	
	X	Falsch, die Entwicklungs- und Betriebskosten können einen erheblichen Anteil an den Kosten darstellen und damit die wirtschaftliche Tragfähigkeit maßgeblich beeinflussen, siehe Abschnitt 11.2.2.
	X	Falsch, die Systemebene spielt für die Attraktivität eine große Rolle, da auf der Systemebene z.B. anhand der vorhandenen Elemente entschieden wird, mit welchen Endgeräten ein Benutzer mit der Lösung interagiert. Die Attraktivität der angenommenen Endgeräte kann sich auf die Attraktivität der Lösung als Ganzes auswirken, siehe Abschnitt 11.2.1.
	X	Falsch, das Geschäftsmodell kann wichtige Annahmen treffen, die Bezug zur technischen Machbarkeit haben, z.B. die Anzahl angenommener Kunden. Die Machbarkeit dieser Annahmen muss betrachtet werden.
X		Die Form des Systems spielt für die wirtschaftliche Tragfähigkeit der Lösung eine zentrale Rolle.

LZ 11.3 Welche zwei der folgenden Aussagen charakterisieren die Bedeutung des iterativen Arbeitens im Bauprozesses am besten? (2 Antworten)

X	Wenn in der Konzeptarbeit die Vision infrage gestellt wird, ist ein Rücksprung in die Auftragsklärung sinnvoll.
	Falsch, gerade Wicked Problems müssen iterativ bearbeitet werden, siehe Abschnitt 11.3.1.
X	Unzureichendes gemeinsames Verständnis der Vision kann ein Grund für Iterationen in der Auftragsklärung sein.
	Falsch, die Betriebsbereitschaft kann unterschiedliche Gründe haben, die auch im Rahmen der Entwicklung behoben werden können, siehe Abschnitt 11.3.3.
	Falsch, Rücksprünge in die Konzeptarbeit sind auch in dieser Situation denkbar, siehe Abschnitt 11.3.3.

LZ 12.1 Welches der folgenden Frameworks beziehen alle drei Schritte des Bauprozesses ein? (1 Antwort)

	Falsch, der Prozess des Design Thinking fokussiert auf einfache Prototypen und betrachtet daher die Entwicklung nur bedingt, siehe Abschnitt 12.1.2.
	Falsch, Future Search betrachtet keine Schritte, siehe Abschnitt 12.1.1.
X	Richtig, der Prozess im Lean Startup kann so interpretiert werden, dass die drei Schritte des Bauprozesses kontinuierlich durchlaufen werden.
	Falsch, Scrum definiert zwar einen Arbeitsprozess, aber dieser bezieht sich eher auf die Arbeit im Team und nicht auf die Schritte des Bauprozesses, siehe Abschnitt 12.1.5.

LZ 12.2 Welche der folgenden Aussagen über die Kombination von Frameworks im Rahmen des Bauprozesses sind richtig (R), welche sind falsch (F)?

R	F	
X		Richtig, dies wurde anhand der Kombination von Design Thinking, Lean Startup und Scrum gezeigt, siehe Abschnitt 12.2.1.
X		Richtig, siehe Vorgehensbeispiel in Abschnitt 12.2.2.
	X	Falsch, am Beispiel wurde gezeigt, dass Lean Startup und Scrum nacheinander in der Entwicklung verwendet werden können, siehe Abschnitt 12.2.1.
X		Richtig, am Beispiel Design Thinking wurde gezeigt, dass ein Framework mehrere Schritte des Bauprozesses überspannen kann, z. B. die Auftragsklärung und die Konzeptarbeit, siehe Abschnitt 12.2.1.

LZ 13.1 Welche der folgenden Aussagen zur Definition des Mindsets einer Person sind richtig (R), welche sind falsch (F)? Das Mindset umfasst …

R	F	
X		… Mentalität.
X		… Wertesystem.
X		… Haltung.
	X	Falsch, Fertigkeiten gehören nicht zum Mindset, siehe Abschnitt 13.1.
	X	Falsch, Fachwissen gehört nicht zum Mindset, siehe Abschnitt 13.1.

LZ 13.2 Welche der folgenden Aussagen über die Bedeutung der sozialen Dimension im Bauprozess sind richtig (R), welche sind falsch (F)?

R	F	
	X	Falsch, die Risikobereitschaft hat z. B. Einfluss auf den Detaillierungsgrad von Informationen, siehe Abschnitt 13.2.1.
	X	Falsch, zunächst wird divergentes Denken für Alternativen benötigt, dann konvergentes Denken für das Ausarbeiten, siehe Abschnitt 13.2.2.
X		Richtig. für die Entwicklung einer innovativen Lösung ist Zukunftsorientierung wichtig, siehe Abschnitt 13.2.2.
	X	Falsch, Perfektion und geringe Fehlerbereitschaft können die Entwicklung stark verzögern, siehe Abschnitt 13.2.3.

LZ 13.3 Welche der folgenden Aussagen gehört nicht zu den Aspekten eines gestalterischen Mindsets? (1 Antwort)

	Designarbeit bedeutet, mit den Augen anderer Menschen zu schauen.
	Gute Kommunikation kultivieren.
X	Andere Personen von der eigenen Perspektive überzeugen: Dies steht im Widerspruch zum Gedanken, dass Designarbeit immer für andere Menschen erfolgt, siehe Abschnitt 13.3.1.
	Schöpferische Zugkraft (Creative Tension) beobachten.
	Auf die richtige Führung und Teamzusammensetzung achten.

B Abkürzungsverzeichnis

AI	Artificial Intelligence
API	Application Programming Interface
AR	Augmented Reality
AV	Augmented Virtuality
BPMN	Business Process Model and Notation
CLI	Command Line Interface
CX	Customer Experience
DDP	Digital Design Professional
ERP	Enterprise Resource Planning
FFQ	Form, Funktion und Qualität
GoBD	Grundsätze zur ordnungsmäßigen Führung und Aufbewahrung von Büchern, Aufzeichnungen und Unterlagen in elektronischer Form sowie zum Datenzugriff
GPS	Global Positioning System
GUI	Graphical User Interface
IC	Integrated Circuit
IoT	Internet of Things
IREB	International Requirements Engineering Board
ML	Machine Learning
MR	Mixed Reality
MVP	Minimum Viable Product

NFC	Near Field Communication
QR	Quick Response
RBAC	Role Based Access Control
RFID	Radio-Frequency Identification
SaaS	Software as a Service
SQL	Structured Query Language
STT	Speech to Text
TTS	Text to Speech
UML	Unified Modeling Language
UX	User Experience
VR	Virtual Reality
VUI	Voice User Interface

C Literatur

[Abel & Rudolf 2020] Abel, A.; Rudolf, B. (Hrsg.): *Architektur wahrnehmen.* 2. Auflage, transcript Verlag, 2020.

[Adams 1979] Adams, D.: *The Hitchhiker's Guide to the Galaxy.* Pan Books, 1979.

[Angrave 2020] Angrave, J.: *The Journey Mapping Playbook: A Practical Guide to Preparing, Facilitating and Unlocking the Value of Customer Journey Mapping.* De Gruyter, 2020.

[Beighley 2008] Beighley, L.: *SQL von Kopf bis Fuß.* O'Reilly, 2008.

[Bitkom 2017] Bitkom: *Rollenideal Digital Design – Erfolgreiche Digitalisierung und Digitale Transformation erfordern ein Umdenken in der Softwareentwicklung.* 2017; *https://www.bitkom.org/Bitkom/Publikationen/Rollenideal-Digital-Design.html*, zuletzt besucht am 13.03.2024.

[Bitkom 2018] Bitkom: *Das Digital-Design-Manifest*, 2018; *www.bitkom.org/Digital-Design-Manifest*, zuletzt besucht am 14.01.2024.

[Brown 2009] Brown, T.: *Change by Design.* Harper Business, 2009.

[Cockburn 2001] Cockburn, A.: *Writing Effective Use Cases.* Addison-Wesley, 2001.

[CPRE AL 2023] IREB Certified Professional for Requirements Engineering – Advanced Level, RE@Agile Handbuch, Version 2.0.1. International Requirements Engineering Board (IREB), 2023.

[Cross 2006] Cross, N.: *Designerly Ways of Knowing.* Springer, 2006.

[DDP FL 2023] IREB Digital Design Professional – Foundation Level, Lehrplan & Handbuch. International Requirements Engineering Board (IREB), 2023.

[Dickel 2019] Dickel, S.: *Prototyping Society – Zur vorauseilenden Technologisierung der Zukunft.* transcript Verlag, 2019.

[Dorst 1997] Dorst, K.: *Describing Design – A Comparison of Paradigms.* Delft University Press, Delft, The Netherlands, 1997.

[Dorst 2003] Dorst, K.: *Understanding Design: 150 Reflections on Being a Designer.* BIS, 2003.

[**Dueck 2013**] Dueck, G.: E-*Man: Die neuen virtuellen Herrscher.* 3. Auflage, Springer, 2013.

[**Erlhoff & Marshall 2008**] Erlhoff, M.; Marshall, T. (Hrsg.): *Wörterbuch Design – Begriffliche Perspektiven des Design.* Birkhäuser, 2008.

[**Feyerabend 1975**] Feyerabend, P.: *Against Method: Outline of an Anarchistic Theory of Knowledge.* New Left Books, 1975.

[**Förster & Pörksen 2022**] Förster, H. von; Pörksen, B.: *Wahrheit ist die Erfindung eines Lügners.* Carl-Auer Verlag, 2022.

[**Frost 2023**] Frost, B.: *Atomic Design, 2023*; *atomicdesign.bradfrost.com*, zuletzt besucht am 14.01.2024.

[**Gänshirt 2021**] Gänshirt, C.: *Werkzeuge für Ideen – Einführung ins architektonische Entwerfen.* Birkhäuser, 2021.

[**Gassmann et al. 2020**] Gassmann, O.; Frankenberger, K.; Choudury, M.: *Business Model Navigator: The Strategies Behind the Most Successful Companies.* Pearson Education Limited, 2020.

[**Geis & Tesch 2023**] Geis, T.; Tesch, G.: *Basiswissen Usability und User Experience.* 2., überarbeitete und aktualisierte Auflage, dpunkt.verlag, 2023.

[**Gharbi et al. 2023**] Gharbi, M.; Koschel, A.; Rausch, A.; Starke, G.: *Basiswissen für Softwarearchitekten.* 5., überarbeitete und aktualisierte Auflage, dpunkt.verlag, 2023.

[**Glass 2006**] Glass, R. L.: *Software Creativity 2.0. developer.** books, 2006.

[**Glinz 2020**] Glinz, M.: A *Glossary of Requirements Engineering Terminology Version 2.0.* International Requirements Engineering Board (IREB), 2020.

[**Gropius 1930**] Gropius, W.: *bauhausbauten dessau.* Albert Langen Verlag, 1930.

[**Herrmann & Huber 2013**] Herrmann, A.; Huber, F.: *Produktmanagement – Grundlagen – Methoden – Beispiele.* 3., vollständig überarbeitete Auflage, Springer, 2013.

[**Hustwit 2015**] Hustwit, G. (Ed.): *Helvetica/Objectified/Urbanized: The Complete Interviews – Edited by Gary Hustwit.* Swiss Dots, 2015.

[**ISO 2011**] ISO/IEC 25010: *Software Product Quality. ISO, 2011*; *iso25000.com/index.php/en/iso-25000-standards/iso-25010*, zuletzt besucht am 14.01.2024.

[**ISO 2018**] ISO 9241-11: *Ergonomics of Human-System Interaction – Part 11: Usability: Definitions and Concepts.* ISO, 2018.

[**ISO 2019**] ISO 9241-210:2019: *Ergonomics of Human-System Interaction – Part 210*: Human-Centred Design for Interactive Systems. ISO, 2019.

[**Johnson-Laird 2010**] Johnson-Laird, P. N.: *Mental models and human reasoning.* Proceedings of the National Academy of Sciences, Vol. 107, No. 43, 2010.

[Kemper 2021] Kemper, M.: *Heute schon das Morgen steuern.* Digital Business Cloud Nr. 5, 2021.

[Knapp et al. 2016] Knapp, J.; Zeratsky, J.; Kowith, B.: *Sprint – How to solve Big Problems and Test new Ideas in five Days.* Bantam Press, 2016.

[Lauenroth 2019] Lauenroth, K.: *Digital als Material mit Form, Funktion und Qualität begreifen.* In: Digital Design@Bauhaus, Bitkom, 2019.

[Lauesen 2005] Lauesen, S.: *User Interface Design. A Software Engineering Perspective.* Addison Wesley, 2005.

[Liedtka & Ogilvie 2011] Liedtka, J.; Ogilvie, T.: *Designing for Growth – a Design Thinking Toolkit for Managers.* Columbia Business School Publishing, 2011.

[Maeda 2019] Maeda, J.: *How to speak Machine – Computational Thinking for the Rest of Us.* Portfolio/Penguin, 2019.

[Margolis & Laurence 2015] Margolis, E.; Laurence, S. (Eds.): *The Conceptual Mind: New Directions in the Study of Concepts.* MIT Press, 2015.

[McElroy 2017] McElroy, K.: *Prototyping for Designers.* O'Reilly, 2017.

[Milgram & Kishino 1994] Milgram, P.; Kishino, F.: A *Taxonomy of Mixed Reality Visual Displays.* IEICE Transactions on Information and Systems, Vol. 77, 1994.

[Nelson & Stoltermann 2014] Nelson, H. G.; Stoltermann, E.: *The Design Way – Intentional Change in an Unpredictable World.* 2nd edition, MIT Press, 2014.

[Newman 2023] Newman, D.: *The Process of Design Squiggle, 2023*; *thedesignsquiggle.com*, zuletzt besucht am 14.01.2024.

[Noblet 1996] Noblet, J. de: *Industrial Design: Reflection of a Century.* Flammarion, 1996.

[Osterwalder & Pigneur 2010] Osterwalder, A.; Pigneur, Y.: *Business Model Generation.* Wiley, 2010.

[Osterwalder et al. 2014] Osterwalder, A.; Pigneur, Y.; Bernarda, G.; Smith, A.: *Value Proposition Design: How to Create Products and Services Customers Want.* Wiley, 2014.

[Paul & Cadle 2020] Paul, D.; Cadle, J.: *Business Analysis.* 4th edition, BCS, 2020.

[Pirsig 1974] Pirsig, R.: *Zen and the Art of Motorcycle Maintenance.* HarperCollins, UK, 1974.

[Pohl & Rupp 2021] Pohl, K.; Rupp, C.: *Basiswissen Requirements Engineering.* 5., überarbeitete und aktualisierte Auflage, dpunkt.verlag, 2021.

[Polaine et al. 2013] Polaine, A.; Løvlie, L.; Reason, B.: *Service Design: From Insight to Implementation.* Rosenfeld Media, 2013.

[Prey 2022] Prey, K.: *Designing Designers – From Products to Teaching.* Corraini Edizioni, 2022.

[Pruitt & Adlin 2006] Pruitt, J.; Adlin, T.: *The persona lifecycle. Keeping People in Mind Throughout the Product Design.* Morgan Kaufmann Publisher, 2006.

[Rams 1994] Rams, D.: *Weniger, aber besser: Less but better.* Design + Design, 1994.

[Reinertsen 2009] Reinertsen. D. G.: *The Principles of Product Development Flow: Second Generation Lean Product Development.* Celeritas, 2009.

[Ries 2011] Ries, E.: *The Lean Startup: How Today's Entrepreneurs Use Continuous Innovation to Create Radically Successful.* Crown Currency, 2011.

[Rittel & Webber 1973] Rittel, H. W. J.; Webber, M. M.: *Dilemmas in a General Theory of Planning.* Policy Sciences 4(2):155–169, 1973.

[Rossmann 2019] Rossmann, J.: *Think Like Amazon: 50 ½ Ideas to Become a Digital Leader.* McGraw-Hill, 2019.

[Royce 1970] Royce, W.: *Managing the Development of Large Software Systems: Concepts and Techniques.* Proceedings of IEEE WESCOM. IEEE Computer Society Press, Los Alamitos, 1970.

[Schwaber & Sutherland 2020] Schwaber, K.; Sutherland, J.: *The Scrum Guide – Der gültige Leitfaden für Scrum: Die Spielregeln, 2020; https://scrumguides.org/docs/scrumguide/v2020/2020-Scrum-Guide-German.pdf*, zuletzt besucht am 20.01.2024.

[Senge 2006] Senge, P. M.: *The Fifth Discipline: The art and practice of the learning organization.* 2nd edition. Random House, 2006.

[Spillner & Linz 2019] Spillner, A.; Linz, T.: *Basiswissen Softwaretest.* 6., überarbeitete und aktualisierte Auflage, dpunkt.verlag, 2019.

[Tueanrat et al. 2021] Tueanrat, Y.; Papagiannidis, S.; Alamanos, E.: *Going on a journey: A review of the customer journey literature.* Journal of Business Research, 125, S. 336-353, 2021.

[VDID 2012] VDID: *Industriedesign. Herausforderungen und Verantwortung – VDID Codex der Industriedesigner. Leitbild und ethische Werte des Berufsstandes.* Verband Deutscher Industriedesigner (VDID), 2012.

[Wake 2003] Wake, B.: *INVEST in Good Stories, and SMART Tasks, 2003; xp123.com/articles/invest-in-good-stories-and-smart-tasks/*, zuletzt besucht am 14.01.2024.

[Weilkiens 2014] Weilkiens, T.: *Systems Engineering mit SysML/UML – Anforderungen, Analyse, Architektur.* 3., überarbeitete und aktualisierte Auflage, dpunkt.verlag, 2014.

[Weilkiens et al. 2015] Weilkiens, T.; Weiss, C.; Grass, A.; Duggen, K. N.: *Basiswissen Geschäftsprozessmanagement.* 2., aktualisierte Auflage, dpunkt.verlag, 2015.

[Weisbord & Janoff 2010] Weisbord, M.; Janoff, S.: *Future Search – Getting the whole System in the Room for Vision, Commitment, and Action.* Berrett-Koehler Publishing, 2010.

Index

E

F

T

U

V